일러두기: 보여주고 싶은 사진이 아주 많지만, 지면이 허락하지 않아 책에 다 실을 수가 없었다. 대신에 내 웹사이트에 올려놓았으니, 관심이 있는 독자는 http://samkean.com/books/the-bastard-brigade/extras/photos를 방문하기 바란다.

전직 메이저 리그 포수 출신에 여러 언어를 구사하는 모 버그는 미국 최초의 원자 스파이가 되었다. (사진 제공: 야구 명예의 전당)

방이 잡동사니로 아무리 어수선하더라도, 모 버그는 자신의 '살아 있는' 신문에 아무도 손대지 못하게 했다. (프린스턴 대학교 도서관, 희귀 도서와 특별한 컬렉션 부문, 모 버그 컬렉션)

루 게릭(오른쪽)과 베이브 루스(가운데), 모 버그(루스 옆에서 카메라를 응시하고 있는 사람)는 1934년에 올스타 야구 팀의 일원으로 일본을 방문했다. 루스가 경기장에서 큰 활약을 펼치는 동안 버그는 이 기회를 활용해 스파이 활동을 했다. (사진 제공: 찰리 A. 바로카스 컬렉션)

연구소에서 어머니 마리 퀴리와 함께 연구하는 젊은 시절의 이렌 졸리오-퀴리. (사진 제공: 웰컴 도서관, 웰컴 이미지즈)

노벨상을 공동 수상한 1935년에 연구소에서 일하는 이렌 졸리오-퀴리와 남편 프레데리크. (사진 제공: 프랑스 국립도서관)

리제 마이트너와 오토 한은 1938년 12월에 핵분열 반응을 공동 발견했다. (실험실에서 함께 일하는 화학자 오토 한과 물리학자 리제 마이트너, 미국 국립문서기록관리청의 OPA, 작자 미상, PD-1923)

보리스 패시 감독은 전설적인 할리우드하이에서 근무를 시작할 때 이미 두 전쟁에 참전한 용사였다. (사진 제공: 할리우드하이)

네덜란드 출신 미국 물리학자 새뮤얼 가우드스밋의 젊은 시절 모습. 가우드스밋은 훗날 유럽에서 독일의 원자폭탄 개발 계획을 알아내기 위한 비밀 첩보 부대인 알소스 부대를 이끌었다. (사진 제공: AIP 에밀리오 세그레 시각 기록 보관소, 크레인-랜들 컬렉션)

1939년 여름, 미시간 대학교의 연례 물리학 캠프를 위해 앤아버에 모인 세계적으로 유명한 물리학자들. 새뮤얼 가우드스밋(맨 왼쪽), 베르너 하이젠베르크(가운데), 엔리코 페르미(오른쪽에서 두 번째)도 포함돼 있었다. (사진 제공: AIP 에밀리오 세그레 시각 기록 보관소, 크레인-랜들 컬렉션)

조 케네디 주니어와 여동생 캐슬린, 동생 존 F. 케네디(훗날 미국 대통령이 된)가 1939년 9월에 런던에서 영국 총리의 선전 포고를 듣기 위해 하원 의사당으로 걸어가고 있다. (사진 제공: 존 F. 케네디 도서관 및 박물관)

실연에 번민하다가 흑연 실험을 망친
독일 물리학자 발터 보테. (발터 보테의 초상,
몬다도리 출판사, 작자 미상, PD-1996)

우라늄 클럽 설립을 도운 독일 물리학자
쿠르트 디프너. (미국 에너지부)

독일 물리학자 베르너 하이젠베르크(왼쪽)와 카를 폰 바이츠제커는 우라늄 클럽에서 가장 친한 친구이자 동료였다. (사진 제공: 라이프치히 대학교 기록 보관소, DC 2280)

노르웨이의 베모르크 발전소는 독일의 원자폭탄 계획에 필요한 중수를 생산했다. 이 발전소는 거대한 폭포 옆에서 가파른 협곡을 내려다보는 장소에 있었다. (사진 제공: 노르웨이 국립도서관)

'미치광이 잭'이란 별명으로 더 널리 알려진 제20대 서퍽 백작 찰스 헨리 조지 하워드. (존 옥슬리 도서관, 작자 미상, PD-1996)

미 해군 파일럿으로 복무하던 시절의 조 케네디 주니어. (사진 제공: 존 F. 케네디 도서관 및 박물관)

V-1 '비행기 폭탄' 의 단면도. (사진 제공: 미 공군)

1944년에 벨기에에 떨어진 V-1이 남긴 구덩이.
(사진 제공: 캐나다 도서관 기록 보관소)

베모르크 발전소의 전기 분해 건물 지하에 위치한 중수 생산 전해조. (사진 제공: 노르스크 휘드로/NIA)

역사상 최초의 자기 지속적 연쇄 반응이 시카고 대학교의 스쿼시 코트에서 일어났다. (사진 제공: 시카고역사박물관, ICHi-033305; 게리 시언, 화가)

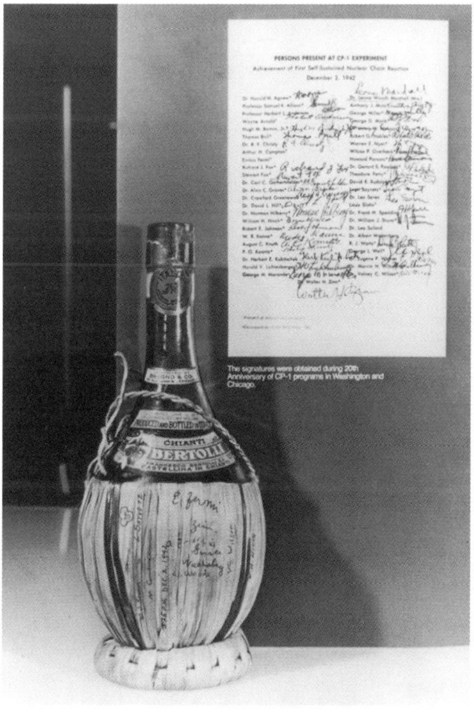

시카고에서 최초의 자기 지속적 연쇄 반응이 일어난 현장에 있었던 물리학자들의 서명이 적힌 키안티 병. (사진 제공: 아르곤 국립 연구소)

요아킴 뢴네베르그(앞줄 맨 오른쪽)를 포함해 노르웨이 중수 공장을 습격한 거너사이드 특공대원들. (사진 제공: 노르웨이레지스탕스박물관)

거너사이드 특공대의 습격 때 폭발물에 손상된 중수 저장 용기들. (노르웨이 산업노동자박물관)

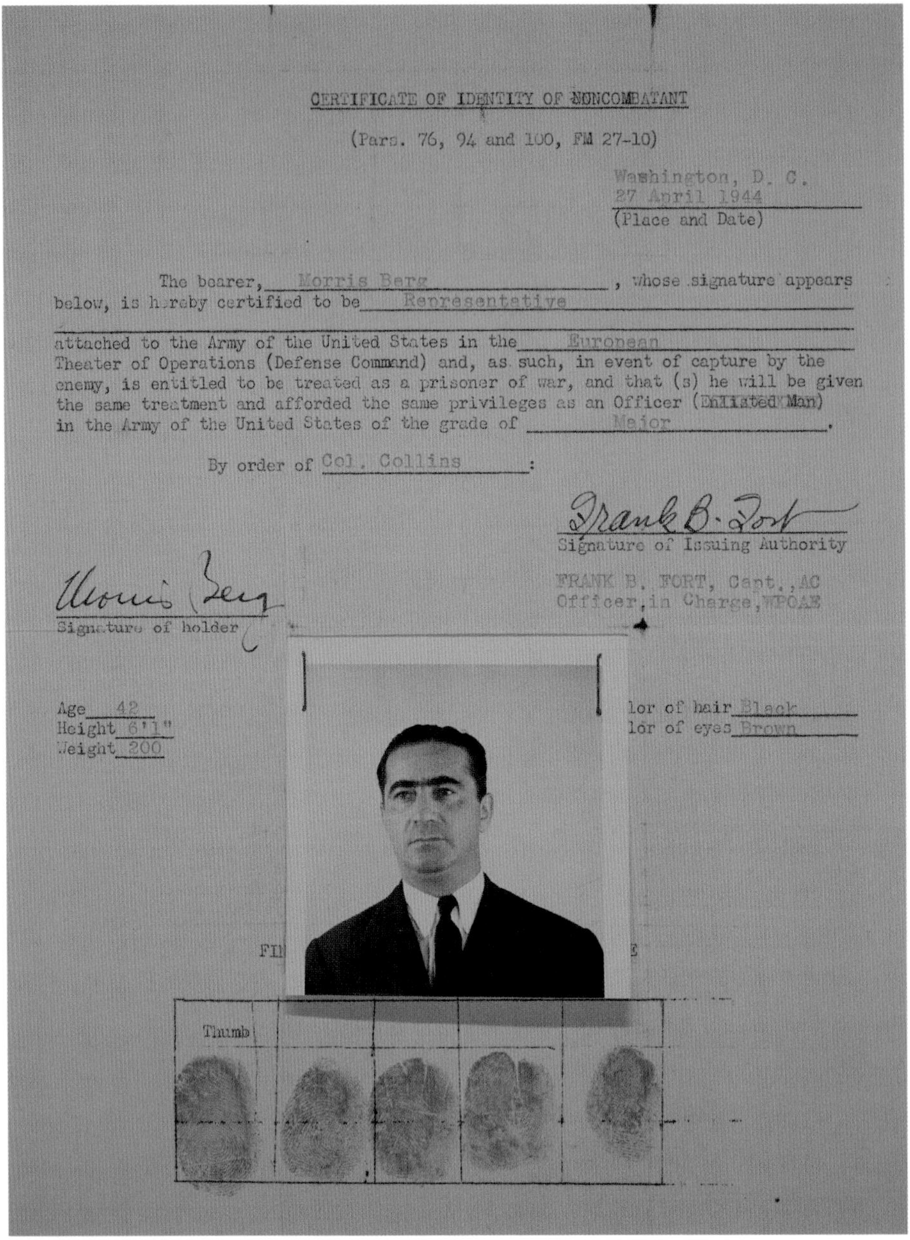

CERTIFICATE OF IDENTITY OF NONCOMBATANT

(Pars. 76, 94 and 100, FM 27-10)

Washington, D. C.
27 April 1944
(Place and Date)

The bearer, Morris Berg, whose signature appears below, is hereby certified to be Representative attached to the Army of the United States in the European Theater of Operations (Defense Command) and, as such, in event of capture by the enemy, is entitled to be treated as a prisoner of war, and that (s) he will be given the same treatment and afforded the same privileges as an Officer (Enlisted Man) in the Army of the United States of the grade of Major.

By order of Col. Collins:

Frank B. Fort
Signature of Issuing Authority

FRANK B. FORT, Capt.,AC
Officer in Charge,WPOAE

Morris Berg
Signature of holder

Age 42
Height 6'1"
Weight 200

lor of hair Black
lor of eyes Brown

Thumb

CIA의 전신인 전략사무국(OSS)에 접수된 모 버그의 지원 신청서. (프린스턴 대학교 도서관, 희귀 도서와 특별한 컬렉션 부문, 모 버그 컬렉션)

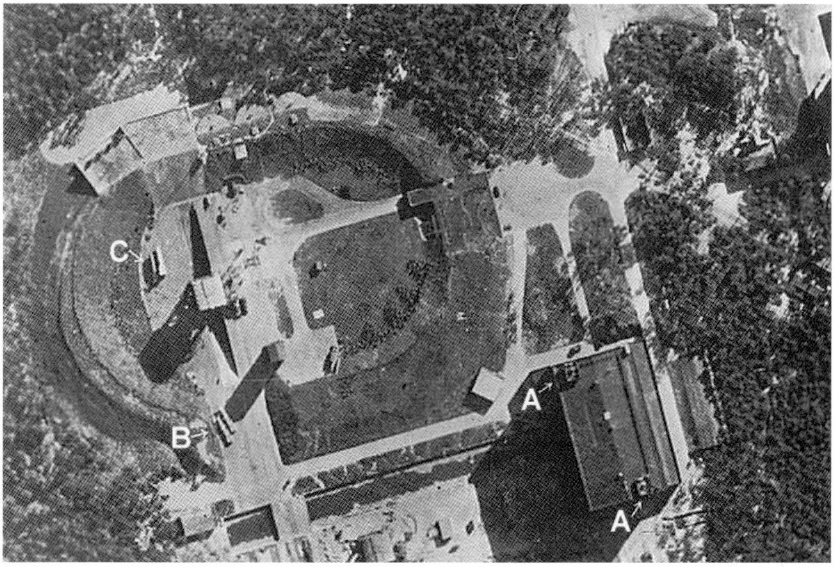

페네뮌데에 있던 베르너 폰 브라운의 로켓 시험 장소를 촬영한 정찰 사진. 여기에 표시된 특징들처럼 작고 모호한 세부 물체를 놓고 표출된 이견 때문에 영국 정보부 내에서 치열한 논쟁이 벌어졌다. (NASA, 영국 공군 제540 비행 중대 E. P. H. 피크 상사, PD-1996)

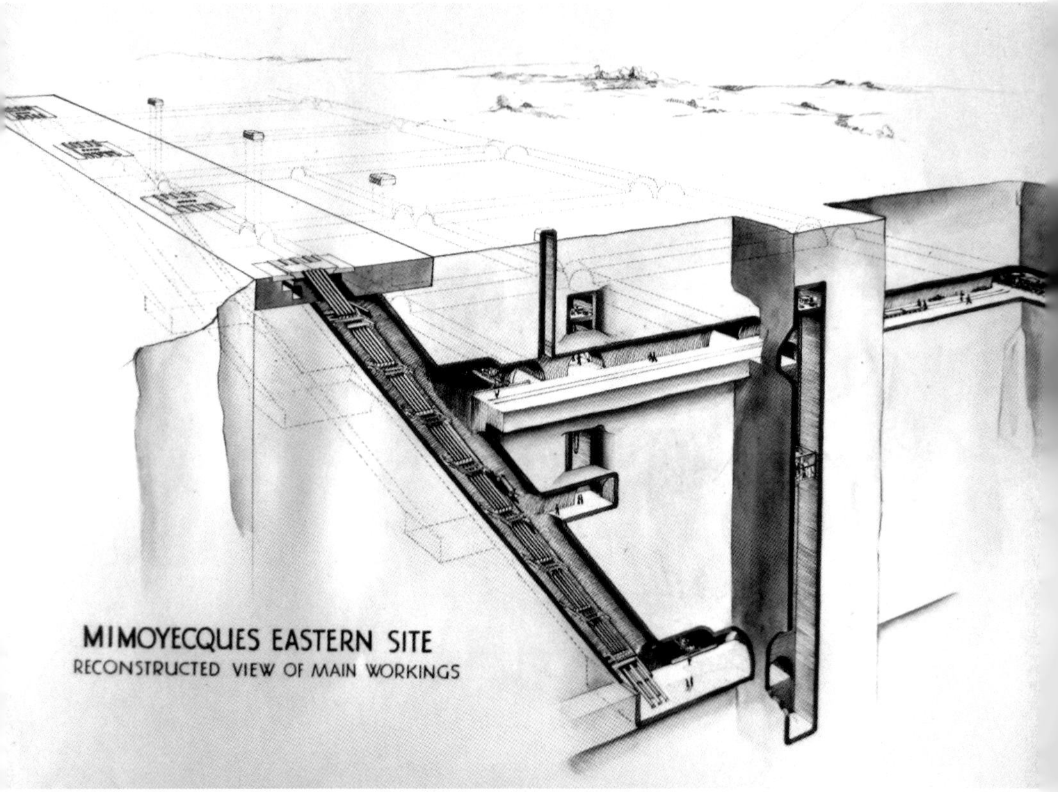

미모예크에 배치할 계획이던 V-3 고압 펌프 대포(일명 '비지 리지') 그림. (영국 정부, T. R. B. 샌더스)

폭탄 구덩이 자국이 무수한 미모예크 부근 풍경. 불길한 콘크리트 벙커는 오른쪽 중간 부분에 부채 모양으로 생긴 물체이다. (사진 제공: 제국전쟁박물관)

이탈리아에서 찍은 모 버그 사진. 사진 뒤에 적힌 메모에는 "로마 함락 며칠 뒤. 내가 본 것 중 모가 군복을 입고 찍은 사진은 이것이 유일하다"라고 적혀 있다. (프린스턴 대학교 도서관, 희귀 도서와 특별한 컬렉션 부문, 모 버그 컬렉션)

조 케네디 주니어가 몰았던 기종인 PB4Y-1 리버레이터. (사진 제공: 미국 국립문서기록관리청)

조 케네디 주니어가 남긴 마지막 사진. 1944년 8월 12일에 찍은 것이다. (얼 P. 올젠)

라르쿠에스트(일명 과학 요새)에 있던 퀴리 가족의 별장. (사진 제공: 마리 퀴리, ACJC 컬렉션)

파리 시민이 알소스 부대 선발대인 번개 A 팀에 꽃을 너무나도 많이 던져 보리스 패시(맨 왼쪽)는 그들의 차가 로즈볼 퍼레이드의 꽃수레처럼 되었다고 말했다. (사진 제공: 미국 국립문서기록관리청)

번개 A 팀은 이 강아지를 입양해 알소스라고 이름 붙이고, 파리로 돌진할 때 자신들의 '마스코트'로 삼았다. (사진 제공: 미국 국립문서기록관리청)

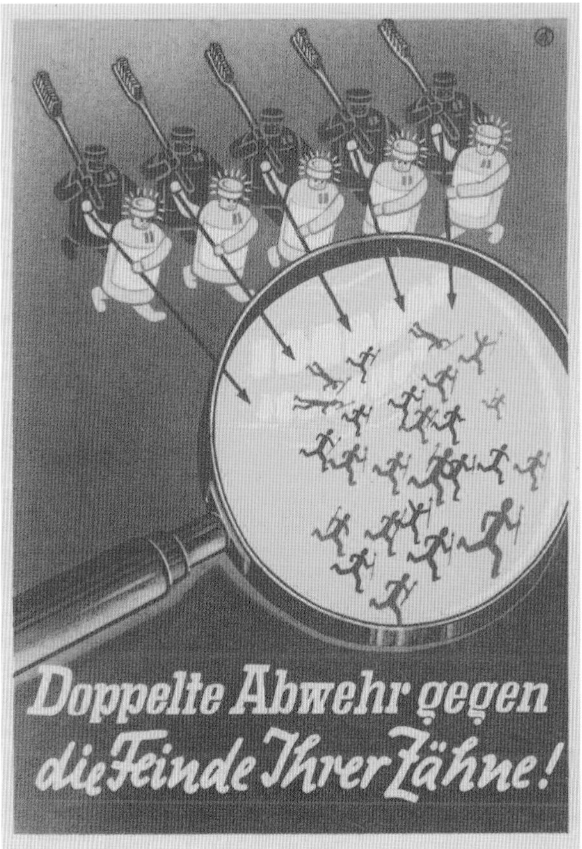

방사성 물질을 함유한 도라마이드 치약을 선전하는 광고 팸플릿. 이 제품은 "치아의 적에게 이중의 방어"를 약속한다. (사진 제공: 오크리지 연합대학 주식회사)

독일 슈타트틸름 근처에서 장갑차에 올라탄 새뮤얼 가우드스밋. (사진 제공: AIP 에밀리오 세그레 시각 기록 보관소, 가우드스밋 컬렉션)

하이거로흐에 있던 '원자 저장고' 동굴의 외관. 독일의 마지막 우라늄 기계가 이곳에 설치되었다. (사진 제공: 미국 국립문서기록관리청)

알소스 부대 대원들은 혹시나 부비트랩이 있을까 봐, 우라늄 클럽이 하이거로흐 외곽에 우라늄을 숨겨둔 장소를 팔 때, 독일군 포로에게 먼저 작업을 시켰다. (사진 제공: 미국 국립문서기록관리청)

알소스 부대 대원들이 독일 하이거로흐에서 '원자 저장고'의 원자로 중심부를 해체하고 있다. (사진 제공: 미국 국립문서기록관리청)

하이젠베르크를 추적하던 보리스 패시를 걷어차 갈비뼈를 부러뜨린 '나치 당나귀'를 묘사한 만화. (사진 제공: 후버 연구소, 보리스 패시 문서)

유럽에서 종전을 축하하기 위해 열린 파티에서 러시아식 전통 춤을 추는 보리스 패시.
(사진 제공: 미국 국립문서기록관리청)

원자 스파이

원자 스파이

나치의 원자폭탄 개발을 필사적으로 막은 과학자와 스파이들

샘 킨 지음 이충호 옮김

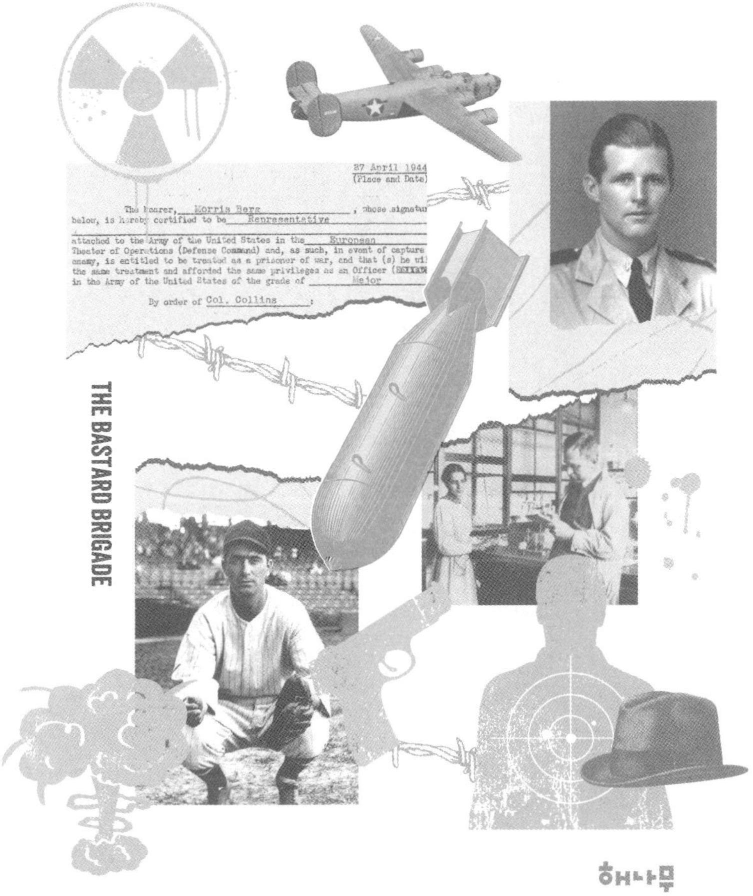

해나무

최악의 상황을 두려워할 줄 아는 사람에게는

이상한 일도 합리적인 것으로 보일 수 있다.

—토머스 파워스Thomas Powers

차례

3부

1942년

4부

1943년

5부

1944년

6부

1945년

일러두기

물리학에 관한 책은 왜 한 권도 쓰지 않았느냐는 질문을 자주 받는다. 사실, 나는 대학에서 물리학을 전공했고, 아직도 물리학이 가장 낭만적인 과학 분야라고 생각한다. 물리학처럼 광범위한 분야도 없는데, 물리학은 아원자 입자의 구조부터 우주의 운명에 이르기까지(그 사이에 존재하는 온갖 크기의 물체들은 말할 것도 없고) 실로 광범위하다. 물리학을 알면 우주를 알 수 있다.

하지만 앞서 나온 네 권의 책은 화학과 유전학, 뇌과학, 대기를 중심 주제로 다루면서 물리학은 대체로 무시했다. 왜 그랬을까? 짧게 대답하자면, 나는 부전공인 영문학에도 충실해야 했기 때문이다. 즉, 내가 정말로 좋아하는 것은 이야기를 들려주는 것인데, 그래서 책을 쓸 계획을 세울 때 독자들의 관심을 가장 끌 만한 이야기들을 찾는다. 그래서 영웅과 악당, 갈등과 드라마, 반전과 구원이 등장하는 이야기에 끌린다. 그리고 솔직하게 말하자면, 지금까지 책을 한 권 쓸 만큼 내 상상력을 사로잡는 물리학 주제를 찾지 못했다.

지금까지는 그랬다. 그런데 『원자 스파이』는 바로 내가 원했던 종류의 물리학 모험 이야기로, 나치의 원자폭탄 개발을 막기 위해 펼쳐진 서사시적 모험 이야기이다. 이 이야기를 끌고 가는 원동력이 과학이라는 것은 두말할 필요도 없지만, 그 중심에는 목적을 위해 수단—간첩 행위, 파괴 공작, 속임수, 그리고 심지어 살인까지—을 가리지 않은 특별한 사람들이 있다. 이야기가 어떤 종류의 것이건 간에, 우리를 이야기 속으로 깊이 끌어당기는 힘은 바로 등장인물에 있다. 그중에는 해적과 노벨상 수상자, 국가수반, 할리우드의 신인 배우도 포함돼 있는데, 강철 같은 의지를 가진 사람들도 있고 경멸받을 만큼 나약한 사람들도 있다.

무엇보다도 이들은 모두 인간이었다. 그것도 최선의 모습이나 최악의 모습을 드러내야 하는 상황으로 내몰린 인간이었다.

『원자 스파이』는 나에게도 하나의 전환점이었다. 이 책에서 나는 작가로서 새로운 도전을 했다. 지금까지 다른 책에서는 하나의 중심 주제(주기율표, 사람의 뇌 등등)를 정한 뒤, 그것을 중심으로 수십 가지 이야기를 펼쳐나갔다. 그 결과로 각 장은 대체로 독립적인 성격을 지녀 전체 책을 단편 소설 모음집처럼 읽을 수 있었다. 이 책의 이야기는 훨씬 더 통합적인 성격을 지녀 소설에 가까운 구성을 지니고 있다. 플롯은 여러 가닥의 실들로 이루어진 반면, 전체적으로는 하나의 큰 이야기를 들려준다. 그러나 진실은 등장인물들의 이야기를 종합해야만 비로소 드러난다.

그리고 등장인물들은 이 모험에서 중심적 역할을 하기 때문에, 나는 이들의 명단을 575쪽에 따로 소개하는 게 좋겠다고 판단했다. 책을 읽는 도중에 누가 누구인지 아리송하다면, 언제든 이 명단을 활용하기 바란다.

무엇보다도 나는 여러분이 이 책을 즐겁게 읽길 바란다. 나는 물리학을 매우 사랑하기 때문에, 물리학에 관한 책을 처음 쓰는 데 극도의 신중을 기했다. 그리고 이 이야기는 그만큼 오래 기다릴 만한 가치가 있었다고 생각한다.

프롤로그

1944년 여름

군인들이 오두막집에서 뛰어나오는 순간, 머리 가까이 있던 문틀이 폭발하면서 산산조각났다. 그날 보리스 패시Boris Pash를 향해 누가 총을 쏜 것은 이것이 처음이 아니었다. 그리고 필시 마지막도 아닐 것이다. 한 시간 전에 패시는 중위와 함께 프랑스 북부 해변에 위치한 이 오두막집 주변의 숲으로 잠입했는데, 그곳에는 부비트랩이 설치돼 있었다. 용감한 레지스탕스 대원 7명이 이미 이 숲에서 전사했지만, 모험과 스릴을 즐기는(어떤 사람들은 무분별하다고 이야기하지만) 기질이 강한 패시는 무작정 돌진했다. 그의 임무는 한 과학자를 생포하는 것이었다. 그 과학자를 생포해야 하는 이유는 아무에게도 말하지 않았다. 하지만 마음속에는 몇 주일 전 워싱턴에서 상관들이 한 마지막 말이 맴돌고 있었다. "표적 확보가 조금이라도 지체된다면, 우리는 엄청난 손실을 입을 수 있고, 심지어 전쟁마저 질 수 있네."

그것은 과장이 아니었다. 패시는 알소스 부대Alsos Unit라는 과학 특공대를 이끌고 있었는데, 이 부대는 유럽 전역을 돌아다니면서 상상 가능한 최악의 위협, 즉 나치의 원자폭탄 개발 계획에 관한 비밀을 수집했다. 알소스 부대는 어떤 상급 부대에도 예속되지 않고 독립적으로 활동했기 때문에, 사람들은 알소스 부대를 배스터드 부대Bastard Unit(사생아 부대 또는 개망나니 부대라는 뜻—옮긴이)라는 별명으로 불렀다. 이 별명은 용맹무쌍한 제1차 세계 대전 참전 용사 출신인 패시에게도 딱 어울리는 것이었는데, 적진 후방에서 제멋대로 설치고 돌아다니는 그의 행동에 워싱턴의 상관들은 골머리를 앓았다.

그와 동시에 책상머리에 앉아 지시하는 사람들은 패시 같은 개망나니가 필요했다. 패시는 아무도 맡을 수 없는 임무 혹은 맡으려고 하지 않는 임무를 맡아서 수행했다. 아직 나치의 지배하에 있는 프랑스 해변 마을에 숨어 있는 과학자를 찾아 데려오는 일이 바로 그런 임무였다. 그 과학자는 노벨상을 수상한 물리학자로 나치의 원자폭탄 연구에 협력한다는 소문이 있었다. 따라서 그를 체포한다면, 나치의 원자폭탄 개발 계획을 방해하여 그 폭탄이 아돌프 히틀러의 수중에 들어가는 것을 막을 수 있었다.

하지만 숲에 설치된 지뢰와 인계 철선을 고생 끝에 통과해 마침내 해변의 오두막집에 도착한 패시와 그의 부관은 실망감을 감출 수 없었다. 그곳에는 아무것도 없었다. 문은 삐죽 열려 있었고, 오두막집은 버려진 상태였으며, 아무것도 남아 있지 않고 부스러기만 잔뜩 널려 있었다. 그들은 모든 곳을 샅샅이 뒤졌지만, 문서나 장비는 전혀 발견되지 않았고, 핵물리학자는 종적이 묘연했다. 워싱턴은 표적 확보가 '조금이라도 지체'된다면, 전쟁에서 연합군 측이 큰 희생을 치르게 될 것이라고 우려했다. 그런데 표적이 흔적도 없이 사라진 것이다. 낙담한 패시와 부관은 그곳을 떠나려고 했다. 바로 그때, 총탄이 날아와 머리 가까이 있던 문턱을 산산조각냈다. 곧이어 기관총탄이 쏟아졌다.

두 사람은 집 밖으로 몸을 던져 낮은 포복으로 숲을 향해 기어갔다. 비밀 임무를 수행하던 패시가 무슨 일을 하는지 아는 사람은 극소수에 불과했다. 그래서 자신들을 향해 총을 쏘는 사람이 누구인지 전혀 감을 잡을 수 없었다. 독일군일까, 미군일까, 아니면 프랑스인 변절자일까? 상대가 누구이건 그 목적은 분명했다. 그것은 패시와 부관을 프랑스인 핵물리학자를 찾는 임무에서 희생된 여덟 번째와 아홉 번째 전사자로 만드는 것이었다.

한편, 보리스 패시가 쏟아지는 총탄을 피하려고 애쓰고 있을 때, 배스터드 부대에 새로 온 과학 책임자도 나름의 고초를 겪고 있었다. 부드럽고 멋 부리길 좋아하는 네덜란드계 미국인 핵물리학자 새뮤얼 가우드스밋Samuel Goudsmit(네덜란드어 발음은 사뮐 하우츠밋)은 디데이(노르망디 상륙작전의 개시 날짜—옮긴이) 직후에 런던에 도착했는데, 때마침 최초의 V-1 로켓이 떨어지는 사건을 목격했다. 칠흑같이 어두운 밤에 머리 위의 캄캄한 하늘에서 갑자기 웅웅거리는 소리가 들려왔다. 그러다가 마침내 로켓은 모터가 멈추면서 추락하기 시작했다. 몇 초 동안 공포의 정적이 뒤따랐다. 많은 사람들은 '쾅' 하는 폭발음이 들릴 때까지 숨을 멈췄다. 폭발 뒤에는 다시 1~2초간 정적이 이어지다가 비명 소리가 나기 시작했다. 그 후 그날 밤 내내 정적은 다시 찾아오지 않았다.

다음 날 아침, 가우드스밋은 V-1 로켓이 떨어진 구덩이를 가이거 계수기로 조사하는 작업에 나섰다. 군 관계자들은 그를 현장으로 데려와 시커멓게 탄 그 구덩이로 사실상 밀어넣고는 찰칵거리는 방사능 소리에 귀를 기울이게 했다. 독일군 최고 사령부는 디데이 침공에 격노했고, 연합군 측은 독일이 핵무기를 영국 해협 너머로 쏘아 보복하지 않을까 마음을 졸였다. V 로켓은 이상적인 핵무기 운반 수단으로 간주되었기 때문에, V-1 로켓이 남긴 구덩이를 조사하는 임무가 가우드스밋에게 떨어진 것이다.

구덩이에서는 방사능이 전혀 감지되지 않았지만, 그렇다고 마음을 놓을 수 있는 상황은 아니었다. 오히려 정반대로 훨씬 위험한 임무를 수행하라는 명령이 떨어졌다. 제3제국의 호랑이 굴 속으로 들어가 유럽 본토에 숨겨져 있을지도 모를 핵무기를 찾아내는 임무였다. 임무 수행에 필요한 준비물 목록도 이 임무가 매우 위험하다는 인상을 주었다. 그 목록은 "헬멧과 함께 사용할" 털모자를 준비하라고 권했다. 그것은 총격전 상황에 대비하라는 뜻이었다. 게다가 맙소사, 방독면까지? 가장 섬뜩한 것은 유언장을 다시 작성하고, 생명 보험에 가입하라는 권고였다. 지금 당장 아내에게 전화를 걸어 살아서 돌아가지 못할 것이라고 알려야 하지 않을까 하는 생각이 들었다. 사실은 미국 보험 회사 중에서 배스터드 부대원의 생명 보험을 받아줄 곳은 한 군데도 없었다. "이 점은 분명히 하고 넘어갑시다. 그러니까 독일 영토로 침투해 핵무기를 찾는 임무를 수행하려고 하는데, 생명 보험 가입을 원하신다고요? 거절하겠습니다." 보리스 패시가 핵무기 수색 특공대를 흥미진진한 모험으로 여긴 반면, 가우드스밋의 눈에는 위험과 죽음만 어른거리는 미래가 보였다.

사실, 더 큰 힘들이 자신을 끌어들이지 않았더라면, 가우드스밋은 전쟁을 피해 집에서 편히 지낼 수도 있었다. 유대인 혈통으로 네덜란드에서 태어난 가우드스밋은 히틀러에 맞서 싸우겠다고 결연한 의지를 불태웠다. 맨해튼 계획에 참여하지 않은 극소수 연합국 핵물리학자 중 한 명이라는 사실 때문에 그는 독특한 위치에 있었다. 그는 핵분열 연구에 관한 정보를 얻기 위해 나치 과학자들을 심문할 수 있는 일반 지식을 갖고 있는 한편으로, 만약 적에게 체포되어 고문을 당하더라도 맨해튼 계획에 대해 구체적으로 아는 게 없어 털어놓을 비밀이 거의 없었다. 게다가 여러 유럽 언어를 말할 수 있었고, 독일의 최고 물리학자들 중에도 친구가 많았다.

적어도 한때는 그랬다. 가우드스밋은 전쟁이 일어나고 나서 몇 년이 지나는 사이에 그중 일부 사람들을 미워하게 되었다. 전설적인 양자물리학자 베르너 하이젠베르크Werner Heisenberg와는 특별히 가까운 사이였는데, 가끔 자기 집에 하이젠베르크를 머물게 했을 정도였다. 하지만 하이젠베르크가 독일의 핵폭탄 계획에 참여한 뒤로는 그에 대한 애정이 사라졌다. 가우드스밋은 배신감을 느꼈고, 그 때문에 사악한 생각까지 했다. 비밀 작전 팀을 독일에 침투시켜 이전의 친구를 납치하자고 아주 진지하게 제안한 적도 있었다. 독일의 핵폭탄 계획에 관한 소문이 점점 커지자, 가우드스밋은 더욱 섬뜩한 방법들을 떠올렸다. 그중에는 권총과 청산가리 알약을 휴대한 전직 메이저 리그 야구 선수를 스위스로 보내 과학 회의에 참석한 하이젠베르크를 암살하는 계획도 있었다.

그러나 가우드스밋이 유럽의 전쟁에 뛰어든 이유 중에는 하이젠베르크에 대한 강박 관념 외에 개인적 차원의 임무 수행도 있었다. 히틀러의 사악한 계획 때문에 그의 가족은 네덜란드에서 발이 묶였고, 연로한 부모는 체포되었다. 부모에게서 온 마지막 편지에 찍힌 소인은 강제 수용소가 있는 도시에서 보낸 것이었고, 그 후 가우드스밋은 부모에 대한 걱정 때문에 병이 났다. 가우드스밋은 히틀러에 맞서 싸우고, 나치의 원자폭탄 개발을 저지하기 위해 배스터드 부대에 들어갔다. 그리고 가능하면 부모도 찾으려고 했다.

가우드스밋이 런던에서 조사한 V-1 로켓 구덩이들도 충분히 공포스러웠지만, 유럽 전역에 퍼져 있던 스파이들은 더 치명적인 V 로켓 무기—더 긴 사정거리와 훨씬 빠른 속도, 그리고 더 큰 파괴력을 지닌 미사일인 V-2와 수수께끼의 V-3—에 대한 소문을 이미 듣고 있었다. 하지만 이 모든 것은 조지프 케네디 주니어Joseph Kennedy Jr.(흔히 조 케네디라고 부름)에게는 오히려 반가운 소식이었다. 위험이 클수록 그에 따르는 영광도 더 크기 때문이었다.

1944년 8월, 조 케네디는 영국에 주둔하고 있었는데, 고국에 있는 동생 존 F. 케네디John F. Kennedy에게 편지를 쓰면서 나날을 보냈다. 다른 파일럿과 마찬가지로(그는 해군 전투기를 몰았다) 조는 편지에 여자에 관한 외설스러운 이야기를 썼고, 시골 생활의 따분함과 어려움에 대해 불만을 토로했다. 사실은 조는 케네디 가문 출신이라는 신분 때문에 대부분의 육군 병사는 꿈만 꿀 수 있는 특권—신선한 달걀, 흰색 실크 스카프, 축음기, 가습기, 교회 갈 때 타고 가는 자전거—을 누리고 있었다. 심지어 때로는 비행기를 징발해 런던으로 날아가 스카치위스키와 팹스트블루리본 맥주 상자들을 실어오기도 했다. 요컨대 조는 아주 행복한 시간을 보내고 있었다.

하지만 편지에 태평하게 쓴 수다 이면에는 동생에 대한 부러움이 감춰져 있었다. 한 편지에서는 남태평양에서 무공 훈장을 받은 동생에게 축하를 보냈다. JFK는 여러 전공戰功을 세웠는데, 그중에서도 심한 화상을 입은 수병 패트릭 맥마흔Patrick McMahon의 목숨을 구한 것이 세간의 이목을 끌었다. 이 용감한 행동 덕분에 JFK는 전쟁 영웅이라는 명성을 얻었지만, 이 일은 형의 적대감을 자극했다. 가시 돋친 찬사에서 조는 존에 관한 또 다른 잡지 기사를 읽었다고 언급하고는, "맥마흔은 계속 네 이야기를 하는 것에 넌더리가 난 게 분명해"라고 덧붙였다. 2년 터울로 태어난 형제는 모든 것—성적, 여자, 아버지의 애정—을 놓고 경쟁하면서 자랐다. 거의 항상 조가 이겼지만, 젊은 시절에 가장 중요한 경쟁 부문인 전공戰功에서 동생에게 밀리자 조는 몹시 화가 났다.

하지만 조에게는 곧 상황을 역전시킬 회심의 카드가 있었다. 조는 일요일에 미사를 드리고 나서 다음 토요일에 폭음을 즐길 때까지 그 사이의 시간에 일급 기밀 임무 수행을 위한 훈련을 받고 있었다. 전해에 독일은 영국 해협 바로 건너편인 프랑스 북해안에 의심쩍은 미사일 벙커를 여럿 건설했다. 만약 히틀러가 정말로 런던에 원자폭탄을 쏟아붓길 원한다면, 이곳이 완벽한 발사 장소로 보였는데, V-1 공격이 시작되자 연합국 측 지도자들은 이 벙커들을 제거해야 할 필요성을 강하게 느꼈다.

문제는 이 벙커들이 아주 크고 튼튼해, 비행기에서 투하하는 재래식 폭탄으로는 아무 타격을 줄 수 없다는 점이었다. 그래서 창의적인 아이디어가 필요했는데, 군사 전문가들은 비행기 자체를 폭탄으로 만드는 아이디어를 생각해냈다. 즉, 비행기를 폭발물로 가득 채운 다음,

무인 드론처럼 영국 해협 위로 날려보내는 방법이었다. 그리고 허접한 원격 조종 장치를 사용해 비행기를 가미카제 방식으로 벙커에 충돌시킨다는 계획이었다. 유일한 문제는 그 비행기가 혼자서는 이륙할 수 없다는 점이었다. 누군가 이 날아다니는 폭탄을 몰고 활주로를 달려 하늘로 날아오른 뒤, 목표 지점으로 날아가 폭발하도록 공중에서 필요한 제어 장치를 조작해야 했다. 조는 그 위험한 임무에 자원하고 나섰다.

동생에게 보낸 편지에서 조는 이 임무를 자세히 털어놓을 수는 없었지만, 편지 곳곳에서 들뜬 기색이 묻어났다. 한번은 자신도 훈장을 받을 게 거의 확실하다고 자랑하기까지 했다. 하지만 부모가 편지를 볼 수도 있다는 사실을 알고 있던 조는 서둘러 "정신 나간 모험에…… 내 목을 걸 생각은 전혀 없어"라고 덧붙이며 자신의 안전에는 문제가 없을 것이라고 안심시켰다. 그것은 뻔뻔한 거짓말이었다. 이 편지를 쓸 무렵, 조의 동료 파일럿 중 여럿이 이미 심각한 부상을 입었다. 한 사람은 낙하산을 타고 탈출하다가 한쪽 팔이 잘려나갔고, 또 한 사람은 추락해 사망했다. 사실, 이 임무는 이 전쟁에서 가장 정신 나간 모험 중 하나였다.

제2차 세계 대전이 어떻게 끝났는지는 누구나 안다. 히로시마와 나가사키 상공에 솟아오른 검은 버섯구름이 전쟁을 끝냈다. 하지만 정반대의 결과가 너무나 쉽게 나올 수도 있었다는 사실을 아는 사람은 드물다. 즉, 미국의 원자폭탄이 아니라 독일의 원자폭탄으로 일본

도시가 아니라 런던이나 파리, 심지어 뉴욕이 폐허로 변하면서 전쟁이 끝날 수도 있었다.

사실, 맨해튼 계획에 참여한 대부분의 과학자들은 독일이 원자폭탄 개발 계획에서 앞서가고 있다고 확신했다. 어쨌든 독일 화학자들과 물리학자들은 핵분열을 먼저 발견했고, 제3제국은 미국보다 2년 앞서 1939년에 미국의 맨해튼 계획에 해당하는 우라늄 클럽을 만들었다. 독일은 세계 최고 수준의 산업 시설을 갖추고 있어 원자폭탄 제조에 필요한 막대한 양의 원재료를 가공 처리할 능력도 있었다. 게다가 핵전쟁을 시작하려는 악마 같은 의지는 두말할 것도 없었다.

이 사실은 두 가지 효과를 낳았다. 첫째, 미국 과학자들은 미친 듯이 원자폭탄 개발에 매진했다. 둘째, 연합국 측은 독일의 원자폭탄 개발 계획을 저지하기 위해 필사적인 임무를 적극 후원했다. 스파이, 군인, 물리학자, 정치인을 비롯해 모두가 각자 나름의 역할을 담당했다. 한 역사학자는 이렇게 표현했다. "아마도 과학자와 정치인이 이보다 더 큰 이해가 걸린 일에 전력투구한 적은 일찍이 없었을 것이다. 혹은 숨 막히는 긴박감이 사람들을 이보다 더 비상한 노력을 기울이게 한 적은 일찍이 없었을 것이다."

『원자 스파이』는 영웅적이면서도 혼란스럽고 때로는 치명적인 결과를 낳기도 했던 이들의 노력이 어떤 것이었는지 들려준다. 이 이야기에는 보리스 패시와 조 케네디 같은 사람들뿐만 아니라, 이렌 졸리오-퀴리Irène Joliot-Curie와 리제 마이트너Lise Meitner처럼 용감한 여성 과학자들도 등장한다. 1939년 이전에도 과학은 분명히 전쟁에 기여했지만, 제2차 세계 대전 때 연합국 측은 처음으로 과학자들에게 총과 철모를 주어 전투 지역으로 파견했다. 이 그림자 전쟁은 많은 점에서 눈에 보이는 전쟁과 유사했지만, 여기에 참여한 남성과 여성은 군대와 탱크, 항공기의 이동을 대체로 무시하고, 대신에 '개념들'—세상을 바꿀 힘이 있는 어마어마한 과학적 개념들—에 몰래 접근했다.

그럼에도 연합국 측은 임무를 위해 필요하다면 비열한 수단을 쓰는 것을 마다하지 않았다. 첫 장의 주인공—야구 포수 출신으로 미국 최초의 원자 스파이가 된 불가사의한 인물 모 버그Moe Berg—은 친구의 편지를 훔치는가 하면, 상관들에게 상습적으로 거짓말을 했으며, 무단이탈도 놀랍도록 자주 저질렀다. 버그를 비롯해 많은 사람들이 히틀러의 손에서 원자폭탄을 빼앗을 수만 있다면 어떤 극단적인 전술—공습, 특공대 공격, 화염병, 납치—도 전혀 거리끼지 않았다.

나치의 원자폭탄을 다룬 다른 이야기들과 달리 이 이야기는 연합국 측의 행동에 초점을 맞춰 전개되며, 궁극적인 임무에 맞닥뜨린 남성과 여성의 마음속을 직접 들여다본다. 이어지는 이야기 중 상당 부분은 이전에 발표되지 않거나 간과된 출처에서 나온 것으로, 이 전쟁에서 활약한 인물들 중 아주 흥미롭지만 잘 알려지지 않은 일부 사람들에 대해 새로운 통찰을 제공한다. 모든 임무는 당연히 일급 기밀이었고, 이 임무에 자원한 사람들 중에는 어두운 동기를 가진 사람도 있었다. 때로 이들은 적보다 자기들끼리 싸우느라 더 많은 힘을 쏟아부었다. 하지만 이들은, 자신의 마음속에 도사린 개인적 악마를 억누를 수 없었다 하더라도, 나치의 위협 앞에서는 절대로 물러서지 않았다.

『원자 스파이』 이야기는 '저열하고 부정직한 10년'인 1930년대에 일어난 핵분열의 탄생에서 시작해 전쟁이 끝난 마지막 날까지 계속된 서사시적 추적 임무로 이어진다. 연합국 측은 프랑스와 독일로 진격하기 전에 북아프리카와 이탈리아를 점령하느라 이미 수백만 명을 희생했다. 하지만 그들은 히틀러가 단지 우라늄 몇 킬로그램만으로 디데이 작전 전체를 수포로 만들고 연합국을 유럽 대륙에서 영원히 축출하지 않을까 두려워했다.

따라서 이어지는 이야기에서 때로는 등장인물이 무분별하고 심지어 미친 듯한 행동을 보이더라도, 그들이 그런 행동을 해야만 했던 이유가 충분히 있었다. 과학자와 군인 모두 원자핵에 숨어 있는 초자연적 힘이 곧 미치광이의 손에 들어갈 것이라고 확신했다. 그것을 막을 수만 있다면, 어떤 대가를 치르더라도 아까울 것이 없었다.

1부

전쟁 이전 — 1939년

1장
버그 교수

미국 최초의 원자 스파이는 미국인이 아니었다. 모 버그의 아버지 버나드 버그Bernard Berg는 1890년대에 집단 학살을 피하려고 우크라이나를 탈출한 뒤, 런던에서 볼로냐소시지와 씻지 않은 몸 냄새가 진동하는 혼잡하고 지저분한 미국행 증기선에 탑승했다. 막상 미국에 도착해 빈민가의 공동 주택에서 생활해보니, 그에 비하면 3등 선실의 환경이 오히려 호사스러워 보였다. 보어 전쟁 때 영국 편으로 참전한 외국인은 자동으로 영국 시민권을 얻을 수 있다는 이야기를 들은 버나드는 곧바로 다음 편 배로 런던으로 돌아갔지만, 그 혜택은 이미 만료된 뒤였다. 아쉬운 마음을 뒤로 하고 마지막 남은 10달러를 털어 뉴욕으로 다시 돌아와 미국 시민이 되는 수밖에 없었다.

버나드는 곧 침모針母로 일하던 루마니아 출신의 로즈Rose와 결혼해 세 아이를 낳았다. 두 사람은 로어이스트사이드에서 세탁소를 열었는데, 이 사업은 성공하지 못했다. 고질적으로 독서를 좋아한 버나드는 다림질을 하면서도 책에 푹 빠진 나머지 옷에 구멍을 내는 일이 잦았다. 결국 버나드는 자신의 결점을 인정하고 대신에 뉴어크에서 약국을 열었다. 가족은 그 위층의 아파트에서 살았다(버나드는 하루에 15시간씩 아주 열심히 일했고, 위층과 연결된 관을 통해 가족과 대화를 나눴다). 그 동네에서 최초의 유대인 가족이었던 버그 가족은 가끔 차별을 겪었지만(아이들은 "어이, 예수 살인자!"라고 소리치곤 했다), 약국은 그 동네에서 사교 생활의 중심지가 되었다. 버나드는 특히 '버그 칵테일'로 유명했는데, 이것은 피마자유와 루트 비어(나무뿌리, 껍질, 약초에서 짜낸 즙에 시럽을 타서 만든 탄산음료)를 섞어 만든 설사제였다. 그는 버그 칵테일을 혼합하기 전에 손님에게 집까지 거리가 얼마나 되느냐고 물었다. 네 블록이라고 대답하면, 네 블록용 칵테일을 만들어 손님에게 마시게 했다. 그리고 곧장 집으로 가라고 경고했다. 도중에 누굴 만나 대화를 나누느라고 미적거리지 말라고 했다. 사람들은 당황스러운 경험을 한 뒤에야 그것이 농담이 아니라는 교훈을 얻었다.

막내인 모는 1902년에 5.4킬로그램의 체중으로 태어났다. 아버지가 온종일 일에 매달린 덕분에 모는 자신의 열정을 추구할 자유를 만끽했는데, 그 열정은 야구였다. 모는 항상 공이나 사과, 오렌지 등 둥근 것은 무엇이건 던지면서 놀았고, 어린 시절부터 뉴어크에서 최고의 포수였다. 맨홀 뚜껑 뒤쪽에 쪼그리고 앉아 작은 손에 베개만큼 커 보이는 글러브를 치켜들고는 현지 경찰들에게 자신을 향해 힘껏 공을 던지게 했다. 버그는 "더 세게!"라고 자주 외쳤다. "더 세게!" 마침내 한 경찰이 투구 모션을 취한 뒤 정말로 강속구를 던졌다. 버그는 비틀거리며 뒤로 물러났고 하마터면 넘어질 뻔했다. 하지만 버그는 버텨냈다. 어떤 어른도 그를 굴복시킬 수 없었다. 이 야구 천재의 소문을 들은 현지의 교회 올스타 팀이 버그를 스카우트했다. 그들은 버그에게 기독교식 이름인 런트 울프Runt Wolfe를 별명으로 사용해야 한다고 강요했지만, 런트는 곧 그 팀에서 스타가 되었다.

모의 야구 재능에 유일하게 감명받지 않은 사람은 아버지였다. 마지못해 미국 시민이 된 버나드는 가장 미국적인 이 스포츠를 절대로 받아들일 수 없었다. 그는 야구 선수들을 얼간이라고 업신여겼고, 자신의 진짜 영웅인 학자와 비교했다. 하지만 사실 모는 공부도 아주 잘해 16세에 고등학교를 졸업하고 프린스턴 대학교에 들어갔다. 대학에서 모는 아버지가 열정을 가진 분야를 택해 로맨스어를 전공했고, 어떤 학기에는 여섯 강좌를 수강하기도 했다. 게다가 산스크리트어와 그리스어도 공부했다. 훗날 모 버그가 유명해졌을 때, 그의 어떤 기벽도 언어 능력만큼 큰 관심을 끌진 못했다. 어떤 사람은 그가 6개 언어에 능통하다고 주장했는데, 6개가 아니라 8개라고 주장한 사람도 있었고, 12개라고 주장한 사람도 있었다.

아버지에게는 실망스럽게도 버그는 프린스턴 대학교의 타이거스 팀에서 야구도 했다. 그 당시 아이비리그 경기에는 최대 2만 명에 이르는 많은 관중이 몰렸고, 버그는 그 팀에서 스타 유격수로 각광을 받았다. 185cm의 큰 키와 아주 큰 미트도 눈길을 끄는 데 일조했다. 한 지인은 "그와 악수를 하는 것은 나무와 악수를 하는 것 같았다"라고 회상했다. 2학년 때 타이거스 팀은 폴로 그라운즈에서 벌어진 시범 경기에서 하마터면 월드 시리즈 챔피언인 뉴욕 자이언츠를 이길 뻔했는데, 최종 점수 3 대 2로 아깝게 졌다. 마지막 학년 때 버그는 타이거스 팀을 이끌고 21승 4패(18연승 포함)를 기록했고, 타율은 3할 3푼 7리였다. 라이벌인 하버드, 예일과의 경기에서는 6할 1푼 1리를 기록했다. 그해에 같은 팀 2루수도 언어 애호가였는데, 두 사람은 상대 팀이 알아듣지 못하게 라틴어로 수비 전략을 논의하곤 했다.

이제 여러분은 큰 키에 체격이 좋고 로맨스어에 능통하며 프린스턴 대학교에서 미국 최고 수준의 유격수였던 버그가 매우 인기가 높고 사람들의 존경을 받았을 것이라고 생각할지 모르겠다. 하지만 그런 인기와 존경은 대개 멀찌감치 떨어진 사람들에게서 받는 것이었다. 모는 학교에 친한 친구가 거의 없었다. 그 이유 중 일부는 프린스턴 대학교에 있었다. 프린스턴 학생들(그 당시에 프린스턴에는 남학생뿐이었다)은 대부분 일류 사립 고등학교를 나왔고, 강의를 들으러 올 때 운전기사가 모는 자동차를 타고 왔다. 반면에 버그는 650달러나 되는 학비를 벌기 위해 열심히 일해야 했는데, 해마다 여름이면 뉴햄프셔 주에서 여름 캠프 지도자로 일하고, 겨울 방학에는 크리스마스 선물 꾸러미를 배달했다. 스모킹 재킷smoking jacket(벨벳으로 만든 헐거운 남성용 재킷)을 입고 강한 향내가 나는 머릿기름을 사용하기도 했지만, 돈이 꽤 들어가는 소비 습관만으로는 아무도 속일 수 없었다. 유대인이라는 사실도 불리하게 작용했다. 프린스턴에서 마지막 학년 때 더 적합한 사람(앵글로색슨계 백인 신교도)이 야구팀 주장으로 선출되었는데, 이것은 버그에게 뼈아픈 상처가 되었다. 회식 클럽(다른 대학의 남학생 사교 클럽에 해당하는 프린스턴의 클럽)에 가입하려고 했을 때, 투표를 통해 한 클럽에 가입이 허락되었다. 하지만 주제넘게 나서지 말고, 다른 유대인을 옹호해서는 안 된다는 조건이 붙었다. 모욕을 느낀 버그는 가입을 거부했다.

하지만 고립 상태는 온전히 프린스턴만의 잘못은 아니었다. 버그에게는 은밀하게 자신만의 행동을 추구하는 기질이 있었는데, 평생 동안 여기서 벗어나지 못했다. 버그는 잘생긴 데다가 위트도 넘쳤다. 남자들은 그의 박식함과 운동 능력을 존경했다. 버그가 프랑스어와 이탈리아어로 속삭이면, 여자들은 애교 섞인 목소리로 반응했다. 하지만 버그는 파티에는 절대로 참석하지 않았고, 누구에게도 저녁을 같이 먹자고 청하지 않았으며, 어느 누구도 자신에게 가까이 다가오도록 허용하지 않았다. 그는 구제불능의 외톨이였고, 늘 사람들을 밀어냈으며, 불가해한 인물이라는 분위기를 풍겼다.

1923년, 프로 야구 구단 뉴욕 자이언츠와 브루클린 로빈스(나중에 브루클린 다저스로 이름을 바꾸었다가 연고지를 LA로 옮기면서 LA 다저스가 되었다)가 버그를 데려가려고 시도했다(그를 데려가려고 한 한 가지 이유는, 유대인 스타 선수가 줄어든 관중을 늘리는 데 도움이 되리라고 생각했기 때문이다). 하지만 버그는 망설였다. 그해에 파리의 소르본 대학교에서 대학원 과정을 밟으려고 마음먹고 있었기 때문이다. 하지만 결국 버그는 계약서에 사인했는데, 시즌이 끝난 기간에 소르본을 다닐 수 있으리라고 생각했다. 두 구단 가운데 로빈스가 성적이 더 나빴는데, 따라서 버그가 당장 주전으로 뛸 수 있을 것 같았다. 그래서 그해 여름에 5000달러(오늘날의 가치로는 약 7만 1000달러) 계약서에 서명해 아버지를 더욱 실망시켰다. 며칠 뒤, 필라델피아에서 버그는 첫 번째 타석에서 안타를 치고 타점을 올렸다.

아마도 이것이 버그의 신인 시절에서 가장 빛나는 순간이었을 것이다. 강한 팔을 가진 우아한 야수이긴 했지만, 젊고 경박한 그는 실책을 너무 많이 저질러 풀타임 선수로 뛸 수가 없었다. 게다가 버그는 메이저 리그의 투구에 적응하는 데 애를 먹었다. 삼진은 잘 당하지 않았지만, 힘있는 타자가 아니었고, 너무 느려서 빠른 걸음으로 안타를 만들지도 못했다. 한 감독은 버그가 베이스를 향해 뛸 때 마치 눈신을 신고 뛰는 것처럼 보인다고 농담하기도 했다. 버그는 49경기에 출전해 타율 1할 8푼 6리에 그쳤다. 그해 여름에 한 스카우터는 버그의 장래성을 네 단어로 요약했다. "훌륭한 야수이지만, 타자로서는 실격."

버그는 그해 겨울에 타격 연습에 매진하는 대신에 소르본으로 갔다. 학비가 무척 저렴했는데(강좌당 1.95달러. 오늘날의 가치로 약 28달러), 그래서 무려 22개나 되는 강좌에 수강 신청을 했다. 신청한 과목 중에는 프랑스어, 이탈리아어, 중세 라틴어, '희극' 등이 포함돼 있었다. 버그는 특히 라틴어가 유럽에서 퍼져나가면서 '세속화'한 과정을 추적하는 데 관심이 많았다. (훗날 그는 "카이사르의 군단이 로마에서 더 멀리 갈수록 순수한 라틴어에는 그들이 복속시키려고 한 현지인의 단어와 관용구가 섞여들었다"라고 설명했다.) 버그는 혈기왕성한 학생이기도 했다. 한 유럽사 강좌(제1차 세계 대전에 이르기까지 격동의 수십 년을 다룬)에 들어가기 전에 그는 "만약 강의 내용이 너무 한쪽으로 치우쳤으면, 나는 교수에게 강의를 집어치우라고 말할 거야"라고 선언했다. 하지만 전반적으로 강의들은 기대 이상이었다. 집으로 보낸 편지에서 버그는 일부 강좌들은 5달러를 지불해도 아깝지 않을 정도로 훌륭하다고 말했다. "내가 여기서 얻는 것을 감안한다면, 소르본 대학교에 교수 자리를 하나 기부해야 마땅할 거야."

파리에 머무는 동안 버그는 매일 여러 신문을, 그것도 서로 다른 언어로 된 신문을 읽는 버릇이 생겼는데, 이 버릇은 평생 지속되었다. 집에 가구는 거의 없었지만, 곳곳에 신문이 잔뜩 널려 있었다. 신문을 가득 안고 방으로 가져가, 이 신문에서 몇몇 이야기를, 저 신문에서 몇몇 이야기를 읽는 식으로 신문을 읽었다. 그러고 나서는 이해하기 힘든 분류 체계에 따라 신문들을 의자나 찬장, 욕실 배관, 심지어 침대 등에 걸쳐놓았는데, 나중에 그 상태로 집어들어 다시 읽기 위해서였다. 그는 반쯤 읽다 만 이 간행물을 '살아 있는' 신문이라고 불렀는데, 그것을 건드리는 사람은 큰 곤욕을 치렀다. 버그는 불같이 화를 내면서 신문을 마구 집어던지고 나서 쿵쿵거리며 '신선한' 신문을 사러 갔다. 아무리 밤늦은 시간이거나 궂은 날씨라도 상관없었다. 다 읽은 후 그것을 '죽은' 신문이라고 선언하기 전에는 아무도 거기에 손을 대서는 안 되었다. 버그가 이 일에 왜 그토록 크게 화를 내는지 아무도 몰랐다. 그것은 모 버그의 수수께끼 중 하나였다.

야구 경력에는 불행하게도, 파리에서 버그가 탐닉한 것은 신문만이 아니었다. 그는 파리의 맛집도 열심히 찾아다녔다. 버그의 전형적인 하루는 초콜릿과 버터를 바른 크루아상으로 아침을 먹는 것으로 시작했고, 저녁에는 50센트로 레스토랑에서 맛있는 음식을 배불리 먹었다. 술도 유혹적이었다. 집에 보낸 편지에 "[나는] 이제 물은 마시지 않아도 될 것 같아요. 와인이 기력을 넘치게 하거든요"라고 썼다. 걷는 것 말고는 운동은 아예 할 생각조차 하지 않았고, 그해 겨울에 몸무게가 적어도 5킬로그램은 늘었다. 그 결과로 3월에 춘계 훈련 시즌에 나타났을 때에는 몸 상태가 엉망이었고, 결국 트리플 A로 강등되고 말았다.

이렇게 해서 마이너 리그에서 긴 좌절의 시간이 시작되었고, 미니애폴리스 밀러스에서 털리도 머드 헨스로, 거기서 다시 리딩 키스톤스로 옮겨갔다(아버지도 아들의 강등에 크게 실망했을 것이다). 하지만 연옥에서 보낸 두 번째 시즌 동안 버그는 200안타와 124타점을 기록했고, 1926년에 시카고 화이트삭스는 5만 달러(오늘날의 가치로는 약 70

만 달러)라는 거액에 그와 계약했다. 또다시 기회를 날리고 싶지 않았던 버그는 열심히 노력했고, 그 후 몇 년 동안 그의 생애에서 최고의 야구를 보여줌으로써 화이트삭스에 보답했다.

더 자연스러운 포지션으로 옮겨간 것이 큰 도움이 되었다. 나중에 버그는 이 이야기를 여러 가지 버전으로 들려주었는데, 다음 이야기도 그중 하나이다. 1927년 8월에 화이트삭스의 주전 포수가 홈 플레이트에서 타자와 충돌해 부상을 입었다. 며칠 뒤에는 대체 포수가 더블헤드 경기 도중에 손가락이 갈라지는 부상을 입었다. 선수 명단에 마지막 포수로 올라 있던 대체 선수는 보스턴에서 또다시 충돌로 기절하고 말았다. 감독은 신음 소리를 냈다. "젠장! 이제 어떻게 하지?" 벤치에 앉아 있던 버그는 마이너 리그에서 포수로 뛴 적이 있는 뚱뚱한 1루수 동료를 엄지로 가리키면서 "바로 여기에 포수가 있어요"라고 말했다. 하지만 감독은 뒤를 돌아보지 않아 버그의 제스처를 보지 못하고 목소리만 듣고서 버그가 자원하고 나선 줄로(혹은 그냥 똑똑한 체하는 줄로) 알았다. 감독은 고개를 돌려 신참 유격수를 위아래로 훑어보았다.

"포수로 뛴 적 있나?"

"고등학교 시절에요."

"왜 그만두었는데?"

"어떤 사람이 한 말 때문에요. 날 보고 형편없다고 했지요."

"그 사람이 누군데?"

"감독이었죠."

"좋아. 포수 자리에 가서 앉게. 그가 제대로 알고 한 말인지 보자고."

버그는 예라고 말하고 나서 포수 장비를 착용하기 시작했다. 그리고 벤치를 향해 "만약 최악의 상황이 발생하면, 내 시신은 뉴어크로 보내주세요"라고 말했다.

화이트삭스는 그 경기에 졌지만, 버그는 훌륭한 플레이를 했다. 그날 밤, 동료들이 술을 진탕 마시러 갔을 때, 버그는 보스턴 코먼 공원에서 사코Sacco와 반제티Vanzetti의 처형에 항의하는 시위에 참여했다(사코와 반제티는 1920년 4월 15일에 매사추세츠주 브레인트리에서 무장 강도 짓을 하다가 두 명을 살해한 혐의로 기소되었다. 범행 당시 두 사람이 다른 곳에 있었다는 알리바이를 증언하는 사람들이 많이 나타났다. 하지만 두 사람은 사형 선고를 받고 1927년 8월 23일에 처형되었는데, 이 때문에 곳곳에서 많은 항의 시위가 일어났다. 두 사람은 무정부주의 신념 때문에 부당하게 사법 살인을 당한 것으로 보인다—옮긴이). 그리고 화이트삭스가 다음 날 두려운 상대인 양키스와 경기하기 위해 뉴욕으로 떠날 때, 감독은 출전 선수 명단에 버그를 주전 포수로 올렸다. 1회 말에 타석에 들어선 베이브 루스Babe Ruth는 히죽거리면서 "모, 5회가 끝날 때쯤이면 자넨 화이트삭스의 네 번째 부상 포수가 될 거야"라고 말했다. 버그는 투수에게 몸에 바짝 붙는 공을 계속 던지게 할 거라고 말했다. "그러면 우리는 병원에 나란히 누워 있겠지"라고 덧붙였다. 그러고서 둘 다 낄낄거리며 웃었다. 하지만 마지막에 웃은 사람은 포수였다. 그날, 버그가 투수를 잘 리드해 베이브 루스는 삼진을 두 번이나 당했고, 내야 밖으로는 공을 보내지 못했다. 버그는 나머지 강타선도 비슷한 방식으로 요리했고, 안타 하나를 추가했으며, 결정적인 3점을 낸 6회에는 타점을 하나 추가하여 화이트삭스가 6 대 3으로 이기는 데 크게 기여했다.

그럼에도 불구하고 감독은 새 포수를 신뢰하지 않았고, 동부 지역의 마이너 리그와 세미프로 선수들 사이에서 주전 포수 자원을 계속 찾았다. 감독이 적절한 포수를 찾지 못한 것에 우리는 고마워해야 하는데, 버그는 홈 플레이트 뒤쪽 자리가 더 적성에 맞았고, 아메리칸 리그에서 최고 포수 중 하나로 성장했기 때문이다. 다른 팀들은 도루 시도로 그의 팔을 시험할 생각은 버리는 게 좋다는 사실을 금방 깨달았고, 버그는 유격수 경험 덕분에 공을 뒤로 빠뜨리는 일이 드물었다. 버그는 117경기 연속 무실책으로 아메리칸 리그 기록을 세운 적도 있다. 버그는 순수한 야구 실력 외에 두뇌 싸움에도 아주 뛰어났다. 그는 모든 타자의 약점을 파악했고, 쉴 새 없는 재잘거림과 종잡을 수 없는 투구 리드로 타자들을 갖고 놀았다. 투수들은 그의 사인을 거부하지 않고 대부분 따랐다. 포수 경험은 타석에서도 유리하게 작용했다. 투수가 어떻게 생각하는지 잘 이해함으로써 당겨치기에 능숙한 타자가 되어 속구는 어김없이 좌익선상으로 보냈다. 심지어 두드러진 약점인 느린 발도 이제 큰 문제가 되지 않았는데, 포수는 으레 발이 느린 것으로 정평이 나 있었기 때문이다. 최고 시즌이었던 1929년에 버그는 107게임에 출전해 타율 2할 8푼 7리에 안타 101개를 쳤다. 심지어 MVP 후보로도 몇 표를 얻었다.

믿기 힘들겠지만, 버그는 오프 시즌에 컬럼비아 대학교 법학 대학원을 다니면서 이 모든 일을 해냈다. 다른 선수들이 10월에 장작을 패기 위해 열차를 타고 앨라배마주와 텍사스주로 돌아갈 때, 버그는 맨해튼으로 가 계약법과 금융법의 진도를 따라잡기 위해(야구 일정 때문에 3주일 늦게 강의실에 들어가면서) 아주 열심히 공부했다. 그는 "나는 트로이 사람처럼 아주 열심히 공부했다. 늘 2월과 남부[춘계 훈련을 위해]를 생각하면서"라고 말한 적이 있다. 이 모든 일을 동료들은 기이하게 여겼고, 스포츠 기자들은 흥미롭게 생각했다. 화이트삭스 운영진은 불만스럽게 여겼는데, 버그가 학업 때문에 루이지애나주 슈리브포트에서 열린 봄철 훈련에 빠질 때가 많았기 때문이다. 하지만 버그는 학업을 포기할 수 없다고 버텼는데, 아마도 아버지 때문에 그랬을 것이다. 아들이 기량발전상 후보로 거론되었을 때에도 버나드는 어떤 경기도 관람하려고 하지 않았다. 뉴어크의 약국 근처에서 누가 그 포수의 이름을 언급할 때마다 그는 고개를 돌리면서 침을 뱉었다. "그까짓 스포츠"라고 비웃으면서. 법학은 스포츠보다 훨씬 고상한 분야였다.

그래서 버그는 어느 해 봄에 뉴욕주 변호사 시험(긴 논술식 문제들이 나오는)을 치르고 나서 시즌을 위해 시카고에 왔을 때, 합격 여부를 알려고 매일 도서관에 가서 〈뉴욕 타임스〉를 뒤졌다. 그리고 마침내 합격자 명단에서 자신의 이름을 보았다. 1600명이 응시해 600명이 합격했는데, 버그도 그중 한 명이었다. 버그는 하늘을 날 듯이 기뻤다. "낙방한 그 불쌍한 사람들을 생각해보세요. 내 생애에서 이보다 더 기쁜 적은 없었죠." 당장 아버지에게 전화를 걸어 그 소식을 전했다. 아버지는 짤막하게 말했다. "굳이 장거리 전화를 걸 필요까진 없었어. 신문에서 이미 봤어." 그러고는 전화를 끊어버렸다.

최고의 시즌을 보내고 나서 6개월 뒤, 버그는 큰 부상을 입었다. 1930년 4월, 리틀록에서 열린 시범 경기 도중 타자로 나선 버그는 상대 팀 투수의 견제구에 1루로 다이빙을 했다. 그런데 스파이크가 땅에 박히는 바람에 오른쪽 무릎 인대가 끊어져 메이요 클리닉에서 수술을 받아야 했다. 몇 달 동안 쉬다가 복귀를 시도했지만, 건강 상태가 좋지 않았다. 시즌 중반에는 폐렴에 걸려 건강이 더 나빠졌다. 결국 부상과 폐렴 때문에 그다음 2년을 망치고 말았는데, 시카고에서 20경기, 그리고 (시카고에서 방출된 뒤에) 클리블랜드에서 10경기를 뛰는 데 그쳤다. 야구에서 미래가 불투명해지자, 돈을 벌기 위해 오프 시즌에는 월스트리트에서 변호사 일을 하기 시작했다. 하지만 버그는 그 일이 싫었다.

1932년, 2년간의 재활 훈련 끝에 버그는 건강을 충분히 회복해 워싱턴 세너터스와 계약했다. 하지만 다리가 예전 같지 않았다. 한때 좋았던 타격 실력도 나빠졌다. 뛰는 속도도 더 느려져 주루 플레이에 치명적인 약점이 되었다. 그리고 그 무릎으로는 햇볕 아래에서 몇 시간 동안 쭈그린 자세로 앉아 있을 수 없었다. 그래서 워싱턴은 버그를 불펜 포수로 강등시켰다. 그 후로 그를 한때 MVP 후보로 표를 얻었던 선수로 기억하는 사람은 거의 없었다.

하지만 아이러니하게도 무릎 부상은 그의 야구 경력에서 일어난 일 중 가장 좋은 일이었다. 불펜 포수로 타고난 사람이라고 하면 이상하게 들릴지 모르겠지만, 버그가 바로 그런 사람이었다. 머리싸움에서 수가 뛰어난 버그는 젊은 투수들에게 완벽한 멘토였고, 불펜 생활의 느긋한 페이스는 그에게 딱 맞았다. 워밍업을 할 필요도 없고 연습을 열심히 할 필요도 없었으며, 클럽하우스를 어슬렁거리면서 '살아 있는' 신문을 훑어보면 되었다(심지어 그를 위해 야구장으로 외국어판 신문을 가져오는 팬도 있었다). 스포츠 기자들과 잡담을 나눌 시간도 많았는데, 기자들에게 재미있고 수다스럽고 멋진 말을 잘하는 버그는 아주 매력적이었다. 언론은 버그의 비위를 맞추려고 애썼는데, 그럴 만한 이유가 충분히 있었다. 큰 덩치에 느릿느릿하고 일자 눈썹을 가진 뉴어크 출신의 포수가 프린스턴 대학교와 소르본 대학교를 다녔고, 17개 국어를 말한다지 않는가? 그는 아주 흥미로운 기삿거리를 제공했다.

'버그 교수Professor Berg'에 관한 기사는 대부분 그의 기이함에 초점을 맞추었다. 상형 문자를 해독한다거나, 에드거 앨런 포Edgar Allan Poe의 시를 전부 암송한다거나, 점심에 스테이크나 샌드위치 대신에 애플소스를 주문했다거나, 단지 사전이 '완벽한지 살펴보기 위해' 사전을 샀다거나, 여행할 때 동일한 검은색 정장 여덟 벌만 챙겨 가고 다른 옷은 일절 입지 않는다거나, 디트로이트에서 열린 더블헤드 경기 도중 불펜에서 비유클리드 시공간에 관한 책을 다 읽고는, 다음번에 프린스턴에 갔을 때 알베르트 아인슈타인Albert Einstein을 찾아가 그 문제를 더 깊이 논의했다는 따위의 이야기가 실렸다(한 작가는 이 포수를 "니커스를 입은 아인슈타인"이라고 불렀다).

어쨌든 버그는 야구 역사를 통틀어 어떤 후보 선수보다 언론에 더 많이 실렸는데, 능력이 더 뛰어난 동료들에게는 선뜻 받아들이기 힘든 일이었을 것이다. 기자가 한 동료에게 버그의 다양한 외국어 구사 능력에 대해 묻자, 스포츠 분야에서 역대급 폄훼에 해당하는 대답이 튀어나왔다. 같은 질문을 하도 많이 들었던지 그 동료는 코웃음치며 "아, 예. 그렇지만 제대로 하는 건 하나도 없어요"라고 말했다.

버그는 대개 기자들 앞에서 괴팍하게 행동했지만 내심 언론의 관심을 즐겼는데, 한 가지 이유는 거기에 여러 가지 특전이 따랐기 때문이다. 예를 들면, 1932년에 친선 도모 차원에서 일본에서 야구 워크숍이 열렸는데, 이때 일본을 방문하기로 선정된 메이저 리그 선수 세 명중에 버그도 포함되었다. 버그는 젊은 선수들에게 1루와 3루에 주자가 있는 상황에서의 수비 방법, 낮은 공으로 땅볼을 유도해 병살 플레이를 펼치는 법, 심지어 침을 바른 공을 다루는 법을 포함해 야구 경기의 세부 기술을 가르쳤다. 일본 선수들은 버그를 존경했고, 그의 가무잡잡한 얼굴색(그리고 일자 눈썹)을 매우 이국적이라고 생각했다. 버그는 훗날 일본을 "심판들의 천국"이라고 불렀는데, 일본 선수들이 심판에게 매우 공손했기 때문이다.

아시아 여행은 버그에게 여행을 계속할 핑계를 제공했고, 동료 선수들이 미국으로 돌아갈 때 그는 서쪽으로 방향을 돌려 한국과 중국, 인도차이나, 캄보디아, 태국, 버마, 인도, 이라크, 사우디아라비아, 시리아, 팔레스타인, 이집트, 크레타섬, 그리스, 유고슬라비아, 헝가리, 오스트리아, 네덜란드, 프랑스, 영국을 방문했다. 봄철 훈련 캠프에 나타난 그의 몸 상태는 분명히 엉망이었지만, 이번에는 아무도 그의 몸에 신경 쓰지 않았다. 동료들과 기자들을 즐겁게 할 새로운 이야기를 잔뜩 갖고 돌아왔기 때문이다.

하지만 개인적으로는 여행 중에 경험한 한 가지 일 때문에 계속 마음이 심란했다. 1933년 1월 하순에 베를린에 도착한 버그는 즉시 여러 신문을 집어들었다. 모든 신문에 똑같은 헤드라인이 실려 있었다. 아돌프 히틀러라는 43세의 선동가가 새 독일 총리가 되었다는 소식이었다. 버그는 기쁨에 넘친 나치 군중이 거리에서 이 사건을 축하하는 모습을 지켜보면서 그날을 보냈다. 미국으로 돌아온 뒤, 버그는 들으려고 하는 사람에게는 누구에게나 유럽이 큰 불행을 향해 다가가고 있다고 말했다.

2장

아쉬운 실패와 큰 성공

이렌 퀴리Irène Curie는 매번 상처를 덜 받았으면 하고 바랐다. 즉, 고통과 수치심이 줄어들길 바랐다. 하지만 큰 발견을 놓칠 때마다 똑같은 고통을 느꼈다.

이렌은 선구적인 물리학자였던 마리 퀴리Marie Curie와 피에르 퀴리Pierre Curie의 딸로 태어났다. 두 사람에게 가장 생산적이었던 시기인 1897년에 태어난 이렌은 부모의 관심을 끌려면 부모의 연구와 경쟁해야 할 때가 많았는데, 수줍음이 많고 나서기 싫어하는 성격이어서 집에 온 손님과 말을 나누는 대신에 때로는 문 뒤에 숨기도 했던 소녀에게는 쉬운 일이 아니었다(어린 시절에 큰 공포를 느낀 사건 중 하나는 부모가 1903년에 방사능에 대한 연구로 노벨상을 받았을 때 사진 기자들이 벌 떼같이 집으로 몰려온 일이었다). 마리가 인격적으로 훌륭한 점이 많은데도 불구하고 부모로서는 딸과 거리를 두는 태도를 보인 것도 악영향을 미쳤다. 폴란드에서 태어난 마리는 일곱 살 때 어머니를 여읜

후 사람들을 친밀하게 대하는 데 불편을 느꼈다. 이렌과 어린 여동생은 대체로 할아버지 손에서 자랐고, (연구실에서 밤늦게 돌아온 엄마의 치마폭에 매달리면서) 마리의 애정을 간절히 원할 때에도 마리는 딸들을 안아주거나 어루만지는 일이 드물었다.

1906년에 가족에게 일어난 비극적인 사고를 겪은 뒤, 마리는 사람들을 멀리하는 태도가 더 심해졌다. 그해 4월의 어느 날 오후, 친구 집에서 놀던 이렌은 그 집에서 며칠 지내야 한다는 이야기를 들었다. 그 이유는 아무도 설명해주지 않았다. 그러다가 그날 밤 늦게 마리가 그 집에 들러 아버지가 머리를 다쳤다고 이야기했다. 마리는 "한동안 아빠와 떨어져 지내야 할 거야"라고 말했는데, 이렌은 무슨 말인지 이해하지 못했다. 곧 마리의 자매들과 피에르의 형까지 도착하자, 어린 이렌은 더욱 혼란스러웠다. 사실은 피에르가 마차에 치여 죽었는데, 장례식이 끝날 때까지 아무도 이렌에게 이 사실을 말해주지 않았다. 피에르의 죽음은 일부 가족 간의 유대를 더 긴밀하게 했을지 모르지만, 마리는 자신의 슬픔을 더 많은 일로 달래려고 했고, 그 후 몇 년 동안 피에르의 이름을 입 밖으로 크게 소리내 말하려고 하지 않았다.

이렌에게는 청소년기도 쉽지 않았다. 이렌이 열두 살 때, 마리는 이렌을 자기가 목요일에 수학과 과학을 가르치던 대안학교에 보냈다. 그곳에서 십여 명의 학생은 조각과 중국어도 배웠고, 여러 가지 스포츠 활동도 했다(마리는 체육의 중요성을 강하게 믿었다. 퀴리 가족은 수영과 하이킹을 즐겼고, 뒤뜰에는 공중 그네도 있었다). 대안학교라고 하면 고루한 프랑스 교육에 대안을 제시할 수 있는 자유분방하고 목가적인 곳으로 들리지만, 마리는 딸에게 엄격한 기준을 강요했다. 한번은 이렌이 수학 문제를 푸는 대신에 몽상에 빠져 있는 걸 발견한 적이 있었다. 이렌이 답을 모르겠다고 인정하자, 마리는 "어쩌면 이렇게 멍청할 수가 있어?"라고 소리를 지르면서 이렌의 공책을 창문 밖으로 던져버렸다. 이렌은 공책을 주우러 두 층의 계단을 걸어 내려가야 했다—그리고 그 도중에 머릿속으로 문제를 풀었다.

1910~1911년은 퀴리 가족에게 특별히 힘든 시기였다. 먼저 이렌이 사랑하던 할아버지가 세상을 떠났다. 그다음에는 마리의 스캔들이 타블로이드 신문을 도배했다. 마리는 유부남이던 물리학자 폴 랑주뱅Paul Langevin과 불륜 관계를 이어가고 있었는데, 한 신문은 두 사람이 주고받은 연애편지를 공개했다(마리는 "당신이 [아내와] 함께 있는 걸 알면, 나의 밤은 아주 끔찍해요. 잠을 이룰 수가 없어요"라고 썼다). 하루는 랑주뱅의 아내가 길에서 마리를 만나 죽이겠다고 협박했고, 랑주뱅은 신문 발행인에게 결투를 신청했다. 일이 점점 걷잡을 수 없이 지저분하게 전개되면서 마리와 랑주뱅 둘 다 큰 모욕을 느꼈지만, 여성인 마리의 고통이 더 컸다. 사람들이 몰려와 마리의 집 창문에 돌을 던지면서 "폴란드로 돌아가라!"라고 외쳤다. 몇 주 후 마리가 두 번째 노벨상 수상자로 결정되자, 스웨덴 한림원은 마리에게 노벨상 시상식에 참석하지 말아달라고 요청했다. 스웨덴 국왕이 간통한 여자와 악수를 해 위신이 깎이는 상황을 피하기 위해서였다. 마리는 이를 거절하고 시상식에 참석했지만, 스캔들로 인한 상심이 너무 커 자살까지 생각했다. 연구에 집중할 수가 없었으니 아이들을 돌보는 일은 말할 것도 없었다. 그래서 두 딸을 친척에게 맡겼다.

제1차 세계 대전의 격변은 모녀 사이에 진정한 유대가 형성되는 계기가 되었다. 1914년 8월, 이렌은 동생과 함께 프랑스 북부에 위치한 어촌 라르쿠에스트에서 휴가를 보냈다. 이곳은 가끔 '과학 요새Fort

Science' 또는 '소르본 해변'이라고 불렸는데, 소르본 대학교 교수들이 발견한 이 마을이 과학자들 사이에 인기가 높았기 때문이다. 마리도 몇 주 후 그곳으로 가 딸들과 함께 시간을 보내려고 계획을 세워두었다. 하지만 전쟁이 터지자, 마리는 이 계획을 취소하고 오로지 자신의 소중한 라듐에 모든 관심을 쏟았다. 마리가 가진 이 방사성 원소는 몇 년 동안 허리가 휘는 고생 끝에 얻은 것이었다. 헛간에서 솥에 광물을 넣고 오랜 시간 졸여서 라듐을 추출했는데, 무려 8톤이나 되는 광물을 졸인 끝에 겨우 약 1그램의 라듐을 얻었다. 라듐은 마리가 하는 모든 연구의 기반이었고, 마리에게는 세상에서 그 무엇보다도 소중한 것이었다. 그래서 딸들을 데리러 과학 요새로 가는 대신, 진격해오는 독일군의 수중에 들어가지 않도록 라듐을 숨기려고 프랑스 남서부의 보르도로 달려갔다. 라듐은 약 60킬로그램의 납 상자에 넣어서 운반했는데, 그 속에 들어 있는 라듐의 무게는 납 상자 무게의 6만분의 1에 불과했다.

시간이 지나자 프랑스의 상황이 안정 상태에 접어들어 두 딸은 파리로 돌아갈 수 있었다. 그리고 여기서 이렌은 마침내 어머니로부터 존중을 받게 되었다. 마리는 과학 지식을 바탕으로 외과의가 군인의 몸속에 박힌 파편의 위치를 정확하게 파악하도록 돕기 위해 전선 가까운 곳에 X선 검사소들을 세웠다. 또한 이동용 X선 장비가 실린 차량들도 조직해 전선에 투입했다. 육군은 이 차량을 '작은 퀴리'라는 별명으로 불렀다. 이렌도 이 일을 돕겠다고 자원했는데, 일을 아주 능숙하게 잘해 벨기에의 한 야전 X선 검사소를 책임지게 되었다. 검사소는 참호에서 가까운 곳에 있어서 포성이 들렸다. 자신의 건강에 큰 위험이 따르는데도(X선 장비는 제대로 차폐가 되지 않은 상태로 운영되었다)

이렌은 수천 명의 X선 사진을 찍었고, 장비가 고장나면 직접 수리하기까지 했다.

이렌은 마리가 작은 퀴리를 타고 전선으로 가는 위험한 여행에 여러 번 동행하기도 했다. 훗날 마리는 "거처와 음식 확보의 불확실성은 말할 것도 없고, 앞으로 계속 갈 수 있을지 확신할 수 없는 때도 많았다"라고 회상했다. 하지만 역경은 두 사람의 유대를 강하게 했고, 전쟁이 끝날 무렵에 마리는 마침내 자신의 딸을 진정한 독립적인 여성으로 바라보게 되었다.

믿기 어렵게도, 이렌은 전선을 오가는 여행 사이에 짬을 내 소르본 대학교에서 물리학 학위를 받았다. 전쟁이 끝난 뒤, 이렌은 마리의 연구소에 박사 과정 학생이자 보조 연구자로 들어갔다(그 당시 이곳 과학자들 중 절반 이상은 여성이었는데, 과학 분야에서 여성을 지원하겠다는 마리의 사명감과 젊은 남자들이 참호에서 너무 많이 죽어간 상황이 결합된 결과였다). 이렌은 이런 환경에서 승승장구했고, 1920년대 초에는 충분한 자신감이 생겨 자기 밑에 조수를 둘 정도가 되었다. 그리고 그 조수와 함께 자기 인생에서 처음으로 어머니에게 도전했다.

프레데리크 졸리오Frédéric Joliot는 자신의 행운을 믿을 수가 없었다. 전쟁이 끝났을 때, 그는 일자리를 얻는 데 애를 먹고 있던 풋내기 과학자에 지나지 않았는데, 오만한 파리에서 '좋은' 대학을 나오지 않은 게 큰 이유였다. 그래서 마리 퀴리의 연구소에 지원했을 때에도 큰 기대를 하지 않았다. 하지만 그 자신이 아웃사이더였던 마리는 키가 크고 마른 체격에 상어 지느러미처럼 콧날이 뾰족한 이 젊은이에게 도박을 걸어보기로 결정했다(이전의 연인이었던 랑주뱅이 졸리오를 강하게 추천한 것도 한몫을 했다). 마리의 연구소에서 일자리 제의를 받자 졸리오는 감격했다. 어린 시절에 그는 잡지에서 마리의 사진을 오려 모았고, 지금도 마리를 존경하고 있었다. 졸리오는 즉각 제의를 받아들였다. 그러자 마리는 졸리오에게 앞으로 윗사람으로 모셔야 할 이렌을 소개했다.

이렌은 화학에, 졸리오는 물리학에 집중하면서 두 사람은 편안한 동반자 관계를 형성했다. 마리는 이 관계를 승인했는데, 자신과 죽은 남편 사이에서 아주 큰 성공을 거둔 효율적 분업 방식이었기 때문이다. 하지만 프레데리크가 초록색 눈의 이렌을 흠모하고 마리 몰래 구애를 하는 것까지 승인한 것은 아니었다(그리고 나중에 그 사실을 알고 경악했다).

더욱 놀라운 것은 이렌이 졸리오의 감정에 교감한다는 사실이었다. 두 사람의 기질은 너무나도 대조적이어서 도저히 어울릴 수 없는 상대로 보였다. 졸리오는 충동적이고 허영심이 많고 외향적이며 실험실에서도 항상 말쑥한 흰색 코트를 입을 정도로 단정했던 반면, 이렌은 내성적이고 금욕적이고 유행에 무관심했으며, 때로는 바닥에서 잠을 자기까지 했다. 하지만 두 사람은 죽이 잘 맞았고, 공통점이 몇 가지 있었다. 둘 다 어린 나이에 아버지를 잃었고, 사회 정의에 대한 열정이 강했으며, 특히 핵과학을 사랑했다. 이것은 이들의 실험 공책에서 아주 분명하게 드러나는데, 실험 기록은 가끔 과학적 아리아처럼 들린다. 한 사람이 실험 과정을 쓰는 것으로 시작하면, 다른 사람이 문장 중간에 끼어들어 이중창을 다른 필체로 이어갔다. 몇 년 동안 이렇게 친밀한 관계를 이어간 끝에 마침내 이렌은 졸리오의 청혼을 받아들였고, 1926년 10월 9일 오전에 졸리오는 자신의 신부와 결혼하고 잠자리를 같이했다—혹은 적어도 앞부분만큼은 확실하다. 결혼식이 끝난 뒤, 두 사람은 오후를 실험실에서 보냈다.

둘의 결혼을 의심했던 마리 퀴리는 졸리오를 다른 사람에게 소개할 때 사위라고 부르는 대신에 "이렌과 결혼한 남자"라고 자주 불렀다. 마음에 안 드는 점이 여러 가지 있었지만, 그중에서도 이렌과 졸리오가 결혼 뒤에 성을 졸리오-퀴리Joliot-Curie로 바꾼 것에 발끈했다. 하이픈으로 두 성을 연결해 사용한 것은 한편으로는 남녀평등을 선언하는 진보적이고 페미니스트적 행동으로 보였다. 하지만 냉소적인 사람들은 자신의 성에 '퀴리'를 덧붙인 프레데리크가 자신의 성에 '졸리오'를 덧붙인 이렌보다 더 큰 이익을 얻었다고 지적했다. 그래서 일부 동료들은 졸리오를 "이렌의 기둥서방"이라고 부르기 시작했다. 갑자기 벼락출세한 졸리오에게 분수를 알라고 지적하려는 의도도 있었고, 많은 점에서 졸리오보다 우월한 위치에 있던 이렌을 모욕하려는 의도도 있었다. 그럼에도 불구하고, 두 사람의 결혼과 연구는 잘 굴러갔다.

두 사람은 1932년 1월에 과학자로서 첫 번째 좌절을 맛보았다. 몇 년 전에 독일 물리학자들이 방사성 원자에 관해 기묘한 실험 결과를 발표한 적이 있었다. 방사성 원자는 불안정한 원자로, 분해되면서 여러 종류의 입자(일종의 아원자 파편)를 방출한다. 구체적으로는 독일 과학자들은 알파 입자를 가지고 연구했다. 알파 입자의 흐름을 얇은 베릴륨 금속박에 충돌시키자 베릴륨에서 두 번째 종류의 입자가 나왔다. 하지만 이 두 번째 파편의 정체는 수수께끼로 남아 있었다. 무엇보다도 이 입자는 아주 큰 에너지를 갖고 있었다. 아주 빠른 속도로

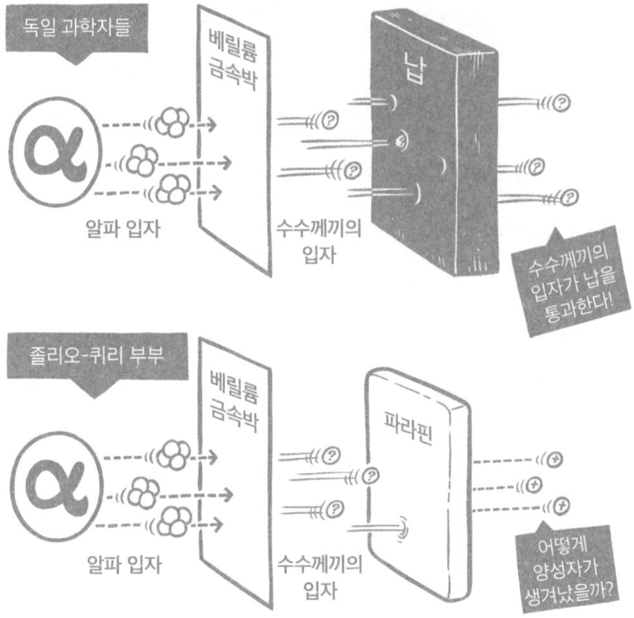

달려 10센티미터 두께의 납도 통과할 수 있었다. 그 당시 알려진 방사성 입자 중에서 에너지가 가장 높은 것은 감마선이었는데, 그래서 독일 과학자들은 이 입자가 특별한 종류의 감마선이 틀림없다고 결론내리고서 논문을 썼다.

두 연구팀은 후속 연구를 시작했는데, 그중 한 팀인 파리의 졸리오-퀴리 부부는 마리 퀴리의 정실주의 덕분에 경쟁자보다 크게 유리한 위치에 있었다. 마리 퀴리는 세계 최고의 장비뿐만 아니라, 2그램의 라듐(제1차 세계 대전 동안 숨겨두었던 1그램 외에 1921년에 미국의 여성 단체로부터 여성 과학자로서 이룬 선구적인 업적을 인정받아 소중한 1그램을 선물로 받았다)을 포함해 가장 강한 알파 입자 방출원까지 갖고 있었다. 마리는 딸과 결혼한 남자와 딸에게 이 과학적 부에 독점적으로 접근할 수 있는 특권을 주었다. 사실, 졸리오는 만약 마리가 죽고 졸리오가 이렌과 이혼할 경우, 라듐은 오로지 이렌의 소유임을 명시한 혼전 계약서에 서명해야 했다. 그 당시 라듐은 그만큼 귀중한 것이었다. 라듐 1그램의 가격은 최소한 10만 달러였는데, 오늘날의 가치로는 약 130만 달러에 이른다.

라듐은 시간이 지나면 붕괴하여 다른 물질들로 바뀌는데, 졸리오-퀴리 부부는 마리의 라듐을 가지고 연구하다가 알파 입자의 흐름을 강하게 방출하는 원소인 폴로늄 시료를 분리했다. 그런 다음, 독일 과학자들의 실험을 재현하다가 놀라운 것을 발견했다. 독일 과학자들과 마찬가지로 그들도 알파 입자를 베릴륨에 충돌시켜 '감마선' 방출을 일으키는 데 성공했다. 그런데 그들은 실험을 더 확대하여 베릴륨 가까이에 파라핀 덩어리를 놓아두고 감마선을 파라핀에 충돌시켰다. 그러자 놀랍게도 파라핀이 양성자를 토해내기 시작했다. 양성자는 감마선보다 훨씬 무겁기 때문에, 감마선이 양성자를 튀어나오게 하려면, 상상할 수 없는 속도로 움직여야 했다. 그것은 마치 종이를 씹어서 뭉친 것을 아주 강하게 발사해 큰 바위를 움직이는 것과 같았다. 두 사람은 크게 흥분하여 연구 결과를 논문으로 써서 학술지에 발표하기 위해 우편으로 보냈다. 그 당시 이렌은 만삭이었기 때문에(그 당시에는 태아의 방사능 노출에 대한 안전 기준이 전혀 없었다), 논문이 발표된 뒤 두 사람은 느긋한 마음으로 라르쿠에스트 근처에 있는 퀴리 가족의 별장으로 휴가를 갔다(오해를 막기 위해 덧붙이자면, 이 별장은 어디까지나 퀴리 가족의 소유였다. 졸리오가 서명한 혼전 계약서에 따르면, 졸리오는 이 별장에 대한 소유권도 일절 주장할 수 없었다).

한편, 영국의 제임스 채드윅James Chadwick은 열악한 환경에서 같은

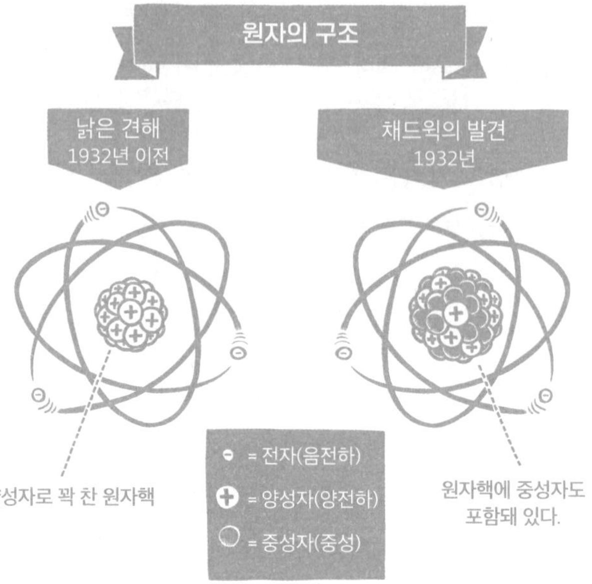

후속 연구를 하고 있었다. 구두쇠 같은 케임브리지 대학교의 캐번디시 연구소에서 조야한 장비와 약한 알파 입자 방출원을 가지고 연구했다. 그러다가 볼티모어의 한 병원을 끈질기게 졸라 더 나은 방출원을 얻었는데, 병원 측은 종양을 공격하는 데 쓰는 방사성 원소가 든 앰풀들(거의 다 사용한 것)을 우편으로 보내주었다(그 당시에는 방사성 물질에 대한 우편 안전 기준도 전혀 없었다). 앰풀들이 도착한 것은 졸리오-퀴리 부부의 논문이 이미 발표된 뒤였다. 하지만 채드윅은 패배를 인정하고 물러나는 대신에 그 논문을 비판적 시각으로 읽고는 그 결론이 의심스럽다고 생각했다. 종이를 씹어서 뭉친 것에 해당하는 아주 작은 감마선이 거대한 양성자 바위를 원자핵에서 튀어나오게 했다는 사실은 도저히 믿을 수 없었다. 대신에 다른 결론을 내렸다.

그 당시 과학자들은 원자가 두 가지 입자, 즉 양전하를 띤 양성자와 음전하를 띤 전자로만 이루어져 있다고 믿었다. 양성자는 원자 중심인 원자핵에 머물고, 전자는 그 주위를 빙빙 돈다고 생각했다. 하지만 일부 이론가들은 원자핵에 세 번째 입자가 있다고 예측했는데, 그 입자는 전기적으로 중성인 중성자였다. 채드윅은 베릴륨에서 나왔다는 기묘한 '감마선'이 실제로는 중성자가 아닐까 하고 생각했다. 그것은 이치에 맞았다. 중성자는 양성자와 크기와 질량이 거의 같기 때문에, 양성자를 원자핵에서 튀어나오게 할 수 있다. 게다가 중성자는 전기적으로 중성이어서 물질을, 심지어 두꺼운 납판도, 아주 쉽게 통과할 수 있다.

채드윅은 그다음 30일 동안 실험을 계속 반복하면서 보냈고(많은 날을 하루에 단 세 시간만 자면서), 곧 중성자의 존재를 뒷받침하는 확실한 증거를 얻었다. 그리고 1932년 2월에 〈네이처〉에 논문을 보냈다. 과학 요새에서 휴가를 보내고 돌아온 이렌과 졸리오는 그 논문을 읽고서 경악했다. 그들은 우주의 세 가지 기본 입자 중 하나를 다 발견해놓고 놓쳤던 것이다. 그것은 상상할 수 있는 것 중에서 가장 통렬한 좌절이었다—얼마 후 그보다 더 심한 좌절을 겪기 전까지는.

중성자를 다 발견하고도 마지막에 헛발질을 해 쓰라린 좌절을 맛본 이렌과 졸리오는 한층 더 연구에 박차를 가했다. 6주 전에 출산을 했는데도 불구하고, 이렌은 4월에 졸리오를 재촉해 해발 3300미터의 스위스 알프스산맥 봉우리에 있는 실험실로 갔다. 이렇게 높은 고도는 우주선宇宙線(우주에서 지구로 날아오는 고에너지 아원자 입자선)을 연구하기에 안성맞춤의 조건을 제공했다. 그 당시 우주선의 정체를 정확히 아는 사람은 아무도 없었는데, 이렌과 졸리오는 우주선 소나기 속에서 중성자가 나타나는지 조사하려고 했다.

두 사람은 안개상자라는 장비를 사용했는데, 이것은 밀폐된 상자 속에 증기 상태의 알코올이나 물을 넣어둔 것이다. 우주선이 안개상자를 지나가면, 그 궤적이 물방울의 형태로 나타난다. 안개상자를 전기장이나 자기장 속에 두면 물방울 궤적이 비틀어지거나 구부러지는데, 그 형태를 보고 과학자들은 입자의 크기와 속도, 전하를 추론할 수 있다. 과학 장비에 열광하는 버릇이 있던 졸리오는 안개상자가 무척 마음에 들어 궤적을 몇 시간이고 바라보면서 고리와 소용돌이 모양에 감탄했다. 특별히 아름다운 궤적이 나타나면, "이것은 세상에서 가장 아름다운 경험이 아닐까!"라고 외쳤다. 그러면 이렌은 "그래, 아마도 그럴 거야. 출산을 제외한다면 말이야"라고 대꾸했다.

알프스산맥에서 이렌과 졸리오는 약간 흥미로운 궤적들을 보았는데, 그중에는 기묘한 나선 궤적도 있었다. 그것을 만든 입자는 질량이 전자와 똑같아 보였는데, 그 궤적은 마치 양전하를 띤 입자처럼 전자와 정반대 방향으로 비틀어져 있었다. 어쨌든 전기적으로 중성인 중성자가 그런 궤적을 남길 리는 없었다. 두 사람은 두 달 동안 아무 결실도 얻지 못한 채 실험을 종료하고 아이와 함께 파리로 돌아왔다.

그런데 그해 9월, 놀라운 발표를 듣고서 두 사람은 황급히 실험 일지를 다시 들춰봤다. 캘리포니아주에서 한 물리학자가 안개상자를 사용해 반물질을 발견했다고 발표한 것이다. 우리 주변의 모든 것은 세 가지 기본 입자(양성자, 중성자, 전자)의 다양한 조합으로 만들어지는데, 이러한 일상적인 물질을 정상 물질이라고 부른다. 하지만 우주에는 정상 물질의 거울상에 해당하는 반물질도 존재한다(물질과 반물질이 만나면, 둘 다 상쇄되어 사라지면서 엄청난 에너지가 나온다). 캘리포니아주의 그 물리학자는 이렌과 졸리오와 마찬가지로 안개상자에서 질량이 전자와 같은 입자가 특이한 궤적을 그리는 것을 보았다. 하지만 두 사람과 달리 그는 이 궤적의 중요성을 깨달았는데, 그것은 바로 반물질의 존재를 보여주는 최초의 증거였던 것이다. 그가 발견한 입자는 전자의 반입자인 양전자였다.

실험 일지를 들춰본 이렌과 졸리오의 입에서 절로 신음 소리가 터져나왔다. 동일한 궤적과 동일한 증거가 바로 자신들의 눈앞에 있었는데도, 몇 달 만에 과학사에서 기본적인 발견을 이룰 또 한 번의 기회를 날린 것이다. 이번에 두 사람이 부른 과학의 아리아는 원통함에 사무친 것이었다.

1932년이 이렌과 졸리오에게 악몽과 같은 한 해였다면, 그다음 몇 년은 약간의 보상을 가져다주었다. 두 사람은 다양한 금속박에 알파 입자를 충돌시키는 실험을 재개했는데, 1933년 가을에 알루미늄을 가지고 실험하다가 놀라운 결과를 얻었다. 정상적으로는 알파 입자를 발사하면, 오직 한 종류의 두 번째 파편이 생겨났다. 그런데 알루미늄박에 알파 입자를 충돌시키자, 중성자와 함께 양전자도 생겨났다. 이런 결과는 이전에 어느 누구도 발견한 적이 없었기 때문에, 두 사람은 10월에 브뤼셀에서 열릴 명성 높은 학회에서 발표하기 위해 보고서를 쓰기로 결정했다. 학회의 참석자 명단에는 보어, 페르미, 디랙, 슈뢰딩거, 러더퍼드, 파울리, 하이젠베르크 등 사실상 핵물리학계의 중요 인물들이 다 포함돼 있었다.

이 발표로 두 사람의 경력은 찬란하게 빛날 수도 있었다. 하지만 반대로 이 발표 때문에 두 사람의 경력은 하마터면 나락으로 떨어질 뻔했다. 앞서 저지른 실수로 두 사람은 경솔하다는 평판을 얻었는데, 이 새로운 발견(우연히도 이전에 두 사람이 놓친 새로운 입자 두 가지가 모두 포함된)은 너무나도 훌륭해서 오히려 의심을 샀다. 발표가 끝나자 오스트리아 물리학자 리제 마이트너Lise Meitner가 일어서더니, 마치 구약 성경에 나오는 예언자처럼 단호하게 "그렇지 않습니다"라고 선언했다. 마이트너도 베를린에서 비슷한 실험을 했는데, 두 사람이 발견한 것은 전혀 보지 못했다고 주장했다. 이것은 매우 부정적인 평가였는데, 마이트너의 명성 때문에 참석자들은 대부분 그녀의 말을 믿었다.

이렌과 졸리오는 이렇게 굴욕을 당하고 파리로 돌아갔다. 하지만 두 사람은 낙담하는 대신에 자신들이 얻은 결과를 반드시 증명하고 말겠다는 투지를 불태웠다. 두 사람은 밥을 먹을 때에도 그리고 밤늦은 시간까지도 실험에 대한 이야기만 나누고 다른 것은 일절 생각하지 않았다. 모든 것을 다시 점검하고 확인하는 지루한 과정을 거치며 몇 주일을 보낸 뒤에 마침내 운명의 바퀴가 그들을 향해 굴러왔다. 1934년 1월의 어느 날 아침 졸리오는 흰색 실험복 소매를 말아 올리고, 실험 장치를 다시 조정하여 어떤 일이 일어났는지 보려고 했다. 알파 입자 방출원을 알루미늄박에서 더 멀찌감치 떨어진 곳으로 옮겨놓고 실험을 시작했다. 그러다가 아무 이유도 없이 알파 입자 방출

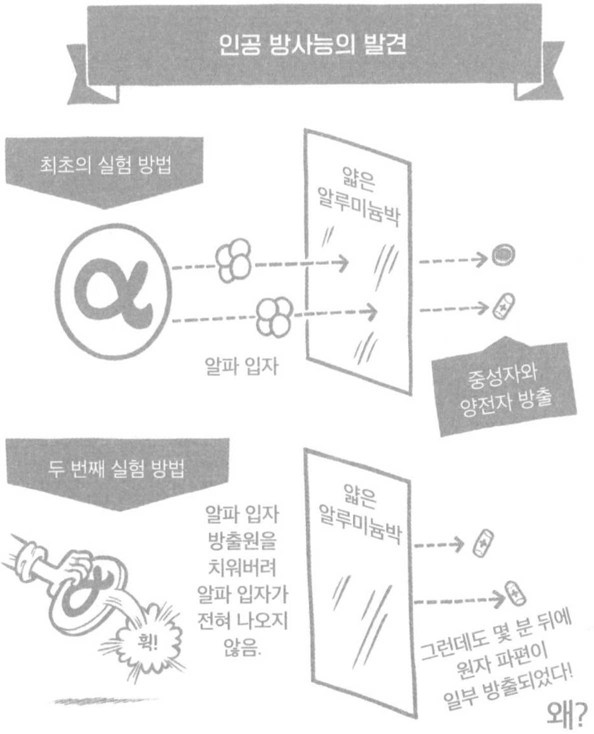

원을 치워버렸다. 그런데 놀랍게도 방사능 감지기에서는 원자 파편이 감지되는 소리가 계속 났다. 그 소리는 그저 1~2초 동안이 아니라 몇 분 동안이나 계속되었다. 이것은 아무리 생각해도 이치에 맞지 않는 상황이었다. 원자 파편을 튀어나오게 하려면 반드시 알파 입자가 충돌해야 하고, 알파 입자를 충돌시키지 않으면 아무 일도 일어나지 않아야 했다. 그런데 왜 몇 분이 지난 뒤에도 감지기에 원자 파편이 포착된 것일까? 졸리오는 헷갈리는 일이 생길 때면 늘 그랬듯이 이렌을 찾았다.

두 사람은 즉각 연구에 착수했는데, 흥분에 사로잡혀 미친 듯이 실험을 하며 하루를 보낸 뒤에(늘 그렇듯이 실험실은 엉망이 되었다) 마침내 무슨 일이 일어났는지 알아냈다. 알려진 같은 종류의 모든 실험에서는 알파 입자가 금속박에 충돌하면, 금속박에서 즉각 원자 파편이 떨어져 나왔다. 그런데 이 실험에서는 알루미늄이 알파 입자를 흡수한 뒤, 잠깐 시간이 지나고 나서 방사성 물질로 변했다. 이것은 아주 흥미로운 현상이었는데, 알파 입자는 단순히 양성자와 중성자로 이루어진 덩어리였기 때문이다. 정확하게는 양성자 2개와 중성자 2개로 이루어진 입자였다. 따라서 만약 알루미늄 원자가 알파 입자를 흡수한다면, 양성자 2개가 추가되는 셈이다. 원자의 종류는 원자핵에 들어 있는 양성자 수로 결정되기 때문에, 만약 알루미늄(13번 원소) 원자가 양성자를 2개 가진 알파 입자를 흡수한다면, 인(15번 원소) 원자로 변할 것이다. 그러고 나서 인 원자는 방사성 파편을 방출하고 분해될 것이다. 다시 말해서, 이렌과 졸리오는 한 원소를 다른 원소로 인공적으로 변환하는 방법(과학적 연금술에 해당하는)을 발견한 것처럼 보였다.

안타깝게도 이렌과 졸리오는 이 놀라운 발견 앞에서 주저할 수밖에 없었다. 이미 두 번이나 결정적 실수를 저지른 터라 스스로를 믿을 수 없었다. 혹시 감지기에 결함이 있는 것은 아닐까? 결과를 또다시 잘못 해석한 것은 아닐까? 혹시 또 다른 잘못을 저지른 것은 아닐까? 게다가 그날 밤에 두 사람은 중요한 저녁 약속이 있어서 연구를 계속할 수 없었다. 그래서 젊은 독일인 조수(졸리오의 담배 친구이기도 했던 사람)에게 감지기에 결함이나 다른 하자가 없는지 철저하게 점검하라고 지시하고 떠났다.

조수는 밤새도록 다양한 시험을 한 뒤, 이렌과 졸리오에게 메모를 남겼다. 다음 날 아침, 두 사람은 마치 큰 시험을 치른 십대 청소년처럼 불안한 마음으로 허겁지겁 실험실로 돌아왔다. 메모에는 가이거 계수기가 아무 이상 없이 완벽하게 작동하는 걸 확인했다고 적혀 있었다.

놀라운 발견을 축하하려고 들떠 있던 졸리오는 그 메모를 보고 확신을 얻었다. 이렌은 판단을 유보했다. 화학자는 물리학자보다 구체적인 것을 원하는 경향이 있다. 이렌은 새로 만든 인을 병 속에 든 형태로 직접 보길 원했다. 그래서 계획을 세웠다. 전날 밤에 실험한 잡동사니를 치우고, 새로운 알루미늄박에 몇 분 동안 알파 입자를 충돌시켰다. 그리고 알루미늄박을 감지기 앞에 놓는 대신에 산이 들어 있는 비커 속에 집어넣었다. 그러자 쉭쉭거리는 소리와 함께 거품이 일면서 기체가 발생했다.

만약 이 실험에서 정말로 인이 만들어졌다면, 그 기체는 포스핀(PH_3)일 것이다. 인을 확인하는 것은 간단하지만, 이 실험의 특별한 성격 때문에 문제가 그리 단순하지는 않았다. 포스핀에서 새로 생긴 인(P)은 방사성을 띠고 있어 아주 빠르게 사라졌기 때문이다. 따라서 이렌은 3분 안에 기체를 포집하여 전체 분석 과정을 끝내야 했다. 웬만한 화학자라면 중압감 때문에 실수를 저지르고 말았을 것이다. 하지만 이렌은 그러지 않았고, 인이 존재한다는 결정적 증거를 발견했다. 연금술이 실제로 일어난 것이다.

아내가 분석을 끝내는 것을 지켜본 졸리오는 그때 거의 노래를 부를 뻔했다. 기쁨에 겨워 껑충껑충 뛰면서 실험실 안을 뛰어다니기 시작했다. 그리고 "중성자 발견에서 우리는 한발 늦었지! 양전자 발견에서도 우리는 한발 늦었어! 하지만 이번에는 늦지 않았어!"라고 외쳤다.

하지만 퀴리 가문에서는 위대한 마리 퀴리의 의견을 듣기 전까지는 어떤 발견도 정식으로 인정되지 않았다. 오랫동안 방사성 물질에 노출된 마리는 1934년 초 무렵에는 빈혈 때문에 연구소를 자주 방문하지 않았다. 하지만 딸과 딸과 결혼한 남자가 굉장한 것을 발견했다는 이야기를 들은 마리는 그날 오후에 자리에서 일어나 연구소를 찾았다(기묘하게도 이전의 연인이었던 폴 랑주뱅을 함께 데려왔는데, 랑주뱅은 아내와 이혼한 뒤 퀴리 가족과 친구로 지냈다). 이렌은 어머니에게 보여주기 위해 차분하게 실험을 다시 했고, 알루미늄박을 산에 녹여 기체를 포집했다. 마리가 인이 들어 있는 유리병을 붙잡을 때, 이렌은 방사능으로 인해 어머니 손가락에 생긴 균열과 궤양을 보았다. 마리는 백내장에 걸려 눈도 침침했고, 가이거 계수기가 찰칵거리는 소리를 듣기 위해 귀를 가까이 갖다대야 했다. 하지만 그 소리를 듣자, 마리는 인광처럼 환하게 빛나는 미소를 지었다. 훗날 졸리오는 "그것은 분명히 그녀의 인생에서 마지막으로 경험한 큰 만족이었다"라고 말했다.

마리는 몇 달 뒤에 죽었다. 하지만 1935년 가을에 졸리오-퀴리 부부는 인공 방사능에 대한 연구 업적으로 노벨 화학상을 받았다. 이렌은 어린 시절에 부모에게 벌 떼처럼 몰려온 기자들을 떠올리고서 수상자가 발표된 날 오후에 집에서 나와 남편을 끌고 식탁보를 사러 돌아다녔다. 부부는 그해 12월에 스톡홀름에서 열린 시상식에 참석했고, 어머니 목에 메달을 두 번이나 걸어주었던 스웨덴 국왕 구스타프 5세Gustaf V에게서 노벨상을 받았다.

그해 시상식에는 중성자 발견으로 두 사람에게 큰 고통을 안겨준 제임스 채드윅도 노벨 물리학상 수상자로 함께 참석했다. 하지만 훗날 참석자들이 이 시상식을 회상할 때 전율과 함께 맨 먼저 떠올린 사람은 생물학자 한스 슈페만Hans Spemann이었다. 노벨상 수상 연설을 끝낼 때, 독일인이었던 슈페만은 청중을 향해 손바닥을 쫙 펼치고 팔을 어깨 높이까지 뻗은 자세로 기묘한 경례를 했다. 얼마 지나지 않아 온 세상 사람들은 이것이 나치의 경례인 지크 하일Sieg Heil이란 사실을 알게 되었다.

대부분의 관계와 마찬가지로 노벨상 수상은 졸리오-퀴리 부부의 삶에 큰 변화를 가져왔는데, 특히 프레데리크에게 큰 변화가 일어났다. 한 동료는 그를 "리하르트 바그너Richard Wagner 이래 가장 큰 야심을 가진 사람"이라고 평한 적이 있다. 프레데리크는 스톡홀름에서 돌아오자마자 그 당시로서는 세상에서 가장 야심적인 과학 장비인 사이클로트론을 만들려는 계획을 세웠다. 이 입자 가속기는 원자를 서로 충돌시켜 아원자 세계를 연구할 수 있게 해주었다. 사이클로트론은 방사성 동위 원소를 대량으로 만드는 최선의 방법이기도 했다.

다만, 한 가지 문제가 있었다. 사이클로트론은 크고 비용이 많이 드는 장비였는데, 두 사람의 연구소에는 그것을 들여놓을 만한 공간이 없었다. 그래서 프레데리크는 수 킬로미터 밖의 폐기된 발전소에 마련한 새 연구소로 옮겨가야 했다. 이 이동으로 이렌과 프레데리크의 관계도 변했다. 한 전기 작가가 쓴 것처럼 두 사람은 "아주 짧은 거리만큼만 떨어져 있었지만, 그것은 같은 방에서 같은 실험을 하면서 머리를 맞댄 채 함께 지내는 것과는 달랐다." 졸리오-퀴리 부부는 과학자로서 경력을 시작한 이래 처음으로 서로 떨어져 지내게 되었고, 그럼으로써 세상에서 가장 생산적인 것 중 하나였던 연구팀이 해체되었다.

하지만 졸리오는 이러한 분리를 후회하기는커녕 적극적으로 추진했다. 두 사람은 남편과 아내로서는 여전히 좋은 관계였고, 여전히 서로를 사랑했다. 하지만 과학적으로는 졸리오는 이렌의 기둥서방 취급을 받는 것에 넌더리가 났다. 그는 퀴리 집안의 모계 사회에서 벗어나 혼자 힘으로 서고 싶었다. 퀴리 가족에게 자신들의 라듐과 별장이 있다면, 졸리오는 자신의 사이클로트론을 소유하고 싶었다. 그때만 해도 이 결정이 얼마나 큰 회한을 낳을지 그는 전혀 짐작도 하지 못했다.

3장

빠른 중성자와 느린 중성자

노벨상 수상 연설에서 프레데리크 졸리오는 정신이 번쩍 들게 하는 예언을 했다. 인공 방사능은 언젠가 "연쇄 반응"을 통해 "폭발적 성격의 변환"을 가능케 할 것이라고 경고했다. 그때까지 이 용어를 핵분열 과정에 사용한 사람은 아무도 없었고, 졸리오도 그 위험은 먼 미래의 일이라고 생각한 게 분명하다. 하지만 몇 년 안에 이 두 단어는 전 세계 모든 핵과학자의 입에 오르내리게 되었는데, 로마의 패기 넘치는 물리학자 집단이 이런 상황을 초래하는 데 크게 기여했다.

졸리오-퀴리 부부와 마찬가지로 이탈리아 연구팀도 다양한 원소 시료에 방사성 파편을 충돌시키는 실험을 했다. 큰 차이점은 알파 입자 대신에 중성자를 사용했다는 점이다. 또한 이탈리아 과학자들은 주기율표에서 가장 가벼운 원소부터 시작해 차례로 그 다음으로 옮겨 가는 식으로 훨씬 체계적으로 연구했다.

한 가지 결함만 없었더라면, 이들이 사용한 것은 아주 독창적인 실험 장치가 되었을 것이다. 공간의 제약 때문에 시료에 입자를 발사하는 장비는 모두 긴 복도 한쪽 끝에 놓여 있었고, 감지기는 반대편 끝에 놓여 있었다. 설상가상으로 인공적으로 만들어진 방사성 시료들 중 대다수는 복도를 건너가는 데 걸리는 시간보다 훨씬 짧은 몇 초 만에 붕괴하고 말았다. 이렇게 열악한 상황에서 최선의 결과를 얻기 위해 연구소 책임자인 엔리코 페르미Enrico Fermi는 각각의 실험을 일종의 게임으로 만들었다. 시료를 감지기까지 누가 가장 빨리 가져가느냐를 놓고 조수들을 경쟁시켰다(복도를 지나가는 사람들은 곧 그 조수들에게 통행 우선권을 양보해야 한다는 사실을 깨달았다). 이 경주는 사기를 북돋는 데 도움을 주었는데, 모든 과학자는 자신이 이탈리아에서 가장 빠른 물리학자라고 주장했다.

1934년 10월의 어느 날 오전, 주기율표에서 절반 정도를 지났을 때, 페르미의 조수인 에도아르도 아말디Edoardo Amaldi가 은에 중성자를 충돌시키는 실험 도중에 이상한 것을 발견했다. 대리석 작업대 위에서 실험을 했을 때에는 자신이 들고 복도를 달린 은 시료에서 방사능 신호가 몇 번만 울렸다. 하지만 목제 탁자 위에서 실험을 했을 때에는 신호가 약 100배나 증가했다. 이것은 도저히 납득할 수 없는 결과였다. 목제 탁자가 왜 문제가 된단 말인가? 아말디는 이 이상한 결과를 보여주기 위해 페르미를 불렀다. 페르미는 즉흥적으로 파라핀 덩어리 안에 은을 넣고 거기다가 중성자를 충돌시켜보았다. 그러고 나서 조수들이 시료를 들고 복도를 달리자, 감지기는 모든 소리를 일일이 셀 수 없을 만큼 미친 듯이 신호를 울려댔다. 그것은 그중 한 사람이 표현한 것처럼 마치 "흑마술" 같았다.

연구자들은 모두 영문을 몰라 고개를 갸웃하며 점심을 먹으러 흩어졌다. 하지만 다른 과학자들이 배를 채우는 사이에 페르미는 기묘한 결과에 대해 계속 생각했다. 페르미는 과학계에서 두뇌 회전이 가장 빠른 사람으로 여겨졌는데, 모두 실험실에 다시 모일 무렵에 이미 그 수수께끼를 풀었다(물론 이탈리아인의 점심은 몇 시간 동안 계속된다는 점을 감안해야 한다). 페르미는 그 비밀이 중성자의 속도에 있다고 선언했다.

중성자가 표적에 충돌하면, 두 가지 사건 중 하나가 일어난다. 표적에서 튀어나오거나 표적 원자에 흡수된다. 그 운명을 가르는 것이 중성자의 속도라고 페르미는 주장했다. 중성자는 평소에는 아주 빨리(초속 약 1만 6000km) 움직이며, 일부 원소는 중성자를 잘 붙든다. 모버그처럼 자신을 향해 날아오는 것은 무엇이건 잘 낚아챌 수 있다. 하지만 은 같은 원소는 중성자를 붙드는 솜씨가 서툰데, 특히 빠르게 날아오는 것은 다 놓치고 만다. 아마도 이런 원소는 훨씬 느린 속도(초속 1.6km 정도)로 날아오는 중성자를 선호할 것이다. 페르미가 사용한 논증은 당연히 더 복잡했겠지만, 요지는 간단했다. 각각의 원소는 특정 속도의 중성자를 선호하며, 그 속도를 가진 중성자가 충돌했을 때 그것을 쉽게 흡수하여 방사성 원소로 바뀐다. 반면에 다른 속도의 중성자가 충돌하면, 그것을 흡수하는 데 어려움을 겪는다.

하지만 이것으로 어떻게 대리석 작업대와 목제 탁자의 차이를 설명할 수 있느냐고 조수들이 묻자, 페르미는 "그야 쉽지"라고 대답했다. 중성자가 날아다닌다고 상상해보라. 아마도 중성자는 표적에 직접 충돌하지 않고 부근에 있는 표면에 먼저 충돌해 튀어나올 것이다. 만약 표면 물질이 대부분 무거운 원자들로 이루어져 있다면, 중성자는 운동량을 많이 잃지 않고 튀어나올 것이다(훨씬 무거운 당구대 쿠션에 충돌한 당구공이 속도가 많이 떨어지지 않고 튀어나오는 것처럼). 하지만 만약 표면 물질이 가벼운 원자들로 이루어져 있다면, 중성자는 운동량을 많이 잃을 것이다(비슷한 크기의 당구공에 충돌한 당구공이 속도가 많이 떨어지는 것처럼). 여기서 중요한 사실은 나무와 파라핀에는 대리석보다 가벼운 원소(특히 수소)가 높은 비율로 들어 있다는 점이다. 그래서 은이 이 물질들로 둘러싸여 있을 때에는 중성자가 주변에 충돌하면서 속도가 아주 많이 느려져 은이 중성자를 붙들 수 있다.

이것은 실로 대가다운 솜씨였다. 페르미는 전채 요리를 먹는 동안 새로운 물리학 법칙을 발견했다. 하지만 그게 다가 아니었다. 그의 추론에 따르면, 수소 함량 비율이 더 높은 물질—예를 들어 H_2O—은 중성자의 속도를 훨씬 효율적으로 떨어뜨릴 것으로 예상되었다. 그래서 이탈리아 과학자들은 물을 가져와 이 이론을 검증하기로 결정했다. 그런데 그들이 왜 가까운 싱크대에서 물을 가져오지 않았는지는 아무도 모른다. 대신에 그날 오후에 페르미와 아말디를 비롯한 이탈리아 과학자들은 마치 마지막 수업 종이 울린 직후의 꼬마들처럼 계단을 뛰어내려가 연구소 뒤편에 있던 연못으로 향했다. 평소에 그들은 그곳에서 도롱뇽을 잡거나 장난감 배를 가지고 경주를 벌였지만, 오늘은 첨벙거리며 물속으로 들어가 거품을 걷어내고 물통에 물을 담았다.

실험실로 돌아온 그들은 언제나처럼 페르미의 생각이 옳다는 사실을 확인했다. 물은 중성자의 속도를 아주 크게 늦췄다. 그들은 아직 알아채지 못했지만, 이것은 인공 방사능의 위력을 크게 높이는 발견이었다. 졸리오-퀴리 부부는 일부 원소를 방사성 원소로 만드는 방법을 보여주었다. 하지만 페르미는 빠른 중성자와 느린 중성자의 차이를 발견함으로써 거의 모든 원소를 방사성 원소로 변화시킬 수 있게 되었다. 그리고 곧 이것은 온 세상 사람들이 저주하게 될 기술이 되었다.

4장

크림반도에서 할리우드로

부두에 모인 군중은 점점 더 필사적으로 변해갔다. 잔인한 볼셰비키 군대가 크림반도 해안에 위치한 도시 페오도시야로 막 밀려오고 있었다. 항구에 정박한 배들이 유일한 탈출 수단이었다. 수천수만의 난민이 몰려와 배에 태워달라고 난리를 피웠다. 이 난리법석이 전면적인 폭동으로 비화하지 않도록 막고 있는 것은 부두를 둘러싼 철조망 바리케이드뿐이었다.

보리스 파시콥스키Boris Pashkovsky를 포함한 일부 적십자 구조대원은 1920년 11월 12일 오후 내내 그들의 배에 보급품을 싣고 철수할 준비를 했다. 일이 막 끝나갈 무렵, 사악한 군인 몇 명이 보급품을 훔치려고 칼을 휘두르며 공격해왔다. 파시콥스키 일행은 그들을 물리쳤지만, 파시콥스키는 약탈을 막기 위해 보초를 서야 했다. 무장 경비병과 함께 도시 내의 적십자 주둔지로 식사를 하러 갈 때 딱 한 번만 자리를 떴다. 그곳에 갔을 때, 파시콥스키는 새 신부인 리디아Lydia에게 키스를 하고는, 다음 날 철수를 위해 사람들을 부두로 실어나를 적십자 트럭이 올 때까지 아무 데도 가지 말고 집에 머물러 있으라고 신신당부했다.

한편, 난민은 계속 도시로 밀려왔는데, 많은 사람들은 가져갈 수 있는 것을 모두 모아 지저분한 꾸러미로 꾸려 양 손에 들고 왔다. 멀리서 볼셰비키 군대의 총 소리가 들려왔다. 얼마 후 일련의 폭발음과 함께 탄약 창고가 폭발했다. 부두에 모인 군중의 수는 점점 늘어갔다. 파시콥스키는 그날 밤 내내 그리고 그다음 날도 상당 시간이 지날 때까지 보초를 섰다. 적십자 트럭들이 수십 명의 구조대원을 싣고서 마침내 선박 수리소 문으로 안전하게 들어오기 전까지는 절대로 긴장을 놓을 수 없었다.

하지만 트럭에서 사람들이 내렸을 때, 리디아는 보이지 않았다. 파시콥스키는 그래도 아직 패닉 상태에는 빠지지 않고 달려가 소란스러운 군중의 소음을 뚫고 리디아는 어디 있느냐고 외쳤다. 다쳤는가? 실종되었는가? 동료들은 그의 눈을 쳐다보지 못했다. 죽었는가?

마침내 구조선 패러비호의 함장이 사실을 털어놓았다. 리디아는 실종되었다고 했다. 함장은 "그 멍청한 아가씨가 친구들에게 작별 인사를 하고 싶었던 모양이오"라고 말했다. 그러고는 친구 집으로 달려가 버렸다고 했다. 몇 시간이 지나도 리다아가 돌아오지 않자, 그들은 그냥 떠날 수밖에 없었다.

파시콥스키는 즉각 리디아를 찾으러 가겠다고 말했다. 함장이 이번에는 그를 보고 멍청이라고 불렀다. "결코 찾을 수 없을 거요. 저 밖에서 미쳐 날뛰는 사람들이 보이지 않소?" 함장은 철조망 바리케이드와 그 너머에서 포효하는 군중을 가리키며 말했다. 파시콥스키는 제시간에 돌아오는 것은 말할 것도 없고 광분한 군중을 헤치고 빠져나갈 가능성조차 희박하다는 사실을 알 수 있었다. 그래서 잠시 망설였고, 함장은 "우리는 기다릴 수가 없소"라고 경고했다.

파시콥스키는 또다시 그곳을 바라보았다. 도대체 리디아는 왜 집에 머무르지 않았단 말인가!

이미 그전부터 전쟁은 파시콥스키에게는 재앙이었다. 파시콥스키는 1900년에 샌프란시스코에서 태어났지만(어린 시절의 첫 기억 중 하나는 1906년에 일어난 지진이었다), 러시아에 뿌리가 있었던 가족은 1913년에 러시아 정교회 주교이던 아버지가 모스크바 주교로 임명되자 러시아로 돌아갔다. 제1차 세계 대전이 일어났을 때 보리스는 막 열네 살이 되었지만, 키가 작고 얼굴이 둥글고 안경을 쓴 이 소년은 러시아 포병 부대에 들어가 여러 전투에서 독일군과 맞서 싸웠다.

그런데 제1차 세계 대전이 진행되던 1917년에 러시아에서 내전이 벌어지면서 큰 혼란이 일어났다. 한쪽에는 적군赤軍을 지휘하는 볼셰비키가 있었다. 파시콥스키는 종교적 뿌리 때문에 신을 믿지 않는 공산주의자를 경멸했고, 그래서 반대편인 백군白軍에 가담해 열여덟 살의 나이에 두 전쟁의 참전 용사가 되었다. 그다음 몇 년 동안 여러 지상 작전과 해상 작전에 참전해 오데사를 점령하는 데 일조했으며, 왼쪽 다리를 총검에 찔려 12.5센티미터나 되는 인상적인 흉터가 남았다. 적군에 포로로 붙잡히기도 했고, 결국 용맹한 무공을 인정받아 성 게오르기우스 십자 훈장을 받았다.

하지만 파시콥스키는 1920년에 파란 눈의 젊은 여성 리디아와 결혼해 군대를 제대하면서 그 전쟁에서 빠져나왔다. 그 무렵에는 백군이 내세우는 대의도 암울해 보이기만 했다. 적군은 이념적 통일성이 있었던 반면, 백군은 전제 군주제 지지자와 종교적 열성 분자, 그리고 봉건 영주의 느슨한 연합에 지나지 않았다. 이들은 볼셰비키만큼이나 서로를 믿지 않았다. 파시콥스키는 적십자에 가입해 크림반도에서 구조 활동을 하면서 백군을 계속 지원했지만, 리디아와 결혼할 무렵에는 백군이 "폭도 수준으로 타락했다"라고 말했다. 한편, 적군은 도시들을 차례로 점령하면서 그 수가 계속 늘어났고, 이들이 지나간 곳에는 많은 시체와 부상자가 남아 보는 사람들을 섬뜩하게 만들었다.

1920년 11월에 전쟁은 절정으로 치달았다. 200만 명의 적군이 백군 잔당 6만 명을 러시아 남서단에 위치한 크림반도로 몰아넣었다. 크림반도는 늪 같은 습지로 둘러싸인 지협을 통해 러시아 본토와 연결되는데, 압도적인 병력 열세에도 불구하고 백군 장군들은 이 지형이 적군의 진격을 막는 데 유리하다고 판단했다.

그러나 그렇지 않았다. 불운하게도 홍해를 건넌 모세의 기적처럼 때마침 불어온 강풍과 11월 초의 아주 큰 썰물이 결합해 습지가 거의 다 말라붙었다. 그다음에 몰아닥친 일시적 한파에 땅은 꽁꽁 얼어붙었고, 적군은 별로 힘들이지 않고 그곳을 통과했다. 치열하고 피비린내 나는 전투가 벌어졌고, 백군은 여러 차례의 큰 피해를 견뎌냈지만, 결국은 와해되고 말았다. 10만 명 이상의 난민과 군인이 뒤엉켜 크림반도로 후퇴하기 시작했다. 그들은 걷거나 당나귀가 끄는 수레를 타거나 낙타를 타고 왔다. 그들 중에는 몰락한 귀족이 많았는데, 아직 완전히 죽지 않은 사람들의 외투와 신발을 훔치면서 피난 행렬에 나섰다. 콜레라까지 창궐했다. 본토에서 크림반도 반대쪽은 바다로 둘러싸여 있기 때문에 더 도망갈 육지가 없었다. 적십자 같은 구호 단체는 소형 보트나 석탄 운반선, 요트, 노 젓는 보트, 저인망 어선 등 물

위에 뜨는 것이면 모두 동원해 사람들을 최대한 철수시키려고 노력했다. 때로는 승객들이 옷을 찢어 돛을 만들었다. 마침내 적십자조차도 더 이상 손쓸 수 없는 상황이 왔고, 모든 요원들은 짐을 꾸려 탈출하라는 명령이 떨어졌다. 파시콥스키는 만반의 준비가 돼 있었다. 그런데 그때 리디아가 실종된 것이다.

리디아를 찾으러 가겠다고 하자, 함장이 경고했다. "우린 당신을 기다리지 않을 거요. 그녀는 그냥 잊어버리는 게 좋겠소."

파시콥스키는 그것이 분별 있는 충고라는 사실을 알았다. 설사 리디아를 찾는다 하더라도, 비명을 지르고 침을 뱉는 군중을 뚫고 배로 돌아오기는 매우 어려울 것 같았다. 그러면 자신은 페오도시야에 발이 묶여 결국은 적군의 포로가 될 테고, 그들은 백군 참전 용사인 그를 목매달 것이다. 그것도 운이 좋을 경우의 이야기였다. 수많은 사람들은 그보다 훨씬 참혹한 죽음을 당했다.

그러나 파시콥스키는 "모든 걸 운에 맡기고 가겠습니다"라고 말하면서 아내를 찾아오기로 결심했다.

리디아가 어느 친구 집에 가 있을지 짐작 가는 곳이 있었다. 파시콥스키는 군중을 뚫고 나아가 그 여성의 집에 도착했다. 정말로 리디아는 그곳에 있었다. (자신을 위해 돌아온) 남편을 보았을 때 리디아는 감정이 복받쳐 올랐을 것이다. 하지만 재회의 기쁨을 나누고 있을 시간이 없었다. 이미 도시에서 폭동이 일어나 여러 사람이 살해되었고, 적군의 손에 잡히느니 자살을 택한 사람들도 있었다. 두 사람은 서둘러 부두로 달려갔지만, 이제 군중이 더 불어나 철조망 뒤로 약 40미터나 빽빽이 모여 있었다. 소음이 너무 심해 파시콥스키는 도움을 요청하는 소리를 지를 생각조차 할 수 없었다. 파시콥스키는 키가 다소 작은 편(165센티미터)이어서 누가 군중 속에 섞인 자신을 발견하리라고 기대할 수도 없었다. 결국 버려진 수레 위로 올라가 손을 흔들면서 배에서 누군가 자신을 봐주기만을 간절히 바랐다.

몇 분 뒤에 함장이 그를 발견했다—어쨌든 파시콥스키는 그렇게 생각했다. 혼란스러운 상황이어서 정확한 것은 알 수 없었다. 하지만 함장이 한 장교를 옆으로 불러 자신이 있는 쪽을 가리키는 모습을 분명히 보았다. 분명히 함장은 "저기 저 멍청이가 있군"이라고 툴툴거리며 말했을 것이다. 불만이 많았겠지만 함장은 수병들을 모아 공격 대형을 만들라고 명령했다. 그러고 나서 그들은 문을 열고 소총에 대검을 꽂은 채 군중을 향해 돌진했다.

이 장면은 금방이라도 학살이 벌어질 것 같은 인상을 주었고, 일부 사람들은 수병들에게 맞서려고 했다. 하지만 공격 대형을 갖춰 전진하는 수병들을 보고서 대다수 사람들은 옆으로 물러섰다. 고함이 난무하는 속에서 사람들을 밀치고 나아가는 긴박한 상황이 몇 분 지난 뒤, 수병들은 파시콥스키 부부를 군중과 분리해 둘러싸는 데 성공했고, 철조망 안쪽으로 다시 돌아갔다.

젊은 부부는 함장에게서 꾸지람을 잔뜩 들었을 것이다. 그런데 기이하게도 군중은 조용해졌다. 바리케이드 밖에 있던 두 사람이 구조되었고, 나머지 사람들은 스스로 알아서 대처하라고 버림을 받았다. 수천수만의 군중은 이제 아무도 자신들을 구해주지 않는다는 사실을 확실히 알고서 절망에 빠져 조용해졌다.

파시콥스키 부부가 배를 타고 떠나고 나서 몇 주 동안 적군은 크림반도 주변에서 5만 명을 학살했다. 시베리아와 다른 곳에서 소규모 충돌이 계속되었지만, 크림반도에서의 결정적 패배로 백군 조직은 사실상 와해되었다. 훗날 파시콥스키는 러시아에서 보낸 마지막 날들이 샌프란시스코 지진 때만큼이나 큰 트라우마로 남았다고 말했다. 그 사건은 그곳에 있었던 모든 사람에게 '그런 일이 또다시 일어날지도 모른다는 평생의 공포'를 심어주었다. 그날 이후로 보리스 파시콥스키는 공산주의와 불구대천의 원수가 되었다.

파시콥스키와 리디아는 베를린에서 몇 년 동안 지냈고, 그동안 아들도 태어났다. 그러다가 1924년에 미국으로 건너갔다. 이민 수속 과정에서 파시콥스키는 이름을 간단하게 보리스 패시Boris Pash로 줄였다. 처음에는 매사추세츠주에 정착해 교사 자격증을 땄지만, 패시는 캘리포니아주로 돌아가길 원했고, 1926년에 세계적으로 유명한 할리우드 고등학교(줄여서 흔히 할리우드하이라고 부름)에서 일자리를 얻었다.

그곳 생활은 힘겹고 궁핍했던 전쟁 시절과 달라도 너무 달랐다. 할리우드하이는 미국에서 가장 부유한 학교 중 하나이자 가장 화려한 학교였다. 캘리포니아주는 엄격한 아동 노동법을 시행하고 있었는데, 영화 스타도 이 법에서 벗어날 수 없어서 십대 배우들은 촬영 사이사이에 학교를 다녀야 했다. 할리우드하이는 이들이 다니기에 가장 편리한 학교였다. 오만한 미키 루니Mickey Rooney는 파란색 컨버터블을 학교 잔디밭에 주차했고, 그를 흠모하여 모인 소녀들의 인파 사이에서 차에서 내렸다. 급우들은 래너 터너Lana Turner가 너무나도 매력적이어서 선생들조차도 넋을 잃고 쳐다보았다고 기억한다. 주디 갈런드Judy Garland는 홍보 여행 때문에 졸업식 무대에 서지 못하자 크게 좌절했다(〈오즈의 마법사〉에서 서쪽 마녀로 나온 마거릿 해밀턴Margaret Hamilton이 갈런드를 대신해 MGM에 호소했지만 아무 소용이 없었다. 주디는 우편으로 졸업장을 받았다). 다른 할리우드하이 졸업생들은 〈킹콩〉, 〈멋진 인생〉, 〈사이코〉, 〈신사는 금발을 좋아해〉, 〈스카페이스〉에서 주연을 맡았다. 이 학교를 빛낸 사람들은 장래의 영화 스타들뿐만이 아니었다. 올림픽 금메달리스트, 노벨상 수상자, 텔레비전 프로그램 〈인민 법원〉의 판사 와프너Wapner도 배출했다. 미국 내에서 이보다 더 화려한 졸업생 명부를 자랑하는 고등학교는 없었다.

하지만 보리스 패시(학생들은 그를 박사님이란 뜻으로 '닥Doc'이라 불렀다)는 큰 주목을 받지 못했다. 그는 체육과 과학(주로 생리학)을 가르쳤고, 미식축구, 농구, 축구, 수영, 배구, 육상 등 학교가 제공하는 모든 스포츠의 코치가 되려고 노력했다. 그는 특히 순전히 미국 스포츠라고 할 수 있는 야구에 푹 빠졌다.

할리우드하이 팀들은 루돌프 발렌티노Rudolph Valentino의 영화 제목을 따 시크Sheikh라고 불렸다. 그의 시크 야구팀은 초라한 성적을 거둘 때가 많았지만, 닥은 야구 모자나 문자가 새겨진 스웨터를 입고 바보처럼 씩 웃으며 그들과 함께 졸업 앨범 사진을 많이 찍었다(우스꽝스럽게도 사진에서 많은 선수들은 코치보다 키가 훨씬 컸는데, 심지어 2학년 선수들도 그랬다). 패시는 야구 감독 생활이 자신을 다시 전쟁에 휘말리게 할 것이라고는 꿈에도 생각하지 않았다.

패시는 할리우드에서 일종의 이중생활을 했다. 1930년 여름 방학 동안에는 미 육군 예비군에서 소위로 일했고(세 번째 직업 군인으로서), 정찰과 순찰, 파괴 활동, 문서 분석을 포함한 군사 정보 교육을 받기 시작했다. 이 기술들은 1930년대 후반에 예기치 못하게 유용하게 쓰이게 된다. 그 무렵에 패시는 머리숱이 적어졌고 배는 불룩 튀어나왔다. 그는 체육부장이 되었고, 1938년에 시크 야구팀은 학교 역사상 최고의 선수단을 꾸려 대회 우승을 차지했다. 기세를 몰아 패시는 일부 학생들을 위해 체험 학습 여행을 조직하기로 결정했다. 그 당시로서는 특이하게도 할리우드하이에는 다양한 인종의 학생들이 다녔는데, 패시는 야구장에서 일본인 학생을 여럿 가르쳤다. 얼마 전에 메이저리그 야구 선수들(모 버그를 포함해)이 일본을 방문한 이벤트가 일본에서 아주 큰 인기를 끌었기 때문에, 패시는 캘리포니아 남부에서 니세이Nisei(일본인 이민자의 자녀) 10여 명을 모집해 일본 방문 여행에 나서기로 결심했다.

이 여행을 계획하고 있을 때, 하시모토라는 학생이 다가와 그러지 말라고 경고했다. 일본은 군사력을 급격하게 팽창시키고 있으며, 일본 정부는 태어난 곳에 상관없이 일본인 젊은이를 자국 국민으로 간주한다고 설명했다. 할리우드하이 야구팀에서 18세가 넘은 학생은 일본 땅에 발을 딛는 순간 체포되어 징집될 것이라고 말했다.

이 말을 들은 패시는 깜짝 놀랐으며 하시모토의 말을 도무지 믿을 수 없었다. 그는 일본인이 호전적이 아니며 아주 상냥한 사람들이라고 알고 있었다. 그래도 패시는 FBI 요원에게 연락을 했고, 그 요원은 여행에 나설 팀의 후원자로 가장해 할리우드하이 체육관에서 하시모토를 면담했다. 그러고 나서 패시는 자신이 받은 군사 정보 훈련을 활용해 독자적인 조사를 진행했다. 현지 일본 영사관은 모든 니세이 청년의 명단을 갖고 있으며, 오싹하게도 그들의 움직임을 추적하고 있는 것으로 드러났다. 게다가 패시는 자신이 가르친 니세이 학생들 중 상당수가 졸업 후에 일본인 여권을 가지고 돌아가 국민의 의무를 다

하기 위해 일본군에 입대했다는 사실을 알게 되었다. 심지어 하시모토조차 그 압력에 굴복했다. 졸업하고 나서 얼마 지나지 않아 패시는 하시모토가 보낸 엽서를 받았다. 거기에는 "반자이. 전 이제 일본 해군으로 복무하고 있습니다"라고 적혀 있었다.

이러한 변절에 패시는 크게 당황했다. 그는 니세이 소년들을 사랑했다. 그들은 야구를 잘했고 총명했으며 가르치기도 쉬웠고 게다가 훌륭한 시민이었다. 하지만 패시가 볼 때 일본과 미국은 아주 빠르게 적대국으로 변해가고 있었다.

5장

핵분열

오토 한Otto Hahn은 졸리오-퀴리 부부가 또 한 번 실수를 저질렀다고 확신했다. 이것은 그들이 틀렸음을 입증하기 위해 자신이 몇 달을 낭비해야 한다는 뜻이었다.

문제는 1938년 초에 이렌 퀴리(이제 남편 없이 홀로 연구하던)가 그 당시에 잘 알려지지 않은 두 가지 금속인 우라늄과 토륨을 가지고 일련의 실험을 하면서 시작되었다. 20세기의 처음 수십 년 동안은 방사능이라고 하면 사람들은 맨 먼저 라듐을 떠올렸다. 실험을 할 때 알파 입자의 안정적인 흐름을 만들어내는 능력 때문에 과학자들은 라듐을 몹시 탐냈다. 88번 원소는 실험실 밖에서도 큰 명성을 떨쳤다. 라듐은 어둠 속에서도 매혹적으로 빛났기 때문에, 시계 숫자판과 파자마 단추, 룰렛 바퀴, 낚시용 가짜 미끼 등에 쓰였다. 심지어 라듐이 건강 보조제로 쓰이는 열풍까지 일어났는데, 입 냄새부터 우울증까지 거의 모든 것을 치료하는 약으로 쓰였다. 약국에서는 라듐을 섞은 양모제養

毛劑, 배스 솔트bath salt(목욕할 때 사용하는 소금), 얼굴 크림, 콘돔, 좌약을 팔았고, 사람들은 라듐을 서로 얻으려고 안달했다. 그 인기가 최고조에 이르렀을 때 라듐 가격은 1그램당 18만 달러까지 치솟았다. 이와는 대조적으로 우라늄(엄청난 양의 우라늄 광물을 정제해야 소중한 라듐을 극소량 얻을 수 있었다) 같은 금속은 쓰레기나 다름없었다.

하지만 쓰레기 취급을 받은 우라늄과 토륨은 값이 쌌고, 이렌은 이 원소들에 중성자를 충돌시켜 다른 원소로 바꾸는 실험을 시작했다. 그런데 문제가 한 가지 있었다. 이 원소들이 어떤 원소로 바뀌었는지 알아내는 데에는 엄청난 시간이 걸렸다. 어떤 분석 결과는 89번 원소인 악티늄을 가리켰고, 다른 분석 결과는 57번 원소인 란타넘(란탄)을 가리켰다. 그러다가 결과가 또 한 번 바뀌었고, 이렌은 자신이 우라늄보다 무거운 인공 원소인 초우라늄 원소들을 발견했다고 주장했다.

세계 최고는 아니라 하더라도 독일 최고의 핵화학자였던 한의 눈에는 이렇게 오락가락하는 주장이 당연히 의심스러워 보였다. 독설가였던 한은 이렌이 발견했다고 주장한 원소들을 모두 보고서 아마도 이렌이 실제로 발견한 것은 마법의 새 원소인 '쿠리오숨curiosum'('퀴리'의 이름을 빗대 비꼬는 의미로 만든 원소명)일 것이라고 말했다. 1938년 초에 로마에서 열린 학회에서 한이 프레데리크 졸리오와 충돌하면서 상황은 더 악화되었다. 그전에 한은 개인적 편지에서 이렌의 실험을 폄하했다. 특히 이렌이 방사성 핵종을 발견하는 과정에서 낡은 방법(마리가 개척한 방법)을 사용했다는 비판은 졸리오-퀴리 부부에게 매우 거슬렸다. 졸리오-퀴리 부부는 굳이 답장할 필요를 느끼지 못했고, 이에 화가 난 한은 학회에서 자신의 불만을 털어놓았다. 이렌이 연구 결과를 철회하지 않는다면, 한은 이렌을 웃음거리로 만들겠다고 경고했다. 아내의 과학적 명예가 걸린 일이라 졸리오도 물러설 수 없었고, 한에게 해볼 테면 해보라고 말했다. 노벨상 수상자였던 졸리오는 명성이 더 높았고, 한은 자신이 함정에 빠졌다는 사실을 깨달았다. 한은 동료에게 이렇게 투덜거렸다. "이 지긋지긋한 여자! 이제 나는 돌아가서 그 여자가 틀렸다는 것을 증명하기 위해 6개월을 낭비하게 생겼어!"

실제로는 6개월보다 더 긴 시간이 걸렸다. 한은 베를린에서 뛰어난 물리학자인 리제 마이트너(1933년 학회에서 졸리오-퀴리 부부를 좌절시켰던 그 여성)와 함께 일했다. 그런데 두 사람의 협력 관계는 좀 기묘했다. 한의 연구소는 마이트너에게 여성이라는 이유로 실험실에서 일할 자리를 주길 거부했지만, 한은 이에 반항하여 건물 한쪽에 판자로 실험실을 뚝딱 만들어 그곳에서 마이트너와 함께 일했다. 훗날 한은 마이트너에게 자기 아들의 대모가 되어달라고 요청했다. 다른 한편으로 두 사람의 개인적 관계는 뻣뻣하고 부자연스러웠다. 한은 둘이 수십 년 동안 동료로 일하면서 식사를 같이 하거나 함께 산책을 한 적이 한 번도 없다고 기억했다. 하지만 과학의 테두리 안에서 두 사람은 마치 졸리오-퀴리 부부처럼 아주 친밀했다. 화학자인 한은 방사성 원소를 발견하고 분리하는 일에 집중했고, 물리학자인 마이트너는 그 결과의 의미를 해석하는 데 몰두했다. 이 능력 때문에 모든 사람은 마이트너를 이 팀의 '지적 지도자'로 간주했다. 로마에서 제 발로 함정으로 걸어들어간 한은 쿠리오숨의 수수께끼를 푸는 데 마이트너가 꼭 필요하다는 사실을 알고 있었다.

하지만 두 사람이 그 일을 시작하기 전에 아돌프 히틀러가 모든 것을 망쳐놓았다. 마이트너의 몸에는 유대인 피가 일부 흐르고 있었는데, 독일이 1938년 3월에 마이트너의 고국인 오스트리아를 병합하자, 마이트너도 히틀러의 인종 차별법 적용 대상이 되었다. 마이트너는 탈출을 고려했지만, 이미 마이트너의 여권은 무용지물이 된 상태였고, 마이트너 같은 유대인은 새 여권을 얻을 수도 없었다. 그러다가 마침내 1938년 7월에 나치의 앞잡이가 학회에서 마이트너를 비난하면서 위기가 닥쳤다. 그 사람은 60세의 마이트너를 손가락으로 가리키고 비웃으면서 "이 유대인 여자가 연구소를 위험에 빠뜨리고 있습니다"라고 외쳤다. 그는 마이트너를 체포해야 한다고 주장했다. 한도 그 학회에 있었고, 이 앞잡이에게 독설을 퍼부었어야 마땅했다. 하지만 한 자신도 나치 정권에 밉보여 난처한 처지에 있었다. 한은 순수한 아리아인인데도 불구하고 오래전부터 나치를 비난했고 유대인을 돕기 위해 많은 노력을 기울였다. 이에 대한 보복(그리고 경고)으로 나치는 뮌헨에서 '방랑하는 유대인'이라는 제목으로 열린 조야하고 증오에 찬 미술 전시회에 한의 캐리커처도 내걸었다. 그것은 "찌그러져 있지 않으면 다친다"라는 경고였고, 한도 그것을 알아차렸다. 그래서 그 앞잡이가 오랜 연구 파트너였던 마이트너를 비난할 때에도 한은 침묵을 지켰다. 심지어 마이트너 몰래 연구소 관리자들과 만나 마이트너 문제를 상의했다. 마이트너가 일기에 썼듯이, "[한은] 사실상 나를 버렸다."

다행히도 마이트너에게는 한보다 용기 있는 친구들이 있었다. 학회에서 비난을 받은 지 며칠 후, 과학 학술지 편집자 파울 로스바우트Paul Rosbaud와 네덜란드 물리학자 디르크 코스터르Dirk Coster가 탈출을 돕기 위해 베를린에 있던 마이트너의 아파트에 모였다. 그것은 매우 위험한 상황이었는데, 학회에서 마이트너를 비난한 나치 앞잡이가 바로 옆집에 살았기 때문이다. 게다가 그 앞잡이는 마이트너가 도망갈지도 모른다고 게슈타포에게 경고해둔 상태였다. 탈출하던 날 밤에 마이트너는 평상시에 일하는 것처럼 보이려고 오후 8시까지 연구소에 머물면서 논문을 수정했다. 그러고 나서 집으로 돌아갔고, 로스바우트가 와서 작은 여행 가방 2개를 꾸리는 일을 도와주었다. 이따금씩 창문 밖을 몰래 내다보고 무슨 소리가 날 때마다 움찔했던 이들이 그날 밤에 얼마나 긴장했을지는 충분히 상상할 수 있을 것이다. 약간 소심한 편인 한도 모습을 드러냈고, 용기 있게 나서서 도와주지 못한 보상으로 어머니에게서 물려받은 다이아몬드 반지를 마이트너에게 주었다. 필요할 때 팔아서 쓰거나 긴급 상황이 닥쳤을 때 뇌물로 쓰라고 했다. 마이트너는 마치 둘이 약혼이라도 한 듯이 반지를 자기 손에 끼었다. 그런 다음, 그들은 차를 타고 한의 집으로 가 그날 밤 동안 숨어 지내기로 했다.

어두운 거리를 지나가는 동안 마이트너의 눈에는 그늘진 곳이라면 어디나 게슈타포 요원이 숨어 있는 것처럼 보였다. 훗날 마이트너는 "뒤를 돌아볼 엄두가 나지 않았고, 앞도 바라볼 수가 없었다"라고 말했다. 다음 날 아침, 그들은 차를 타고 기차역으로 갔는데, 그곳에는 경비병들이 곳곳에 배치돼 있었다. 마이트너는 늘 강인한 면모를 보여주었지만(그 시대에는 여성 과학자로 살아가려면 강인해야 했다), 며칠 동안 심한 스트레스를 받은 것이 화근이 되어 플랫폼에서 주저앉고 말았다. 로스바우트와 코스터르가 마이트너를 부축해 기차에 올라탔는데, 기차가 출발할 때 한 나치 짐꾼이 마이트너에게 지분대기 시작했다. 코스터르는 마이트너의 마음을 진정시키기 위해 한이 준 다이

아몬드 반지를 손에서 빼 자신의 호주머니 속에 숨기게 했다.

고통스러운 몇 시간이 지난 뒤, 마침내 기차가 네덜란드 북동부 국경 지점에 이르렀다. 코스터르가 여권 없이 마이트너를 입국시키도록 사전에 네덜란드 관리들에게 손을 써놓았지만, 독일 경비대가 그냥 통과시켜준 것은 그들이 'Frau Professor Meitner'를 '여교수 마이트너'가 아니라 '마이트너 교수 부인'으로 여겨 중요 인물이 아니라고 판단했기 때문일 것이다. 마이트너는 네덜란드에서 중립국인 스웨덴으로 건너갔는데, 그곳에는 아는 사람이 단 한 명도 없었다. 그 후 몇 달 동안 한은 마이트너의 옷과 책, 리넨 등을 스톡홀름으로 보내주려고 시도했지만, 마이트너가 도망쳤다는 사실에 분개한 독일 당국은 그 물품들의 반출을 막았다. 그들은 그 유대인 여자에게는 칫솔꽂이 하나도 보낼 수 없다고 선언했다.

당연한 일이겠지만, 한은 1938년 중엽에는 별다른 연구를 하지 못했다. 과학적으로 자신의 더 나은 반쪽이자 지적 지도자를 잃었고, 독일에서 고조되던 정치적 위기 때문에 화학에 관한 생각은 할 수조차 없었다. 마침내 한을 실험실로 돌아가도록 자극한 사람은 이번에도 이렌 퀴리였다. 10월 20일에 이렌은 의심스러운 논문을 또 발표했는데, 이번 논문은 우라늄 원소 변환에 관한 것이었다. 한은 분노가 끓어올랐고, 조수와 함께 이렌이 한 실험을 재현하여 이 쿠리오숨 논란에 종지부를 찍겠다고 결심했다.

하지만 이 실험으로 한은 그 어느 때보다도 큰 혼란에 빠졌다. 그는 우라늄 시료에 중성자를 충돌시킨 뒤, 새로운 방사성 물질을 찾으려고 했다. 라듐 비슷한 물질을 발견한 그는 모두에게 알리기 위해 급히 논문을 썼다. 하지만 그 문제를 조금 더 깊이 생각한 끝에 그 논문을 부정하고, 대신에 란타넘과 바륨처럼 행동하는 원소들을 발견했다고 주장했다. 하지만 이 발견은 답보다 질문을 더 많이 제기했다. 한은 이 원소들이 란타넘이나 바륨이 아니라는 사실을 알고 있었는데, 과학적으로 그런 일이 일어나는 것은 불가능했기 때문이다. 지금까지 일어난 원소 변환 사례들에서 원래 원소는 주기율표에서 가까이에 있는 원소로만 변환했다. 예를 들면, 우라늄(92번 원소)은 일부 원자 파편을 방출하고 토륨(90번 원소)으로 바뀔 수 있다. 이와는 대조적으로 란타넘(57번 원소)은 주기율표에서 우라늄으로부터 35칸이나 떨어져 있다. 이렇게 먼 거리를 건너뛸 수는 없었는데, 그렇게 큰 원자 파편은 그때까지 알려진 적이 없었기 때문이다. 바륨(56번 원소)도 36칸이나 멀리 떨어져 있다.

이렇게 기초적인 논리에 따르면, 그 물질은 란타넘이나 바륨일 리가 없었다. 하지만 만약 우라늄이 이 원소들로 바뀌지 않았다면, 도대체 그 물질의 정체는 무엇이란 말인가? 한은 이렌이 느꼈던 혼란을 이해하기 시작했다. 그래서 언제나 그랬듯이 1938년 12월 중순에 마이트너에게 편지를 보내 기묘한 실험 결과를 설명했다.

설령 마이트너가 한에게 해부학적으로 불가능한 것을 하라고 말했더라도 마이트너를 비난할 사람은 아무도 없었을 것이다. 하지만 마이트너는 이 과학적 수수께끼를 거부할 수 없었다—또한 또다시 졸리오-퀴리 부부가 틀렸음을 증명하고 싶은 충동을 거부할 수 없었다. 게다가 춥고 외로운 스웨덴에서 쓸쓸하게 지내던 마이트너는 과학계와 다시 연결되고 싶은 마음이 굴뚝같았다. 편지가 도착했을 때, 마이트너는 조카와 함께 스톡홀름 밖으로 크리스마스 휴가를 떠나려던 참이었기 때문에 편지를 가지고 갔다. 같은 물리학자였던 조카는 마이트너가 아침 식사 자리에서 편지를 놓고 얼굴을 잔뜩 찌푸리고 있는 걸 보았다. 마이트너는 며칠 동안 집 안에 틀어박혀 있었기 때문에, 두 사람은 눈밭으로 산책을 나가 그 문제를 깊이 논의해보기로 했다.

틀림없이 그 답은 마이트너의 잠재의식 속에서 한동안 꿈틀거리고 있었을 것이다. 그러다가 산책에 나섰을 때 불현듯 그것이 의식 속에 떠올랐다. 한은 변환된 원소들이 란타넘과 바륨과 같은 행동을 보인다고 말했다. 따라서 어쩌면 그것들은 정말로 란타넘과 바륨일지도 몰랐다. 하지만 그런 일이 일어나려면, 우라늄 원자핵이 쪼개져야 한다. 단지 작은 원자 파편을 방출하는 데 그치지 않고, 그 자체가 둘로 쪼개져야 한다. 이것은 상상할 수 없는 개념이었는데, 살아 있는 과학자라면 누구나 받아들이려 하지 않을 개념이었다. 노벨상 수상자인

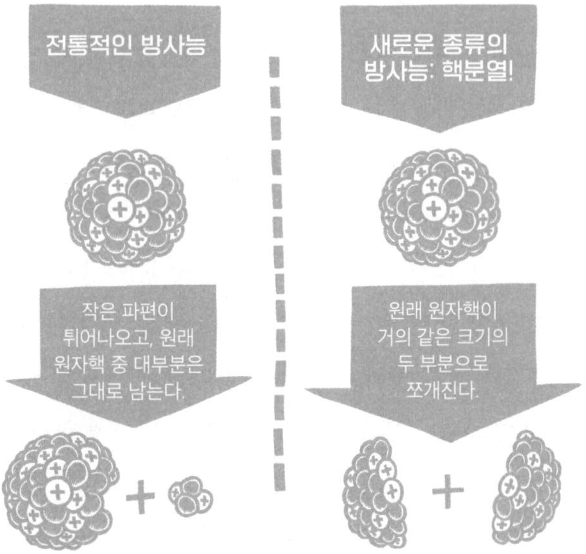

이렌 퀴리조차도 그토록 극단적인 개념은 생각하지 못했다. 하지만 마이트너는 할 수 있었고, 비록 아주 터무니없는 일처럼 들리긴 하지만, 한이 원자를 쪼갰다고 결론 내렸다.

마이트너는 자신이 얻은 결론을 즉각 한에게 알리지 않았는데, 아마도 지난 일에 대한 앙금이 남아서 그랬을 것이다. 마침내 그 사실을 알렸을 때, 한은 큰 충격을 받고 정신이 아찔했다. 어떻게 이런 일이 가능하단 말인가? 그래도 한은 마이트너를 믿었고(마이트너는 실수를 하는 법이 거의 없었다), 그 결론은 자신이 일주일 전에 내린 판단을 뒷받침했다. 한은 얼마 전에 파울 로스바우트(마이트너의 탈출을 도운 그 편집자)에게 전화를 걸어 자신의 짧은 연구 논문을 좀 빨리 실어줄 수 없겠느냐고 물었다. 로스바우트는 이 실험에 큰 흥미를 느껴 곧바로 다음 호 〈자연과학*Naturwissenschaften*〉에 싣기로 하고, 이미 조판까지 끝난 다른 논문 대신에 한의 논문을 싣기로 결정했다. 발행 날짜는 1938년 12월 22일이었다.

대다수 물리학자들은 이 소식에 크게 흥분했지만, 정치적 통찰력이 뛰어난 사람들은 불길한 예감에 전율을 느꼈다. 우라늄은 지각에 비교적 풍부하게 묻혀 있어 대량 채굴이 가능하다. 또한 물리학자들은 우라늄 원자를 쪼개면 막대한 에너지(유명한 공식 $E=mc^2$에 따라)가 나오며, 인류가 안전하게 다룰 수 있는 수준을 넘어설 것이라는 사실도 알고 있었다. 1938년 후반까지만 해도 이것은 그저 이론적 염려에 불과했다. 하지만 이제 우라늄은 더 이상 저급한 방사성 원소가 아니었다. 바로 그 순간부터 우라늄은 가장 중요한 방사성 원소로 우뚝 올라섰다.

훗날 과학적 식견이 좀 있는 일부 나치는 한과 로스바우트가 그날

한 일은 반역 행위였다고 비난했다. 두 사람이 논문을 서둘러 발표한 것은 독일의 적들에게 경고를 하고, 나치가 우라늄의 비밀을 독점하지 못하게 하기 위해서였다고 주장했다. 이 주장은 편집증에 사로잡힌 나치의 전형적인 반응처럼 들릴 수 있지만, 이번만큼은 그 편집증이 옳았다. 로스바우트는 정말로 프랑스와 영국, 미국에 이 발견의 엄청난 의미를 경고하려고 했다. 그는 나치를 경멸했고, 언제 전쟁이 일어날지 모른다고 두려워했다. 논문 발표를 한 호만 늦춰도, 온 세상이 막대한 대가를 치를 가능성이 있었다.

실제로 온 세상은 이 때문에 엄청난 대가를 치르게 된다. 1938년 12월 22일은 우연히도 동지였는데, 한 역사학자는 그날 "세계의 겨울이 시작되었다"라고 말했다.

로스바우트의 노골적인 반역 행위에도 불구하고, 몇 주일 뒤에 〈자연과학〉 새 호가 나올 때까지도 세상은 한의 논문을 대체로 모르고 있었다. 하지만 그 사이에 한의 발견—세균이 분열법을 통해 번식하는 과정에서 이름을 따 우라늄 핵분열이라 불리게 된—에 대한 소문이 물리학계에서 퍼져나가고 있었다.

이 모든 일은 1939년 1월 초에 리제 마이트너의 조카가 코펜하겐에서 덴마크 물리학자 닐스 보어Niels Bohr를 만나 이모가 발견한 것을 털어놓으면서 시작되었다. 그 이야기를 들은 보어는 마치 만화에 등장하는 인물처럼 이마를 탁 치며 외쳤다. "어떻게 지금까지 우리가 이렇게 멍청할 수 있었단 말인가!" 조카는 보어에게 그 발견을 비밀로 해달라고 신신당부했는데, 한의 논문은 핵분열의 화학적 증거만 제시했을 뿐이기 때문이다. 마이트너는 관련 물리학에 관한 논문을 직접 쓰길 원했는데, 보어가 정보를 누설하면 논문 발표에 방해를 받을 수 있었다. 보어는 비밀로 하겠다고 약속했다.

그러고 나서 보어는 곧장 약속을 깼다. 며칠 뒤, 보어는 미국에서 안식년을 보내기 위해 배를 탔다. 그리고 배가 출항하기도 전에 배에 탄 한 동료에게 그 비밀을 누설했는데, 그것을 들은 동료 역시 크게 놀랐다. 두 사람은 배에서 칠판을 하나 구해 대서양의 거친 파도에도 불구하고(보어는 여행 내내 뱃멀미를 했다) 그 위에 수식을 써가며 핵분열의 비밀을 알아내기 위해 꼬박 9일 동안 노력했다. 흥분에 휩싸인 보어는 동료에게 비밀을 지켜야 할 필요성을 언급하는 걸 까먹었다. 어떤 약속의 구속도 없었던 동료는 1월 16일에 뉴욕에 도착하자마자 그 비밀을 떠들고 다니기 시작했고, 얼마 지나지 않아 미국 물리학계 전체가 그것을 알게 되었다.

자신이 일을 망쳤다는 사실을 깨달은 보어는 1월 26일에 워싱턴 DC에서 열린 공식 만찬에서 공식 발표를 했다. 그날 저녁에 보어는 저온물리학에 관한 강연을 하기로 예정돼 있었지만, 이제 그것은 안중에도 없었다. 이 이야기가 훨씬 화급했다. 보어는 이 발견의 공로는 마땅히 마이트너에게 돌려야 한다는 사실을 주지시키려고 노력했지만, 기본적인 발견 이야기를 공개하고 나자 아무도 더 이상 귀를 기울이려 하지 않았다. 강연이 끝나기도 전에 이미 여러 물리학자는 강당에서 빠져나가(어떤 사람들은 만찬에 참석한 턱시도 차림 그대로) 곧장 실험실로 달려가 실험에 착수했다. 그다음 날, 캘리포니아주 북부에서 한 물리학자는 이발소에서 보어의 강연 내용을 신문에서 읽고는 이발

도중에 벌떡 일어나 실험실로 달려갔다. 핵물리학계에서 핵분열 소식은 세계를 그 이전과 이후로 나누는 분수령이 되었다.

정치적 통찰력이 뛰어난 과학자였던 엔리코 페르미는 핵분열 소식을 듣고 전율을 느꼈다. 로마에서 느린 중성자와 빠른 중성자를 가지고 몇 년 동안 실험을 한 페르미는 이탈리아가 베니토 무솔리니Benito Mussolini의 영도로 파시즘에 빠져드는 상황을 지켜보았다. 1938년에 이르자, 페르미는 이 나라에서는 자신과 유대인 아내 라우라에게 미래가 없다는 사실을 깨닫고 이탈리아를 떠날 계획을 세우기 시작했다. 그해 가을에 과학 학회에서 만난 닐스 보어가 페르미를 따로 불러냈을 때 그 기회가 찾아왔다.

보어는 스톡홀름의 노벨위원회와 연줄이 있었는데, 페르미에게 몇 주일 안에 작은 상을 기대해도 좋다고 말했다. 정상 상황이라면 이것은 아주 심각한 결례였다. 노벨위원회는 철저히 비밀리에 활동하며, 공식 발표가 있을 때까지 수상자를 밝히지 않는다. 하지만 보어가 이런 행동을 한 데에는 그럴 만한 이유가 있었다. 그 당시 이탈리아 화폐 리라의 가치가 심하게 요동치고 있었는데, 이탈리아 법에 따라 페르미는 리라를 더 안정적인 통화로 바꿀 수가 없었다. 보어는 페르미가 수상을 1년 연기하길 원하는지 알고자 했다. 그때쯤이면 이탈리아 경제가 더 나아질지 모르기 때문이었다. 그러자 페르미는 자신의 비밀을 보어에게 털어놓았다. 로마를 떠나 뉴욕의 컬럼비아 대학교로 갈 계획이기 때문에, 당장 상금을 받는 편이 자신에게 큰 도움이 될 것이라고 말했다. 그 말을 듣고 보어는 염려하지 말라고 했다. 몇 주일 뒤, 페르미는 정말로 노벨 물리학상 수상자가 되었고, 아내와 함께 각자 작은 여행 가방 하나씩만 들고 로마를 떠나 스톡홀름으로 향했다. 그리고 그 길로 로마를 영영 떠났다.

슬프게도 페르미가 떠나자, 활기 넘쳤던 그의 물리학 연구팀(대부분은 유대인이었다)도 분열되고 말았다. 한 사람은 캘리포니아주로 달아났고, 또 한 사람은 프랑스로 달아났다. 부책임자였던 에도아르도 아말디(대리석 작업대와 목제 탁자 위에서 실험을 한 시료 사이에 차이가 나타난다는 사실을 처음 발견한)도 떠나고 싶었지만, 독실한 가톨릭교도였던 그는 이탈리아에서 개인적으로 신변의 위험을 전혀 느끼지 않았다. 그래서 동료들은 아말디에게 이탈리아에 남아 있으라고 간청했다. 다른 나라에는 외국인 과학자에게 줄 일자리가 얼마 없었는데, 그들에게는 그 일자리가 필요했기 때문이다. 그래서 아말디는 억지로 얼굴에 미소를 지으면서 기차역까지 페르미를 배웅했고, 스승이 떠나는 모습을 쓸쓸히 지켜보았다. 그는 비참한 마음으로 집으로 돌아왔고, 얼마 후 이탈리아군에 징집되어 북아프리카 전선으로 파견되었다.

페르미가 뉴욕에 도착하고 나서 얼마 후 보어가 핵분열에 관한 정보를 누설하자, 명민한 페르미는 그 발견이 어떤 결과를 가져올지 정확하게 알아챘다. 한 동료는 1월의 어느 음침한 날에 페르미가 자기 사무실에서 핵분열이 가져올 신세계에 대해 이야기하던 모습을 기억한다. 이야기를 하던 페르미는 맨해튼 스카이라인을 향해 돌아서더니 손을 말아 공처럼 만들었다. 그리고 "이만큼 작은 폭탄만으로도 이 모든 것이 사라지고 말 거요"라고 말했다.

파리의 분위기도 마찬가지로 암울했는데, 그 이유는 달랐다. 〈자연과학〉에서 핵분열에 관한 한의 논문을 읽자마자, 프레데리크 졸리오는 이틀 동안 틀어박혀 그 내용을 깊이 파고들었다. 마침내 퀭한 눈에 초췌한 모습으로 나타난 그는 자신과 이렌의 연구소에서 일하던 모든 사람에게 그 소식을 전했다. 그들은 또다시 선수를 뺏기고 말았다. 그들은 한과 마이트너가 얻은 것과 같은 증거를 이미 보았다. 똑같은 핵분열 산물을 보고서도 그것을 알아채지 못한 것이다.

보어처럼 이렌도 "우리는 얼마나 멍청이였던가!"라고 외쳤다. 그러고 나서 남편을 향해 분노를 쏟아냈다. "만약 당신이 당신 연구소로 달아나면서 날 버리지 않았더라면, 이 발견은 우리가 이룰 수 있었을 거야!"라고 소리쳤다. 같은 연구소에서 일하던 여러 사람도 말없이 동의했다. 이렌의 화학에는 잘못이 전혀 없었지만, 이렌에게는 졸리오가 가진 지식, 즉 자신의 실험 결과를 해석하는 데 꼭 필요한 지식이 없었다. 졸리오는 자신에게 중년의 과학적 위기가 된 사이클로트론에 너무 푹 빠지는 바람에 이렌의 연구에 관심을 가질 여유가 없었다. 졸리오는 큰 굴욕을 느꼈다.

하지만 야심이라면 누구에게도 뒤지지 않는 졸리오는 자신의 파리 연구팀과 함께 핵분열에서 다음 단계의 중요한 연구를 진행하기로 결정했다. 페르미의 예언에도 불구하고, 마이트너와 한은 우라늄으로 폭탄을 만들 수 있다는 사실을 증명하진 않았다. 그들이 증명한 것은 우라늄에 중성자를 충돌시키면 핵분열이 일어나면서 에너지가 나

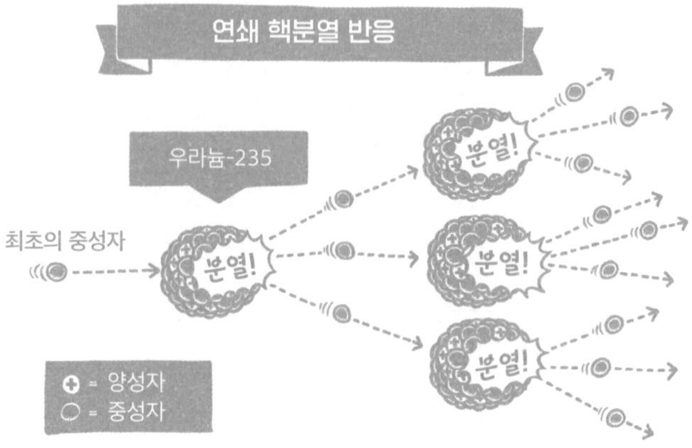

온다는 것뿐이었다. 하지만 그다음에는 어떤 일이 일어나는가? 큰 질문은 핵분열이 일어난 원자에서 에너지 외에 다른 것이 나오느냐 하는 것이었다. 특히 중성자가 더 많이 나오느냐 하는 것이 중요한 질문이었다. 만약 중성자가 더 많이 나온다면, 가까이 있는 다른 우라늄 원자들도 중성자를 흡수해 불안정해질 것이다. 그러면 이 원자들 역시 핵분열이 일어날 테고, (이것이 아주 중요한데) 그러면서 다시 더 많은 중성자가 나올 것이다. 이 2차 중성자들은 더 많은 우라늄 원자들을 불안정하게 만들 것이고, 거기서 3차 중성자들이 나올 것이다. 이런 식으로 이 과정은 계속 이어질 것이다. 노벨상 수상 연설에서 졸리오가 예언했듯이, 그것은 연쇄 핵분열 반응을 낳을 것이다.

모든 것은 딱 하나, 방출되는 중성자 수에 달려 있었다. 만약 우라늄 원자가 하나 분열할 때마다 중성자가 1개만 나온다면, 흥분할 이유가 전혀 없었다. 각 단계마다 추가로 핵분열이 일어나는 원자는 단 하나에 그칠 것이고, 연쇄 반응은 느리게 진행되거나 심지어 식어버리고 말 것이다. 하지만 만약 우라늄 원자가 하나 분열할 때 중성자가

2개 혹은 그 이상이 나온다면 주의해야 한다. 하나의 분열은 2개의 분열을 낳을 것이고, 2개의 분열은 4개, 4개의 분열은 8개, 8개의 분열은 16개…, 이런 식으로 연쇄 분열이 일어날 것이다. 그리고 그와 함께 막대한 에너지가 통제 불능 상태로 방출될 것이다. 그렇다면 졸리오가 할 일은 명백했다. 우라늄 시료에 중성자를 충돌시키고 나서 중성자 수가 늘어나는지 측정하기만 하면 되었다.

중요한 발견에서 선수를 빼앗기는 경험을 이미 여러 번 한 졸리오는 조수들에게 함구령을 내렸다. 새로운 실험 내용을 외부인에게 절대로 발설하지 못하게 했다. 하지만 아이러니하게도 이러한 예방 조처가 결국은 졸리오의 비밀을 노출시키는 결과를 낳았다. 컬럼비아 대학교의 물리학자 조지 플라첵George Placzek이 얼마 전에 파리의 졸리오 연구소를 방문한 적이 있었는데, 플라첵에게서 정보가 누설되는 일을 막기 위해 졸리오 연구팀은 1939년 초에 그에게 전보를 보내 졸리오의 실험을 비밀로 해달라고 요청했다. 하지만 불행하게도 사소한 실수 때문에 역사가 뒤바뀌게 되었다. 컬럼비아 대학교에서 전보를 전달하던 사람이 우스꽝스러운 동유럽어 이름을 가진 물리학자를 마찬가지로 우스꽝스러운 동유럽어 이름을 가진 다른 물리학자와 혼동하는 바람에 그 전보는 레오 실라르드Leo Szilard의 책상 위에 놓이게 되었다. 실라르드는 그것을 읽고 경악했다.

실라르드는 이미 1933년에 연쇄 핵분열 반응 개념을 생각한 사람이어서 연쇄 반응이 가공할 폭탄을 낳을 수 있다는 사실을 어느 누구보다도 잘 알았다. 게다가 헝가리에서 망명한 유대인 출신이었던 그에게는 이 개념이 특별한 공포로 다가왔다. 그는 인생에서 그 어떤 것보다도 제3제국을 두려워했는데, 졸리오의 전보에는 우라늄이나 핵분열에 관한 언급이 전혀 없었지만, '비밀 실험'이 무엇을 의미하는지 즉각 알아챘다.

하고 싶은 말을 참는 성격이 아니었던 실라르드는 결국 자신의 두려움을 요약한 편지를 파리로 보냈다. 독일은 세계 최고의 과학자들과 함께 세계 최고의 산업 시설을 보유하고 있었다. 만약 핵물리학으로 무기를 만드는 나라가 나온다면, 그것은 독일이 될 가능성이 매우 높았다. 그래서 그는 졸리오에게 신중을 기해달라고 요청했다. 하고 싶은 연구는 다 해도 좋으며, 심지어 발견의 우선권을 확보하기 위해 논문을 학술지에 발표해도 좋다고 했다. 하지만 제발 연쇄 반응과 관련된 것은 절대로 발표하지 말라고 했다. 히틀러에게 가공할 무기에 관한 정보를 귀띔해서는 안 된다고 했다.

실라르드가 경계한 사람은 졸리오뿐만이 아니었다. 실라르드처럼 망명하여 컬럼비아 대학교에 자리를 잡고 있던 물리학자 엔리코 페르미 역시 핵분열 연구에 뛰어들었는데, 실라르드는 페르미에게도 똑같이 비밀을 지켜달라고 간청했다. 처음에 페르미는 퇴짜를 놓았다(정확하게는 "허튼소리!"란 뜻으로 "Nuts!"라고 말했는데, 페르미는 미국 영어 속어를 무척 좋아했지만 제대로 된 용법을 미처 익히지 못했던 것 같다. 아마도 실제로 하려던 말은 "Nuts to that!"이었을 것이다). 하지만 거듭되는 압박에 못 이겨 페르미도 마침내 그러겠다고 동의했다. 심지어 그 비밀을 공개하지 않으려고 이미 학술지에서 싣겠다고 승인한 논문을 철회하기까지 했다.

졸리오는 덜 협조적이었다. 만약 우리가 두려움 때문에 과학 연구를 검열한다면, 히틀러가 또 하나의 기본적인 자유를 말살한 셈이 될 것이라고 말했다. 그것은 아주 그럴듯한 주장이었지만, 졸리오의 이런 태도에는 이기적인 동기가 있었던 게 아닐까 하는 의심이 든다. 발견의 기회를 여러 차례 날린 그의 전력을 감안하면, 그 실수를 만회하고 싶은 마음이 굴뚝같았을 것이다.

졸리오가 1939년 4월에 우라늄 원자가 핵분열을 한 번 할 때마다 평균적으로 연쇄 반응에 필요한 최소치를 훨씬 넘어서는 3.5개의 중성자가 나온다는 연구 결과를 발표하자, 실라르드는 크게 낙담했다. 사실은 이 연구 결과는 틀린 것이었다. 현재 측정된 값은 2.5개이다. 졸리오는 자기 지속적 연쇄 반응을 일으키는 데에는 성공하지 못했다. 그가 일으킨 핵분열 반응은 금방 사그라들고 말았다. 하지만 전체적인 요지는 변함이 없었다. 핵분열 연쇄 반응은 가능하며, 따라서 핵폭탄 제조도 가능하다는 것이었다. 그리고 졸리오는 이 모든 것을 비밀로 하는 대신에 핵무기를 만들어 사하라 사막에서 폭발 실험을 하는 계획을 논의하기 시작했다. 그것은 비록 단명하긴 했지만 세계 최초의 원자폭탄 계획이었다.

그 후로는 상황이 아주 빠르게 전개되었다. 1939년 1월 이전까지만 해도 우라늄 핵분열 이야기를 들은 사람은 아무도 없었다. 하지만 그해 12월까지 전 세계에서 이 주제에 관한 논문이 100편 이상 발표되었다. 이 모든 일의 중심에 서 있던 화학자 오토 한은 핵분열 연구의 폭발적 증가를 비통하게 바라보았다. 나치는 핵분열의 비밀을 누설했다는 이유로 그를 이전보다 더 멸시했다. 한은 또한 자신이 판도라의 상자를 열었다는 사실에 절망감을 느꼈다. 중성자 증식에 관한 졸리오의 연구 결과를 처음 보았을 때(그리고 자신의 발견이 역사상 가장 파괴적인 무기를 낳을지도 모른다는 사실을 깨달았을 때), 그는 자살을 결심했다.

결국은 마음을 바꾸었지만, 괴로움에서 헤어날 수 없었다. 독일에 있는 우라늄을 모두 모아 바다에 던지는 계획을 세우고는 몇몇 동료를 끌어들이려고 시도했다. 하지만 그래 봤자 아무 소용이 없을 것이라는 지적을 받고 그 계획을 포기했다. 그해 봄에 체코슬로바키아 일부를 점령한 히틀러는 자기도 모르게 유럽에서 가장 풍부한 우라늄 광산들을 손에 넣었기 때문이다. 자신의 힘으로는 핵분열을 멈출 수 없다는 사실을 깨닫고 한은 다시 자살을 생각했다. 그는 단지 원자만 분열시킨 게 아니었다. 세계도 분열시켰다.

6장

통제를 벗어난 반응

1930년대 후반에 페르미 같은 과학자들은 유럽을 탈출했지만, 유럽으로 돌아가야 한다는 도덕적 의무감과 타당성을 놓고 고민한 물리학자들도 있었다. 특히 오랜 친구 사이인 새뮤얼 가우드스밋과 베르너 하이젠베르크는 어려운 선택에 직면했는데, 두 사람은 어떤 선택을 해야 할지를 놓고 오랫동안 힘들게 논의했지만, 어느 쪽이건 자신들의 결정이 결국은 고통스러운 결과를 낳으리란 걸 알았다.

두 사람 중에서 가우드스밋은 과학자가 될 가능성이 더 적었던 사람이다. 그는 "고등학생 시절에 나는 풀리지 않은 수수께끼를 풀길 원했는데, 수수께끼를 푸는 분야가 세 가지 있었다. 경찰과 고고학과 과학이 그것이었다"라고 말한 적이 있다. 결국은 과학이 승리했지만, 그것은 아슬아슬한 승리였다. 헤이그의 전형적인 유대인 집안에서 자란 가우드스밋은 가업을 포기하고 학문의 길을 걷기 위해 레이던 대학교 입학을 결정함으로써 부모님을 실망시켰다(아버지는 욕실 기구를 판매했고, 어머니는 주름 장식이 달린 모자를 디자인했다). 레이던 대학교를 다닐 때 가우드스밋은 검은색 머리카락 때문에 라위제보스luizebos, 즉 대걸레 머리라는 별명을 얻었고, 괴짜이긴 하지만 명석함을 인정받았는데, 관심이 없는 과목에서는 낙제를 자주 했다. 어떤 것에 열정을 느끼면 거기에 푹 빠지는 버릇도 있었는데, 어느 해에는 갑자기 상형 문자를 공부하기 시작하더니 결국에는 그것에 능통해졌고, 과학 수사 연구에 관한 8개월짜리 과정을 밟기도 했는데, 그 과정에는 지문과 위조, 혈액 검사를 자세히 배우는 것도 포함돼 있었다. 시간이 좀 지난 뒤에 마침내 물리학에 집중했는데, 그러자마자 너무나도 손쉽게 필생의 큰 발견을 이루었다.

그 발견은 양자 스핀 개념이었다. 자세한 내용은 우리의 주제와 관련이 없지만, 스핀은 전자와 중성자 같은 입자의 고유 각운동량을 나타낸다. 스핀은 질량, 전하와 함께 입자의 기본 성질 중 하나이다. 하지만 이 연구를 시작했을 때, 가우드스밋은 자신이 뭔가 중요한 발견을 하리라고는 전혀 생각하지 않았다. 그저 기묘한 실험 결과를 듣고는 그 결과를 낳은 근본 원인이 무엇인지 수수께끼를 풀고 싶을 뿐이었다. 그래서 1925년의 어느 여름날, 가우드스밋은 동료 학생인 조지 울렌벡George Uhlenbeck과 함께 수수께끼를 풀기 위해 토론을 했다. 두 사람이 구체적인 계획도 없이 이것저것을 시도하던 중에 우연히 양자 스핀 개념이 튀어나왔다. 하지만 토론이 끝날 무렵에 두 사람은 뭔가 정말로 중요한 것을 발견했다고 생각했다. 수수께끼를 푸는 데 골몰한 지 몇 시간 후 가우드스밋이 종이에서 눈을 들어 위를 쳐다보았더니, 불길한 검은색 구름이 하늘을 뒤덮고 있었다. 두 사람은 나중에야 네덜란드에 토네이도가 발생했다는 사실을 알았지만, 그때에는 방정식에 너무 몰두한 나머지 상황 변화를 전혀 알아채지 못했다.

양자 스핀은 곧 양자물리학에 큰 토네이도를 몰고 왔다. 두 학생은 서둘러 짧은 논문을 써서 지도 교수에게 보여주었다. 지도 교수는 머리를 긁적이며 이것은 아주 훌륭하거나 터무니없는 것이라고 말했다. 그러니 발표를 해서 어느 쪽이 맞는지 보자고 했다. 당연히 여러 저명한 물리학자는 그 개념을 싫어했는데, 너무나도 기이해 보였기 때문이다. 하지만 다른 물리학자들은 스핀 개념을 아주 좋아했는데, 하이젠베르크도 그중 한 사람이었다. 그는 가우드스밋에게 편지를 보내 "용감한" 연구를 했다며 축하해주었다. 황홀경에 빠진 가우드스밋은 울렌벡에게 달려가 그 편지를 보여주었다. 울렌벡은 눈을 끔벅거리며 하이젠베르크가 누구냐고 물었다.

울렌벡의 무지에 가우드스밋은 큰 충격을 받았다. 하이젠베르크는 이름 그대로 하이젠베르크였다. 세계 최고 수준의 젊은 물리학자를 모르다니! 가우드스밋은 이미 하이젠베르크를 존경하고 있었는데, 그 편지를 받고 나서 호감이 더욱 커졌다. 두 사람은 결국 만나서 친구가 되었고, 나중에 하이젠베르크는 네덜란드를 방문했을 때 가우드스밋의 부모 집에서 머물면서 그들과 함께 저녁을 먹고, 가우드스밋과 함께 해변을 거닐며 불꽃놀이를 보았다. 세계 물리학계가 양자 스핀 개념을 받아들이고 가우드스밋의 명성이 크게 높아진 데에는 하이젠베르크의 지지도 큰 도움이 되었다.

하지만 하이젠베르크의 지지로도 가우드스밋이 정말로 원하던 것은 얻지 못했는데, 그것은 바로 일자리였다. 1920년대에는 유럽에서 교수 자리를 구하기가 무척 어려웠고, 젊은 과학자들은 나이 든 교수가 죽을 때까지 하염없이 기다렸다가 그 자리를 얻으려고 하이에나처럼 달려들어 서로 치열하게 경쟁해야 했다. 특히 가우드스밋이 가장 원한 일자리는 네덜란드의 대학에서 교수로 일하는 것이었는데, 그 자격을 얻으려면 사실상 노벨상이 필요했다. 오직 미국 대학들, 그중에서도 특히 미시간 대학교가 그를 교수로 채용하는 데 진지한 관심을 보였다. 이 때문에 가우드스밋은 몹시 난처한 상황에 놓였다. 그는 그 당시에 네덜란드인이 미국으로 이주하는 이유는 "경찰이나 징집을 피하기 위한" 것 말고는 없었고, 특히 미시간 대학교가 있는 앤아버는 지구 반대편에 있는 것처럼 보였다고 말했다. 하지만 미시간 대학교가 제시한 급료는 꽤 두둑했고, 동료인 울렌벡은 이미 그곳의 제의를 받아들였다. 그래서 훗날 가우드스밋은 "고국을 떠난 일 때문에 늘 탈영병 같은 기분이 들었다"라고 말했지만, 젊은 아내 얀티어Jaantje를 데리고 미국행 배에 올랐다. 뉴욕에서는 로버트 오펜하이머Robert Oppenheimer(훗날 맨해튼 계획의 총 책임자)가 직접 나와 가우드스밋과 울렌벡을 맞이했고, 그들에게 첫 번째 미국 별미인 옥수숫대에 붙어 있는 옥수수를 맛보여주었다.

앤아버에서 가우드스밋의 첫 번째 거처는 욕실이나 주방이 따로 없는 원룸이었다. 창문이 2개 있었는데, 하나는 병동을 향해, 다른 하나는 묘지를 향해 나 있었다. 그리고 슬프게도 앤아버의 일반적인 인상은 몇 년이 지나도 나아지지 않았다. 멋부리길 좋아하는 유대인이었던 가우드스밋은 바보 같은 미소와 냉소적인 유머 감각을 가지고 있었는데, 이러한 특성은 미국 중서부 사람들의 진지한 기질과 충돌했다. 사람들은 그를 외국인으로서도 따뜻하게 대하지 않았다. 그들은 튤립과 나막신에 대해 반복적으로 물었으며, '엉클 샘'이란 별명은 가우드스밋에게 자신이 진짜 미국인이 아닌 이방인이라는 생각을 굳

혀주었다. 더 악의적인 편견에도 많이 맞닥뜨렸다. 대학교 기숙사에 '비유대인용' 방이 따로 있다는 사실을 알고서는 넌더리가 났다. 한 역사학과 교수는 어느 학기에 자기 강의에서 모든 유대인을 학기 중간이 되기 전까지 쫓아낼 계획이라고 선언했다. 설상가상으로 가우드스밋은 그 지역의 다른 유대인과도 잘 어울리지 못했다.

유대인 중 대다수는 중앙 유럽 출신으로, 이디시어를 모르는 가우드스밋을 미심쩍은 눈으로 바라보았다. 이 모든 것의 결과로 가우드스밋과 얀티어는 앤아버에서 무척 외롭게 지냈다. 그들의 사교 생활에서 최고의 순간은 매주 금요일 밤이었는데, 그날이 되면 가우드스밋은 대학원생들을 집으로 초대해 팬케이크를 함께 먹었다. 가우드스밋은 한번은 이집트에서 교수를 구한다는 광고를 보고 즉각 지원한 적도 있었다. 사하라 사막조차도 미시간주보다는 나을 것 같았다.

무엇보다도 과학자로서의 경력이 시들어가고 있었다. 하이젠베르크와는 대조적으로, 가우드스밋은 자신이 경력 초기에 보였던 장래성에 부합하려고 노력했지만, 1920년대 후반에는 새로운 발견을 전혀 하지 못했다. 겉으로는 과학의 중심지인 베를린과 암스테르담과 파리로부터 몇 광년이나 떨어진 앤아버의 지적 사막에서 살아가는 환경을 탓했다. 하지만 속으로는 자신에게는 현대 물리학에 크게 기여할 지적 능력이 없다는 사실을 알고 있었다. 그는 "그것은 내 두뇌 능력을 벗어나는 일이었다"라고 인정한 적이 있다. 양자 스핀을 발견한 것이 순전히 운이었다는 두려움이 들기 시작했고, 1931년 무렵에는 이미 자신을 한물간 사람으로 지칭했다. 1932년에 하이젠베르크가 노벨상을 수상했을 때, 그는 자신의 친구이자 우상이 큰 성공을 거둔 것에 의심의 여지 없이 기뻐했지만, 한편으로는 부러움도 느꼈다. 노벨상을 받기만 하면 자신도 네덜란드로 돌아가 버젓한 대학교에서 일할 수 있을 텐데 하는 생각이 들었다. 하지만 아무리 세월이 흘러도 스톡홀름에서는 아무 연락이 없었다.

그다음 몇 년 동안 불행은 최고조에 이르렀다. 네덜란드에서 사랑하던 스승이 자살했다. 미국의 대공황이 점점 심각해지면서 급여 지급이 불규칙해졌고, 혹시 해고당하지나 않을까 노심초사했다. 사랑하던 개도 포기해야 했고(너무 많이 짖어댔다), 누군가 실험실에 침입해 장비를 일부 훔쳐갔다. 1937년에는 중요한 발견을 할 기회도 놓쳤다. 1937년은 아마도 그에게 최악의 해였을 것이다. 경력에 새로운 활력을 불어넣기 위해 얼마 전에 이론 연구에서 실험 연구로 방향을 전환했는데, 미시간 대학교에 있던 사이클로트론을 이용해 그 당시 뜨거운 분야인 중성자 연구(구체적으로는 중성자의 자성을 조사하려고 했다)에 집중하기로 결정했다. 그러려면 사이클로트론을 오랜 시간 사용해야 했는데, 한 방문 교수가 매주 그것을 독차지한다는 점이 문제였다. 게다가 당연히 자기편이어야 할 자신의 조수가 몰래 다른 과학자와 연구를 하기 시작했는데, 이것은 그에게 큰 굴욕을 안겨준 배신 행위였다. 이런 상황 때문에 과학자들 사이에 여러 차례 다툼이 벌어졌고, 대개는 가우드스밋이 졌다. 점차 그는 연구하러 가는 게 별로 즐겁지 않았다. 그는 "매일 나는 축구 감독처럼 분발을 촉구하는 말로 시작해야 했다. 불행하게도 나는 욕설을 충분히 사용하지 않았다"라고 회상했다. 그 다툼 때문에 가우드스밋은 큰 대가를 치렀다. 덴마크의 한 연구팀이 비슷한 연구를 하고 있었는데, 가우드스밋이 1년 먼저 연구를 시작했는데도 불구하고, 사이클로트론을 늘 사용할 수 있었던 덴마크 연구팀이 연구를 먼저 끝내 가우드스밋은 닭 쫓던 개 신세가 되고 말았다.

중서부 생활에 좌절한 가우드스밋은 1938년에 안식년 휴가를 보내기 위해 유럽으로 갔다. 유럽 각지의 최고 연구소 몇 곳을 방문하고 동료 연구자 수십 명을 만났다. 자신이 사랑하던 도시 파리에서도 시간을 보냈고, 로마의 트레비 분수에 동전을 던지면서 달콤한 귀환을 빌었다. 가장 좋았던 것은 네덜란드에서 많은 친지를 만난 일이었다(그는 특유의 냉소적인 태도로 끝없는 생일 파티와 만찬이 귀찮다고 불평했지만, 그래도 그 모든 것에 대한 애정을 감추진 못했다). 안식년을 보내는 동안 연봉은 크게 깎였지만(5000달러에서 1000달러로. 오늘날의 가치로는 8만 5000달러에서 1만 7000달러로), 그 여행은 정신 건강을 위해서는 충분히 그럴 만한 가치가 있었다. 그리고 놀랍게도 두 군데에서 일자리 제의도 받았는데, 자신이 그토록 원하던 네덜란드에서도 제의가 왔다. 그들은 가우드스밋이 노벨상 수상자가 아니라는 사실을 크게 문제 삼지 않기로 한 것처럼 보였다. 만약 수락하기만 한다면, 마침내 고국으로 돌아갈 수 있었다.

하지만 꼭 돌아가야 할까? 아주 먼 미시간주에서도 유럽이 더 이상 유대인에게 안전한 곳이 아니라는 소문이 들렸다. 사실, 그는 친나치 간행물을 정기 구독한다는 이유로 대학교 도서관을 질책했으며, 유대인 회원에 대한 공격을 비난하지 않는 데 불만을 품고 독일물리학회에서도 탈퇴했다. 그리고 안식년 휴가를 보내는 동안 직접 유럽의 상황을 보고 나자 불안감이 더욱 커졌다. 독일과 이탈리아에 입국할 때, 국경 경비대는 그가 갖고 있던 〈더 뉴요커〉와 〈새터데이 이브닝 포스트〉를 퇴폐적인 선전물이라며 압수했고, 로마에서 묵었던 호텔 방에서는 개인 문서를 도난당했다. 게다가 네덜란드에 있을 때에는 친구인 디르크 코스터르가 리제 마이트너를 독일에서 탈출시켜 네덜란드로 밀입국시키는 일이 일어났다. 이 사건은 자신에게 닥칠 위험을 생생하게 보여주었다. 무엇보다 두려운 것은 여러 도시의 거리를 행진하던 나치 군중이었다. 가우드스밋은 한 편지에서 오늘날 "독일의 주요 수출품은 증오 선전"이라고 썼다. 그리고 그 사람들을 "미치광이 독일인Germaniac"이라고 부르기 시작했다.

그래도 네덜란드에서 교수로 일하겠다는 꿈을 완전히 버리진 못했고, 1938년 10월에 앤아버로 돌아간 뒤 한 달 동안은 그냥 제의를 받아들이자고 되뇌며 보냈다. 그는 여러 상황을 가정하며 고민하고 있었다. 만약 제의를 거절하면 대학 측이 모욕을 당했다고 느껴 앞으로 다시는 네덜란드에서 일자리를 얻을 수 없을 것 같았다. 그리고 유럽의 상황이 정말로 그렇게 나쁠까? 독일이 끔찍한 것은 사실이지만, 자신은 독일이 아니라 자신이 "유럽 사막의 오아시스"라고 부르는 네덜란드로 가려고 한다. 또, 독일의 군사력이 과대평가된 것은 아닐까 하는 의심이 들었다. 그는 친구들에게 프랑스는 항상 강한 군대를 유지해왔으며, 어떤 전쟁에서도 미치광이 독일인에게 충분히 맞설 수 있다고 말했다. 히틀러는 허세를 부리는 것일지도 몰랐다. 가우드스밋은 친구에게 보낸 편지에서 "객관적 관점을 가진 네덜란드인으로서 나는 1939년에 전쟁이 일어나지 않을 가능성이 6 대 1의 확률로 높다고 본다"라고 썼다.

그렇게 믿으려 애썼지만, 독일에 대한 두려움을 완전히 떨쳐낼 수는 없었다. 히틀러는 이미 오스트리아와 체코슬로바키아를 병합했고, 만약 히틀러가 이 국경들을 존중하지 않는다면, 무방비 상태의 네덜란드 국경을 존중할 것이라고 믿을 이유가 없었다. 더 중요한 점이 있었는데, 이제 가우드스밋에게는 딸 에스터Esther가 있었다. 네덜란드 교수 자리가 아무리 탐나도, 딸을 히틀러 앞에 노출시키는 위험을 감수할 수는 없었다. 그래서 무거운 마음으로 거절 편지를 대학교로 보냈다. 이 결정에 가우드스밋의 부모는 크게 실망했다.

유럽에서 교수직을 얻을 수 있는 기회의 문을 스스로 닫은 뒤, 이제 가우드스밋은 위험한 유럽에서 부모를 구해낼 계획을 세웠다. 그것이 쉬운 일이 아님은 잘 알고 있었다. 부모인 이삭Issac과 마리아너Marianne는 결혼할 때 심각한 사회적 장벽을 극복했고(마리아너는 부유한 집안 출신인 반면, 이삭은 그 집에서 일하던 하녀의 조카였다), 지금은 헤이그에서 각자 성공적으로 사업을 이끌어가고 있었다. 그들은 그 사업을 포기하고 싶지 않았다. 아버지는 가구를 조각해 만들고 욕실 기구를 판매했다. 가우드스밋은 늘 "손으로 윤을 내 아름답고 반짝이는 마호가니 변기 시트"에 대해 농담을 했다. 어머니는 여성 모자를 디자인하는 가게를 운영했다(가우드스밋은 어린 시절부터 패션 추세를 파악하는 재능이 있었던 것으로 보이는데, 어머니는 그에게 새로운 디자인에 대한 의견을 자주 물었다. 가우드스밋은 "그 모자는 깃털 대신에 꽃을 달아야 해요"라는 식으로 의견을 말하곤 했는데, 그의 의견은 항상 옳았다). 부모는 네덜란드가 아닌 다른 나라에서 산다는 것은 생각도 해본 적이 없었기 때문에, 미국으로 이주해 살아갈 엄두가 나지 않았다. 하지만 가우드스밋은 생각을 바꾸라고 계속 설득하면서 이민 비자를 신청했다.

그 사이에 아마도 유럽에서 일자리를 얻을 기회를 잃은 실망을 달래기 위해 가우드스밋은 또 다른 일에 열정을 쏟아부었는데, 그것은 여름에 개최되는 미시간 대학교의 연례 물리학 캠프를 조직하는 일이었다.

역사가 10여 년이 된 그 캠프에는 세계 각지에서 로버트 오펜하이머와 폴 디랙Paul Dirac, 닐스 보어, 볼프강 파울리Wolfgang Pauli 같은 최고 수준의 과학자들이 참여해 세미나와 강연을 했다. 모든 참석자는 캠퍼스 근처에 있는 남학생 클럽 회관에서 지냈고, 휴일에는 함께 야외 여행에 나서 동물원의 사자와 곰을 구경하고, 가까운 해변으로 가 몰트 밀크(맥아 가루를 우유에 탄 음료)를 마시고, 타잔을 연상시키는 검은색 수영복에 어깨끈을 한 차림으로 물미끄럼틀을 탔다(야구 경기는 그다지 성공적이지 못했다. 과학자들은 스포츠에는 젬병이었다). 유럽에서 온 과학자들과 함께 어울리면서 가우드스밋은 고립감을 달랠 수 있었다. 가우드스밋은 유럽에서 돌아온 뒤에 1939년 캠프를 위해 최선의 참석자 명단을 만들었는데, 노벨상 수상자인 엔리코 페르미와 베르너 하이젠베르크에게서 참석을 약속받았다. 특히 하이젠베르크의 참석을 이끌어내 매우 기뻤다. 그는 오랜 친구에게 자기 집에서 머물라고 강하게 권했는데, 자기 집에 머무는 동안 하이젠베르크(가끔 모차르트의 오페라에 관해 강연을 할 정도로 열정적인 음악가이기도 했다)가 연주할 피아노를 마련하겠다고 제안함으로써 허락을 얻어냈다. 다른 과학자들도 하이젠베르크의 참석에 크게 열광했다. 한 과학자는 가우드스밋에게 비행기를 타고 앤아버에 갈 것이라고 말했는데, 오로지 하이젠베르크를 만나기 위해서 그 당시로서는 전대미문의 사치에 해당하는 이런 행동을 하려고 했다.

7월의 마지막 주에 캠프가 시작되자, 사람들은 흥분을 억제하기 어려웠다. 세미나 주제에는 우주선과 핵분열이 포함되었고, 가우드스밋은 술과 사교를 위한 시간도 충분히 마련했다. 대체로 이번 캠프는 역대 최고의 캠프로 꼽힐 만했다. 한 가지만 아니었더라면, 분명히 그랬을 것이다. 그해 여름에는 유럽과 마찬가지로 앤아버에도 히틀러의 망령이 짙게 어른거렸다. 흥분되는 과학 세미나에도 불구하고, 참석자들은 주의가 산만하고 초조한 모습을 보였고, 아무리 대화 주제를 물리학에 한정시키려고 노력해도, 술잔을 기울이며 나누는 잡담은 결국은 전쟁 이야기로 향했다. 특히 하이젠베르크와 마주칠 때면 더욱 그랬는데, 그는 독일의 행동에 관한 신랄한 질문들에 답해야 했다.

분명히 하이젠베르크는 정치인이 아니었고, 개인적으로는 나치를 혐오했다. 하지만 그는 오만했고, 많은 지식인처럼 한 분야에 탁월한 천재성이 있는 자신은 다른 주제들에 대해서도 의견을 개진할 자격이 있다고 생각했다. 게다가 애국심이 아주 강했던 그는 이 모든 정치적 분란이 독일의 좋은 이름에 먹칠을 한다고 계속 불평했다. 마치 이 모든 소동의 진짜 피해자는 독일 국민이라는 듯이 말했다. 당연히 하이젠베르크는 매일 밤 설전을 벌여야 했다. 독일에서 얼마나 더 살 수 있겠느냐? 양심의 가책을 느끼지 않는가? 친구들은 이런 질문을 던졌다. 평소에는 자신감이 넘치는 사람이었지만, 이곳에서 하이젠베르크는 번번이 난처한 상황에 처했다. 이런 질문들이 그가 대답하기에 결코 간단한 것이 아님을 사람들은 잘 알지 못했다.

얼마 전에 나치 관리들과 사상죄를 놓고 몇 차례 언쟁을 벌인 하이젠베르크는 심란한 상태로 미국에 도착했다. 구체적으로는 그들은 하이젠베르크가 '아리아인 물리학'을 희생시키면서 '유대인 물리학'을 조장한다고 비난했다.

하이젠베르크는 1922년에 아인슈타인의 강연에 참석했을 때 이 터무니없는 소리를 처음 들었다. 강당에 도착했을 때, 한 시위자가 빨간색 전단을 그의 손에 쥐여주었다. 아인슈타인의 이론은 유대인이 운영하는 언론이 만든 사기극이라고 비난하는 내용이었다. 하이젠베르크는 별로 신경 쓰지 않았다. 회의나 모임에는 항상 얼간이가 있게 마련이라고 생각했다. 그런데 아인슈타인이 폭력 사태 위험을 이유로 강연을 취소해버렸다. 하이젠베르크는 나중에 독일의 노벨상 수상자인 필리프 레나르트Philipp Lenard가 아인슈타인 공격 시위를 사주했다는 사실을 알았다. 강연을 중단시키는 데 성공해 기고만장한 레나르트는 곧 글과 연설을 통해 아인슈타인에 대한 공격을 확대했다. 그의 상대성 이론은 훌륭하고 견고한 아리아인 물리학을 손상시키기 위해 유대인과 볼셰비키가 조장한 '음모'라고 비난했다. 무엇보다도 레나르트와 그 일당은 상대성 이론의 추상적이고 고도로 수학적인 속성에 반대했는데, 구체적이고 직관적인 자신들의 물리학과 비교했다. 이 모든 소동에 하이젠베르크는 당혹감을 느꼈다.

불행하게도 하이젠베르크는 그다음 몇 년 동안 훌륭하고 견고한 아리아인 물리학을 손상시키는 일을 했는데, 특히 1927년에 발표한 불확정성 원리가 백미였다. 불확정성 원리는 레나르트가 숭상한 고전 물리학과 그것을 빠르게 대체하고 있던 양자역학을 분리하는 데 그 어떤 이론이나 개념보다 결정적 역할을 했다. 그 결과로 하이젠베르크는 순수한 독일인인데도 불구하고, 레나르트와 그 밖의 아리아인 물리학자들은 그를 볼 때마다 눈살을 찌푸리고 불만을 표시했다.

언제나처럼 (천진난만한 면이 있던) 하이젠베르크는 그들의 적대감을 무심한 태도로 대했다. 그래서 또 다른 노벨상 수상자 요하네스 슈타르크Johannes Stark가 '유대인 물리학'을 비난하는 글을 신문에 올리면서 자신을 공격하자 허를 찔린 듯한 느낌이 들었다. 슈타르크는 2월에 연설을 통해 또다시 하이젠베르크를 공격했는데, 그가 유대인 아인슈타인과 영혼적 친척 사이라고 비난했다. 얼마 후 한 독일 국립 과학 연구소가 하이젠베르크를 핵심 보직에 고용하기로 한 약속을 취소했다. 충격을 받은 하이젠베르크는 이에 항의하는 반박문을 신문에 발표했지만, 그래도 독일 과학은 모든 것이 아직 정상적으로 돌아간다고 스스로를 달랬다.

하지만 이 강렬한 희망은 1937년 7월에 돌연히 깨지고 말았다. 그 해는 가우드스밋만큼이나 하이젠베르크에게도 고통스러운 한 해였다. 여행을 마치고 뮌헨의 집으로 돌아왔을 때, 한 친구가 나치 친위대의 공식 기관지인 〈흑군단Das Schwarze Korps〉에 슈타르크가 기고한 글을 읽어보라고 경고했다. 그 글의 제목은 '과학계의 백색 유대인'이었다. 한 면을 가득 채운, 문법적 오류가 넘쳐나는 이 긴 글은 퇴폐적인 유대인 물리학을 비난하는 낡은 주장을 여러 번 반복하고 나서 새롭고 추악한 내용을 추가했다. 유대인을 비난하는 것만으로는 성에 차지 않는다는 듯이 슈타르크는 이제 유대인처럼 행동한 아리아인이 있다고 분노했다. 그는 "그런 병균을 위해 '백색 유대인'이라는 용어가 일반적인 은어로 만들어졌다"라고 썼다. 그러고 나서 슈타르크는 하이젠베르크를 콕 집어 자신의 연구소에서 유대인과 외국인을 보호하고 있을 뿐만 아니라, 총통에 대한 지지 선언에 다른 노벨상 수상자들과 함께 동참하길 거부했다고 비난했다. 이 글을 읽고 나서 하이젠베르크는 도저히 믿어지지 않아 맥없이 의자에 주저앉았다. 그리고 곧장 일어나서 결론을 찾아 읽었다. "독일의 정신적 생활에서 유대인을 대변하는 이들은……유대인과 마찬가지로 모두 제거해야 한다."

마침내 행동을 취해야겠다고 마음먹은(자신의 과학적 명예가 손상되는 것은 용납할 수 없었다) 하이젠베르크는 SS(나치 친위대) 우두머리인 하인리히 힘러Heinrich Himmler에게 그 글을 보여주었다. 힘러의 아버지와 하이젠베르크의 할아버지는 뮌헨에서 동료 교사로 일하면서 서로 알던 사이였다. 그들은 같은 하이킹 클럽 회원이기도 했고, 힘러의 어머니와 하이젠베르크의 어머니도 결국 친구가 되었다. 그래서 1937년 7월 하순에 하이젠베르크의 어머니는 힘러의 어머니를 찾아가 자신의 아들이 스스로를 변호한 편지를 놓고 왔다. 힘러의 어머니는 공무로 바쁜 아들을 방해하고 싶은 생각이 없었지만, 하이젠베르크의 어머니는 에둘러서 할 말을 다 했다. "어머니인 우리야 정치에 대해 뭘 알겠어요?"라고 웃으면서 말을 꺼낸 뒤, "하지만 우리 아들들을 돌봐야 한다는 것만은 분명히 알지요. 제가 찾아온 이유는 이 때문이에요"라고 말했다. 힘러의 어머니는 이 말에 설득당해 편지를 아들에게 전달하겠다고 말했다.

몇 달이 지난 뒤에야 힘러가 반응을 보였다. 진실성 따위는 도외시하고 살았던 힘러는 하이젠베르크가 그저 더 좋은 자리를 원해서 그러는 것이라고 속단하고는 빈의 교수 자리를 제의했다. 그런데 하이젠베르크가 제의를 거절하자 힘러는 적잖이 당황했다. 하이젠베르크는 독일 물리학계에는 썩은 요소가 있으며, 옳은 것을 위해 누군가 일어설 필요가 있다고 주장했다. 힘러는 어깨를 으쓱하고는(과학자들은 원래 괴짜들이니까) 조사를 해보겠다고 말했다.

하이젠베르크는 그 말에 큰 기대를 품었다. 하지만 덜 순진한 아내 엘리자베트Elisabeth는 자초지종을 알고는 대경실색했다. 도대체 무슨 생각으로 그런 조사를 하라고 요구했느냐고 물었다. 그러면서 그들은 우리 삶의 모든 측면을 샅샅이 뒤질 것이라고 말했다. 엘리자베트의 생각이 옳았다. 나치 중에서도 비열함 면에서는 누구에게도 뒤지지 않고 홀로코스트를 지휘한 주역인 라인하르트 하이드리히Reinhard Heydrich가 조사 책임자가 되어 즉각 하이젠베르크의 강의실에 첩자를 심었고 전화까지 도청했다. 그는 하이젠베르크를 불빛이 희미한 방으로 끌고 가 오랫동안 조사하면서, 과학적 분쟁 조사 범위를 훨씬 넘어선 영역까지 확대해 꼬투리를 잡으려고 했다. 이런 조사에 엘리자베트는 공포에 사로잡혔는데, 단 한 번의 실수나 단 하나의 잘못된 단어만으로도 온 가족이 강제 수용소로 끌려갈 수 있다는 사실을 알고 있었기 때문이다. 하지만 자신의 과학적 명예가 걸려 있던 하이젠베르크는 이 모든 고초를 기꺼이 견뎌냈다.

힘러가 하이젠베르크를 조사한다는 이야기를 듣고서 다른 사람들도 그를 공격하고 나섰다. 어떤 사람들은 그를 성적 약탈자 또는 은밀한 동성애자라고 비난했다. 이 스캔들은 곧 일면을 차지하는 뉴스가 되었고, 하이젠베르크는 독일인이 '뜨거운 자갈'(너무 논란이 많아 아무도 접촉하려고 하지 않는 사람)이라고 부르는 사람이 되고 말았다. 그는 나치가 침실로 쳐들어와 자신을 체포하는 악몽을 꾸기 시작했다.

조사를 요청한 지 꼬박 1년이 지난 뒤에 마침내 힘러는 초록색 연필로 서명한 편지를 통해 하이젠베르크에게 아무 혐의가 없음을 밝혔다. 요컨대 SS는 하이젠베르크가 정치에 아무 관심이 없는 학자여서 공격할 가치가 없다고 결론 내렸다. 하이젠베르크는 이 결정에 뛸 듯이 기뻐했고, 일반 대중의 공격도 멈췄다.

하지만 그것은 상처뿐인 승리였다. 레나르트와 슈타르크와의 분쟁은 물리학의 미래를 놓고 벌어진 분쟁이었고, 나치에게 그 문제를 해결해달라고 요청함으로써 하이젠베르크는 나치의 권위를 정당화했다—마치 과학적 문제를 해결할 지혜를 가진 사람이 오직 힘러뿐인 것처럼. 게다가 SS는 하이젠베르크에게 상대성 이론과 양자역학을 계속 가르치도록 허락했지만, 그 이론의 개발에 이바지한 유대인의 이름은 절대로 언급하지 말라고 했다(아인슈타인을 이야기하지 않고 상대성 이론을 가르치는 상황을 상상해보라!). 굴욕적이게도 하이젠베르크는 이러한 제약에 동의했고, 중요한 것은 개념이지 이름이 아니라고 자신을 설득했다. 하지만 한 번 양보하고 나자, 다음에는 더 쉽게 양보하게 되었다.

이 위기가 지난 뒤에도 하이젠베르크가 처한 상황은 여전히 녹록치 않았다. 대다수 독일인 젊은이와 마찬가지로 그도 준군사 조직에 속해 있었는데, 거기서 활기를 느꼈다(그는 기관총 쏘는 것을 좋아했는데, 군 복무는 그저 "등산에 불과하며, 단지 하사관들의 존재 때문에 조금 힘들 뿐"이라고 말한 적도 있다. 그는 본질적으로 비대한 뇌를 가진 보이 스카우트였다). 하지만 1938년 9월, 독일이 체코슬로바키아 일부 지역을 점령하면서 하마터면 유럽에서 전쟁이 일어날 뻔했다. 독일은 전쟁을 반기면서 군대를 동원했고, 하이젠베르크도 거의 전선으로 끌려갈 뻔했다. 그랬더라면 하이젠베르크는 죽었을 것이 거의 확실하지만, "우리 시대의 평화"를 내세운 영국 총리 네빌 체임벌린Neville Chamberlain의 타협 덕분에 가까스로 목숨을 구했다.

그 후 하이젠베르크는 조만간 전쟁이 일어나리란 걸 알았다. 1939년 늦봄에 독일 남부 산악 지역에서 허름한 샬레(스위스풍 산장)를 구입했는데, 만약의 사태가 발생하면 아내와 자녀를 그곳으로 피신시킬 생각이었다. 그러고 나서 순회강연을 위해 미국으로 떠났다. 표면적으로는 그곳에서 우주선에 관한 새 이론을 알리고 있었지만, 실제로는 전쟁이 나면 다시 보지 못할 옛 친구들에게 작별 인사를 고하고 있었다. 그중에는 미시간주의 가우드스밋도 포함돼 있었는데, 하이젠베르크는 SS가 그에게 공식적으로 면죄부를 준 지 정확하게 1년하고도 하루 뒤에 그곳에 도착했다. 하이젠베르크는 특정 이데올로기와는 전혀 상관 없는 사람이었지만, 힘러와의 가까운 유대를 감안하면 앤아버에서 그에게 몇 가지 질문을 던진 물리학자들을 비난할 수만은 없다.

어떤 면에서 캠프에서 하이젠베르크에게 쏟아진 질문 중 상당수는 불공정했다. 하이젠베르크는 독일의 군사력이 얼마나 강한지, 그리고 전쟁이 언제 일어날지 전혀 알 수 없었다. 그래도 어떻게든 답하려고 애썼고, 그렇게 해서 분명하게 밝히는 데 유일하게 성공한 것은 자신의 혼란스러운 생각뿐이었다. 그는 어떤 사람들에게는 독일이 나머지 유럽 국가들을 궤멸시킬 것이라고 말했지만, 또 어떤 때에는 독일의 패배는 불가피하다고 한탄했다. 물론 과학에 관한 질문들에도 답했지만, 우라늄 핵분열의 발견으로 정치를 물리학과 분리하기가 점점 힘들어졌다. 한번은 페르미와 하이젠베르크가 그 주제를 놓고 논쟁을 벌이는 모습을 지켜보던 사람이 동료에게 이렇게 속삭였다. "이 방에 있는 사람들은 모두 큰 전쟁이 일어날 것이고, 저 두 사람이 각자 반대편에서 핵분열 연구를 이끌 것이라고 예상하지만, 아무도 그렇게 말하지 않고 있어."

앤아버에서 그 무더운 일주일 동안 이어진 긴장은 결국 한 파티에서 열띤 설전으로 절정에 이르렀다. 칵테일 담당 아르바이트를 하던 대학원생은 거기서 토의한 주제가 광범위했다고 기억한다. 나중에 그는 "하지만 그 논쟁에서 중요한 부분은 모든 품위와 인간성의 기준이 정지된 나라에서, 품위 있고 정직한 과학자가 자신의 과학적 진실성과 개인적 자존심을 유지할 수 있느냐 하는 것이었다"라고 썼다.

결국은 직설적인 성격의 가우드스밋이 핵심을 건드렸다. 그는 하이젠베르크에게 신문에서 당신이 겪은 그 모든 학대와 나치 지도자들에 대한 당신의 경멸을 감안할 때, 그리고 수정의 밤Kristallnacht(1938년 11월 9일~11월 10일에 나치 돌격대와 독일인 시민이 유대인 상점과 유대교 예배당을 공격한 사건—옮긴이)과 정치범 수용소와 나머지 모든 것을 감안할 때, 당신은 왜 독일을 떠나지 않느냐고 물었다.

하이젠베르크는 망설였다. 그는 미국 방문 동안에 캘리포니아주에서도, 인디애나주와 뉴욕과 시카고에서도 반복적으로 이 질문을 들었다. 심지어 컬럼비아 대학교와 프린스턴 대학교와 시카고 대학교에서 은밀히 일자리 제의까지 받았다. 따라서 원하기만 하면, 쉽사리 망명을 택해 독일을 떠날 수 있었다. 하지만 하이젠베르크에게 그것은 그렇게 간단한 문제가 아니었다. 그는 가우드스밋에게 누군가 남아서 독일 과학과 독일의 가치를 지킬 필요가 있다고 말했다. 그리고 노벨상 수상자이자 국제적 명성이 있는 물리학자인 자신은 독일 정치인들에게 영향력을 미칠 힘이 있다고 생각했다. 조만간 그들은 전문적인 문제에 대해 조언을 구하러 올 것이고, 그러면 자신은 그들의 잘못된 생각을 바로잡을 것이라고 주장했다.

이 말을 듣고 페르미는 면전에서 거의 웃음을 터뜨릴 뻔했다. "그 사람들은 원칙이 없어요. 그들은 위협이 될 만한 사람은 누구라도 죽일 것입니다. 조금도 주저하지 않고 그렇게 할 거예요. 당신은 오로지 그들이 허용한 영향력만 가질 뿐입니다." 하이젠베르크는 그 말을 믿으려 하지 않았다. 게다가 그는 뮌헨에 남아 있는 학생들에게 의무감을 느꼈다. "만약 지금 그들을 버린다면, 나는 배신자라는 느낌을 떨칠 수 없을 것입니다." 그러고 나서 이렇게 덧붙였다. "사람들은 재앙을 피해 달아날 것이 아니라, 그것을 막는 법을 배워야 합니다."

이런 식으로 논쟁은 계속 이어졌고, 논쟁이 길어질수록 하이젠베르크의 불안감은 더 커졌다. 독일에서는 나치가 유대인 물리학을 옹호한다며 자신의 불충을 비난했다. 그리고 지금 여기서는 반대 진영 사람들에게서 제3제국에 부당한 충성을 바치고 독일을 떠나지 않는다는 이유로 공격받고 있었다. 드러내놓고 말하진 않았지만, 만약 자신이 미국으로 망명한다면, 미국 정부가 독일과 자기 민족에게 사용할 원자폭탄 연구를 강요할 것이라는 두려움도 있었다. 그런 상황은 도저히 견뎌낼 자신이 없었다.

마침내 누가 또다시 왜 그냥 독일을 떠나지 않느냐고 물었다. 이번에는 "독일에는 제가 필요합니다"라고 짧게 대답했다. 그는 자신을 메시아로 착각하는 것 같았다.

결국 그날 밤에 사람들은 하이젠베르크를 포기했고, 얼마 후 여름 캠프도 끝났다. 하지만 그전에 하이젠베르크와 그의 오랜 친구 가우드스밋은 모든 의견 차이를 잠시 뒤로 하고 (다시는 서로 만나지 못할지도 모른다는 사실을 직감하고서) 가우드스밋의 집 앞에서 함께 사진을 찍기 위해 포즈를 취했다. 두 사람 다 즐거운 표정으로 미소를 지었다.

집으로 돌아가는 여행 동안 하이젠베르크는 독일로 돌아가는 사람은, 그러니까 자발적으로 조국으로 돌아가려는 사람은 자신뿐이라는 생각이 들었다. 견디기 힘들 정도로 외로웠다. 그래서 집에 도착한 뒤에 가우드스밋과 함께 찍은 사진을 책상 위에 올려놓았다. 파국이 닥치기 전에 행복했던 마지막 여름날을 떠올리는 추억으로.

7장

버그 만세!

1933년에 워싱턴 새너터스는 월드 시리즈에 진출했고, 모 버그 '교수'는 한 번도 그라운드를 밟지는 못했지만, 불펜에서 경기를 지켜보며 동료들이나 기자들과 잡담을 나누는 것에 충분히 만족했다.

버그에게 월드 시리즈보다 더 기억에 남은 것은 1934년 11월에 메이저 리그 올스타 팀과 함께 일본을 방문한 일이었다. 버그처럼 별 볼 일 없는 선수를 왜 데려갔는지는 아무도 모르지만(올스타 팀에는 베이브 루스와 루 게릭Lou Gehrig, 레프티 고메즈Lefty Gomez, 지미 폭스Jimmy Foxx 같은 전설적인 선수들이 포함되었고, 코니 맥Connie Mack이 감독을 맡았다), 동료들은 버그가 함께 가는 것을 좋아했다. 그것은 야구에 열광한 일본인도 마찬가지였는데, 2년 전에 버그가 연 야구 워크숍을 좋게 기억하고 있었다. 도쿄에 도착했을 때 약 10만 명의 환영 인파가 모였는데, 버그도 다른 선수들만큼이나 큰 환영을 받았다. 군중은 "베이브 루스 만세!"를 외쳤다. "위대한 게릭 만세! 언어학자 포수 버그 만세!"

소리도 들렸다. 한번은 버그가 몇 사람에게 일본어로 인사를 했는데, 루스는 믿을 수 없다는 듯한 표정으로 쳐다보았다. 2주 전에 배를 타고 항해를 시작하면서 루스가 버그에게 일본어를 할 줄 아느냐고 물었을 때, 버그는 할 줄 모른다고 대답했다. 그래서 루스는 도대체 어떻게 된 거냐고 물었다. 버그는 어깨를 으쓱하며 "그건 2주일 전 이야기지"라고 대답했다.

미국 올스타 팀은 열두 도시에서 17번의 경기를 치렀는데, 후지산 아래에서 치른 경기에는 관중이 5만 명이나 몰렸다. 경기를 보려고 사무라이 검을 가지고 130킬로미터를 걸어온 팬도 있었다. 그는 그 검을 그날 홈런을 친 클리블랜드의 중견수에게 선물했다. 미국 팀이 열일곱 경기를 모두 이겼고(대부분은 일방적인 경기였는데, 대학 팀과 세미프로 팀과 맞붙었기 때문이다), 루스는 이 순회 경기에서 논란의 여지 없는 스타로 떠올랐다. 이미 39세의 나이로 자신의 경력에서 황혼기에 있었지만, 홈런을 13개나 쳤고, 이 여행으로 미국뿐만 아니라 일본에서도 유명해졌다. 한번은 열렬한 박수를 받고 나서 루스는 버그를 쳐다보면서 목이 메어 "모, 이것은 내 인생에서 최고의 날 중 하나야"라고 말했다.

버그와 루스는 이 여행을 하면서 아주 가까워졌는데, 둘 다 일본 여성을 좋아해 게이샤 하우스를 함께 자주 방문한 게 한 가지 이유였다. 어느 날 밤에 루스가 술에 취해 잔뜩 들뜬 기분에 한 게이샤를 희롱하기 시작했는데, 그 게이샤는 그런 관심을 별로 좋아하지 않는 게 분명해 보였다. 자신이 여성에게 더 예의바른 남자라고 여긴 버그는 루스가 또 지분거리면 영어로 이렇게 말하라고 일본어 철자로 적어주었다. 루스가 또 그러자, 그 게이샤는 미소를 지으면서 "Fuck you,

Babe Ruth"(엿먹어, 베이브 루스)라고 말했다.

버그는 이 순회 경기에서 그다지 많이 출전하진 않았다. 첫 번째 타석에서는 엉덩이에 공을 맞았고("굉장한 강타로군, 모"라고 동료들이 놀렸다), 그 후로는 대부분 더그아웃에서 빈둥거렸다. 전체 열일곱 경기에서 친 안타는 겨우 2개뿐으로, 몇몇 투수보다 적었다. 버그는 경기장 밖에서 선의의 대사로 훨씬 큰 영향력을 발휘했다. 경기들 사이에 그는 전통 일본 의상을 입었고(한 옷에는 포수 미트 무늬가, 다른 옷에는 빨간색 야구공 무늬가 있었다), 여러 문화 행사에 참석해 일본의 영화 스타들과 잡담을 나누고 여러 대학에서 강연을 했다. 뉴욕의 한 회사에서 빌린 무비 카메라를 사용해 이 여행에 관한 다큐멘터리를 제작하려고 촬영도 했다. 버그가 관련된 사건 중 아무도 잊을 수 없는 사건은 히로히토 일본 천황의 궁전을 방문했을 때 일어났다. 당연히 이 방문에서는 엄격한 예의를 갖춰야 했다. 일부 선수들은 천황은 사실상 신과 같아서 똑바로 쳐다보아서는 안 된다는 이야기를 기억하고 있었다. 그랬는데 그 후에 열린 리셉션에서 모 버그가 신과 동격이라는 천황 옆에 나란히 서서 잡담을 나누는 것을 보고 화들짝 놀랐다. 비록 즐거워하긴 했지만, 히로히토 역시 적잖이 놀란 것처럼 보였다.

열렬한 환영 인파에도 불구하고, 이 여행 이면에는 불안한 정치적 분위기가 흐르고 있었다. 미국 정부는 야구 순회 경기를 일본과 미국의 관계를 개선하는 외교적 수단으로 홍보했다. 일본은 얼마 전에 만주를 점령했고, 군부는 더 많은 땅을 차지하려는 야심을 분명히 드러냈는데, 미국은 이 정책에 반대했다. 한편, 일본 정부는 신흥 강대국으로 떠오른 미국이 아시아 문제에 개입하는 것에 반대했고, 정부 내에서 호전적인 파벌은 과학자를 비롯해 서양인들을 첩자로 매도해 일본에서 추방하기 시작했다.

그러니 일본 당국이 스타 선수들을 의심의 눈으로 바라보면서 활동을 감시한 것은 당연한 일이었다. 코니 맥 감독은 자신의 호텔 전화가 도청당했다고 말했다. 미국인을 싫어한 사람들은 정부 관리들뿐만이 아니었다. 순회 경기가 끝난 뒤, 극우 국수주의 단체 무신회武神会(일본어 발음으로는 '부신카이') 소속의 세 젊은이가 천황에게 봉헌된 경기장에서 미국 올스타 팀과의 경기를 개최하기로 계획한 요미우리 신문사 사주 쇼리키 마쓰타로正力松太郎에게 접근했다. 불결한 외국인이 성스러운 장소를 더럽힌다고 생각한 이 젊은이들은 어느 날 아침에 그 신문사 건물 정문에서 사주를 급습해 검으로 목을 찔렀다. 가까이 있던 사람이 재빠르게 대처한 덕분에 사주는 목숨을 건졌다.

그런데 사실은 미국 올스타 팀을 의심한 일본 정부의 판단이 옳았다. 올스타 팀 중 한 사람은 일본을 몰래 염탐하고 있었는데, 모 버그가 바로 그 주인공이었다.

순회 경기가 끝날 무렵이던 어느 날 아침, 일본에서 신문을 탐독하던 버그의 눈에 흥미로운 기사가 들어왔다. 미국 대사의 딸이 얼마 전에 도쿄의 성누가국제병원에서 아기를 낳았다는 기사였다. 그날 미국 올스타 팀은 도쿄에서 북쪽으로 27km 떨어진 곳에서 경기가 있었지만, 버그는 아프다는 핑계로 경기장에 가지 않았다. 동료들 중에서 그의 말을 믿은 사람은 아무도 없었지만(버그는 좀체 아픈 일이 없었다), 그들은 버그의 헤아리기 어려운 기분 변화에 익숙했기 때문에 자세히 따지지 않았다. 다른 선수들이 출발하자마자 버그는 머리를 일본식으로 땋고 전통 일본 의상을 입었다. 몰래 거리로 나간 그는 대사 딸을 위해 꽃집에서 꽃다발을 산 뒤, 택시를 타고 성누가국제병원으로 향했다.

병원 로비에서 경비원의 눈을 피해 엘리베이터를 타고 대사 딸이 입원한 5층으로 올라갔다. 그런데 버그는 병실을 방문하는 대신에 보는 사람이 없을 때 꽃을 버리고 몰래 엘리베이터를 타고 이번에는 7층으로 올라갔다. 그곳에서 나선형 계단을 통해 옥상으로 올라간 뒤, 거기서 다시 종탑으로 올라갔다. 전통적으로 일본에서는 누구도 천황의 궁전을 내려다보아서는 안 되기 때문에, 대부분의 건물은 겨우 몇 층 높이에 불과했다. 7층인 성누가국제병원은 그중에서 가장 높은 건물이었다. 절호의 지점을 확보하자마자 버그는 헐렁한 일본 전통 의상 속으로 손을 넣어 가슴에 묶어둔 도시락만 한 크기의 무비 카메라를 꺼냈다. 그리고 주변의 풍경을 촬영했는데, 탄약 공장, 철도, 정유소, 항구의 전함 등을 포함해 산업 시설을 자세히 촬영하려고 애썼다. 모두 합쳐 23초 분량의 촬영을 한 뒤에 모든 것을 챙겨 황급히 로비로 내려갔다. 대사 딸은 만나지도 않았다.

그날 오후에 열린 경기에서 미국 팀은 잠깐 동안 4 대 5로 뒤지다가 곧 전세를 뒤집어 결국 23 대 5의 대승을 거두었다. 그들은 호텔로 돌아와 모 버그에게 모든 이야기를 들려주었다. 하지만 버그는 그날 자신이 무슨 일을 했는지 전혀 이야기하지 않았다. 심지어 오늘날에도 버그가 이 프리랜스 스파이 활동을 왜 했는지 아는 사람은 아무도 없다. 그와 가까웠던 몇 사람은 미국 정부 관리들이, 어쩌면 국무장관까지 포함되었을지도 모르는데, 그 일을 시켰다고 증언했다. 아니면 그저 버그 자신이 스파이 활동이 하고 싶어 몰래 활동하면서 스릴을 즐겼는지도 모른다(새로운 언어를 익히고, 이국적인 도시를 방문하고, 신비스러운 외국인을 만나는 것은 이미 그전부터 버그의 일상이었다). 어쨌든

7년 뒤에 미국과 일본 사이에 전쟁이 벌어지자, 버그는 23초 분량의 이 필름을 찾아내 미국 정보기관에 보냈다. 그것은 아주 소중한 정보였는데, 그때까지 일본 수도를 촬영한 영상으로서는 거의 유일한 것이었다. 사실, 미국 정부 관리들은 이에 깊은 인상을 받아 얼마 후 이 포수에게 훨씬 위험한 임무를 맡길 계획을 세웠다.

일본에서 돌아온 버그는 이전보다 느려졌고 살이 뒤룩뒤룩 쪄 사실상 야구 선수로서는 더 이상 가망이 없었다. 그래도 어떻게 하여 몇 시즌 더 메이저 리그에 머물렀고, 1938년 초에 NBC의 라디오 퀴즈 〈인포메이션, 플리즈*Information, Please*〉에 출연해 전국적으로 큰 화제를 불러일으켰다. 그는 30분 동안 핼리 혜성과 촙 수이chop suey(다진 고기와 야채를 볶아 밥과 함께 내는 중국 요리), 네로의 아내들, 포이poi(하와이의 토란 요리), 드레퓌스 사건, 독일의 빌헬름 황제를 비롯해 온갖 주제에 관한 질문에 대가의 면모를 보여주며 답했다. 심지어 난센스 퀴즈에 가까운 질문에도 정확하게 답했다(하늘에서 가장 밝은 별은? 태양). 폭발적인 반응으로 NBC에 2만 4000통이나 되는 편지가 쏟아졌는데, 야구 협회 회장이던 케너소 마운틴 랜디스Kennesaw Mountain Landis는 나중에 버그에게 "당신은 30분 만에 내가 야구 협회 회장으로 재직하면서 한 것보다 훨씬 많은 일을 했소"라고 말했다. 높아진 관심 때문에 약간 귀찮아지긴 했다. 그가 경기장에 가끔 등장할 때면 상대 팀 팬들이 질문을 던지며 놀렸다("여, 버그! 바다코끼리walrus의 복수형은 walruses야 walri야?"). 하지만 〈인포메이션, 플리즈〉에 출연한 후 버그는 실제로 유명 인사가 되어 마르크스 형제Marx brothers와 넬슨 록펠러Nelson Rockefeller, 윌 로저스Will Rogers와도 친하게 지냈다. 프랭클린 D. 루스벨트Franklin D. Roosevelt 대통령은 워싱턴 새너터스의 경기를 관람할 때마다 스탠드에서 이 유명한 포수를 향해 손을 흔들었고, 동료들은 버그가 경기 후에 외국 대사관에서 열리는 만찬에 참석할 때 입으려고 로커에 턱시도를 늘 보관했던 것을 기억한다(언어 능력 덕분에 버그는 이런 행사들에서 큰 인기를 끌었다. 한 기자의 말에 따르면, 버그는 "발렌티노Valentino보다 더 많은 여성의 손에 키스를 했다"). 좋은 급여와 짧은 근무 시간, 호텔을 어슬렁거릴 수 있는 여가 시간이 보장된 생활은 버그가 상상할 수 있는 최고의 삶이었다. 그는 한 인터뷰에서 이렇게 말했다. "나는 은행장이나 대법원 판사보다 야구 선수의 삶을 택하겠어요."

역설적이게도 유명해질수록 버그를 둘러싼 수수께끼의 구름이 더 짙어졌다. 오프 시즌 동안 버그가 어디에 사는지는 친구들도 몰랐으며, 그의 집 안을 들여다본 사람은 팀 동료 단 한 사람뿐이었다(그 동료는 버그의 집 안에는 〈뉴욕 타임스〉 본사 건물보다 더 많은 신문이 널려 있었다고 말했다). 이 시기에 버그는 유부녀(그와 깊은 관계까지 가려 하지 않는 사교계 여성들)를 유혹하는 것으로도 유명해졌다. 하지만 확실한 것은 아무도 몰랐는데, 버그는 자신의 연애사(혹은 자신의 사생활)에 대해 일절 말하지 않았기 때문이다. 팀 동료들은 철저한 비밀주의를 고수하는 그의 태도를 놀리곤 했다. 모, 넌 유령이야? 그게 다야? 그러면 버그는 그저 수수께끼 같은 미소를 짓고는 자리를 떴다.

버그가 계약한 마지막 팀은 보스턴 레드삭스였는데, 그 도시의 레스토랑과 극장, 서점이 마음에 들었던 것이 한 가지 이유였다. 늘 용의주도한 버그는 무릎이 아프지 않고 원기왕성한 날에만 경기에 나섰다. 그렇게 함으로써 그럭저럭 좋은 모습을 보여주면서 모 버그의 전설을 유지할 수 있었다. 그동안 몇 가지 묘기도 개발했다. 여성에게 특별히 입장료를 할인해주는 날이면 늘 경기장에 나가려고 노력했는데, 상대 팀 타자가 홈 플레이트 뒤쪽으로 뜬공을 치면, 마지막 순간까지 포수 마스크를 쓰고 있었다. 그러다가 마스크를 공중으로 휙 집어던지고, 글러브로 공을 잡은 뒤, 다른 손으로 떨어지는 마스크를 낚아챘다. 여성 팬들은 까무러칠 듯이 좋아했다.

보스턴에서 큰 인기를 누리긴 했지만, 버그가 선수로서 열다섯 번째 시즌을 맞이한 1939년에는 이미 선수로서의 유통 기한이 지난 상태였다. 그해에는 열네 경기에만 출전했고, 경기장에 들어설 때마다 혼란을 느끼는 척했다. 그는 동료들에게 "무척 오랜만이야, 친구들"이라고 말했다. 그 시즌에 보스턴에는 테드 윌리엄스Ted Williams라는 잘나가는 신인 선수가 있었는데, 한번은 버그가 힘껏 친 공이 운 좋게 바운드된 뒤에 펜스를 넘어갔다. 한 동료가 홈으로 느릿느릿 들어오는 포수의 등을 두드리고 나자, 버그는 숨을 가다듬고 더그아웃에 있던 윌리엄스를 보면서 "테드. 잘 봤지? 이런 식으로 치면 되는 거야"라고 말했다.

그해 8월 30일, 야구 역사를 통틀어 실력에 비해 가장 큰 인기를 누리던 선수가 멋진 피날레를 장식했다. 그날 보스턴 레드삭스와 맞붙은 디트로이트 타이거스의 투수는 프레드 허친슨Fred Hutchinson이었는데, 버그는 허친슨이 던진 강속구를 받아쳐 왼쪽 외야석으로 넘겼다. 메이저 리그에서 친 이 마지막 안타는 그의 선수 경력을 통틀어 여섯 번째 홈런이었다. 한 기자는 당시의 상황에 대해 이렇게 썼다. "대단한 모가 베이스를 도는 동안 기자석에서 빈정대길 좋아하는 사람들은 불쌍한 허친슨이 더할 나위 없는 치욕을 당했다고 말했다. 그들은 버그 교수는 그동안 계속 요란한 파울만 때렸는데, 이제 홈런을 때렸으니(그것도 몇 년 만에), 허친슨은 쥐구멍으로 숨고 싶을 것이라고 말했다."

모 버그가 마지막으로 베이스를 도는 모습을 모두 즐겁게 지켜보았다. 하지만 버그는 그 순간을 오래 즐길 수 없었다. 일주일 전에 나치 독일과 공산주의 러시아가 악명 높은 불가침 조약을 맺음으로써 유럽을 전쟁의 소용돌이로 몰고 갔기 때문이다. 실제로 버그가 아무도 생각하지 않은 홈런을 치고 나서 48시간이 지나기도 전에 독일은 폴란드를 침공했고, 이로써 제2차 세계 대전이 발발했다. 그해 여름에 버그는 "유럽은 활활 타오르고 있고, 히틀러가 지른 화마 속에서 시들어가고 있다"라면서 괴로워했다. "그런데 나는 무엇을 하고 있는가? 불펜에 앉아서 교체 투수들에게 농담이나 하고 있지 않은가!" 버그는 마침내 아버지가 옳았다는 생각이 들었다. 야구보다는 삶이 훨씬 중요했다.

8장

위기일발

미국은 1941년 후반까지는 제2차 세계 대전에 참전하지 않았기 때문에, 모 버그처럼 유럽의 전쟁 상황을 크게 염려하는 미국인들은 멀리서 지켜보는 수밖에 어쩔 도리가 없었다. 하지만 일부 미국인은 가까이에서 전쟁 초기의 공포를 직접 목격했는데, 그중에는 런던 주재 미국 대사의 아들 조지프 케네디 주니어도 있었다.

사실, 이것은 조에게는 두 번째 유럽 전쟁이었다. 하버드 대학교를 다니던 시절에 케네디는 잘 나가는 아이비리그 학생이었는데, 모 버그가 대학생 때 경멸했던 바로 그런 유형의 학생이었다. 케네디는 언제나 시중을 드는 사람이 있었고, 모든 과목에 개인 지도 교사를 두었으며, 매달 용돈을 150달러(오늘날의 가치로는 2800달러)나 받았다. 그래도 케네디는 진지한 학생이었고, 1938년의 에스파냐 내전에 관한 졸업 논문을 쓴 뒤에 국제정치학을 전공하기로 마음먹었다. 런던의 아버지 밑에서 직원으로 일하는 것은 미국의 친족 등용 금지법에 위배되었기 때문에, 차선책으로 케네디 시니어는 조를 정보 수집 목적으로 바르샤바, 레닌그라드, 코펜하겐, 프라하를 포함해 유럽 대륙 곳곳을 여행하게 했다. 그는 베를린에서 특히 강한 인상을 받았는데, 조는 독일군의 전력을 자극적이면서도 위협적으로 느껴 나치가 "내가 본 어느 곳보다 강력한 선전을 펼친다"라고 보고했다. 한번은 여동생 캐슬린과 함께 크라이슬러 컨버터블을 타고 프랑스 북부를 달리다가 주민 수가 50여 명에 불과한 마을인 미모예크에서 몇 킬로미터 떨어진 지점을 지나갔다. 조는 그 장소를 알아채지도 못하고 지나쳤겠지만, 미모예크는 얼마 후 케네디 가문에 저주스러운 이름이 된다.

이 여행 뒤에 가족끼리 휴가를 보내는 동안 조는 새로운 스포츠 종목인 봅슬레이에 입문했는데, 사망자를 여러 명 낸 위험한 코스에서 세계 신기록을 세울 뻔했다. 그다음에는 엄청나게 가파른 코스에서 스키를 타다가 팔이 부러져 런던으로 돌아가 치료를 받았다. 하지만 그곳에서도 가만히 있지를 못했고, 내전 3년째에 접어든 에스파냐로 가고 싶어 안달했다. 에스파냐어를 전혀 몰랐지만, 조는 자신의 주장을 뒷받침할 근거가 더 필요해 그 내전을 직접 보길 간절히 원했다. 한쪽에는 민의로 선출되었지만 불안정한 공산주의자와 무정부주의자 집단이 있었고, 반대쪽에는 프란시스코 프랑코Francisco Franco가 이끄는 왕당파와 군부 지도자들의 우파 군사 정부가 있었다. 아버지는 아들의 생각에 반대했는데, 조가 외교관 여권을 갖고 있다는 게 한 가지 이유였다. 만약 조에게 문제가 생기면, 미국 국무부도 이 분쟁에 휘말릴 염려가 있었다. 게다가 그 전쟁은 혼란스럽고 위험했으며, 여기저기서 학살이 자행되었다.

이에 굴하지 않고 조는 비밀리에 일반 여권을 만들었다. 그리고 몇 주 후 아버지가 잠깐 보스턴으로 돌아갔을 때, 슬그머니 에스파냐로 떠났다. 아버지는 아들이 발렌시아에서 보낸 전보를 받고 화를 내는 척했지만, 내심 아들의 용감함에 기뻐했다. 심지어 그는 일부 신문들을 설득해 아들의 모험을 기사로 싣게 했다. 한 신문은 조를 "돈 호세Don José"라고 불렀다.

조가 에스파냐에 도착했을 때, 프랑코 군대는 발렌시아 일부를 폭격해 잿더미로 만들었다. 개들이 사납게 뛰어다녔고, 비록 조는 전반적으로 프랑코를 지지했지만, 무너진 건물 밑에 판 동굴에 불과한 피난처에서 애처롭게 웅크리고 있는 늙은 여자들을 보고서 마음이 아팠다. 다른 사람들은 모든 것을 운명론적으로 받아들였다. 한번은 마을 광장에 앉아 있던 구두닦이를 본 적이 있는데, 공습이 시작되어 주변에 폭탄 구덩이가 생겨도 그는 미동도 않고 평온하게 계속 구두를 닦았다.

발렌시아를 정찰한 뒤에 조는 한 군용 버스를 설득해 자신을 마드리드까지 태워달라고 했다. 마드리드는 에스파냐 내전의 뜨거운 중심지였다. 그 여행은 거의 12시간이 걸렸고, 도중에 한 병사가 부주의하게 담배를 바닥에 던지는 바람에 버스에 불이 난 적도 있었다. 마드리드에 도착한 뒤 조는 미국 대사관에서 야영을 했다. 미국 직원들은 대사관을 버리고 떠났지만, 진취적인 에스파냐 사람들이 이곳으로 몰려와 바리케이드를 치고서 건물 내부에서 지냈고, 잔디밭에서 닭과 돼지, 소도 키웠다.

마드리드는 절박한 상황에 놓여 있었다. 프랑코가 도시를 포위한 지 이미 오래되어 식량 공급이 끊기는 바람에 많은 사람들이 매일 수십 그램의 렌즈콩이나 쌀로 연명하는 형편이었다. 조는 전직 미국 외교관 한 명이 거리에서 굶어 죽었다는 사실도 알게 되었다. 시신에는 이와 그 밖의 해충이 들끓어 아무도 그의 호주머니를 뒤질 엄두조차 내지 못했다.

이렇게 곤궁한 상황에서도 매일 저녁마다 극장들이 꽉 들어찬다는 사실이 놀라웠는데, 사람들에게는 기분 전환이 필요한 탓도 있었고, 달리 돈을 쓸 곳이 없기 때문이기도 했다. 조는 '에스파냐의 셜리 템플Shirley Temple'이라 불리는 젊은 배우의 공연에 특히 감탄했는데, 이 배우는 공습이 일어나는 중에도 단 한 번의 실수 없이 스텝을 정확하게 밟았다. 늘 그랬던 것처럼 조는 일요일마다 성당에 갔는데, 신부는 민간인 복장으로 미사를 진행했다. 그러지 않았다간 가톨릭교회를 증오한 공산주의자들에게 살해당할 위험이 있었다(이곳에서 좌파는 성당을 탄약고로 사용했고, 얼마 전에는 아기 예수에게 군인의 작업복을 입히고 손에 권총을 쥐어줌으로써 예수의 탄생 장면을 훼손해 많은 사람의 분노를 샀다). 조는 이 모든 인상을 생생하게 기록해 아버지에게 보냈다. 한 편지에서 그는 이렇게 농담을 했다. "통상적인 엽서의 메시지와는 반대로 저는 여러분 중 어느 누구도 이곳에 오길 원치 않습니다." 대사는 이런 아들을 아주 자랑스럽게 여겨 그 편지들을 영국 총리 네빌 체임벌린에게 가져가 다우닝가 10번지(영국 총리 관저가 있는 곳)에서 큰 소리로 낭독했다.

사실, 돈 호세는 에스파냐에서 아주 즐거운 시간을 보냈다. 거의 처형 직전의 상황으로 몰리기 전까지는 그랬다. 1939년 초에 공산주의자와 무정부주의자 사이의 허약한 동맹이 마침내 깨지면서 마드리드에서 양 진영 사이에 일종의 메타 내진이 일어나 사람들의 삶을 훨씬 더 위험하게 만들었다. 조는 "그것은 거리에서 수류탄과 탱크와 기관총으로 싸우는 전형적인 참호전 양상으로 진행되었다"라고 언급했다. 거리의 치열한 총격전(그리고 시체)에도 불구하고, 조는 한 우파 저항군 무리에 합류해 비밀 임무(예컨대 프랑코가 도시를 점령할 경우 학살당할 가능성이 높은 포로들을 탈출시키는 것을 포함해)를 수행했다. 그들은 미국인 소유 차량을 구한 뒤, 여러 종류의 위조 증명서를 가지고 돌아다니기 시작했다. 각각의 검문소를 지날 때마다 그곳을 지키는 군인들이 지지하는 쪽이 어디인지 정확하게 추측해 그에 맞는 증명서를 제출해야 했다.

어느 날 오후, 조와 동료는 그들의 신분을 잘못 추측했다. 달리 출구가 없는 도로를 달리다가 검문소에 이르렀을 때 가짜 적십자 증명서를 꺼내 보여주었다. 군인들은 통과를 거부하고 두 사람을 차에서 내리게 했다. "벽으로 가서 서! 얼른!" 군인들은 두 사람을 마치 총살하려는 듯이 벽 앞에 세웠다.

'여기서 모든 것이 끝나는구나'라고 판단한 조의 동료는 아내와 딸을 생각하면서 마지막 기도를 읊조리기 시작했다. 조는 달랐다. 군인들이 "이쁜이들, 너희는 어디서 왔어?"라고 놀리기 시작하자, 조는 기회를 놓치지 않고 서투른 에스파냐어로 자신은 미국인이고 아주 중요한 사람이라고 설명했다. 군인들은 당혹스러워하며 총을 내렸다. "양키라고?" 그러면서 조에게 여권을 보여달라고 한 뒤, 그것을 이리저리 다른 각도에서 훑어보았다. 그들은 믿을 수 없다는 표정을 지었다. 하지만 팽팽한 긴장 속에서 몇 분이 지난 뒤, 군인들은 두 사람을 보내주었다. "에스타 비엔, 스크램!Está bien. Scram!" (좋아, 꺼져!)

두 사람은 한마디도 뻥긋하지 않고 차에 올라타 재빨리 그곳을 떠났다. 모퉁이를 돌자마자 조는 동료를 흘끗 보면서 웃음을 터뜨렸다.

정말 아슬아슬했지, 그렇지? 조는 그 사건을 하버드 캠퍼스에서 저질렀다가 낭패를 당한 장난처럼 여겼다. 조는 인생 자체를 그런 식으로 여겼다. 젊고 무서울 게 없던 그에게는 거리낄 것이 아무것도 없었다. 마침내 프랑코가 마드리드에 입성하면서 사실상 전쟁이 끝나자, 조는 에스파냐에 작별을 고하고 다음 모험을 위해 런던으로 돌아갔다.

하지만 그동안 런던의 상황은 크게 변했는데, 케네디가에는 절대로 좋은 쪽이 아니었다. 문제는 케네디 대사에게 있었는데, 그는 정부 내에서 점점 설 자리가 좁아졌다.

근면하고 계략에 능한 케네디 시니어는 1920년대에 여러 방법 중에서도 내부자 거래(그 당시에는 합법이었다)를 통해 큰돈을 번 뒤 정계에 진출하려는 야심을 품었다. 1932년에 프랭클린 루스벨트가 대통령에 당선되자, 케네디 시니어는 미국 증권거래위원회 초대 위원장에 임명되었다. 이 자리를 활용해 더 높은 자리를 원한 그는 몇 년 뒤에 재무부 장관 자리를 얻으려고 애썼지만 거부당했다. 그 보상으로 그는 1938년에 루스벨트 대통령에게 영국 대사 자리를 요청했다. 어떤 면에서 그 자리는 케네디 시니어에게 합당해 보였지만, 루스벨트는 망설였다. 영국인은 문화적으로 영국적이고, 대부분 신교도이며, 속마음을 잘 드러내지 않는 성향이 강했다. 이에 반해 케네디는 아일랜드계였고, 독실한 가톨릭교도였으며, 설전을 벌이길 좋아하고 입이 거칠었다. 그를 외교적이라고 묘사한 사람은 아무도 없었다. 루스벨트가 주저하는 기색을 보이자, 케네디는 자신이 곧 신문사 사장으로 임명될 것이라는 소문을 흘려 그의 결정을 재촉했다. 이 도박이 통해 케네디는 영국 대사직을 얻었지만, 이 때문에 루스벨트의 의심을 사게 되었다. 루스벨트는 결국 케네디를 해외로 내보내는 게 최선일 수도 있다고 결론 내렸는데, 그는 "가까이 두기엔 너무 위험한" 사람이라고 말했다.

솔직히 말해서 케네디는 형편없는 대사였다. 완고하고 독선적인 데다가 그칠 줄 모르고 마구 지껄여대는 경향이 있었다. 제3제국이 대화 주제로 떠오르면 특히 문제점이 드러났다. 케네디 시니어는 비록 나치즘 자체를 용인하진 않았지만, 파시즘은 나름대로 이점이 있다고 생각했다. 한번은 무솔리니에게 조를 소개하겠다고 제안한 적이 있었고, 현대 세계에서 살아남으려면 미국도 파시즘을 채택할 필요가 있다고 공개석상에서 자주 말했다. 아마도 독일의 강한 군사력에 관한 조의 보고서에 영향을 받은 것으로 보이는데, 설상가상으로 어떤 전쟁에서도 독일이 프랑스와 영국을 궤멸시킬 것이라고 주장하면서 패배주의적 태도를 확실히 보였다. 케네디는 개인적으로는 더 이기적인 이유에서 전쟁을 반대했다. 그는 전쟁이 사업에 나쁘다고 여겼으며, 집안의 사업이 타격을 입을까 봐 염려했다. 더 중요하게는 군에 입대할 나이가 된 두 아들이 어떤 분쟁이 일어나더라도 전선으로 끌려갈 게 틀림없었다. 강력한 독일군과 맞서 싸우는 것은 조가 에스파냐에서 신이 나서 벌인 모험과는 차원이 다른 문제였다.

이러한 감정적 동요 속에서 케네디 대사는 두 가지 방안을 주장하기 시작했다. 첫째는 유화책으로, 어떤 대가를 치르더라도 전쟁을 피하기 위해 유럽 국가들이 히틀러가 원하는 것을 다 들어주어야 한다고 주장했다. 둘째는 고립 정책으로, 미국은 유럽의 전쟁에 휘말려서는 안 된다고 주장했다. 사실, 그 당시 미국 내에서는 고립주의가 큰 인기를 끌었지만, 루스벨트는 고립주의를 싫어해 영국 대사에게 그것을 언급하지 말라고 말했다. 하지만 케네디는 말을 듣지 않았고, 가끔은 히틀러를 적대시함으로써 자기 아들들의 삶을 위험 속으로 밀어넣는다면서 유대인 집단(나치와 싸우길 원하던)을 비난하기까지 했다. 케네디 대사가 언론에서 패배주의자와 겁쟁이라는 명성을 얻기까지는 그리 오랜 시간이 걸리지 않았고, 루스벨트 대통령은 영국 담당자들과의 협상에서 그를 배제하기 시작했다. 이것은 대사에게는 치욕스러운 일이었다. 하지만 루스벨트 대통령은 선택의 여지가 없다고 생각했다. 케네디 시니어는 위험할 정도로 너무나도 변덕스러웠다. 한 역사학자는 "그는 단 한 발의 총성이 울리기도 전에 중립주의에서 유화책, 패배주의, 항복, 민주주의 대신 파시즘 채택까지 계속 입장을 바꾸었다"라고 말했다.

하지만 총성이 울리기까지는 그런 긴 시간이 필요하지 않았다. 1939년 9월 1일(케네디 시니어가 함께 살려고 아홉 자녀를 모두 런던으로 데려간 지 얼마 안 돼), 나치 독일은 폴란드를 침공했고, 이로써 제2차 세계 대전이 시작되었다. 3일에 영국은 독일과 싸우기로 결정했고, 그날 오전에 조와 잭(존의 애칭), 넷째인 캐슬린, 그리고 어머니 로즈는 미국 대사관 밖에서 미국 대사를 만나 함께 하원으로 갔다. 정오에 체임벌린 총리가 공식적으로 선전 포고를 할 예정이었다. 조는 세로줄 무늬가 있는 헐렁한 검은색 정장과 줄무늬 넥타이 차림에 호주머니에 손수건을 꽂았다. 더 밝은 색의 더 미묘한 정장 차림의 잭은 날씬해 보였다. 캐슬린은 드레스와 모자와 흰 장갑을 착용했다. 마치 부활절을 위해 준비한 듯한 차림이었다.

갑자기 공습경보 사이렌이 요란하게 울렸다. 거리의 사람들이 서로 얼굴을 쳐다보다가 막 뛰어가기 시작했다. 그들은 독일 공군을 몹시 두려워했는데, 벌써 그들이 런던을 향해 날아오고 있었다! 1년 전에 케네디 시니어는 독일의 공습에 대비해 대사관에 방독면 1000개를 준비하라고 은밀히 지시했다. 하지만 자녀들의 목숨이 위험에 처하자, 그는 대사관을 버리고 떠났다. 대사관 건물에는 튼튼한 지하실 방공호가 없었고, 폭격을 당하면 무너질 염려가 있었다. 대신에 그는 조와 잭, 캐슬린과 로즈를 근처 건물 지하로 데려가 한 양장점에 몸을 숨겼다. 30분 뒤에 해제 경보가 울리자, 그들은 부랴부랴 의사당으로 향했고 정오 직전에 도착했다.

하지만 12시 5분에 또다시 사이렌이 울리는 바람에 그들은 의사당 건물 지하실로 대피했다. 두 차례의 공습경보는 잘못된 경보로 드러났다. 독일 공군은 1년 뒤에야 런던을 폭격하기 시작한다. 하지만 그 경험과 체임벌린의 연설—"공직 생활 동안 제가 노력해온 모든 것, 제가 기대했던 모든 것, 제가 믿었던 모든 것이 와르르 무너져 내리고 말았습니다"—에 케네디 시니어는 큰 충격을 받았다. 그다음 일주일 동안 그는 자녀들을 미국으로 돌려보내기 시작했는데, 단 한 번의 공격에 모두를 잃을 위험을 줄이기 위해 제각각 다른 여객선과 비행기로 보냈다. 어떤 잘못을 저질렀건, 케네디 시니어가 자식들을 몹시 아낀 것은 사실이다.

그런데 자녀들의 목숨을 염려한 판단은 옳았지만, 위협에 대한 판단은 틀렸다. 그는 독일 전차와 전투기를 두려워했지만, 케네디 가족에게 실제적인 위협이 된 것은 베르너 하이젠베르크와 우라늄이라는 잘 알려지지 않은 원소였다.

2부

1940–1941년

9장

우라늄 클럽

제2차 세계 대전이 시작되고 나서 2주 후, 독일 군부는 베를린에서 열린 비밀회의에 물리학자와 화학자 8명을 불렀는데, 그중에는 오토 한도 포함돼 있었다. 모두 독일군 최고 사령부가 끔찍한 계획을 위해 자신을 전선으로 보내지나 않을까 두려워하며 불안한 마음으로 회의실에 들어섰다. 그들은 그날 아침에 무거운 마음으로 여장을 꾸리고 가족에게 작별 인사를 했다.

그런 상황에서 물리학자 쿠르트 디프너Kurt Diebner가 그들을 맞이하러 나오자 크게 안도했다. 물론 그들 중 대부분은 개인적으로 디프너를 경멸했다. 디프너는 제대로 자격을 갖춘 교수가 아니었고, 그들이 저급하게 여기는 군수 분야에서 일했다—이 두 가지는 우월감에 젖어 있던 독일 과학계에서 인정받는 데 치명적 약점이었다. 게다가 디프너에게는 뭔가 애처로워 보이는 점도 있었다. 옷이 몸에 제대로 맞지 않았고, 안경이 늘 코에서 미끄러져 내렸으며, 전혀 부끄러워하는 기색도 없이 윗사람에게 알랑거렸다. 한번은 순전히 사교 목적으로 펜싱 클럽에 가입한 적이 있었는데, 얼굴에 여러 번 상처를 입으면서도 펜싱을 계속했다. 이 상처는 자신에게 어울리지 않는 노력을 불필요하게 기울였음을 보여주는 흔적이었다. 하지만 평소에는 디프너를 비웃었을지 몰라도, 그날만큼은 그들은 그의 손을 따뜻하게 잡고 흔들었다. 디프너는 군인도 아니고 미치광이도 아니었기 때문에, 이 회의에서 어떤 결과가 나오더라도, 그들이 전선으로 끌려갈 염려는 없을 것 같았다. 하지만 디프너가 훨씬 치명적인 계획을 제안하리라고는 아무도 상상하지 못했다.

지식인에 대한 불신이 강했던 나치는 1939년에 과학자들에게 병역 면제를 거의 해주지 않았다(그 당시 병역 면제를 받은 1000여 명은 대부분 히틀러가 존경한 배우와 화가, 무용수, 가수였다). 그런데 이 소수의 화학자와 물리학자에게는 예외를 인정했다. 왜 그랬을까? 디프너가 상관들에게 야심찬 계획에 도박을 걸어보라고 설득하는 데 성공했기 때문이다. 그 계획은 바로 핵분열 폭탄을 만드는 것이었다. 나중에 이 과학자들은 자신들의 모임을 우란페라인Uranverein, 즉 우라늄 클럽이라고 불렀다.

핵분열 폭탄 이야기가 나오자 방 안에 있던 과학자들은 눈살을 찌푸렸고, 몇몇은 반대 의견을 내놓았다. 막대한 돈과 자원을 그것이 더 필요한 곳에서 끌어오게 될 이 계획은 쓸데없는 짓이 될 공산이 컸다. 핵폭탄이 실제로 가능하다는 증거도 전혀 없었다. 하지만 디프너는 이러한 비관론에 동의하지 않았고, 회의가 진행되는 동안 서툰 재주로 열심히 노력한 끝에 최소한 시도는 해보자고 동료들을 설득하는 데 성공함으로써 역사의 물줄기를 바꾸었다. 어쨌든 미국과 영국의 물리학자들도 핵분열 연구를 할 것이라는 사실을 상기시키면서 선량한 독일인이라면 미국인이나 영국인에게 조국이 패망하는 것을 좌시하지 않을 것이라고 말했다. 그리고 적어도 병역 면제 여부는 그들의 협력에 달려 있다고 설득했다. 이 선택 앞에서 과학자들은 동참하기로 서명했다.

자신의 주요 목적을 달성했지만, 이 회의는 디프너에게 좋지 않게 끝났다. 디프너는 우라늄 클럽 회원의 명단을 작성하는 과정에서 당연히 들어가야 할 사람을 제외했는데, 그 사람은 바로 하이젠베르크였다. 왜 그랬느냐고 묻자, 디프너는 하이젠베르크는 이론물리학자인 반면, 원자폭탄을 만드는 데에는 공학 기술과 응용과학이 필요하기 때문이라고 설명했다. 사실은 하이젠베르크를 좋아하지 않았던 디프너가 명단에서 그를 뺌으로써 모욕을 주려고 했던 것이다. 하이젠베르크의 이론물리학자 패거리는 디프너 같은 군사과학자를 이류로 취급하며 깔보았고, 하이젠베르크는 디프너의 연구를 '아마추어'라고 폄하한 적이 있었다. 또한 디프너는 매력적이고 명석한 하이젠베르크가 자신을 압도해 그 계획을 좌지우지할까 봐 염려했다. 그래서 회의에 참석한 한 과학자가 하이젠베르크를 우라늄 클럽에 참여시키자고 제안했을 때 디프너는 거부했다. 하지만 다수의 과학자들이 하이젠베르크의 참여를 지지하자, 디프너도 전체 계획에 지장이 있을까 봐 불안하여 물러서지 않을 수 없었다. 얼마 후 디프너는 이 결정을 후회하게 된다.

하이젠베르크는 9월 25일에 우라늄 클럽에 참여하라는 명령을 받고 다음 날 라이프치히를 떠나 베를린에 도착했다. 디프너와 함께 일하는 게 마음에 들지 않았지만, 그래도 병역 면제를 받아 몹시 기뻤다. 그리고 우라늄 클럽에는 몹시 보고 싶었던 사람이 있었는데, 멀리 떨어져 지내던 친구 카를 프리드리히 폰 바이츠제커Carl Friedrich von Weizsäcker였다.

미켈란젤로Michelangelo에게 오만함의 상징을 조각으로 빚어보라고 요청했더라도, 바이츠제커의 얼굴—아치처럼 생긴 콧구멍, 높이 올라간 턱, 꽉 다문 입—보다 더 나은 작품을 만들진 못했을 것이다. 하이젠베르크는 바이츠제커를 1926년에 코펜하겐에서 처음 만났다. 그때 하이젠베르크는 스물다섯 살이었고 닐스 보어와 함께 일하고 있었다. 바이츠제커는 열네 살이었고, 귀족 가문의 후손이자 덴마크 주재 독일 고위 외교관의 아들이었는데 과학에도 소질이 있었다. 어느 날 저녁 경축 행사에 참석했다가 돌아온 어머니가 그곳에서 젊고 멋진 물리학자가 피아노를 친 이야기를 한참 떠들어댔다. 바이츠제커는 그 이야기에 깜짝 놀랐다. 하이젠베르크에 관한 이야기는 이미 잡지에서 본 적이 있었다. 그래서 얼른 이 유명한 과학자를 소개받는 자리를 주선해달라고 부탁했다.

두 사람은 나이 차이에도 불구하고 죽이 맞았는데, 아마도 하이젠베르크는 소년 같은 기질이 있는 반면, 바이츠제커는 지나치게 어른스러운 면이 있었기 때문일 것이다. 두 사람은 자주 만나기 시작했고, 몇 달 후의 만남이 두 사람의 우정을 확고하게 다지는 계기가 되었다. 어느 날, 하이젠베르크는 바이츠제커 가족이 이사해 살고 있던 베를린에 잠깐 들렀다. 다른 기차역으로 가서 기차를 갈아타야 했던 하이젠베르크는 어린 친구에게 도시를 가로지르는 택시 여행에 동행해 달라고 부탁했다. 택시 뒷좌석에서 하이젠베르크는 자신이 막 개발한 혁명적 개념인 불확정성 원리를 이야기했다. 많은 십대 청소년처럼 바이츠제커도 낭만적인 기질이 있었는데, 20세기 과학에서 가장 위대하고 당혹스러운 발견 중 하나를 엿볼 기회를 얻은 이 경험을 통해 과학에 푹 빠지게 되었다. 그는 얼마 후 이론물리학에 평생을 바치겠다고 맹세했다.

그 후 두 사람은 떼려야 뗄 수 없는 사이가 되었다. 둘 다 야외를 좋아해 함께 긴 하이킹과 스키 여행을 하면서 물리학의 최신 동향에 대해 논의했다. 솔직하게 말해서, 바이츠제커는 지적으로 하이젠베르크와 어깨를 나란히 할 만한 수준이 아니었다. 사실, 그럴 수 있는 사람은 거의 없었다. 하지만 바이츠제커는 예리하고 통찰력이 뛰어나 어린 파트너로서 소중한 역할을 했다. 게다가 그는 스승에게 중요한 것을 제공했는데, 그것은 바로 정치 상식이었다. 하이젠베르크는 물리학에서 벗어난 문제에는 둔하고 심지어 멍청하기까지 했다. 외교관의 아들인 바이츠제커는 세상을 더 잘 알았고, 친구가 무자비한 독일 과학계에서 잘 헤쳐나가도록 도움을 줄 수 있었다. 바이츠제커는 가끔 정치를 "더러운 환경"이라고 불렀지만, 기꺼이 그 게임을 했고, 또 잘 해냈다.

두 사람의 관계가 소원해진 것은 1932년부터였다. 바이츠제커 가족과 시간을 점점 더 많이 보내면서 서른 살의 하이젠베르크는 부적절하게도 열여섯 살이던 바이츠제커의 여동생 아델하이트Adelheid에게 사랑을 느꼈다. 어느 날, 하이젠베르크는 자신의 사랑을 불쑥 선언함으로써 바이츠제커 가족 모두를 충격에 빠뜨렸다. 그 후 바이츠제커의 어머니는 하이젠베르크의 아파트를 찾아가 호되게 야단치면서 다시는 자신의 집에 오지 말라고 말했다. 몇 달 뒤에 받은 노벨상조차 바이츠제커 가족의 생각을 바꾸는 데 별 도움이 되지 않았다.

이 사건에 충격을 받았지만, 그래도 바이츠제커는 하이젠베르크를 계속 만나고 여행도 함께 했다(모 버그처럼 두 사람도 1933년 1월 하순에 베를린을 방문했는데, 그곳에서는 나치 패거리가 히틀러가 독일 총리에 임명된 일을 축하하는 행사를 벌이고 있었다). 하지만 하이젠베르크는 어리석고 완강하게 아델하이트를 계속 쫓아다녔는데, 심지어 그녀를 찾아가려고 가족이 옮겨간 다른 나라들까지 방문했다. 마침내 바이츠제커의 아버지는 하이젠베르크에게 단념하라고 명령한 뒤, 딸을 독일군 장교와 결혼시켜 버렸다. 하이젠베르크는 비탄에 빠졌다. 소년 같은 기질 중 한 측면은 유치함이었는데, 그는 카를 바이츠제커를 포함해 그 가족 전체를 자기 인생에서 잘라내 버렸다.

그 후 몇 년 동안 두 사람은 각자 개인적 위기를 겪었다. 하이젠베르크는 만찬에서 피아노를 연주하다가 만난 엘리자베트라는 젊은 여성과 금방 결혼한 뒤, 아리아인 물리학 논쟁에 휘말려 여러 차례 심문을 받아야 했다. 그때 바이츠제커가 있었더라면, 적절한 정치적 조언을 했을 것이다. 한편, 바이츠제커는 아버지가 나치당에서 승승장구하는 모습을 지켜보았다. 아버지는 결국 외무부에서 2인자가 되었고, 히틀러의 전쟁을 위해 기반을 닦는 일을 도왔다. 이 때문에 가족은 카를 바이츠제커의 동생 하인리히Heinrich가 폴란드 침공 이틀째 되는 날에 전사하는 대가를 치렀다. 하인리히는 이 전쟁의 최초 희생자 중 한 명이었는데, 전쟁이 끝났을 때 전체 희생자는 5000만 명에 달했다.

큰 슬픔에도 불구하고, 바이츠제커는 9월 하순에 열린 두 번째 우라늄 클럽 회의에 참석했다. 사실, 그는 핵분열보다 우주선 같은 주제에 더 흥미를 느꼈다. 하지만 언제나 계산이 빠른 그는 핵분열의 정치적 중요성을 간파하고는, 동료들에게 낮은 목소리로 원자폭탄 연구를 하면 군부 내에서 과학자들의 위상이 올라가고 더 많은 자금을 지원받을 것이라고 주장했다. 그리고 잘만 하면 심지어 나치를 자신들이 원하는 대로 조종할 수도 있을 것이라고 덧붙였다. 그것은 아주 위험한 게임이었다.

바이츠제커는 또한 핵분열 연구에 도덕적 가책을 느끼던 오토 한을 우라늄 클럽에 들어오도록 설득하는 데에도 중요한 역할을 했다. 그러나 자신의 옛 친구 하이젠베르크를 끌어들이는 데 성공할지는 확신이 서지 않았다. 두 사람은 지난 몇 년 동안 본 적이 거의 없었다. 하지만 하이젠베르크가 회의에 참석하자, 두 사람은 반갑게 재회했고, 새로 생긴 이 치명적 집단의 핵심 구성원이 되었다.

우라늄 클럽은 첫 번째 행동으로 과학자들을 두 가지 계획 중 하나에 배정했다. 첫 번째 계획은 우라늄을 농축하는 것이었다.

천연 우라늄은 우라늄-235와 우라늄-238의 두 가지 동위 원소 형태로 존재한다. 두 종류의 우라늄은 양성자 수는 92개로 똑같지만 중성자 수가 다르다. 우라늄-238은 우라늄-235보다 중성자 수가 3개 더 많다. 대부분의 상황에서는 이것은 별다른 차이를 만들지 않는데, 우라늄-235와 우라늄-238은 화학 반응에서 똑같이 행동하기 때문이다. 하지만 연쇄 반응에서는 여분의 중성자가 아주 큰 차이를 만든다. 중성자 하나가 우라늄-235에 충돌하면, 우라늄-235는 분열하면서 더

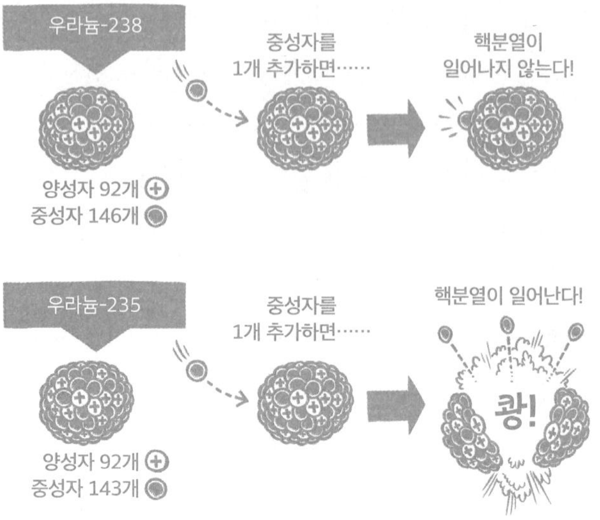

많은 중성자를 방출해 연쇄 반응을 촉발시킨다. 이와는 대조적으로 중성자 하나가 우라늄-238에 충돌하면, 우라늄-238 원자는 그냥 중성자를 흡수하기만 할 뿐, 아무 일도 일어나지 않는다. 원자핵은 분열하지 않고, 여분의 중성자도 방출하지 않는다. 따라서 핵분열 폭탄을 만들려면, 핵분열 물질 중에 가능하면 우라늄-235는 많이, 그리고 우라늄-238은 적게 포함시켜야 한다. 그러지 않으면 우라늄-238이 중성자를 흡수하여 연쇄 반응이 멈춰서고 만다.

문제는 핵분열이 잘 일어나는 우라늄-235 동위 원소가 자연에 희귀하다는 것이다. 우라늄-235는 자연에 존재하는 우라늄 원자 140개당 1개꼴로 존재한다. 따라서 유일한 해결책은 우라늄-235를 분리해 그 농도를 높여 농축 우라늄 또는 '초자연적' 우라늄을 만드는 것이다.

하지만 우라늄 농축은 말처럼 쉽지 않다. 화학자들이 물질을 분리하는 방법은 대부분 화학적 성질의 차이를 이용한다. 예를 들어 산 같은 용매에 집어넣었을 때 한 물질은 산에 녹고 다른 물질은 녹지 않는 성질을 이용해 두 물질을 분리할 수 있다. 하지만 우라늄-235와 우라늄-238의 경우에는 이런 방법이 통하지 않는데, 이 둘은 같은 원소인데다 화학 반응에서 똑같은 행동을 보이기 때문이다. 그래서 새로운 방법을 찾아내야만 했는데, 모든 방법은 길고 복잡할 뿐만 아니라 엄청난 에너지가 필요했다. 어떤 경우에는 문자 그대로 원자를 하나하나 분리하는 방법으로 두 동위 원소를 분리했다. 닐스 보어 같은 과학자가 핵무기는 불가능하다고 주장한 것은 바로 이 때문이었다. 실제로 우라늄 농축은 핵무기를 만드는 데 가장 큰 장애물처럼 보였다. 그래서 우라늄 클럽은 이 문제의 해결을 위해 한 팀 전체를 배당했다.

우라늄 클럽의 두 번째 계획은 독일인이 우라늄 기계라고 부른 원자로를 만드는 것이었다. 원자로는 기본적으로 실험실에서 사용하는 소형 연쇄 반응로이다. 원자로에 사용하는 우라늄은 농축된 것이 아니기 때문에 원자로가 버섯구름을 일으키면서 폭발할 일은 없다. 하지만 이를 이용해 핵폭탄을 만드는 데 꼭 필요한 지식인 연쇄 반응 과정을 연구할 수 있다.

하이젠베르크는 우라늄 기계 팀에 합류해 그 일에 전력을 다했다. 여전히 '유대인 물리학' 논쟁 때문에 고통을 받고 있던 그는 독일 당국자들에게 자신이 단순히 천재 이론물리학자에 불과한 사람이 아님을 증명하고 싶었다. 자신도 구체적이고 실용적인 연구를 할 수 있고 유용한 것을 만들 수 있음을 보여주고 싶었다. 또 하이젠베르크는 경쟁심이 아주 강했다. 탁구와 그 밖의 게임에서 상대를 짓밟는 걸 좋아했으며, 물리학도 유혈 스포츠와 다름없는 것으로 여겼다. 세계 최초로 자기 지속적 연쇄 반응을 일으키는 데 성공한다면, 그것은 독일에 큰 영예를 안겨줄 것이라고 생각했다.

1939년 12월 초에 하이젠베르크는 연쇄 반응에 관한 비밀 보고서를 작성했는데, 하나는 에너지 생산에, 다른 하나는 폭탄에 초점을 맞춘 것이었다. 실험 연구를 시작하기 위해 베를린의 한 과학 연구소에 붙어 있는 목제 창고에 작은 실험실을 만들었다. 창고 안에는 벽돌벽으로 둘러싸인 1.8미터 깊이의 구덩이가 파여 있었다. 이것은 세계 최초의 원자로 시험실이었다. 여기서는 방사성 물질을 다루었기 때문에 창고에 들어오는 과학자들은 고글과 오버올, 안면 보호구를 착용해야 했다. 그것은 매우 불길한 분위기를 자아내는 광경이었다. 그것만으로는 기웃거리는 사람을 막기에 충분치 않다고 여겼는지 그들은 그 장소를 바이러스 하우스라는 암호명으로 불렀다.

맨해튼 계획이 시작되기 2년 전에 이미 우라늄 클럽의 과학자들은 핵무기 개발에 필요한 두 가지 핵심 요소를 연구했는데, 하나는 우라늄 농축이었고, 또 하나는 자기 지속적 연쇄 반응을 일으키는 것이었다. 독일의 원자폭탄 계획은 이렇게 야심차게 시작되었다.

외교관 아들인 바이츠제커가 얼마 후 세 번째 핵심 요소를 제공했다. 전쟁 초기에 그는 베를린에서 지하철을 타고 다니는 동안 〈피지컬 리뷰〉 같은 학술지를 자주 읽었다. 이 때문에 다른 승객들로부터 따가운 시선을 받았는데, 이 학술지는 적국의 언어인 영어로 인쇄되었기 때문이다(전쟁이 한창이던 시절에 한 독일 과학자는 BBC 방송을 들었다는 이유로 사형 선고를 받았다). 하지만 바이츠제커는 일반 대중의 반응에는 전혀 아랑곳하지 않았다. 가끔 지하철에서 기막힌 생각이 떠오를 때가 있었는데, 1940년 7월의 그 운명적인 날 아침에도 그랬다.

앞에서 말했듯이, 우라늄-235에 중성자가 충돌하면 핵분열이 일어나는 반면, 우라늄-238에서는 핵분열이 일어나지 않는다. 이런 이유로 대다수 핵물리학자는 우라늄-235를 중점적으로 연구했다. 하지만 그들이 간과한 게 있었다. 우라늄-238이 중성자를 하나 흡수하면 조금 더 무거운 우라늄-239가 된다. 그러고 나서 우라늄-239에서 베타 붕괴가 일어난다. 베타 붕괴가 일어나면, 원자핵 속에서 중성자가 양성자와 전자로 변한다. 전자는 원자 밖으로 튀어나오지만, 양성자는 원자핵에 그대로 머문다.

이것은 아주 흥미로운 현상이었다. 하지만 대다수 과학자는 거기서 더 깊이 생각하지 않았다. 바이츠제커는 더 깊이 생각해보았다. 우라늄-239 원자가 베타 붕괴를 일으켜 양성자가 하나 더 늘어나면, 새로운 원소인 93번 원소가 될 것이다. 바이츠제커는 이 93번 원소 역시 불안정하여 폭발적인 핵분열이 일어나리란 사실을 깨달았다. 게다가 93번 원소는 사전에 다른 재료를 농축할 필요가 없어, 원자로에서 값싸게 만들 수 있었다. 그저 보통 우라늄-238 원자에 중성자를 충돌시키기만 하면 된다. 게다가 93번 원소는 우라늄과 다른 원소이기 때문에, 화학자들이 손쉽게 분리할 수 있었다. 93번 원소는 우라늄-235의 장점을 모두 가졌으면서 단점은 없었다.

곧 바이츠제커의 머릿속에서 중성자들이 사방에서 나타났고(정신적 연쇄 반응으로), 다음 역에 도착할 무렵 바이츠제커는 모든 것을 완전히 이해했다. 실제로는 세부적으로 보면 바이츠제커가 놓친 것이 몇 가지 있다. 오늘날 넵투늄이라고 부르는 93번 원소는 베타 붕괴를

베타 붕괴
중성자 1개가
양성자 1개와
전자 1개로
변하는 과정
중성자
양성자
전자

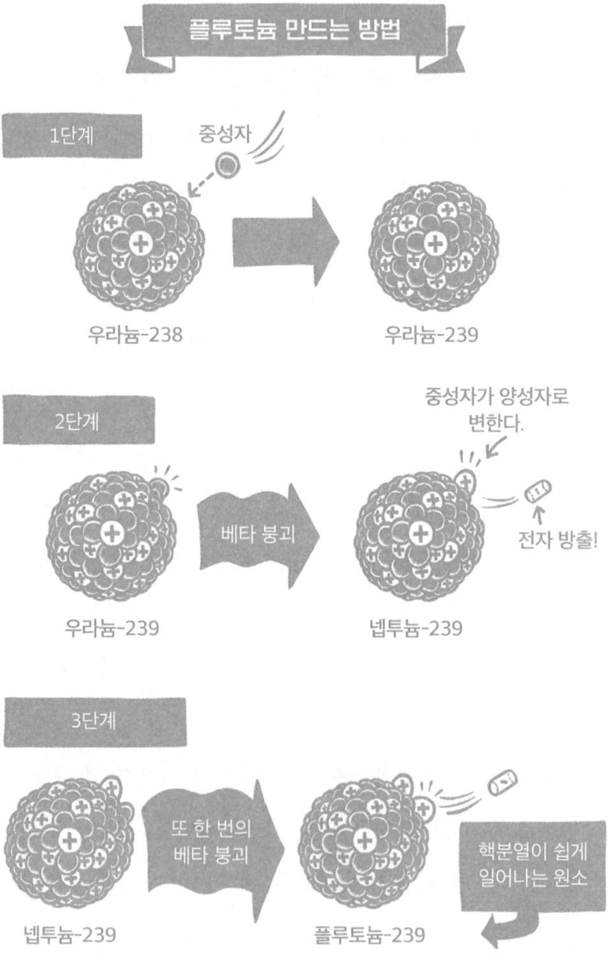
플루토늄 만드는 방법
1단계
중성자
우라늄-238
우라늄-239
2단계
중성자가 양성자로
변한다.
베타 붕괴
전자 방출!
우라늄-239
넵투늄-239
3단계
또 한 번의
베타 붕괴
핵분열이 쉽게
일어나는 원소
넵투늄-239
플루토늄-239

한 번 더 일으켜 94번 원소인 플루토늄으로 변하는데, 플루토늄은 아주 위험한 물질이다. 그래도 가장 중요한 핵심은 제대로 파악했는데, 우라늄-238을 사용해 핵분열 원소를 대량 생산한 뒤 그것을 분리해서 핵폭탄 재료로 사용할 수 있다는 사실이었다. 다시 말해서, 제3제국 고위 관리의 아들이 핵폭탄 재료를 값싸게 그리고 훨씬 실용적으로 만드는 방법을 생각해낸 것이다.

열심히 노력한 디프너와 외교관 아들 바이츠제커, 명석하지만 둔한 하이젠베르크 외에 우라늄 클럽의 역사에서 중요한 역할을 한 구성원이 한 명 더 있다. 불행하게도 발터 보테Walther Bothe는 뛰어난 통찰력이나 획기적인 돌파구가 아니라 어처구니없이 큰 실수를 함으로써 역사에 중요한 기여를 했다.

보테는 독일 과학계에서 전설적인 인물인 동시에 실패자라는 기묘한 위치에 있었다. 보테는 제1차 세계 대전 때 용감함과 냉정함으로 전설적인 인물이 되었다. 박사 학위를 받고 나서 1914년에 독일 기관총 부대에 들어가 싸우다가 러시아에서 포로가 되어 그 후 5년을 시베리아의 황량한 포로 수용소에서 보냈다. 이러한 역경에도 불구하고 보테는 그곳에서 수학과 이론물리학을 독자적으로 연구했는데, 심지어 계산을 돕기 위해 로그표도 직접 만들었다. 또 짬을 내 러시아어를 배웠고, 러시아 여성을 사귀어 결혼까지 했다. 그리고 1920년에 그 여성과 함께 독일로 돌아와 전쟁 영웅으로 환대를 받았다. 힘든 상황에서도 존엄성을 잃지 않고 불굴의 용기를 보여준 귀감으로 널리 칭송

받았다.

그러나 1930년대에는 힘든 시기를 보내야 했다. 보테는 졸리오-퀴리 부부와 마찬가지로(사실은 졸리오-퀴리 부부보다 더 먼저) 여러 실험에서 중성자의 존재를 시사하는 강력한 증거를 얻었지만, 그 결과를 잘못 해석했다. 그리고 다른 발견으로 실수를 만회한 졸리오-퀴리 부부와 달리 보테는 다른 발견을 하지 못했다. 설상가상으로 결혼 생활의 행복도 끝나 가정생활에 대한 불만이 점점 커져갔다. 무엇보다도 나치에 소극적으로 반대하는 입장이었던 그는 독일 과학계에서 아리아인 물리학을 열렬히 지지하던 동료들에게 밀려나고 말았다. 이 삼중의 직업적, 개인적, 정치적 압력은 너무나 큰 부담으로 작용했다. 보테는 건강이 무너져 신경 쇠약에 걸렸고, 결국 요양원에 들어가게 되었다.

머리가 벗겨지기 시작하고 코밑수염을 기른 보테는 잠시 독일을 떠나 지내는 게 좋겠다고 생각하고서 1939년 여름에 순회강연을 위해 미국으로 건너갔다. 원래는 홀로 여행하면서 과학에 집중할 계획이었지만, 항해 도중에 자신보다 열세 살 어린 금발의 잉게보르크 뫼르슈너Ingeborg Moerschner를 만났다. 그녀는 쾌활하고 애교가 많은 여성이었다. 놀랍게도 뫼르슈너도 보테에게 호감을 느꼈고, 보테의 마음속에서 오랫동안 휴면 상태에 있던 사랑(그리고 욕정)의 감정이 순식간에 솟구쳐올랐다. 그는 항해 동안 깨어 있는 시간을 모두 그녀와 함께 보냈다—깨어 있지 않은 시간도 함께 보낸 적이 많은데, 중년의 물리학자와 젊은 나치 공무원이 연인 사이가 되었기 때문이다.

우연히도 두 사람 다 첫 번째 방문지가 뉴욕이었다. 그래서 보테는 뫼르슈너를 따라 퀸스에서 열린 세계 박람회를 구경했고, 그곳에서 함께 팔짱을 끼고 돌아다녔다. 또다시 공교로운 우연의 일치로 두 사람의 일정은 몇 주일 뒤에 샌프란시스코 베이 에어리어(샌프란시스코와 오클랜드, 그 위성 도시들을 포함한 샌프란시스코만 해안 지역—옮긴이)에서 다시 겹쳤는데, 뫼르슈너는 그곳 독일 영사관에서 일하기로 되어 있었고, 보테는 버클리의 캘리포니아 대학교에서 사이클로트론 설계를 배울 계획이었다. 그래서 두 사람은 그곳에서 다시 만나 함께 관광을 했다. 고국에 아내와 두 자녀가 있었지만, 보테는 마음속에서 가족을 싹 지우고 눈앞의 사랑에 푹 빠져 지냈다.

물론 두 사람의 일정이 겹친 것은 전혀 우연이 아니었다. 배에서 만나는 순간부터 뫼르슈너는 보테를 염탐했고, 그의 행동을 베를린에 보고했다(아내가 외국인이라는 사실과 보테가 미국 여행을 열렬히 원했다는 사실은 당국의 의심을 사기에 충분했다). 하지만 보테는 이 사실을 까마득히 몰랐고, 그해 늦여름에 독일로 돌아갔을 때에는 이전과는 전혀 다른 사람이 되었다. 심지어 뫼르슈너의 나치당에 열정을 일부 보이기까지 했다. 우라늄 클럽의 첫 번째 회의 때 다른 사람들이 핵폭탄 개발에 주저하는 태도를 보이자, 보테는 그들의 의견을 찬성 쪽으로 몰아가려고 애쓰면서 지지를 촉구했다. 그는 "여러분, 이 일은 반드시 해야만 합니다"라고 말했다.

우라늄 클럽은 보테에게 원자로 계획에서 중요한 임무를 맡겼다. 몇 년 전에 엔리코 페르미가 증명했듯이, 핵분열 반응에서는 중성자의 속도가 중요한 역할을 한다. 특히 과학자들은 우라늄-238이 빠른 중성자를 선호하는 반면, 핵분열이 잘 일어나는 우라늄-235는 느린 중성자를 선호한다는 사실을 알고 있었다. 따라서 원자로를 만드는 핵심 비결은 중성자의 속도를 늦추는 데 있었다. 그래야 우라늄-238에 흡수될 확률을 낮추고 우라늄-235에 붙들릴 확률을 높일 수 있었다. 과학자들은 중성자의 속도를 늦추는 과정을 중성자 '감속'이라고 불렀다.

페르미는 연못 물과 파라핀으로 중성자를 감속시켰지만, 과학자들은 다른 물질 중에도 그에 못지 않은 훌륭한 감속재가 있지 않을까 생각했는데, 특히 흑연이 유력한 후보였다(영어권에서는 흑연을 납이라고 생각하는 사람들이 있는데, 연필심을 뜻하는 단어 lead에 납이라는 뜻이 있기 때문이다. 하지만 연필심으로 쓰이는 흑연은 순수한 탄소로 이루어진 물질이다). 보테는 흑연에 관한 두 가지 질문의 답을 찾는 데 착수했다. 첫째, 흑연은 중성자의 속도를 얼마나 늦출까? 작은 원자인 탄소는 아주 뛰어난 효과가 있을 것으로 보였지만, 실험을 통해 증명해야 했다. 둘째, 흑연은 중성자를 흡수할까? 일부 원소는 자유로이 날아다니는 중성자를 흡수해 연쇄 반응을 방해하는 경향이 있었다. 보테는 탄소도 그런 행동을 보이는지 알아내야 했다.

보테는 엄청나게 큰 흑연 덩어리를 가지고 연구했는데, 폭이 90센티미터나 되는 구球들이었다. 구에는 '굴뚝'이 있었는데, 굴뚝을 통해 중성자 방출원을 구의 중심으로 떨어뜨리면서 실험이 시작되었다. 이 중성자들은 바깥쪽을 향해 날아갔는데, 표면에 도달할 때까지 핀볼처럼 탄소 원자들과 충돌하면서 이리저리 나아갔다. 결국 중성자는 내부에 흡수되든가 구 밖으로 나와 감지기에 충돌했다. 밖으로 나온 중성자의 수와 속도를 바탕으로 보테는 흑연이 중성자를 얼마나 효과적으로 감속시키는지, 그리고 얼마나 많은 중성자를 흡수하는지 알 수 있었다. 매우 간단했다.

그러나 불행히도 보테는 연구에 몰두할 수가 없었다. 보테는 뫼르슈너와의 관계를 완전히 끝낸 적이 없었는데, 뫼르슈너는 미국 정부가 샌프란스시코 주재 독일 영사관(첩자들이 우글대던 곳이었다)을 폐쇄한 후에 리스본으로 옮겨가 일하고 있었다. 보테의 아내 바르바라도 두 사람의 불륜을 곧 알아챘는데, 어느 날 밤에 뫼르슈너가 건 전화를 바르바라가 받는 바람에 들통이 났다고 한다. 바르바라의 분노에도 불구하고(혹은 어쩌면 오히려 그 때문에), 보테는 불륜 관계에 집착했고, 본인의 말에 따르면 늘 정신을 팔았다고 한다. 만난 지 1년 되던 날에 뫼르슈너에게 보낸 편지에서 보테는 이렇게 썼다. "하루 종일 물리학에 대해 이야기했지만, 속으로는 오직 당신만 생각했다오." 그리고 자신을 "술에 취한 십대 청소년"으로 불렀고, 그녀를 그리워하면서 베토벤의 〈월광 소나타〉를 계속 반복해서 연주했다고 회상했다.

그의 심리 상태를 고려할 때, 실험이 잘 진행되지 않은 것은 놀라운 일이 아니다. 이론에 따르면, 흑연 구에서 핀볼처럼 빠져나오는 중성자는 평균적으로 70센티미터를 나아간 뒤에 흡수되어야 했다. 그런데 보테의 중성자들은 평균적으로 58센티미터를 나아가는 데 그쳤다. 보테는 가장 순수한 흑연을 구입하려고 노력했지만, 그래도 내부에 일부 오염 물질(중성자를 잔뜩 흡수하는 붕소나 카드뮴처럼)이 남아 있는 게 아닐까 의심했다. 그래서 더 순수한 탄소 공급원을 개발하려고 시도했다. 가장 좋은 아이디어는 심플 시럽(칵테일을 만들 때 설탕을 물과 섞어 감미료로 사용하는 기본적인 시럽. 설탕 시럽이라고도 함—옮긴이)과 다른 당류를 태워 검은색 덩어리로 만든 것이었다. 다시 말해서, 한때 독일의 핵폭탄에 사용된 한 가지 핵심 성분은 캔디였던 셈이다.

이 실험들도 실패로 돌아가자, 보테는 결국 결정적 시험에 사용할 흑연 구를 만들어달라고 한 제조 회사에 부탁했다. 그들이 가진 것 중 가장 순수한 재료로 폭이 약 1.2미터인 구를 만들어달라고 했다. 그들의 보장을 완전히 믿지 못한 보테는 스스로 구에서 작은 부분을 태워 그 재를 가지고 순도 테스트를 했다. 그 흑연 구는 충분히 순수해 보였다. 그랬는데도 실험이 또다시 실패로 끝나자, 보테가 얼마나 큰 충격을 받았을지 상상할 수 있을 것이다. 아주 순수한 흑연을 사용한 이 실험에서 중성자는 평균적으로 이론이 예측한 거리의 절반에 불과한 겨우 35센티미터만 나아가다가 흡수되고 말았다. 흑연은 모든 예상을 뒤엎고 형편없는 감속재인 것처럼 보였고, 보테는 이 효과를 보고서로 작성했다.

그것은 과학사에서 가장 중대한 실수 중 하나였다. 우라늄 클럽 밖에서 활동하던 한 독일 과학자는 그 보고서를 읽고는 사랑에 빠져 정신이 약간 나간 보테가 순도 시험 때 실수를 저질렀다는 사실을 알아챘다. 보테가 검사한 재는 분명히 순수한 탄소였다. 하지만 흑연을 가열하고 태우는 과정은 중성자를 흡수한 불순물을 모두 제거함으로써 재에 그 흔적을 전혀 남기지 않았을 것이다. 이 과학자는 보테의 결론을 반박하는 보고서를 썼지만, 그 보고서는 관심을 전혀 받지 못했는데, 아마도 서로 다른 집단들 사이의 정치적 경쟁 때문에 그랬을 것이다. 그 결과로 보테와 우라늄 클럽은 진실을 알지 못했다.

흑연의 비싼 가격과 보테의 결정적 실험을 감안해 우라늄 클럽은 탄소를 배제했다. 대신에 중수重水라는 다른 감속재로 관심을 돌렸다. 과학적으로 이것은 사소한 변경에 불과했다. 하지만 정치적으로는 극단적인 변경이었는데, 이로 인해 얼마 후 북유럽 황무지에 시체들이 널리는 사건이 일어나게 되었다.

10장

중수를 빼돌려라

1939년 9월, 히틀러는 단치히에서 한 연설에서 연합국에게 "방어할 방법이 전혀 없는 무기"를 사용할 것이라고 공언했다. 그가 어떤 환상에 빠져 있었는지는 알 길이 없지만, 연합국의 일부 관계자들은 그 무기가 원자폭탄이라고 성급한 결론을 내렸다. 이 가설을 뒷받침하기 위해 이들은 독일이 이미 제3제국으로부터 우라늄 수출을 금지했다는 사실을 지적했다. 이에 못지않게 불안한 정보도 있었는데, 프랑스 정보 요원들이 나치가 중수에 큰 관심을 보인다고 보고했다.

우라늄에 우라늄-235와 우라늄-238처럼 여러 가지 동위 원소가 있는 것처럼 수소도 여러 가지 동위 원소가 있다. 대부분의 수소 원자는 아주 단순한데, 원자핵이 양성자 1개로만 이루어져 있다. 하지만 수소 원자 6400개 중 1개는 원자핵이 양성자 1개와 중성자 1개로 이루어져 있는데, 이것을 중수소(deuterium, 기호로는 D)라고 한다. 중수소 원자 2개가 산소 원자 1개와 결합하면 중수(D_2O)가 된다. 중수는 보통 물과 똑같아 보이지만, 다른 성질을 갖고 있다. 중수는 보통 물보다 밀도가 더 높으며, 많이(10리터 정도) 마실 경우 DNA가 손상되고 기초 대사에 장애가 생길 수 있다. 또 보통 물에 비해 핵분열 연쇄 반응을 촉진한다. 보통 물은 우라늄과 섞였을 때 자유롭게 날아다니는 중성자를 흡수하여 연쇄 반응을 방해하는 경향이 있다. 중수는 중성자를 흡수하지 않고, 단지 중성자의 속도를 늦출 뿐이어서 우라늄-235의 핵분열을 촉진하는 용도로 쓰기에 완벽한 물질이다.

중수가 너무나도 희소하다 보니(중수 분자는 물 분자 4100만 개당 1개꼴로 존재한다), 1940년에 중수를 만드는 회사는 전 세계를 통틀어 단 하나밖에 없었다. 그 회사인 노르스크 휘드로Norsk Hydro는 노르웨이 오슬로에서 서쪽으로 160여 킬로미터 떨어진 황량한 고원에 세운 발

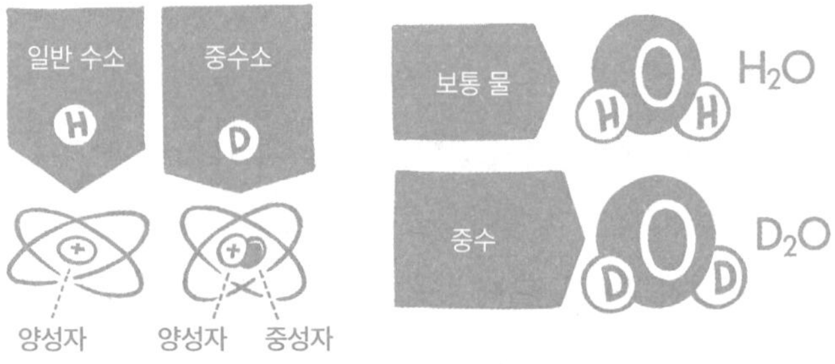

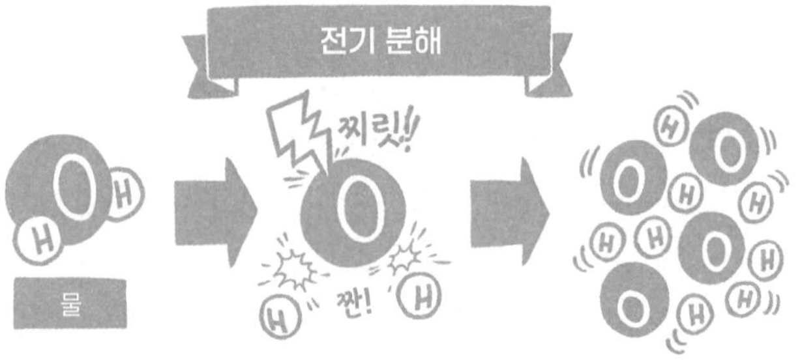

전소들을 운영했다. 이곳은 옛날부터 악명이 높은 지역이었다. 16세기의 한 연대기에 따르면, 이곳 사람들은 "주교와 신부, 집행관, 윗사람을 죽이는 것을 큰 즐거움"으로 여겼다고 한다. 그 발전소 중 하나인 베모르크 발전소는 세상에서 가장 큰 수력 발전소였다. 거대한 폭포 근처의 험준한 절벽 바위 턱 위에 세워진 이 발전소에서 생산된 전기는 대부분 비료와 폭약을 만드는 데 쓰였다. 나머지는 부근의 건물로 보내 전기 분해 공정에 쓰였다. 이 공정에서는 거대한 수조에 전류를 흘려보내 물(H_2O)을 H_2와 O로 쪼갰다. 그리고 전기 분해의 부산물로 중수를 얻어 지하실에 있는 일련의 특수 저장 용기에 저장했다(이 중수 저장 용기에 관한 자세한 이야기는 나중에 나온다). 불행하게도 중수 시장은 빈사 상태였다. 1934년부터 1938년까지 베모르크 발전소가 판매한 중수는 겨우 88파운드(약 40킬로그램)에 불과했고, 1파운드당 가격은 약 4000달러였다. 그들은 아주 많은 공을 들여 중수를 생산했지만, 주문 한 건당 구매량은 1/3온스(약 9그램)를 넘는 경우가 드물었다.

그런 상황에서 1940년 1월에 독일로부터 중수 수백 파운드를 주문받자, 베모르크 관계자들이 얼마나 놀랐을지 짐작할 수 있을 것이다. 우라늄 클럽의 책임자 쿠르트 디프너는 노르웨이로 대리인을 보내 그곳에 보관된 중수를 전량(408파운드) 구입하고, 게다가 매달 220파운드를 구입하겠다는 계약을 체결하려고 했다. 중수가 원자력 연구 외에는 실제로 쓰일 데가 없다는 사실을 알고 있던 베모르크 측은 대리인에게 독일이 무슨 목적으로 중수를 매입하려고 하느냐고 물었다. 대리인은 즉답을 피했고, 베모르크 측은 여기에 뭔가 사악한 의도(아마도 방사성 독가스 같은)가 있겠구나 하고 짐작만 했다. 그들은 대리인과 계약 체결을 미루었고, 한 달 뒤에 회사의 법무 자문 위원이 회의차 파리를 방문했을 때 자크 알리에Jacques Allier라는 정부 관계자에게 이 사실을 알렸다.

표면적으로는 은행가로 일하는 척했지만, 알리에는 전쟁 동안 프랑스 군사 정보부 밑에서 첩자로 활동했다. 그는 핵과학도 잘 알았다. 앞서 프레데리크 졸리오가 실험에 필요한 중수를 노르웨이에서 구입하는 데 도움을 받기 위해 그를 찾아온 적이 있었다(알리에의 은행은 노르스크 휘드로의 지분 중 3분의 2를 소유했기 때문에, 그는 그 협상을 주선하기에 좋은 위치에 있었다). 알리에는 독일에 관한 정보를 제공한 노르웨이인 동료에게 감사를 표하고 곧장 졸리오를 찾아갔다. 두 사람은 개선문에서 수백 미터 떨어진 호텔에서 은밀히 만났고, 극단적인 조처를 취할 필요가 있다는 결론을 내렸다.

그래서 키가 크고 벗겨지기 시작한 머리에 안경을 쓴 알리에는 제2차 세계 대전 중에 벌어진 가장 대담한 강탈 사건을 결행하기 위해 1940년 3월 초에 오슬로로 떠났다. 그는 어머니가 결혼 전에 쓰던 프라이스Freiss라는 성을 쓰며 여행했고, 베모르크의 중수를 전량 확보하는 데 3600만 프랑(오늘날의 가치로는 약 2500만 달러)까지 써도 좋다는 허락을 은행에서 받았다. 중수 확보에 실패할(혹은 확보는 했지만 배신을 당하거나 체포당할) 경우를 대비해 졸리오는 그에게 물에 카드뮴을 섞은 병을 주었다. 카드뮴은 중성자를 굉장한 속도로 흡수하므로, 몇 방울만 떨어뜨려도 중수 수조 전체가 회복 불가능할 정도로 오염될 것이다.

여기서 극적인 분위기를 한층 고조시키는 일이 일어났는데, 알리에에 관한 정보를 입수한 나치가 노르웨이에 있던 요원들에게 전보를 보냈다. “어떤 대가를 치르더라도 프라이스라는 이름으로 여행하는 프랑스 남자를 막아라.” 이것은 매우 분명한 지시였다. 거리에서 그를 체포하고 납치해 살해하라는 뜻이었다. 달리 해석할 여지가 없었다. 알리에 역시 자신이 처한 상황을 잘 알았다. 우호적인 노르웨이 사람들이 독일이 어떤 덫을 쳐놓았는지 알려주었다. 알리에는 그래도 앞으로 나아갔는데, 자신의 기지로 체포를 피할 수 있다고 믿었다.

3월 4일, 오슬로에 도착한 알리에는 베모르크 간부들에게 공중전화로 전화를 걸어 거리 모퉁이에서 만나기로 약속을 잡았다. 협상은 그다음 날에 시작되었는데, 알리에는 3600만 프랑(시장 가격보다 15배나 비싼 금액)을 다 쓸 작정이었다. 하지만 돈은 필요 없었다. 중수가 나치의 손에 들어가는 것을 막기 위해 베모르크 간부들은 자신들이 가진 중수를 전부 다, 게다가 앞으로 생산될 양까지 모두 공짜로 프랑스에 넘겨주겠다고 제안했다. 그들의 관대함에 감동한 알리에는 중수에 대한 관심이 커진 이유(독가스가 아니라 전대미문의 강력한 폭탄)를 알려주었다. 노르웨이 사람들은 이해가 간다는 듯이 고개를 끄덕였다. 한 사람은 알리에에게 이렇게 말했다. “만약 나중에 불운하게도 프랑스가 전쟁에 진다면, 나는 오늘 내가 한 일 때문에 총살을 당할 겁니다. 그래도 나는 이 위험을 무릅쓴 행동에 자부심을 느낄 겁니다.”

며칠 뒤, 알리에와 베모르크 간부들은 오슬로 서쪽의 황량하고 서리로 뒤덮인 고원을 건너 베모르크에 도착했다. 그리고 한밤중의 은밀한 시간에 운송을 위해 중수를 스테인리스강 통에 옮겨 담는 작업을 시작했다. 현지의 한 용접공이 지난 며칠 동안 자기 집에서 비밀리에 그 통들을 만들었다. 그 통들은 여행 가방에 딱 맞도록 제작되었다.

오슬로로 돌아갈 때 이들은 추적을 피하기 위해 이리저리 경로를 바꾸었다. 알리에는 나치의 습격을 받을 경우 중수를 오염시킬 카드뮴 병을 늘 갖고 다녔다. 하지만 해안은 아무 이상이 없어 보였고, 그래서 서둘러 프랑스인의 은신처로 가서 통들을 그곳에 내려놓았다. 이것은 위험천만한 행동이었는데, 그 집 바로 옆에 나치의 군사 연구소가 있었기 때문이다. 그다음 이틀 동안 그들은 집 안에 숨어 지내면서 중수를 노르웨이 밖으로 옮길 방법을 모의했다. 잠수함을 오슬로 항구로 진입시키는 방법을 고려했지만, 그것은 노르웨이의 중립 선언에 위배되는 행동이었다. 유일하게 남은 계획은 어리석고 필사적인 것처럼 보였지만, 다른 선택의 여지가 없는 상황에서 그들은 3월 12일에 오슬로 공항에서 무분별한 계획을 실행에 옮기기로 했다.

알리에와 한 동료 첩자가 그날 아침 일찍 암스테르담행 항공권을 갖고 공항에 도착했다. 그들은 수상쩍어 보이는 여행 가방도 여러 개 갖고 있었는데, 이 때문에 탑승 수속 카운터에서 한바탕 소동이 벌어졌다. 공항을 감시하던 공항 요원들이 이것을 보고 독일 공군에 연락했다. 그런데 알리에와 동료는 이들이 모르게 가명을 사용해 스코틀랜드행 항공권도 구입했다. 스코틀랜드로 가는 비행기와 암스테르담으로 가는 비행기는 거의 동시에 출발했기 때문에, 알리에는 두 비행기가 활주로에 나란히 서 있길 기대했다. 두 사람이 마침내 수속을 끝내고 밖으로 걸어나올 때, 프로펠러를 돌리면서 이륙할 준비를 하고 있는 두 비행기가 보였다. 두 사람은 화물을 암스테르담행 비행기에 싣기 시작했다.

그러고 있을 때, 택시가 요란스럽게 달려와 공항 정문에 멈춰섰다. 스코틀랜드행 항공권을 구입한 남자가 비행기를 놓치게 생겼다면서 자신을 활주로로 들여보내 달라고 요구했다. 그 당시 공항 보안은 좀 느슨했기 때문에, 보안 요원들은 선선히 그를 들여보내주었다. 택시는 활주로로 달려가더니 두 비행기 사이에 섰는데, 터미널에 있는 사람들의 시야에서 벗어난 곳이었다. 그 남자는 황급히 택시 트렁크를 열더니 가방들을 스코틀랜드행 비행기에 싣기 시작했다. 이 소동이 벌어지는 동안 알리에와 동료는 스코틀랜드행 비행기에 올라탔다.

몇 분 뒤, 두 비행기가 이륙했다. 암스테르담행 비행기에 탄 승객들은 평생 잊을 수 없는 경험을 했다. 비행기가 노르웨이 영공을 벗어나자마자 독일 공군 전투기들이 길을 가로막으면서 함부르크로 기수를 돌리게 했다. 함부르크에 착륙하자, 나치 요원들이 나타나 화물칸을 열더니 알리에의 화물을 압수했다. 거기에는 자갈이 들어 있었다.

한편, 중수(택시에서 내린 남자의 화물에 숨겨져 있던)는 스코틀랜드를 향해 날아가고 있었다. 하지만 영국 영공에 도착하기 전에 알리에는 자신들을 추적하는 자가 있다는 것을 알아챘다. 미확인 항공기가 뒤를 따라오고 있었다. 알리에는 승무원에게 이야기하여 조종석으로 가(이번에도 그 당시의 느슨한 보안 때문에 가능했다) 파일럿에게 자신이 연합국을 위해 싸우는 프랑스 요원이라고 솔직하게 설명했다. 파일럿은 고맙다고 말하고 나서 구름 속으로 비행하면서 추적을 따돌리려고 애썼다. 미확인 항공기의 정체가 무엇이었는지는 아무도 몰랐지만(독일 공군기였을 가능성은 있지만), 어쨌든 파일럿은 그 비행기를 따돌리고 무사히 착륙했다.

소중한 중수는 세관을 급히 통과해 프랑스로 운반되었다. 3월 18일에 모든 통이 졸리오의 연구소 방공 지하실에 보관되었다—안전하고 온전하고 확실하게. 단, 나치가 파리로 진격하지 않을 경우에만 그랬다.

11장

가짜 전쟁에서 진짜 전쟁으로

1939년 9월에 조 케네디 주니어가 런던을 떠난 뒤, 아버지는 아들에게 하버드 대학교에 복학하여 법학 학위를 따라고 강력하게 권했다. 아버지는 심지어 개인 교습을 위해 매사추세츠주 대법원 판사를 고용하기까지 했다. 하지만 조는 그 공부가 따분했고, 1940년 봄에 유럽에서 일어난 전쟁이 암울한 국면으로 접어들자, 군 입대를 진지하게 고민했다.

1940년 봄 이전까지는 제2차 세계 대전은 불발탄에 가까웠다. 히틀러가 폴란드를 침공하고, 영국과 프랑스가 독일에 선전 포고를 하면서 서로 공식적으로 교전국이 된 것은 사실이었다. 하지만 실제 전투나 충돌은 일어나지 않았고, 경박한 영국 언론은 이 상태를 가짜 전쟁Phoney War이라고 부르기 시작했다. 이들은 곧 자신들의 재치 있는 표현을 후회하게 된다. 1940년 4월, 제3제국은 돌연히 덴마크와 노르웨이를 침공했고, 5월에는 네덜란드와 벨기에 그리고 프랑스 대부분을 점령했다. 도중에 독일군은 영국군을 패주시켰고, 됭케르크에서 거의 전멸시킬 뻔했다. 무엇보다 공포스러웠던 것은 1940년 9월 7일에 런던에서 요란한 공습 사이렌과 함께 독일군 비행기 1000여 대가 몰려와 런던을 폭격하면서 시작된 그 유명한 전격 폭격(아홉 달 동안 계속 이어진 런던 대공습)이었다. 가짜 전쟁이 너무나도 생생한 진짜 전쟁이 된 것이다.

그 당시 케네디 시니어는 아직 런던 주재 미국 대사로 재직하고 있었다. 루스벨트 대통령과 계속 충돌했지만, 루스벨트가 그를 자르지 않은 것은 단순한 이유에서였다. 만약 케네디 시니어가 유화책과 고립을 떠들어댄다면, 국내에서보다는 밖에서 그러는 편이 차라리 나았다. 하지만 전격 폭격이 시작되자, 케네디 시니어는 완전히 절망에 빠져 한 보좌관에게 "나랑 내기를 하세. 나는 2주일 안에 히틀러가 버킹엄궁에 올 것이라는 데 금액에 상관없이 5 대 1로 걸겠네." 격노한 루스벨트 대통령은 1940년 대통령 후보 경선에서 자신에게 도전할 기회를 아예 봉쇄하기 위해 케네디 시니어를 런던에 충분히 오래 머물게 했다가 10월에 매몰차게 소환했다.

케네디 시니어는 이 해임으로 잘못을 깨닫기는커녕 이전보다 더 강하게 유화책과 고립을 주장하기 시작했다. 그러면서 워싱턴의 민주당과 공화당 모두를 격분시키는 재주를 보여주었다. 케네디 시니어는 언젠가 자신이 백악관 주인이 되겠다는 희망을 오래전부터 품어왔지만, 1940년에 보여준 행동은 그 꿈을 날려버렸다. 조와 잭은 아버지가 정부 내에서 따돌림당하면서 사실상 정치적 자살의 길을 걸어가는 것을 손놓고 바라볼 수밖에 없었다.

조는 특히 이것을 심각하게 받아들였는데, 그 자신도 정치적 야심을 키우고 있었기 때문이다. 그런데 이러한 야심은 진지한 정치 신념에서 나온 것은 아니었다. 사실, 조는 정치적으로 매우 혼란스러웠다. 1934년의 어느 날 밤, 가족과 저녁 식사를 하기 위해 집으로 온 그는 자신이 공산주의자라고 선언해 아버지를 노하게 했다(케네디 시니어는 네가 가진 보트와 말을 팔고 나서 공산주의자라고 말하라고 호통을 쳤다). 몇 년 뒤에는 정반대쪽으로 방향을 틀어 히틀러의 우생학적 단종법을 진보적이라고 칭찬하기 시작했다. 아버지는 신음을 토해내면서 그렇다면 행동과 정서 면에서 문제가 있는 여동생 로즈도 그 법에 저촉될 것이므로 그 주장을 재고해야 할 것이라고 지적했다.

이렇게 진화를 거듭한 여러 믿음에도 불구하고, 조는 몇 가지는 확실히 알고 있었다. 케네디가의 일원으로서 공직에 진출할 천부의 권리가 있다는 것과 전쟁 영웅이 선거에서 유리하다는 것이었다. 그래서 아버지의 정치적 운이 기울자, 조는 백악관에 케네디가 출신이 입성하려면, 전쟁 영웅이 되는 것이 가장 확실한 방법이라고 결론 내렸다.

12장

매드 잭

우라늄 클럽은 자신들의 야심을 달성하는 데 중수가 우라늄만큼 필수적이라고 생각했다. 그래서 그들은 1940년 3월에 일어난 프랑스인의 중수 탈취 사건에 분노했다. 하지만 바로 다음 달에 독일이 노르웨이를 침공하자, 그들은 금방 활기를 되찾았다. 오슬로는 곧 함락되었고, 중부 지역의 용감한 남녀들이 몇 주 동안 저항을 계속했지만, 5월에 저항이 모두 진압되자 제3제국은 베모르크 발전소를 접수했다. 히틀러는 이제 전 세계에서 하나밖에 없는 중수 생산 시설을 손에 넣었다.

한편, 독일 기갑 부대는 마지노선을 우회해 프랑스로 진격해 들어갔고 도중에 맞닥뜨린 저항을 모조리 분쇄했다. 아직 전선에서 어느 정도 떨어져 있었지만, 파리 시민들은 공포에 빠졌다. 많은 사람들이 파리를 탈출했고, 한때 냉철했던 정부 관리들은 문서 캐비닛을 통째로 창문 밖으로 던졌으며, 아래의 잔디밭 위에서는 엄청난 규모의 모

닥불이 피어올랐다. 온 나라가 무정부 상태에 빠졌다.

졸리오-퀴리 부부는 어느 때보다도 침착했지만, 5월 중순에 보관 중인 중수를 다른 곳으로 옮기라는 명령을 받았다. 어떤 경우에도 중수가 나치의 손에 들어가서는 안 되었다. 그래서 어느 날 오후 10시에 졸리오의 조수 두 명이 권총으로 무장하고 중수 통들을 푸조 트럭에 실은 뒤, 남쪽을 향해 달리기 시작했다. 공항에서 중수 탈취 작전을 수행한 은행가 첩자 자크 알리에가 여기저기에 전화를 해 그 통들을 400킬로미터 떨어진 은행 금고에 보관할 수 있도록 주선했다. 조수들은 내용물이 무엇인지 밝히길 거부하면서 중수를 'Z 제품'으로 신고했다. 중수는 그곳에 5일 동안 보관돼 있었지만, 아무래도 수상한 물건을 보관하기가 꺼림칙했던 은행장이 도로 가져가라고 요구했다. 조수들은 중수를 근처의 여성 교도소에 임시로 보관했다가 다시 보안이 철통같은 교도소로 옮겼다. 일부 재소자들이 통들을 안으로 운반하는 작업을 도왔는데, 그 통들은 평소에 강력 범죄자들이 지내는 사형수 수감 건물의 한 방에 보관되었다.

졸리오와 이렌은 버틸 수 있을 때까지 최대한 오래 파리에 머물렀다(그 사이에 자녀인 피에르와 엘렌을 제1차 세계 대전이 시작될 때 어린 이렌이 머물렀던 어촌 마을 라르쿠에스트의 가족 별장으로 피신시켰다). 독일군이 80킬로미터 떨어진 지점까지 다가오자, 졸리오-퀴리 부부는 마침내 6월 12일에 파리를 떠났다. 차를 몰고 남쪽으로 달릴 때, 불타는 정유 공장에서 솟아오른 연기가 온 하늘을 뒤덮었다. 그들은 연구소에서 일부 장비를 챙겼는데, 이렌이 상속받은 재산도 함께 갖고 갔다. 그것은 약 60킬로그램의 납 상자로, 미국 여성들이 마리 퀴리에게 선물한 라듐 1그램이 들어 있었다.

6월 16일 이른 시간에 졸리오-퀴리 부부는 교도소가 있는 도시에 도착했다. 그곳에서 중수를 가지고 새로운 연구소를 만들 수 있기를 기대했다. 하지만 그날 오후에 졸리오가 도시를 살펴보면서 산책을 하고 있을 때, 자동차가 다가오더니 알리에가 나왔다. 프랑스군이 예상보다 훨씬 일찍 무너지는 바람에 그들은 다시 다른 곳으로 피신해야 했다. 알리에는 졸리오에게 중수를 프랑스 서부의 보르도로 운반한 뒤, 거기서 안전한 보관을 위해 배에 실어 영국으로 보내라고 지시했다. 마지못해 졸리오는 그러겠다고 했다. 그러고 나서 알리에는 교도소로 가 통들을 회수했다. 그 과정에서 어려움이 없었던 것은 아닌데, 처음에 간수가 통들을 넘겨주려 하지 않았기 때문이다. 알리에가 권총을 꺼내 그의 허리에 갖다댄 뒤에야 간수는 말을 들었다. 용감한 재소자들이 Z 제품을 트럭에 싣는 작업을 또 한 번 도와주었다.

이번에는 졸리오의 조수 두 명이 D_2O를 호송했는데, 6월 17일 새벽에 교도소를 떠나 프랑스 중부와 보르도 사이의 구릉진 시골길을 구불구불 나아갔다. 그들은 오후 11시에 기진맥진한 상태로 보르도에 도착해 군 간부에게서 D_2O를 실어갈 배를 확인했다. 그들에게는 스코틀랜드 선적의 석탄을 때는 증기선 브룸파크호가 배정되었다. 배를 지휘하는 사람은 제20대 서퍽 백작 찰스 헨리 조지 하워드Charles Henry George Howard였다.

다음 날 아침, 두 조수는 브룸파크호를 찾으러 조선소 쪽으로 갔다. 그들이 배 대신에 발견한 것은 난장판이었다. 약 50만 명의 난민이 보르도에 넘쳐났는데, 모두가 탈출하려고 필사적이었다. 설상가상으로 사악한 독일군이 항구에 기뢰를 설치했고, 이따금씩 전투기 편대가 지나가면서 기관총을 쏘아댔다. 그 전날에는 공중에서 투하한 폭탄이 원양 여객선에 명중해 승객 3000여 명이 사망했다.

조수들이 마침내 브룸파크호를 찾아내 선장을 만났을 때, 상황은 더욱 암담해 보였다. 서퍽 백작은 상원 의원이 될 권리가 있는 귀족이었지만(그의 가계는 윈저 왕가의 가계보다 앞선다), 많은 사람들은 그를 매드 잭Mad Jack, 곧 미치광이 잭이라고 불렀다. 그날, 조수들은 허리까지 알몸인 상태로 갑판에 누워 다양한 문신(그 당시에는 기이한 장식으로 간주되었다)을 드러낸 채 말채찍으로 자신의 허벅지를 후려치는 그를 발견했다. 양 팔에 금발과 갈색머리 여자를 한 명씩 끼고서 거슬리는 프랑스어 억양으로 야한 농담을 하고 있었다. 한 목격자는 축 처진 수염을 무성하게 기른 그가 "단정치 못한 해적"처럼 보였다고 기억했다. 조수들은 불안감을 삼키고 브룸파크호가 곧 출발할 예정이냐고 물었다(그들은 통들을 실을 시간이 필요했다). 매드 잭은 전혀 염려할 것 없다고 대답했다. 브룸파크호는 이미 한참 전에 출발했어야 하지만, 어젯밤에 선원들을 데리고 항구로 가 술을 잔뜩 먹이는 바람에 모두 곯아떨어졌다고 했다. 그들은 지금 평생 처음 맛보는 최악의 숙취에 시달리고 있어 정상 컨디션을 찾으려면 적어도 하루는 더 있어야 할 것이라고 했다. 그러니 원하는 것은 무엇이건 실을 시간이 충분하다고 했다. 매드 잭의 세계에서 계획이란 이런 식이었다.

정확히 한 달 전, 새로 영국 총리가 된 윈스턴 처칠Winston Churchill은 그의 생애에서 가장 유명한 연설로 꼽히는 '가장 위대한 순간' 연설을 했다("그러니 우리 모두 자신의 의무를 다하고 올바르게 처신합시다. 만약 대영 제국과 연방이 1000년을 더 존속한다면, 사람들은 이렇게 말할 것입니다. '이때가 바로 그들의 가장 위대한 순간'이었다고"). 처칠이 "사악한 과학의 빛으로…… 더 불길해진 새 암흑시대"를 경고했다는 사실을 기억하는 사람은 드물다. 핵무기의 위협을 이해한 극소수 불운한 사람들은 침을 꼴깍 삼켰을 것이다.

브룸파크호는 마침내 6월 19일 오전 6시에 101명을 태우고 출항했다. 각자 자동차 타이어 튜브를 구명구 삼아 꽉 붙잡고 있었다. 매드 잭은 중수 통 외에도 암스테르담과 안트베르펜에서 1500만 달러(오늘날의 가치로는 2억 5000만 달러) 상당의 다이아몬드 두 상자도 배에 실었다. 이것은 그 당시 유럽 다이아몬드 시장에서 유통되던 물량 중 대부분에 해당했다. 이 값비싼 화물을 보호하기 위해 백작은 75밀리미터 포 두 문과 기관총 세 정도 마련했다. 총탄과 포탄은 미처 구하지 못했지만, 매드 잭은 전혀 염려하지 않았다. 보르도는 외해에서 110킬로미터쯤 떨어진 작은 만 입구에 위치했는데, 매드 잭은 해안의 한 도시에서 총탄과 포탄을 구할 작정이었다.

정오 무렵에 그 해안에 도착했을 때, 조수가 바뀌고 있었다. 매드 잭이 절뚝거리며 탄약을 구할 곳을 알아보고 다니는 동안 큰 사고가 일어날 뻔했다. 브룸파크호 옆에 정박해 있던 배가 물결에 흘러가다가 기뢰에 충돌해 폭파되면서 잔해가 하늘 높이 치솟았다. 배에 있던 과학자들은 두려워서 벌벌 떨었지만, 배로 돌아온 매드 잭은 그들의 등을 찰싹 치면서 염려하지 말라고 했다. 살아서 영국에 도착할 확률이 적어도 50 대 50은 된다고 말하면서. 사실, 매드 잭은 그 폭발을 보고 좋은 아이디어가 떠올랐다. 최악의 상황에 대비해 중수와 다이아몬드를 지키기 위해 나무 부스러기를 모아 '방주'를 만들기로 한 것이다. 게다가 열심히 작업에 몰두하는 동안은 폭탄과 어뢰에 대한 근심에서 벗어날 수 있으리라고 생각했다.

몸소 모범을 보이면서 매드 잭은 또다시 허리까지 옷을 벗고 담배

두 대를 피웠는데, 특별한 필터를 사용해 동시에 피웠다. 그러고 나서는 망치를 거머쥐고 방주를 만들기 위해 못을 박기 시작했다. 다른 사람들도 작업에 합류했다. 타고난 입담꾼인 그는 많은 사람들이 모인 자리를 기회로 삼아 자신이 살아온 이야기로 모두를 흥겹게 했다. 옥스퍼드 근처에 있는 집안의 사유지에서 편히 살 수 있는 생활을 마다하고 모험을 원한 그는 십대 시절에 상선을 타고 오스트레일리아로 갔고, 먼 이국 섬들에서 기념으로 문신을 새기기 시작했다. 오스트레일리아와 영국을 오가며 몇 년(명령 불복종으로 영국 해군에서 쫓겨난 시기도 포함해)을 보낸 뒤에 에든버러에서 화학과 약리학을 공부하기로 했다. 그리고 자신이 관습에 얽매여 사는 사람이라는 인상을 불식시키기 위해 시카고 출신의 유명한 나이트클럽 댄서와 결혼했다. 몇 년 뒤인 1935년 6월에 류마티스 관절염에 걸려 절름발이가 되었다. 제2차 세계 대전이 일어났을 때, 군이 그의 입대를 받아주려 하지 않자 매드 잭은 파리에서 과학 스파이로 활동하겠다고 자원했다. 그는 곧 유럽에서 가장 화려한 생활을 하는 비밀 요원이 되었는데, 리츠호텔에서 샴페인 파티를 열었고, 턱시도 재킷 안쪽 견대에 차고 다니던 두 정의 45구경 자동 권총을 과시했다. 그는 이 총들을 오스카르와 제네비에브라고 불렀다(졸리오의 한 조수는 "이 모든 것은 우드하우스P. G. Wodehouse의 작품을 보고 상상한 영국 귀족의 모습과 딱 들어맞는다"고 생각했다고 한다).

하지만 국가가 그에게 도움을 요청했을 때, 매드 잭은 자신의 가치를 입증했다. 브룸파크호는 6월 19일 밤에 외해에 이르렀다. 대다수 승객(그중 많은 사람들은 선창의 석탄더미 위에서 자야 했다)은 검댕으로 뒤덮여 있었다. 정장과 드레스를 입었어도 모두 굴뚝 청소부 같은 몰골이었다. 설상가상으로 브룸파크호 근처에 있던 배 여러 척이 북쪽으로 항해하던 도중에 독일 공군기로부터 폭격을 받았다. 하지만 공포와 불편에도 불구하고, 많은 승객은 아주 즐거운 시간을 보냈다. 매드 잭은 특유의 강한 개성을 발휘해 이 항해를 한 승객의 표현대로 "꼬마아이들의 모험"처럼 보이게 만들었는데, 절뚝이는 걸음으로 갑판을 오가면서 농담을 던지고, 뱃멀미에 특효약이라면서 샴페인 잔을 건네기도 했다. 훗날 졸리오의 조수는 그 당시 상황을 익살맞은 표현을 써가며 설명했다. "아시겠어요? 이것은 새로운 자연의 힘을 손에 넣게 해줄 매우 희귀한 물질을 가지고 무자비한 적을 피해 목숨을 걸고 탈출한 두 과학자의 이야기예요. 정말 터무니없는 이 이야기는 싸구려 소설의 소재로 적합하지요." 그리고 모든 싸구려 소설에서처럼 이 영웅들은 힘든 여행에서 살아남아 6월 21일에 무사히 영국에 도착했다.

중수 통들은 곧 또 다른 교도소로 옮겨졌는데, 디킨스의 소설에나 나올 법한 웜우드 스크러브스Wormwood Scrubs라는 이름의 교도소였다. 통들은 그곳에 몇 주일 동안 외롭게 방치돼 있다가 백작이 안전을 위해 직접 윈저성으로 운반했고, 그곳에서는 아주 융숭한 대접을 받았다. 그 후 몇 년 동안 파란만장한 여정을 거친 이 중수 통들은 연합국의 원자폭탄 실험에서 아주 중요한 역할을 하게 된다.

슬프게도 매드 잭은 나중에 담배를 피우면서 하길 좋아하던 취미활동(영국에 떨어진 독일군의 불발탄을 해체하는 일)에 골몰하다가 폭발

사고로 사망했다. 그리고 브룸파크호에서 보여준 영웅적인 행동에도 불구하고, 자신의 중요한 임무 하나를 완수하는 데 실패했다. 매드 잭은 중수 외에 프랑스에서 또 하나의 중요한 과학 자산을 영국으로 데려오라는 명령을 받았다. 하지만 프레데리크 졸리오는 그의 손아귀를 벗어났다.

졸리오는 조수들보다 며칠 뒤에 보르도에 도착했다. 하지만 미치광이 백작이 아무리 설득해도(한번은 졸리오의 팔을 붙잡고 배로 건너가는 디딤판 위로 끌어당기기까지 했다) 졸리오는 브룸파크호를 타고 영국으로 가길 한사코 거부했다. 거부할 만한 이유가 여러 가지 있었다. 졸리오는 영어를 잘하지 못했고, 또 영국으로 가면 중성자를 발견해 졸리오-퀴리 부부를 낙담케 했던 제임스 채드윅 밑에서 일할 게 뻔했다. 더 중요한 이유가 있었는데, 아내가 몹시 걱정되었다.

이렌은 소녀 시절부터 백일해를 비롯한 여러 질병을 앓으며 늘 병약했다. 부모는 방사능 먼지로 뒤덮인 실험복을 아무 데나 널어놓는 나쁜 버릇이 있었는데, 이것이 이렌의 면역계를 더 약화시켰을 것이다. 이렌은 딸을 낳고 나서 건강이 더 나빠져 결핵과 빈혈을 앓았다(이렌은 출산일에도 결혼식 날과 비슷하게 행동했는데, 오전 내내 일을 하다가 오후에 반차를 내 아기를 낳으러 갔다). 결국 전쟁의 스트레스 때문에 이렌은 건강이 무너졌고, 졸리오와 함께 보르도로 가는 대신에 프랑스 서부의 요양원으로 들어갔다.

설사 영국을 아주 좋아했다 하더라도, 졸리오는 아픈 아내를 두고 떠날 수 없었다—이미 사이클로트론 연구소를 만들고 운영하느라 한 번 떠난 적이 있었던 터라 더욱 그랬다. 게다가 그는 나치를 경멸하는 이렌의 태도에서 용기를 얻었다. 이렌의 전기 작가는 “이렌은 그들이 퀴리 가족에게 손가락 하나도 감히 대지 못할 것이라고 확신했다"라고 말했다. 졸리오는 그러한 강인함이 필요했고, 이렌 곁에 머물기로 결심했다. 게다가 졸리오는 프랑스에 어떤 의무감을 느꼈다. 그는 매드 잭에게 하이젠베르크를 연상시키는 말투로 자신은 프랑스에 필요하며, 독일의 점령 아래 있는 동안 자신의 힘이 닿는 대로 프랑스 과학을 구할 것이라고 말했다. 사실, 졸리오는 최대한 빨리 파리로 돌아가려고 했다. 하지만 그곳에서 우라늄 클럽의 우두머리가 자신을 기다리고 있으리라고는 꿈에도 생각지 못했다.

13장

타협

파리의 혼란이 가라앉길 기다리면서 몇 주 동안 숨어 지내다가 연구소로 돌아갔더니 불청객 두 사람이 그를 기다리고 있었다. 한 사람은 우라늄 클럽을 세운 쿠르트 디프너였다. 디프너는 졸리오의 연구소 지하실에 있는 사이클로트론을 탐내 그것을 차지하려고 온 것이었다. 이 입자 가속기는 핵반응을 연구하는 데 필요했는데, 독일은 그때까지 사이클로트론을 만들지 못했다.

졸리오는 당연히 디프너가 마음에 들지 않았지만, 디프너의 상관인 또 다른 불청객은 완전히 혐오스러웠다. 에리히 슈만Erich Schumann은 작곡가 로베르트 슈만Robert Schumann의 손자였는데, 할아버지의 그늘에서 완전히 벗어나지 못한 채 살았다. 슈만은 음파와 악기의 음향학을 연구했고, 독일군을 위해 군가를 작곡해 바쳐 상당한 저작권료를 받았다. 열정적인 나치였던 그는 우라늄 클럽의 행정 부문 우두머리로 임명되었다. 다만, 하이젠베르크와 다른 사람들은 그를 어릿광

대로 여겼고, 그의 연구를 '피아노 현 물리학'이라고 조롱했다(그들은 슈만을 개인적으로도 경멸했다. 한 동료는 "그는 손님에게 슈납스[도수가 매우 높은 술]를 내놓기도 했지만, 항상 가장 싼 것을 내놓았다"라고 기억했다). 슈만은 핵폭탄을 터무니없는 것으로 여겼다. 그는 그 아이디어를 "원자적 허튼소리"라고 불렀다. 하지만 충분히 냉소적이었던 그는 단지 자신의 무식을 감추기 위해 마치 그 아이디어가 중요한 것인 양 행동했고, 파리가 함락된 직후에 졸리오의 연구소를 점령했다.

8월 초에 졸리오가 나타나자, 슈만과 디프너는 그의 직원들을 만나는 자리를 만들어달라고 요청했다. 통역자를 통해 대화하면서 두 사람은 좋은 첫인상을 남기려고 열심히 노력했다. 프랑스 과학자들이 원자물리학에 기여한 공로를 치하하고, 프랑스와 독일 사이의 생산적인 협력을 기원했다. 그러고 나서 슈만은 졸리오에게 디프너와 통역자와 함께 근처 사무실로 가 서로 머리를 맞대고 이야기를 나누자고 했다.

문이 닫히자마자, 슈만은 태도를 싹 바꾸어 졸리오를 노려보았다. 그는 졸리오가 파리에 더 일찍 돌아오지 않은 것을 나무란 뒤, 중수를 탈취한 행위(그 행위를 직접 목격했으므로)를 강하게 질책했다. 그는 졸리오에게 우리는 노르웨이에서 화물 선적 영수증을 보았고, 당신이 그것을 훔쳤다는 사실을 알고 있다고 말했다. "지금 그것은 어디에 있습니까?" 졸리오는 머리를 재빨리 굴려 그 통들이 보르도에서 배에 실려 있었는데, 독일 비행기가 투하한 폭탄에 배가 침몰하면서 사라졌다고 대답했다. 중수가 모두 통에서 나와 항구의 바닷물에 섞여 영영 사라졌다고 설명했다. 슈만은 이 말을 믿지 않았지만, 반박할 증거가 없었다. 슈만은 파리에서 사라진 우라늄광 수 톤의 행방도 물었다.

거짓말임이 명백해 보였지만, 졸리오는 그것은 아마도 북아프리카에 있을 것이라고 말했다. 더 많은 욕과 비난이 쏟아졌다.

이 모든 일이 졸리오는 매우 불편했지만, 그 자리에서 가장 불편했던 사람은 그 모든 욕과 비난을 전달한 통역자 볼프강 겐트너Wolfgang Gentner였다. 겐트너는 사실 오래전부터 졸리오와 담배를 함께 피우는 친구 사이로 지냈는데, 졸리오와 이렌의 실험실에서 인공 방사능이 발견된 후 밤을 새우며 감지기를 확인한 바로 그 조수였다. 몇 년 뒤에 겐트너는 독일군에 징집되었고, 지금은 슈만 밑에서 일하고 있었다. 겐트너는 그날 슈만이 보여준 행동에 몹시 당황했다. 그래서 신문이 끝나자마자 겐트너는 사태를 수습하려고 노력했다. 졸리오의 주의를 끌 만큼만 충분히 오래 그곳에 남아 있다가, 오후 6시에 생미셸가에 있는 카페에서 따로 만나자고 속삭였다.

그날 밤, 그들은 카페 밀실에서 다시 만났다. 겐트너는 먼저 졸리오에게 사과부터 했다. 두 사람이 이렇게 만나게 된 상황을 몹시 유감스럽게 생각했다. 독일 측은 처음에는 졸리오의 사이클로트론을 해체해 전리품으로 베를린으로 가져가려고 계획했다. 하지만 겐트너는 이 섬세한 장비를 파리에 그냥 남겨두고 대신에 독일 과학자들을 이곳으로 데려와 연구하게 하자고 슈만을 설득했다. 겐트너는 졸리오에게 이 타협책(연구소는 그대로 남지만 나치의 통제를 받는)을 받아들이겠느냐고 물었다. 그리고 졸리오를 슈만으로부터 보호하기 위해 자신이 연구소장이 될 수도 있다고 덧붙였다.

아마도 졸리오는 이 제안을 검토하면서 담배를 물었을 것이다. 프랑스에서 하나뿐인 사이클로트론을 탈취해가도록 놔둘 수는 없었다. 하지만 자신의 연구소에 나치 해충들이 바글거리는 상황은 생각하기도 싫었다. 그리고 설사 겐트너처럼 품위 있는 사람이라 하더라도 독일인과 협력한다면, 자신은 프랑스에서 배신자로 낙인찍힐 것이다. 그렇지만 자신이 가장 효율적으로 독일인에 맞서 싸우는 방법은 연구이고, 연구를 하려면 자신의 연구소를 온전하게 남겨두어야 한다는 것을 알고 있었다. 결국 졸리오는 두 가지 조건을 걸고 연구소를 넘기는 것에 동의했다. 겐트너가 연구소장을 맡아야 한다는 것과 독일인은 여기서 순수 과학 연구만 해야지 군사적 연구를 해서는 안 된다는 것이었다. 겐트너는 그렇게 하겠다고 말했다. 그러고 나서 두 사람은 잠시도 지체하지 않고(그들은 이미 만나는 것 자체만으로 큰 위험을 감수했다) 헤어졌다. 이렇게 해서 졸리오는 이 전쟁에서 첫 번째 위장 임무를 수행하게 되었다. 그런데 위장 임무는 이것이 마지막이 아니었다.

우려했던 대로 자신이 타협했다는 소문이 새어나가자, 사람들은 졸리오에게 부역자라는 딱지를 붙였다. 프랑스에서만 그런 게 아니었다. 영국과 미국의 과학자들도 이 소식을 듣고 개탄했다. 독일은 이미 베모르크를 수중에 넣어 중수를 마음껏 공급받게 되었다. 또 벨기에를 점령함으로써 벨기에가 아프리카 식민지들에서 수입한 수천 톤의 우라늄광도 손에 넣었다. 이제 졸리오에게서 조건부 항복을 받아냄으로써 나치는 사이클로트론도 얻었다. 원자폭탄 계획을 급속하게 추진할 인적 자원을 늘 보유하고 있었던 독일이 이제 필요한 장비와 원재료까지도 손에 넣은 것이다. 연합국의 핵물리학자들은 모두 이 사실을 알았다.

14장

하버드 생활의 밝은 면과 어두운 면

새뮤얼 가우드스밋은 하버드에서의 생활을 더 즐길 수 있길 희망했다. 1941년 1월에 교수로 임명되었고, 서류상으로는 이 임명은 매우 명예로운 일처럼 보였다. 하버드에서 일한다는 사실을 말하면서 즐거워하지 않을 과학자가 있겠는가? 하지만 가우드스밋은 완전히 만족하지 않았는데, 자신의 임명이 순전히 요행이라는 사실을 알고 있었기 때문이다. 하버드는 전쟁에 동원된 교수의 빈자리를 채우기 위해 그를 고용한 것이었다. 가우드스밋은 어디까지나 대체 교수(그의 표현을 빌리면 '대타')에 불과했다. 게다가 그 당시 가장 영예로운 자리는 아이비리그 대학이 아니라 군사 연구소라는 사실은 누구나 알고 있었다. 미국은 아직 제2차 세계 대전에 참전하지 않았지만, 최고 수준의 과학자들은 이미 로켓과 레이더를 포함해 핵심 군사 기술 연구에 몰두하고 있었다. 그런데 가우드스밋은 하버드에서 지루해하는 경제계 거물들의 아들들에게 뉴턴의 법칙을 가르쳤다. 대체로 그는 여전히 하버드 생활을 즐겼지만, 한물간 사람으로 취급받을 수 있다는 오랜 망령이 미시간주에서 매사추세츠주까지 따라왔다.

늘 그랬던 것처럼(그는 걸핏하면 불만을 토로하는 투덜이로 유명했다) 가우드스밋은 친구들에게 쓴 편지에서 자신의 속마음을 털어놓았다. 케임브리지의 눅눅한 기후에 대해 불평했고, 늘 정장에 넥타이 차림을 요구하는 하버드의 숨 막힐 듯한 복장 규정에 대한 불평을 털어놓았다. 또 너무 많은 위원회 참석, 시험 답안지 채점과 수정, 토요일 오전 강의에서 벗어날 수 없는 것에 대해서도 불만을 털어놓았다. 심지어 하버드에서 가장 좋았던 순간들을 이야기할 때에도 우울한 감정이 섞여 있었다. 1941년 5월 어느 날 저녁, 남학생 사교 클럽의 공식 댄스 파티에 샤프롱(원래는 사교장에 나가는 젊은 여성과 동반해 보살펴주는 사람을 뜻하지만, 학교 행사에서 학생들을 지도하고 보호하는 사람을 일컫기도 함—옮긴이)으로 참석했는데, 하버드 대학교의 이 행사와 미시간 대학교의 비슷한 행사 사이의 차이점에 눈길이 가지 않을 수 없었다. 무엇보다도 그날 밤에는 상원 의원의 딸이 파티에 나타났다. 또 하버드 남학생들은 더 좋은 술을 마셨다. 이것이 불만스럽진 않았다. 자신도 공짜로 술을 실컷 마셨으니까. 하지만 아무리 그러고 싶어도 마음 편히 즐길 수가 없었다. 그는 "불과 1년 전에 훈족이 네덜란드를 침공했다는 사실이 마음속에서 떠나지 않았다. 아무리 술을 많이 마시고 춤을 실컷 춰도, 기분이 고조되지 않았다"라고 회상했다. 그리고 그곳의 한 파티 참석자를 "슬퍼 보이고 깊은 생각에 잠긴 부류의 남자였는데, 술을 마실 때마다 점점 더 슬퍼 보였다"라고 묘사했는데, 아마도 자신을 묘사한 것이 아닌가 싶다.

침공 1주년은 네덜란드가 입은 피해 외에 개인적 차원에서도 마음을 무겁게 했다. 유럽에서 안식년을 보내고 돌아오고 나서 1년이 지난 1939년 후반에 마침내 가우드스밋은 부모를 미국으로 데려오려고 이민 비자 수속을 밟기 시작했다. 아버지는 거의 70세가 다 되었고, 어머니는 눈이 멀어가고 있어 되도록 빨리 데려와야 했다. 하지만 다른 일들—연구, 성장하는 딸, 다음 번 물리학 여름 캠프 준비—로 바빴던 그는 비자 신청 절차를 마무리짓는 일을 몇 주일 미루었다가 또 몇 주일 미루길 반복했다. 그 결과로 부모에게 비자가 나온 것은 1940년 5월 6일이었다. 그리고 4일 뒤, 미치광이 독일인은 네덜란드를 침공했고, 부모는 적진 속에 갇히고 말았다.

돌변한 상황에 제정신이 아니게 된 가우드스밋은 헤이그에 편지를 보내고, 그다음에는 미국 이민국 담당자에게 편지를 보내기 시작했다. 부모님에 관한 새 소식이 있는가? 독일은 여전히 비자를 존중하는가? 심지어 부모의 탈출에 필요한 비용을 대겠다고 제의하기까지 했는데, "이제 그들이 가진 돈은 필시 아무 가치가 없을 것"이기 때문이었다. 하지만 확실한 정보를 아는 사람은 아무도 없었다. 전화와 전보는 끊겼고, 우편 서비스도 중단되었다. 히틀러는 나라 전체에 망토를 씌워 그 안에 있는 사람을 모두 사라지게 했다. 가우드스밋은 크게 괴로워했다. 어째서 자신은 네덜란드가 유럽 사막의 오아시스가 되리라고 믿었단 말인가?

마침내 부모에게 편지가 몇 통 전달되었는데, 가우드스밋은 아직 그들이 무사하다는 소식을 받았다. 하지만 이제 네덜란드 시민은 누구든 제3제국을 떠날 수 없었다. 비자는 쓸모없는 종이 쪼가리에 지나지 않았다. 단순히 쓸모없는 것보다 더 나빴는데, 생각할 때마다 가우드스밋에게 큰 고통을 주었기 때문이다. 만약 비자 신청을 1년이나 미루지 않았더라면 어떻게 되었을까? 만약 그 주에 이민 사무국에 들르려는 계획을 미루지 않았더라면 어떻게 되었을까? 만약 내가 직접 가서 비자를 받아왔더라면 어떻게 되었을까? 만약에……만약에……만약에…….

15장

모드 레이 켄트

가우드스밋이 네덜란드에 남은 부모 때문에 괴로워하고 있을 때, 나머지 과학계는 사라진 한 과학자의 운명 때문에 괴로워했다. 그 사람은 바로 덴마크의 닐스 보어였다. 1940년 4월에 독일군이 코펜하겐을 점령한 후, 보어와의 모든 연락이 끊기자 많은 친구와 동료는 혹시 그가 죽은 것이 아닐까 하고 염려했다.

하지만 보어는 무사했다. 큰 충격을 받긴 했지만, 신체에는 아무 이상이 없었다. 모두를 안심시키기 위해 보어는 여러 갈래의 지하 연락망을 통해 리제 마이트너(아직 스웨덴에 머물고 있던)를 시켜 영국으로 전보를 보냈다. 거기에는 "최근에 닐스와 마르그레테[보어의 아내]를 만났음. 두 분 다 건강하지만 최근의 사건에 대해 슬퍼함. 콕크로프트와 모드 레이 켄트에게 안부 전해주기 바람"이라고 적혀 있었다.

이 전보는 연달아 세 가지 반응을 불러일으켰다. 첫 번째는 안도였다. 보어는 살아 있었다. 하지만 안도는 곧 혼란으로 바뀌었다. 전보에서 언급한 콕크로프트는 나중에 노벨상을 수상하게 될 케임브리지의 물리학자 존 콕크로프트John Cockcroft를 가리켰다. 보어가 그의 안부를 물은 것은 조금도 이상할 게 없었다. 그런데 모드 레이 켄트Maud Ray Kent는 도대체 누구일까? 마침내 누가 콕크로프트에게 그 사람이 누군지 아느냐고 물었고, 그 순간에 혼란은 공포로 바뀌었다. 콕크로프트는 난해한 영국식 십자말풀이와 단어 퍼즐을 좋아했는데, 그 이름을 한참 노려보다가 그 문자들이 애너그램anagram(철자의 순서를 바꾸어 다른 단어나 어구를 만들 수 있는 단어나 어구—옮긴이)이라는 사실을 알아챘다. 즉, Maud Ray Kent가 "radyum taken(라듐을 탈취당함)"이라고 해석했다. 다시 말해서, 나치가 보어의 연구소에 있던 라듐을 탈취해갔는데, 자신들의 원자폭탄 계획에 사용하려고 그런 게 분명해 보였다.

이 소식에 영국 과학자들은 큰 충격을 받았다. 정보기관들에서는 이미 독일이 핵무기에 관심을 보인다는 소문이 넘쳐났는데, 보어의 애너그램은 긴장의 강도를 훨씬 높이 끌어올렸다. 영국 정부는 그 대응책으로 핵무기에 관한 자문 위원회를 설립했는데, 이 기관은 MAUD 위원회라는 이름으로 불리게 되었다(이 이름은 보어의 메시지에 영향을 받은 것이지만, 나중에 누가 이 이름에 어울리는 단어들을 생각해냈는데, military application of uranium detonation[우라늄 폭발의 군사적 응용]의 머리글자를 딴 것이라고 주장했다). MAUD 위원회의 가장 큰 업적은 1941년 7월에 핵폭탄의 위력이 얼마나 어마어마한지 보여준 비밀 보고서였다. 이 보고서는 농축 우라늄 11킬로그램으로 만든 핵폭탄의 폭발 위력이 TNT 162만 킬로그램과 맞먹는다고 평가했다(그런데 이 추정치는 핵폭탄의 진짜 위력을 과소평가한 것이었다. 우라늄-235 11킬로그램이 완전히 핵분열 반응을 일으키면, 그 폭발 위력은 TNT 1억 7325만 킬로그램과 맞먹는다). 게다가 이 보고서는 그런 무기는 2년 안에 개발될 수 있다고 암시했다. 만약 독일이 전력을 다해 달려든다면, 1943년 중엽에 히틀러가 핵폭탄을 손에 쥐게 된다는 뜻이었다.

이 보고서는 과학계를 뒤흔들었다. 그전까지만 해도 많은 유명 물리학자들은 핵폭탄의 잠재력을 인정하면서도 실현 가능성에 대해서는 항상 의심을 표시했다. 이들은 모두가 간과한 미묘한 요인이나 새로운 자연의 법칙이 그러한 무기를 실현 불가능하게 만들 것이라고 주장했는데, 이것은 희망적 생각에 사로잡혀 논리적 사고를 도외시한 대표적 사례였다. MAUD 보고서는 그런 희망을 산산이 부숴버렸다. MAUD 위원회 위원이던 제임스 채드윅(1932년에 중성자를 발견한 그 물리학자)은 마침내 핵무기의 진짜 위력을 알았을 때, 밤에 잠을 자기 위해 수면제를 먹기 시작했으며, 평생 동안 수면제 없이는 다시는 푹 잠들지 못했다고 말했다.

MAUD 위원회는 영국도 원자폭탄 개발 계획을 시작하라고 권고했다. 그와 동시에 거기에 필요한 막대한 산업적 노력과 쪼들리는 영국 경제를 감안할 때, 영국 혼자 힘만으로 그 계획을 추진할 수 없다는 사실을 인정했다. 따라서 영국은 천연 자원이 훨씬 많고 독일 폭격기의 위협을 받지 않을 만큼 안전한 거리에 있는 미국과 협력해 계획을 추진해야 한다고 권고했다. 이를 위해 MAUD 위원회는 보고서 사본을 반공식적으로 그들과 함께 일하고 있던 미국의 대표적인 원자과학자 라이먼 브리그스Lyman Briggs에게 보냈다. 그것을 미국 정부 관계자들에게 전달하고 그들의 의견을 들려달라고 했다.

일주일이 지났는데도 브리그스에게서는 일언반구도 없었다. 또 일주일이 흘렀다. 그리고 곧 한 달 반이 지났다. 결국 8월 하순에 미국을 방문 중이던 한 위원이 왜 답변이 없는지 직접 그 이유를 알아보기로 했다. 그 이유를 알고 나서 그는 충격과 경악을 금치 못했다. 그는 이렇게 회상했다. "워싱턴에 들러 브리그스를 찾아간 나는 말주변이 없고 전혀 인상적이지도 못한 이 사람이 그 보고서를 자기 금고 속에 넣어두고 아무에게도 보여주지 않았다는 사실을 알게 되었다." 다시 말해서, 공포에 질린 브리그스는 그 보고서를 읽고서 마치 천둥이 칠 때 귀를 막는 다섯 살 꼬마처럼 그 무시무시한 문서를 금고 속에 집어넣고는 그것이 세상에 존재하지 않는 양 행동했던 것이다. 원자폭탄은 실제로 만들어지기 몇 년 전부터 이미 매우 총명했던 사람들마저 얼빠진 행동을 하게 만들었다.

브리그스의 얼빠진 행동에도 불구하고, 영국 과학자들과 미국 과학자들은 마침내 머리를 맞대고 상의한 끝에 원자폭탄 개발 계획을 위해 협력하기로 합의했다. 그들은 이미 많이 뒤처져 있었다. 독일은 2년 전부터 핵무기를 연구하고 있었다.

3부

1942년

16장

레지스탕스 활동

발터 보테에게는 운이 따르지 않았다. 사랑에 빠진 이 물리학자는 전쟁 초기에 이미 흑연 연구를 망쳤는데, 이번에는 파리에서 일련의 사이클로트론 실험을 망쳤다. 사이클로트론은 섬세하지만 변덕스러운 장비여서 매번 가동하기 전에 밸브와 냉각선과 전선을 아무리 꼼꼼하게 확인해도 항상 최악의 순간에 뭔가가 과열되거나 단락이 일어나 몇 주일 동안 공들인 연구 노력이 수포로 돌아갔다. 이 모든 것을 보테의 잘못으로 돌릴 수는 없지만, 수석 과학자인 보테가 책임을 져야 했다. 이 실패는 특별히 쓰라렸는데, 독일에서 사이클로트론을 만들려고 시도했다가 실패한 적이 있었기 때문이다. 마치 자신에게 사이클로트론의 저주라도 내린 것 같았다.

물론 그럴 리가 없었다. 졸리오는 자신의 연구소를 나치에게 넘기면서 그곳에서 군사적 연구를 해서는 안 된다고 요구했다. 그럼에도 불구하고 보테가 불쑥 끼어들어 핵분열 실험을 시작해 신사협정을 거의 휴지 조각으로 만들었다. 게다가 독일인은 나치의 독수리 문장과 스바스티카가 새겨진 밀랍 봉인을 사이클로트론에 붙였는데, 이것은 졸리오의 직원들에게 참을 수 없는 모욕이었다. 그래서 보테가 실험을 할 때마다 한 프랑스인 기술자가 몰래 빠져나가 냉각선에 공급되는 물을 차단해 기계를 과열시켰다. 혹은 거대한 전자기 코일을 갑자기 방전시켜 구리선을 녹일 만큼 강한 전류 펄스를 발생시키기도 했다. 이런 식으로 사이클로트론을 고장나게 함으로써 프랑스 과학자들은 자신들의 연구도 망쳤지만, 고장난 사이클로트론과 원자폭탄을 손에 쥔 히틀러 사이에서 어느 쪽을 선택해야 하는가라는 질문은 고려할 가치조차 없는 고민이었다.

보테가 실험을 망치는 모습을 지켜보는 것이 즐거웠을지 몰라도, 졸리오(그리고 파리에서 다시 만난 이렌)는 고통스러운 전쟁을 치르고 있었다. 파리는 시간이 갈수록 물자 부족 사태가 심해지면서 점점 더 우울한 곳으로 변해갔다. 세상에서 손꼽히는 이 식도락 도시에서 사람들은 배를 채우기 위해 길고양이까지 잡아먹기 시작했다. 고양이가 먹은 설치류 때문에 전염병에 걸릴 위험도 굶주림에 시달리는 이들을 막지 못했다. 나치는 또한 군수 공장 가동을 위해 모든 연료를 징발해갔다. 이 때문에 이렌과 졸리오는 난방용 연료를 구할 수 없었는데, 실내 온도가 때로는 영하 아래로 떨어져 탁자 위에 놓아둔 컵 속의 물이 얼기도 했다. 추위는 그렇지 않아도 나빴던 가족의 건강을 악화시켰다. 엘렌은 풍진을 앓았고, 어린 피에르는 풍진과 볼거리를 앓았으며, 이미 결핵을 앓고 있던 이렌은 기관지염과 빈혈로 만신창이가 되었다. 이런 고통에도 불구하고, 이렌은 용감하게 누워서라도 연구를 계속하려고 했고, 요양원에서 몇 달 동안 지냈다. 어머니와 마찬가지로 이렌 역시 가장 생산적인 시절의 일부를 건강 때문에 잃었다.

하지만 나쁜 건강도 나름의 방식으로 독일에 맞서 싸우려는 이렌의 투쟁을 멈추진 못했다. 앞에서 말했듯이, 이렌은 1940년에 파리를 떠날 때 어머니로부터 물려받은 10만 달러 상당의 라듐이 든 납 상자를 가지고 갔다. 독일인이 라듐을 탐낸다는 사실을 잘 아는 이렌은 그것을 어딘가에 숨기려고 했는데, 나치가 제일 먼저 약탈할 장소인 귀중품 보관실이나 금고에 숨기고 싶진 않았다. 그래서 위험을 무릅쓰고 보르도 근처 도시의 평범한 지하실을 선택했는데, 에드거 앨런 포의 「도둑맞은 편지The Purloined Letter」처럼 독일인이 그곳을 그냥 지나치길 기대했다.

그 당시에는 묘책처럼 보였지만, 전쟁이 진행될수록 이렌의 불안감은 점점 커졌다. 만약 독일인이 라듐의 행방에 관한 소문을 듣는다면, 원자폭탄 연구를 위해 그것을 손에 넣으려 할 게 뻔했다. 게다가 이 라듐은 자신의 과학적 유산이었고, 퀴리 가문의 여성으로서 독일인이 그것을 훔쳐가는 것을 절대로 좌시할 수 없었다. 그래서 1941년 6월에 이렌은 자신의 상속 재산을 회수하러 나섰다.

정상 상황이라면 졸리오도 동행했을 테지만, 나치가 그를 철저히 감시하고 있었다. 반면에 여성은 요주의 인물이 아니었기 때문에, 이렌이 일부 '실험 장비'를 가져오기 위해 보르도 방문 허가를 요청하자, 나치는 이렌과 두 조수에게 선선히 방문을 허가해주었다. 그래도 이렌은 방심하지 않았다. 방문 구실을 정당화하기 위해 보르도에서 실제로 일부 과학 장비와 그 밖의 필요한 것들을 구해서 가져왔다. 그리고 이런 일을 하는 도중에 그 지하실로 몰래 들어가 무게가 60킬로그램이나 되는 납 상자를 들고 나왔다. 그런 다음에는 모든 것을 열차에 실어 독일군의 모든 검문소를 통과해 무사히 집으로 가져와야 했다. 파리에 도착했더니 역 앞에서 택시를 잡을 수 없었다. 할 수 없이 기진맥진한 몸을 이끌고 라듐 상자와 나머지 장비들을 수레에 싣고 수레를 밀기 시작했다. 이렌은 "이렇게 해서 라듐은 연구소로 돌아왔다"라고 짤막하게 회상했다. 나치는 전혀 의심하지 않았다.

이렌은 그 달에 다시 자신의 기개를 보여주었다. 6월 29일 오전에 갑자기 게슈타포가 찾아와 아침 식사 중이던 졸리오를 체포해 위풍당당한 석조 건물에 자리잡고 있던 본부로 끌고 갔다. 조사관들은 졸리오에게 공산주의자라는 혐의와 학생 소요를 부추긴 혐의를 포함해 여러 가지 범죄 혐의를 추궁했다. 이렌은 머리를 재빨리 굴려 전에 조수로 일하다가 지금은 졸리오의 연구소를 책임진 볼프강 겐트너에게 달려갔다. 그리고 중재에 나서달라고 간청했다. 겐트너는 다소 용감하게(그 행동으로 자신이 감옥에 갈 수도 있는 상황이었다) 게슈타포 본부를 찾아가 졸리오의 석방을 요구했다. 그는 졸리오가 중요한 군사 연구를 하고 있으며, 베를린의 상관들이 이 사실을 알면 크게 화낼 것이라고 말했다. 이것은 완전한 거짓말이었다. 졸리오는 실제로는 나치의 연구를 방해하고 있었고, 겐트너도 그 사실을 잘 알고 있었다. 하지만 게슈타포 조사관들은 베를린이라는 말에 겁을 먹고는 곧 졸리오를 석방했다.

이러한 협박에도 불구하고, 졸리오는 얼마 후 프랑스의 레지스탕스 활동을 돕기 위해 지하 공산주의자 세포 조직에 가입했다. 처음에는 그저 과학 정보를 전달하는 일만 했다. 전시의 등화관제를 위해 그의 연구소 창문들은 페인트로 덧칠이 되었기 때문에, 졸리오는 밤중에 보테와 다른 사람들의 실험실로 몰래 들어가 비밀 보고서를 읽었다. 시간이 지나면서 이 단순한 염탐 활동 외에 더 위험한 일도 하게 되었는데, 세포 조직들 사이를 연결하는 연락책 역할을 했다. 졸리오는 다른 요원들과 극장 로비나 치과 병원 대기실, 심지어 자연사박물관의 화석들 사이에서 만나 전달 메시지를 속삭이며 주고받았다.

졸리오가 레지스탕스 활동에 적극적으로 뛰어든 배경에는 여러 동료의 죽음이 있었다. 한 사람은 61세의 물리학자로, 오랫동안 마리 퀴리와 친구 사이였다. 그는 졸리오처럼 지하 공산주의자 세포 조직에 가입했고, 격추된 비행기에서 탈출한 영국인 파일럿을 중립국인 에스파냐로 몰래 보내는 일을 도왔다(영국인 파일럿들은 만약 격추된 장소가 프랑스라면, 가장 믿을 만한 나치의 적인 공산주의자나 가톨릭 성직자를 찾으라고 교육받았다). 결국 게슈타포가 그 조직에 침투하여 그 물리학자를 체포했고, 심한 구타 끝에 크리스마스 전날에 죽음에 이르게 했다. 아내가 그의 시체를 찾으러 갔을 때, 입었던 옷은 갈기갈기 찢기고 똥으로 뒤덮여 있었으며, 여러 골절 부위와 함께 피부에는 덴 상처가 여기저기 있었다. 심한 고문을 받았다는 증거였다. 졸리오와 이렌은 큰 충격을 받았다.

그러고 나서 1942년 5월에 공산주의자 과학자 네 명(그중 한 명은 반나치 신문을 발행했다)이 체포돼 재판도 없이 총살당했다. 또다시 충격을 받은 졸리오는 프랑스 공산당에 정식 가입해 나치의 지배에 저항하는 활동에 몸을 바치기로 했다. 가족이 있었다는 사실을 감안하면, 이것은 결코 쉬운 결정이 아니었다. 그리고 졸리오와 이렌은 전에는 늘 모든 것을 공유했지만, 이번에는 체포될 경우를 대비해 졸리오는 레지스탕스 활동에 대해 아무것도 말하지 않기로 결정했다.

그러면서 졸리오는 지하 활동에 가담했다. 예를 들면, 마리 퀴리의 연인이었던 폴 랑주뱅이 자동차 사고를 당한 것처럼 조작했다. 랑주뱅은 고령에도 불구하고 나치의 감옥을 들락거리고 있었다. 그러고 나서 졸리오는 신분을 숨기기 위해 랑주뱅을 붕대로 친친 감아 국경을 넘어 스위스로 데려갔다. 졸리오는 숨어다니는 유대인을 위해 위조 신분증도 구해다주고, 게슈타포의 급습 정보도 알려주었으며, 더 중요하게는 무기를 밀반입하는 일도 했다. 전에 자신의 조수로 일했던 사람이 지금은 프랑스인의 사보타주 행위를 조사하는 경찰 부서에서 일하고 있었다. 그가 하는 일 중에는 급습에서 얻은 라디오와 총과 폭탄을 몰수해 파괴하는 것도 있었는데, 실제로는 모든 것을 가방에 넣어 몰래 졸리오에게 전달했고, 졸리오는 그것을 자유 투사들에게 나눠주었다. 이러한 재활용 계획 덕분에 파리의 지하 조직들은 무기나 장비 부족 문제를 전혀 겪지 않았다.

졸리오는 이보다 훨씬 중요한 일도 했는데, 살해당한 동료들의 복수를 하는 일도 도왔다. 프랑스 지하 조직이 배신자들(은밀히 나치를 위해 일하던 이중 첩자들)을 붙잡았을 때, 그들의 처형 여부를 가리는 최종 결정을 졸리오가 내렸다고 한다. 불과 8년 전만 해도 졸리오는 자연의 새로운 비밀을 발견하고 기쁨에 들떠 연구소에서 춤을 추며 돌아다녔다. 이제는 배신자들의 비밀을 발견하고 그들을 죽였다. 한때 쾌활했던 이 남자를 냉혹한 레지스탕스로 변화시킨 것은 바로 전쟁이었다.

17장

온 세상에 퍼진 화재 소식

연합국의 핵과학 연구가 절뚝거리며 나아간 반면, 독일은 1942년 6월에 하이젠베르크가 그때까지 이루어진 것 중 가장 정교한 핵분열 실험을 하면서 질주하기 시작했다. 그전 몇 달 동안 하이젠베르크는 라이프치히에서 우라늄 기계를 세 대 만들었는데, 각각의 기계는 그 전 것보다 성능이 개선되었다. 대부분은 중수와 우라늄광(독일인은 이것을 '38번 물질'이라는 암호명으로 불렀는데, 그 화학식이 U_3O_8이었기 때문이다)을 교대로 층층이 포갠 '샌드위치' 설계 방식을 채택했다. 하지만 최신 원자로 L-IV에서는 설계 방식을 바꾸었다. L-IV는 편평한 층들 대신에 구형 껍데기 4개가 차례로 포개진 구조를 채택했다. 게다가 우라늄광 대신에 순수한 우라늄 금속 가루를 사용했다(이 금속 가루는 얇은 알루미늄 껍데기로 중수와 분리시켰는데, 그 이유는 조금 있다가 설명할 것이다). 이 장비는 지름이 80센티미터에 불과했지만 무게가 750킬로그램이나 나갔고, 열이 너무 많이 발생했기 때문에 이 장비를 항상 수

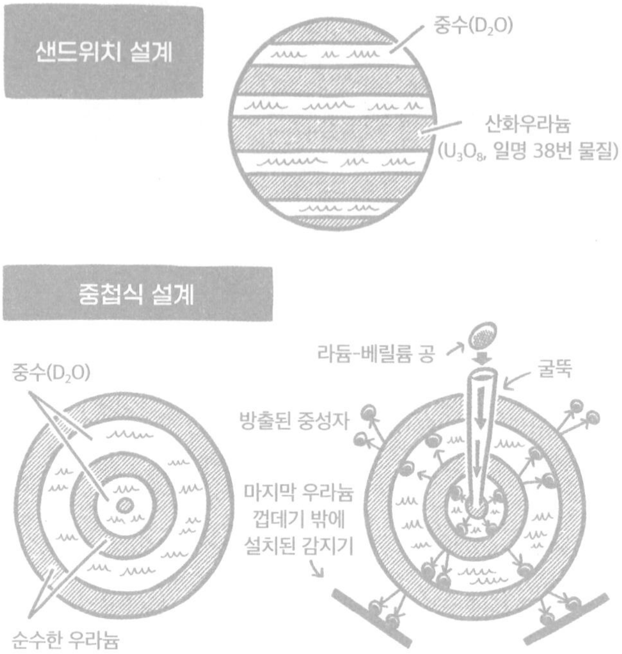

조(보통 물이 든) 속에 담가두었다.

L-IV 실험은 라듐과 베릴륨을 섞어 만든 공을 굴뚝을 통해 가장 안쪽 껍데기 속의 중수로 떨어뜨리면서 시작되었다. 라듐에서 방출된 알파 입자가 베릴륨 원자에 충돌해 중성자를 튀어나오게 했다. 이 중성자들이 중수 속에서 나아가면서 속도가 느려졌고, 첫 번째 우라늄층에 도착하여 핵분열 반응을 유발했다. 이 핵분열 반응에서 더 많은 중성자가 나왔고, 이 중성자들은 바깥쪽으로 나아가면서 다음 층의 중수와 만나면서 속도가 느려졌다. 이 중성자들은 다시 바깥층의 우라늄에 충돌해 더 많은 핵분열 반응을 일으켰다. 하이젠베르크 연구진은 중심에 있는 라듐-베릴륨 공에서 매초 중성자가 몇 개 나오는

지 대충 알고 있었으므로, 맨 바깥층 표면에서 나오는 중성자를 측정해 이 장치에서 만들어지는 여분의 중성자 수를 알려주는 '중성자 증배율'을 계산할 수 있었다. 1942년 6월에 이들은 13퍼센트라는 증배율을 얻었다(이것은 역사상 처음으로 증배율이 양의 값으로 나타난 결과로, 중성자 연쇄 반응을 향해 나아가는 첫 단계였다). 얼마 후 하이젠베르크는 이 실험 결과를 알베르트 슈페어Albert Speer를 포함해 여러 나치 지도자들에게 보고했다.

하이젠베르크에게는 불운하게도 얼마 후 일련의 사고가 일어나는 바람에 L-IV 장치가 파괴되고 말았다. 우라늄 가루는 자연 발화하는 성질, 즉 공기 중의 산소와 반응해 자연 발생적으로 불이 붙는 성질이 있다(이것은 핵반응이 아니라 화학 반응이지만, 그래도 아주 특이한 종류의 반응이다). 하이젠베르크 연구팀은 몇 달 전에 비싼 대가를 치르고 이 사실을 발견했다. 한 조수가 껍데기 중 하나를 채우기 위해 우라늄 가루를 수저로 떠서 깔때기로 옮기고 있었다. 그때 갑자기 둔탁하게 쿵 하는 소리가 들렸다. 무슨 소리인지 자세히 들으려고 동작을 멈추는 순간, 깔때기 밖으로 3.6미터에 이르는 화염이 분출했고, 그는 뒤로 자빠지면서 양손에 화상을 입었다. 자신의 외투로 불을 끄려고 했지만, 가까이 있던 우라늄 가루가 든 통에도 불이 붙었고, 또 다른 조수가 그것을 급히 밖으로 옮겨 모래로 불을 끄고 나서 둘 다 방에서 나와 피신했다. 공포스럽게도 그 금속에서는 하루가 지난 뒤에도 여전히 연기가 나고 있었는데, 그래서 그들은 통을 물통 속에 집어넣었다. 그러자 불은 꺼졌지만, 이 일로 불행한 교훈을 얻게 되었다.

두 번째 사고는 더 천천히 일어났지만, 이번에 일어난 자연 발화는 더 극적이었다. 하이젠베르크 연구팀은 평소에는 실험 장비인 구를 찬물이 담긴 수조 속에 넣어 보관했는데, 6월 하순의 어느 날 오후, 한 조수가 수조에서 거품이 보글거리는 것을 보았다. 거품 일부를 채취해 분석했더니 그 정체는 수소 기체로 밝혀졌는데, 이것은 불길한 징조였다. 구에 균열이 생겨 내부의 우라늄이 수소와 산소를 분리해 폭발성 가스를 만드는 것으로 보였다. 오후 3시 15분경에 구 내부를 살펴보기 위해 윈치로 구를 끌어올렸다. 덮개를 벗기는 작업을 맡은 사람은 하필이면 먼젓번에 양손에 화상을 입은 불운한 조수였는데, 이번에도 불운이 따랐다. 덮개를 벗기는 순간, 쉭쉭거리는 소리가 났는데, 공기가 쏟아져 들어가면서 나는 소리였다. 그러고 나서 불길한 침묵이 약 2초간 흐른 뒤, 또 한 번 화산 폭발이 일어났고, 불타는 우라늄이 용암처럼 분출했다. 불운한 조수는 머리를 감싸고 황급히 달려나갔다.

불운은 거기서 끝나지 않았다. 첫 번째 사고의 교훈을 기억하고 있던 연구팀은 불타는 우라늄에 물을 붓기로 결정했다. 그러면 산소 공급을 차단해 불을 끌 수 있을 것이라고 생각했다. 불행하게도 우라늄 가루는 공기 중에서 발화할 뿐만 아니라, 물을 만나면 폭발적으로 반응한다. 이 사실을 전혀 몰랐던 조수들은 그 장치를 수조 속에 집어넣고 기다렸다. 바로 그때, 하이젠베르크가 연구소에 나타났다. "이상 없겠지?" "예, 선생님. 잘되고 있어요." 그곳의 냄새는 정상이었을 리가 없는데(불타는 금속에서는 독특한 냄새가 난다), 하이젠베르크는 알았다고 하고선 저녁 세미나를 지도하러 떠났다.

세미나 도중이던 오후 6시 무렵에 한 조수가 와서 문을 두드렸다. "선생님, 오셔서 좀 보셔야겠는데요." 달려가 보았더니, 수조에 거품이 들끓고 있었다. 그 옆에는 두 조수가 서서 어쩔 줄 몰라 하고 있었다.

갑자기 구가 눈에 띄게 마구 흔들리기 시작했다. 소리를 지를 시간도 없이 모두 복도로 뛰쳐나갔다.

그 폭발 위력이 얼마나 대단했던지 알루미늄 껍데기들을 꽉 죄어 결합시켰던 금속 리벳 100여 개가 터져나와 사방으로 흩어졌다. 이번에는 화염이 6미터 높이까지 치솟으면서 천장을 태웠다. 과학자들은 목숨을 건지기 위해 달아났고, 몇 분 뒤 현지 소방대가 사이렌을 울리면서 도착했다. 필사의 노력에도 불구하고, 소방대는 불길을 진압하지 못하고 더 퍼지지 않게 제한하는 데 그쳤다. 구는 그 뒤에도 꼬박 이틀 동안 계속 연기를 뿜어냈는데, 한 목격자는 그 현장을 그을린 금속과 오염된 물이 모여 "콸콸 솟아나오는 습지" 같았다고 표현했다.

하지만 사망자가 한 명도 나오지 않았기 때문에, 소방대원들은 화재가 일어난 경위를 듣고서 웃으면서 이야기할 수 있었다. 하이젠베르크를 잘 아는 한 소방대원은 그의 등을 치면서 마침내 "원자 폭발"을 일으키는 데 성공한 것을 축하했다.

하이젠베르크는 원래 L-IV 실험 뒤에 연구소를 베를린으로 옮길 계획이었지만, 이 불운한 사고를 핑계로 삼아 그 계획을 취소했다. 하지만 그가 라이프치히에서 이룬 성과는 아무도 부정할 수 없었다. 역사상 처음으로 중성자 증배에 성공했고, 비록 소규모이긴 하지만 실제로 핵분열 연쇄 반응을 일으키는 데 성공한 것이 거의 확실했다.

이 소문은 우라늄 클럽의 다른 구성원들 귀에도 들어갔고, 그다음에는 독일 전역으로 퍼졌다. 그다음에는 스위스 같은 중립국 과학자들이 그 소문을 들었고, 이들은 전 세계의 동료들에게 그 소문을 전했다. 그다음에 어떤 일이 일어났을지는 여러분도 쉽게 상상할 수 있을 것이다. 자신의 연구에서는 엄밀하고 정확하게 일을 하는 과학자들도 소문을 부풀리는 경향만큼은 보통 사람과 별반 다르지 않다. 얼마 지나지 않아 여러 핵과학자는 13퍼센트의 중성자 증배율을 나중에 일어난 원자로 화재와 결합시켜 마치 일종의 원자 폭발이 실제로 일어난 것처럼 이야기했다. 이와 비슷하게 화상을 입은 손과 불에 탄 옷은 중상으로 바뀌어 전해졌다.

이 소문이 미국에 전해질 무렵에는, 하이젠베르크가 자신의 연구소에서 완전한 핵분열 반응을 일으키는 데 성공했고, 그 결과로 젊은 물리학자 여러 명이 죽음을 맞이한 것으로 이야기가 변해 있었다. 그 당시 미국은 과학 부문 첩보 활동을 운용하지 않았기 때문에, 고위 책임자들은 이 소문의 진위를 확인할 방법이 없었다. 그 때문에 그들은 잘못된 정보를 믿었다. 시카고의 한 고위 과학자는 책상 앞에 앉아 독일의 진전 상황을 추론한 끝에 히틀러가 6개월 안에 원자폭탄을 손에 넣을 것이라는 계산 결과를 얻었다. 설령 그것에 성공하지 못하더라도, 제대로 가동되는 원자로가 있다면, 독일은 '더러운 폭탄dirty bomb'을 만드는 데 쓸 방사성 핵종을 대량 생산할 수 있을 것이고, 그 폭탄으로 유럽의 도시들을 공격할 것이라고 추론했다.

L-IV 화재에 관한 소문은 연합국 핵과학계에 두 가지 효과를 미쳤다. 첫째, 미국 물리학자들은 지금까지 진행된 자신들의 원자폭탄 개발 계획을 돌아보고는 쓴웃음을 지었다. 더 이상 꾸물거리고 있을 겨를이 없었다. 그래서 1941년 12월 6일에 과학계의 선전 포고라 할 수 있는 맨해튼 계획이 시작되었다—진주만 공격으로 나라 전체가

전쟁에 휘말려들기 불과 몇 시간 전에. 둘째, 정부 관계자들은 독일의 원자폭탄 계획을 방해할 수 있는 방법들을 궁리하기 시작했다. 한 가지 확실한 방법은 하이젠베르크를 제거하는 것이었다. 그가 빠진다면, 그 계획에 분명히 큰 차질이 생길 것이다. 또 하나의 급소는 중수였다. 나치는 연구를 위해 중수가 필요했는데, 그 당시 중수를 생산하는 곳은 세상에서 딱 한 회사밖에 없었다. 중수 생산량을 0으로 만들기 위한 계획이 급히 마련되었다.

18장

전쟁터로 뛰어들다

그때 자신은 몰랐겠지만, 조 케네디의 삶은 1942년 5월 15일에 몹시 위태로운 쪽으로 선회했다. 그날 오후, 영국 공군 정찰기 스핏파이어가 발트해 상공을 정찰하고 돌아오다가 독일 북쪽의 작은 섬을 지나갔다. 섬 북단에 위치한 페네뮌데를 지나가던 도중에 정찰기에 타고 있던 사진사가 우연히 아래를 내려다봤더니 원형 둑이 눈에 들어왔다. 그 크기가 상당히 커서 사진을 여러 장 찍었다. 며칠 뒤, 영국 정보 요원들의 책상 위에 이 사진들이 놓였다. 그들에게 페네뮌데라는 이름은 낯설지 않았다. 얼마 전에 연합국 지하 조직이 나치가 고가의 고성능 진공관을 그곳으로 보낸다는 소문을 전해왔다. 그들은 그곳에서 무슨 일이 일어나는지 알아보기 위해 페네뮌데를 더 자세히 조사하기로 결정했다.

베를린의 한 첩자가 그곳에서 일어나는 일(그것은 정말로 불길한 소식이었다)을 이미 정확하게 보고한 적이 있었지만, 영국 정보부는 그 첩보를 흘려듣고 말았다. 1939년 9월 하순에 항공역학 전문가 베르너 폰 브라운Wernher von Braun이 수십 명의 최고 과학자와 공학자를 페네뮌데로 불러 회의를 열었다. 폰 브라운은 훗날 미국에서 아폴로 달 탐사 계획의 청사진을 짜면서 전설적인 로켓과학자가 된 바로 그 사람이다. 하지만 이 무렵에는 야심만만한 27세의 나치 공학자에 지나지 않았다. 3일 동안 열린 이 회의—농담 삼아 데어 타크 데어 바이스하이트Der Tag der Weisheit(지혜의 날)라고 이름 붙인—에서 폰 브라운과 동료들은 여러 가지 혁명적인 신무기에 대한 아이디어를 교환했다.

지혜의 날은 물론 일급 기밀 사항이었지만, 이 회의에 대한 소문이 금방 파울 로스바우트에게 새어나갔다. 로스바우트는 연합국 측에 알리기 위해 최초의 우라늄 핵분열에 관한 논문을 서둘러 인쇄했던 바로 그 과학 학술지 담당자이다. 그 이후로 로스바우트는 그리핀Griffin이라는 암호명을 사용했고, 추축국 영토에서 활동하는 최고의 과학 스파이가 되었다. 그는 온갖 주제에 관한 정보를 연합국 요원들에게 전달했는데, 자신이 인쇄 과정을 감독한 책들에 암호 메시지를 집어넣는 방법을 많이 썼다. 폰 브라운이 개최한 회의의 소문을 들은 로스바우트는 그와 관련된 첩보를 수집하기 시작했다. 과학계의 식도락가라 할 수 있는 그는 훌륭한 와인을 곁들인 근사한 만찬에 사람들을 자주 초대했다. 참석자 중에서 자신이 비밀을 누설한다고 생각한 사람은 아무도 없었다. 자신의 친구가 비밀을 팔아넘긴다는 사실을 아는 사람도 아무도 없었다. 그들은 그저 로스바우트와 함께 하는 그 자리를 즐겼고, 대화 도중에 자연스럽게 폰 브라운과 페네뮌데의 새로운 로켓 무기에 관한 잡담을 나누었다. 영국이 곧 놀라운 신무기에 큰 충격을 받을 것이라는 데 모두가 의견을 같이했다.

결국 로스바우트는 몰래 페네뮌데로 가 그곳을 살펴보는 도박을 감행하기까지 했다. 지리적으로 페네뮌데는 오늘날의 독일과 폴란드 국경에서 가까운 섬에 있었다. 그 일부는 한때 해변 휴양지였다. 로켓 시험 장소는 페네뮌데의 북쪽 절반을 차지했다. 크기는 작은 편이지만(약 25제곱킬로미터), 지도에서는 불길하게 생긴 모양으로 눈길을 끌었다. 입을 크게 벌린 유령의 대머리가 런던을 향해 비명을 지르는 것처럼 보였다.

열흘 동안 그리핀은 페네뮌데의 숲을 몰래 돌아다니면서 실상을 직접 파악하려고 시도했다. 나치는 사람들이 섬에 접근하지 못하도록 막았지만, 현지 주민들은 기묘한 증기 자국이 하늘을 가로지르며 뻗어가다가 갑자기 폭발하는 광경을 목격했다. 그때에는 보면서도 몰랐지만, 그들은 공포의 페르겔퉁스바페Vergeltungswaffe(보복 무기), 즉 얼마 후 런던을 공포로 몰아넣을 V-1과 V-2의 시험 발사 장면을 보고 있었다. 제1차 세계 대전이 끝난 뒤 체결된 베르사유 조약은 독일의 재래식 무기 보유를 일부 금지하거나 제한했는데, 이 제약이 결국에는 오히려 독일군에 큰 이득을 가져다주었다. 왜냐하면 독일군은 대신에 혁신적인 신무기 개발에 박차를 가할 수 있었기 때문이다. V-1과 V-2도 바로 그런 혁신을 위한 노력의 결과물이었다. V-1은 사실상 폭발물을 가득 채운 무게 2.5톤, 길이 8미터의 드론 비행기였다. 표적을 정확하게 맞히기는 힘들었지만, 조야한 자동 조종 장치로 표적을 향해 날아가게 할 수 있었다. V-2는 무게가 14톤에 길이가 14미터나 되어 더 크고 위력도 더 강했다. V-1과 V-2는 최초의 진정한 탄도 미사일이긴 했지만, 곧장 우주 공간 가장자리까지 솟아올랐다가 아래로 떨어진 것은 아니었다. 아마도 가장 큰 공포를 불러일으킨 것은

V-2가 초음속으로 날았기 때문에 표적에 떨어질 때까지 사람들이 그 소리를 전혀 들을 수 없다는 점이었을 것이다. 만약 폭발 소리를 듣는다면, 그 사람은 살아남은 것이다.

로스바우트는 페네뮌데를 정찰하고 1941년 8월 하순에 베를린으로 돌아와 영국 정보부에 보고서를 보냈다. 거기에는 시가 모양의 V-2와 그 부품들을 묘사한 정보도 있었다. 그런데 이 보고서를 읽은 사람은 사실상 아무도 없었다. 그때까지 페네뮌데라는 지명을 들어보거나 그곳에 주목한 사람은 아무도 없었다. 하지만 1942년에 정찰기가 불가사의한 원형 둑 사진을 촬영하자, 그리핀의 보고서가 새롭게 주목을 받게 되었다. 그다음 2년 동안 이 둑의 정체는 정보부 내에서 치열한 논쟁의 대상이 되었다. 그리고 이 논쟁이 결국 조 케네디를 죽음으로 몰고 갔다.

조는 그때까지 실망스러운 전쟁을 치렀다. 로스쿨을 다니던 시절에는 사교 생활을 즐겼는데, 밤낮을 수많은 데이트와 방탕한 생활로 보냈다(조는 욕조에 스누키라는 이름의 '크레틴병에 걸린 악어'를 길렀고, 룸메이트가 목욕을 할 때 장난으로 악어를 그 욕조에 밀어넣었다는 이야기가 전한다). 하지만 로스쿨 생활 자체는 따분하기 짝이 없었고, 자신의 운명은 다른 곳에 있음을 직감하고서 두 번째 해에 학교를 그만두고 해군에 입대했다. 구체적으로는 항공학교에 들어가길 원했는데, 군에서 가장 멋진 교육 과정을 밟을 수 있다고 생각했기 때문이다. 친구에게 보낸 편지에서 "나는 늘 하늘을 날길 원했어. 소총과 대검을 들고 유럽의 진흙탕에서 기어 다닐 생각은 전혀 하지 않았지"라고 썼다. 아버지는 아들의 이 결정에 크게 놀랐는데, 비행기를 모는 것은 너무 위험하다고 여겼기 때문이다. 또 항공학교는 케네디가의 아들이 마땅히 누려야 할 빠른 진급도 보장하지 못할 것 같았다. 하지만 황소고집인 조는 1941년 6월에 파일럿 양성 프로그램에 지원했다.

그다음 몇 달 동안 조는 항공학교에 들어가는 것이 나쁜 생각이라는 아버지의 말이 옳음을 몸소 입증했다. 무엇보다도 조는 파일럿으로는 최악이었다. 공중에서 비행기를 제어하느라 애를 먹었고, 오늘 배운 것도 내일이 되면 까먹었다. 이 일에 필요한 선천적 본능마저 부족하여 비행기를 이리저리 흔들리게 하는가 하면, 기계 장치에 너무 많이 의존했다. 한 역사학자는 이렇게 평했다. "재능 있는(타고난) 파일럿은 보고 느낀다. 조 주니어는 다음에 할 일이 무엇인지 떠올리려고 애쓰면서 시간을 낭비했다." 교관들은 여러 주가 지날 때까지 조가 단독 비행에 나설 수 없다고 생각했으며, 조는 결국 총원이 88명인 반에서 77등으로 졸업했다.

설상가상으로 동생 잭은 군에 입대하고 나서 처음부터 탄탄대로를 달렸다. 사실, 잭은 이렌 못지않게 건강이 좋지 않아 군은 잭의 입대를 허락해서는 안 되었다(잭은 두 살 때 성홍열에 걸렸고, 그 후로 계속 병약했다. 평생 동안 가톨릭 사제들은 그에게 세 번이나 병자 성사를 했다). 하지만 케네디 시니어는 연줄을 동원했고, 가짜 의료 검진 결과를 제출함으로써 잭은 해군 정보부에 들어갈 수 있었다. 항공학교와 달리 정보부는 승진에 아주 유리한 보직이었다. 잭은 조보다 해군에 넉 달 늦게 입대했지만, 얼마 지나지 않아 계급이 더 앞서게 되었다. 비록 가정에 불과한 것이라 하더라도, 조는 잭에게 경례를 하는 상황을 생각만 해도 분해서 견딜 수가 없었다.

형제는 기질적으로 달라도 너무 달랐다. 잭은 병약한 반면, 조는 활기가 넘쳤다. 또 조는 잭보다 더 총명하다고 인정받았다. 케네디 시니어는 "크게 성공하지 못할 것"이라면서 잭의 장래를 부정적으로 평가하기도 했다. 스포츠를 할 때 조는 심판하고도 공격적으로 설전을 벌였고, 미식축구 경기장에서 사람들과 격돌하는 것을 즐겼다. 반면에 잭은 내성적이었다. 그는 교활한 쿼터백으로 뛰었고, 나중에는 치어리더가 되었다(어릴 때 잭은 보스턴 레드삭스에서 배트 보이로 일한 적도 있다. 모 버그는 잭이 아주 좋아한 선수 중 한 명이었다). 케네디가의 두 아들은 모두 동료들 사이에 인기가 많았지만, 한 역사학자는 "조가 으스대는 스타일이었던 반면, 잭은 매력으로 사람을 끄는 스타일이었다"라고 평했다.

나이 차가 22개월밖에 나지 않는 형제는 일부 문제에서 충돌이 일어날 수밖에 없었다. 으스대는 스타일과 매력적인 파란 눈을 가진 조는 여자를 손쉽게 유혹할 수 있었다. 대학 시절에는 에설 머먼Ethel Merman과 캐서린 헵번Katharine Hepburn 같은 여자들과 사귀었다. 조는 잭의 데이트 상대를 가로채는 짓도 서슴지 않았다. 잭의 여자들 옆에 가서 앉아 돈을 좀 뿌리고는 동생에게 꺼지라고 말하곤 했다. 여자 때문에 둘이 주먹다짐 직전까지 간 적도 한두 번이 아니었다. 진짜 주먹다짐까지 가지 않은 이유는 대체로 조가 잭을 흠씬 두들겨패는 결과가 나올 게 뻔했기 때문이다. 하버드 대학교의 졸업 논문도 두 사람의 치열한 경쟁 대상이었다. 케네디 시니어는 저서 출판 경력이 젊은이에게 지적 무게를 더해준다고 믿었다. 그래서 조가 에스파냐 내전을 주제로 쓴 논문에 발렌시아와 마드리아에서 조가 보낸 편지 일부를 덧붙여 『아라비아의 로렌스』와 비슷한 모험 이야기로 선전하면서 여러 출판사에 소개했다. 편집자들은 별로 관심을 보이지 않았다. 한편, 잭은 제2차 세계 대전에 이르기까지의 과정을 주제로 삼아 졸업 논문을 썼는데, 이번에는 케네디 시니어가 이 논문을 『왜 영국은 잠자고 있었는가Why England Slept』란 제목의 책으로 출간하는 데 성공했다. 조는 잭이 마감 날짜가 닥친 주일에 속기사 5명의 도움을 받아 부랴부랴 원고를 완성한 일을 기억했다. 그런데도 그 책은 8만 부나 팔렸는데, 케네디 시니어가 대량으로 구매한 것이 중요한 요인이었다. 하지만 이번에도 아버지의 지혜가 옳다는 것이 드러났다. 이 책으로 잭은 명성을 얻었고, 그것을 지켜본 조는 좌절했다.

이제 잭은 군에서도 조를 앞지르고 있었다. 하지만 1942년 여름에 조에게도 마침내 기회가 왔다. 이 무렵에 조는 PBM 매리너PBM Mariner라는 아주 큰 비행기를 조종하는 자격을 얻었다. 이 비행기의 최대 속력은 시속 337킬로미터에 불과했다. 미숙한 파일럿이 큰 비행기를 모는 것은 좋은 생각처럼 보이지 않지만(세단을 모는 것도 힘겨워하는 사람에게 대형 트레일러 운전을 맡기고 싶진 않을 것이다), 실제로는 큰 비행기 조종은 탁월한 기술이나 선천적 재능이 없어도 할 수 있다. 대신에 파일럿은 계기에 의존해 조종하는데, 이것은 조의 강점을 십분 활용할 수 있는 영역이었다. 조는 항상 손보다는 머리에 의존해 비행했고, 일부 잘 나가는 파일럿이 귀찮아하는 모든 절차와 체크리스트를 귀찮아하지 않았다. 여름이 끝날 때쯤 조는 심지어 다른 파일럿들까지 가르치게 되었다. 얼마 후 조는 적 잠수함을 찾아내 공격하는 첫 번째 임무를 부여받고 푸에르토리코에 배치되었는데, 그곳에서 진급도 해 잭과 같은 계급장을 달았다.

하지만 가을이 되자, 잭이 다시 진급해 또 한 번 뒤처지게 되었다. 그리고 더 나쁜 소식이 날아왔다. 잭은 보직을 해군 정보부에서 초계 어뢰정 근무로 바꾸었는데, 그것은 전쟁에서 가장 용감하고 위험한 임무 중 하나로 간주되는 일이었다. 초계 어뢰정은 일본군 함정에 다가가 어뢰를 발사하고는 재빨리 달아나야 했다. 무모한 용기가 필요한 이 일에는 충분한 보상이 따랐는데, 남태평양에서 목숨을 건 임무를 수행할 잭에게 훈장은 따 놓은 당상이나 다름없었다. 한편, 조는 그림자도 얼씬거리지 않는 독일 잠수함을 찾느라 카리브해 상공을 날아다니고 있었다. 푸에르토리코에서 출격해 바다 위를 맴도는 것은 야심만만한 케네디가의 젊은이가 기대하던 일이 아니었다. 조는 동생과 비교할 때 초라해 보이는 자신의 처지에 또 한 번 속이 부글부글 끓었다.

19장

OSS 창설

모 버그는 조 케네디와 마찬가지로 전쟁 초기를 잘 알려지지 않은 전역戰域인 남아메리카에서 보냈다.

버그는 1940년과 1941년에 레드삭스에서 코치로 지내면서 연봉 4000달러(오늘날의 가치로는 7만 달러)를 받았는데, 코치치고는 두둑한 편이었다. 하지만 시즌이 진행될수록 점점 좀이 쑤셔서 가만히 있을 수가 없었다. 유럽은 동쪽과 서쪽 모두 전화에 휩싸여 혼돈에 빠져 있었는데, 자신은 이곳 불펜에서 구원 투수들과 농담이나 주고받고 있었다. 유대인인 버그는 나치에 대해 본능적으로 반감을 느꼈고, 무엇보다도 그들이 지식인을 박해하는 것을 증오했다. 나치는 교수들을 감옥에 보내고 과학자들을 괴롭혔으며, 인쇄기를 부수고 책을 불태웠다. 이 모든 행위는 버그를 분노케 했다.

1942년 1월, 버그는 마침내 파시즘에 맞서싸우는 데 참여할 기회를 얻었다. 버그의 친구 넬슨 록펠러Nelson Rockefeller가 운영하는 정부 기관인 아메리카업무조정사무국OIAA은 전쟁 동안 라틴아메리카에서 미국의 이익을 증진시키는 것을 목적으로 삼았는데, 이를 위해 여러 형태의 일을 했다. OIAA 직원들이 에콰도르 정부 대신 나서서 갈라파고스제도에서 페루 난민을 내보내고 그곳을 미국의 해군 기지로 사용하는 협상을 중개한 적도 있었다. OIAA는 또한 남아메리카에 광범위하게 퍼진 나치즘의 인기를 꺾는 것도 목표로 삼았다. 나치는 여러 해에 걸쳐 남아메리카에서 미군이 여성을 강간하고 현지 주민에게 돌아갈 고기와 설탕과 등유를 도둑질한다는 소문을 퍼뜨리면서 미국에 대한 불만을 조장했다. 록펠러와 직원들은 대대적인 친미 선전으로 반격했다. 뉴욕에서 남아메리카 화가들이 전시회를 열도록 주선했고, 할리우드의 영화사들에 압력을 가해 로맨스 영화 끝 장면에서 연인들이 비행기를 타고 파리로 가는 대신에 예컨대 리우데자네이루로 가는 것으로 수정하게 했다. 또 록펠러는 모 버그 같은 운동선수를 친선 사절로 고용해 외국으로 보내자고 제안했다.

버그는 나치와 싸우는 것 말고도 더 개인적인 이유로 OIAA에 들어가길 원했다. 1941년 겨울에 아버지 버나드 버그는 불치성 암에 걸렸지만, 전과 다름없이 엄격하고 가차없는 태도를 유지했다. 진주만 공격이 일어나기 직전에 버나드는 며칠 동안 의식을 잃었는데, 의식이 돌아온 후 그 뉴스를 듣고는 힘겹게 한쪽 팔꿈치에 기대 몸을 일으켰다. "아들들은 어디 있나?"라고 그는 물었다. 그는 아들들이 조국을 위해 싸우길 원했다. 모의 누나가 아들들이 국내에 있다고 대답하자, "도대체 여기서 뭘 하고 있단 말이야?"라고 소리쳤다.

버그는 OIAA에 들어가 일함으로써 아버지에게서 마침내 인정을 받길 원했다. 하지만 그 소식을 전하기도 전에 버나드는 다시 의식을 잃었고 세상을 떠났다. 버그는 친구에게 아버지가 경기장에 와서 자신이 뛰는 모습을 한 번만 봐준다면, 베이브 루스의 홈런 기록을 모두 깨는 것보다 더 기쁘겠다고 말한 적이 있다. 하지만 버나드는 단 한 경기도 보러 오지 않았고, 이제는 아들이 드디어 전쟁 지원 노력에 참여했다는 사실도 알지 못한 채 눈을 감았다. 버그는 1939년에 메이저리그에서 마지막 경기를 마쳤지만 야구에서 공식적으로 은퇴하진 않았는데, 아버지가 죽은 1942년 1월 중순의 바로 그날, 마침내 야구인의 삶에 종지부를 찍고 하늘에서나마 아버지가 자부심을 느낄 수 있는 삶을 살아가기로 결심했다.

버그의 세부 여행 일정(불가사의할 만큼 매우 오랜 기간에 걸친)은 OIAA가 짰지만, 또 다른 기관에서 일본 국민이 듣는 라디오 방송에 나가 일본어로 연설을 해달라고 요청했다. 버그는 요청을 받아들였고, 비록 횡설수설하긴 했지만 감동적인 연설을 했다. 그는 이전에 자신이 두 차례 일본을 방문했던 기억을 환기시키고는, 함께 야구를 사랑했던 두 나라가 적이 된 사실을 한탄했다. 그리고 더 중요한 사실을 지적했는데, 일본이 다른 나라들을 공격하고 침략한 행위를 꾸짖었다. "당신들은 체면을 잃는 행동을 했고, 국가적 할복자살을 저지르고 있습니다." 그러면서 일본 국민에게 정부를 전복하고 민주주의를 택하라고 촉구했다. 물론 이 연설로 달라진 건 아무것도 없었고, 야구를 언급한 것은 오히려 역효과를 낳았다. 1년이 지나기 전에 일본은 이 퇴폐적인 미국 스포츠를 금지시켰다. 훗날 미군이 일본이 점령하던 남태평양의 섬들을 공격했을 때 일본군 병사들은 베이브 루스에 대해 그들이 상상할 수 있는 가장 심한 욕을 퍼부었는데, 그러면 미군 병사들의 사기가 무너질 것이라고 생각해서였다.

이 연설을 한 후, 버그는 워싱턴에서 다음 임무를 기다리면서 대기했는데, 몇 달이 그냥 그렇게 흘러갔다. 기다리다 지친 버그는 마침내 자신이 1934년에 도쿄에서 촬영한 23초 분량의 필름을 찾아내 여러 군 지휘관에게 그것을 보여주기 시작했다. 그것은 사실상 그의 스파이 오디션 테이프였다.

버그는 결국 1942년 8월에 남아메리카로 떠났고, 그다음 6개월을 파나마, 페루, 갈라파고스제도, 코스타리카, 트리니다드섬, 아루바섬, 영국령 기아나, 네덜란드령 기아나, 과테말라, 브라질 등지의 군 기지를 옮겨다니면서 보냈다. 하루 일당은 22.22달러(오늘날의 가치로는 약 330달러)였고, 대개 소형 비행기를 타거나 지프 뒷좌석에 탄 채 여행했다(뉴욕 토박이였던 그는 운전을 할 줄 몰랐기 때문에 남의 차를 얻어 탈 수밖에 없었다). 적도 지역의 뜨거운 열기를 못 이겨 그의 생애에서 처음이자 마지막으로 평소의 검은색 정장과 넥타이 차림을 포기하고 카키복을 입었다. 그것은 그다지 보기 좋은 모습은 아니었다. 이 시절의 사진들은 땀에 젖고 뚱뚱한 버그의 모습을 보여주는데, 선수로 뛰던 시절보다 체중이 많이 불었다는 것을 확실히 알 수 있다.

친선 사절 역할을 하는 것 외에 버그는 OIAA를 대표하는 일종의 이동 건강 조사관 역할도 했는데, 군인들의 고질적인 나쁜 습관—음주, 카드놀이, 특히 섹스—에 대해 잔소리를 하느라 많은 시간을 보냈다. 젊은 군인들이 모여 있는 미군 기지 주변에는 매춘이 만연했고, 일부에서는 매독과 그 밖의 성병 발병률이 팬데믹 수준에 이르렀는데, 많게는 현지 여성 중 66%가 성병에 감염돼 있었다. 버그는 미국인 청년들을 '이 여성들의 손아귀에서 벗어나게' 하는 방법을 오랫동안 고민했다(마치 문제의 책임이 여성에게만 있다는 듯이). 순진하게도 그는 아이스크림과 영화, 낚시 도구, 배드민턴, 편자 던지기 놀이로 관심을 돌림으로써 군인들이 문란한 성 행위에 빠지는 것을 막을 수 있을 것이라고 주장했다. 책도 도움이 될 것이라고 생각해 그 방법을 실현하기 위해 다소 시적으로 애원했다. "군인들에게 더 좋은 것을 보게 하면, 그들은 나쁜 것을 따르지 않을 것입니다." 다시 말해서, 젊은이의 정신을 고양시키면, 그들이 매춘과 음주와 도박을 그만둘 것이라고 주장한 것이다. 훌륭한 생각이긴 했지만, 성공할 가망이 있을 리가 없었다.

기지에서 기지로 옮겨가는 사이에 버그는 가끔 과감한 야외 조사 활동에 나서기도 했는데, 새벽 5시에 일어나 비행기를 타고 잘 알려지지 않은 장소들을 찾아갔다. 그리고 정글 속에서 뱀과 원숭이, 재규어, 이구아나를 추적했다. 연안의 한 섬에 있던 나환자촌도 살펴보았다. 비행기 기수의 유리창을 통해 잠수함을 발견하려고 노력하기도 했다(조 케네디와 마찬가지로 버그도 주의를 기울일 만한 것을 전혀 발견하지 못했다).

하지만 이러한 모험에도 성이 차지 않았다. 물론 그 지정학적 위치와 고무를 비롯한 여러 천연 자원 때문에 남아메리카는 연합국 측에 전략적으로 중요한 곳이었다. 사실, 진주만 공격이 일어난 뒤 한밤중에 일어난 루스벨트 대통령은 챙겨야 할 많은 일에도 불구하고, 미국 잠수함을 브라질 동부로 배치하라는 명령을 우선적으로 내렸다. 그곳 공항들을 보호하기 위한 조처였는데, 북아프리카로 그리고 그다음에는 유럽으로 군대와 보급 물자를 보내는 중간 기착지로 그곳을 확보해야만 했다. 미국 당국자들은 이 계획을 승리를 향한 트램펄린이라고 불렀다.

하지만 전략적으로 아무리 중요하다고 하더라도 남아메리카는 전장이 아니었고, 승리를 거둘 전쟁도 없었다. 테드 윌리엄스, 행크 그린버그 Hank Greenberg, 밥 펠러 Bob Feller, 피 위 리즈 Pee Wee Reese를 비롯해 많은 야구 스타들이 이미 군에 입대해 전공을 세우고 있었다. 한편, 버그는 다른 대륙에 발이 묶인 채 멍청한 수병들을 면담하면서 어디서 임질에 걸렸는지 묻고 있었다. 그래서 버그는 친선 사절이라는 원래의 임무에서 벗어나 남아메리카에서 다소 제멋대로 행동하면서 조사할 권한이 없는 문제들을 조사했다. 그는 국무부를 위해 다양한 정치 지도자들을 평가했고, 전직 브라질 대통령을 만났으며, 인기 없는 한 장군을 암살하려는 일련의 시도에 대해 묻고 다녔다. 그리고 1943년 2월에 워싱턴으로 돌아와 비밀 보고서를 작성했는데, 그 보고서를 통해 사람들이 자신의 높은 안목과 통찰력을 알아보길 기대했다.

1943년 봄에 버그는 몇 달 전에 보낸 스파이 오디션 필름을 더 보충하는 내용을 덧붙였다. 훗날 그의 친구들은 군 지도자들이 1942년 4월에 최초로 미국이 일본 본토를 공습한 작전인 둘리틀 공습을 계획할 때 이 필름을 참고했다고 주장했다. 그러나 사건들이 일어난 시기를 감안하면 이 주장은 근거가 없어 보인다. 둘리틀 공습은 버그가 자신의 필름을 보내기 전에 일어났다. 하지만 그 당시 도쿄를 촬영한 사진이 드물었기 때문에, 군 관계자들은 버그의 필름에서 스틸 사진 장면을 확대해 부두와 창고, 공장, 연료 탱크, 발전소 등의 위치를 정확하게 파악했다. 한 장교는 버그에게 이렇게 말했다. "우리가 몇 달 동안 글과 여행 잡지를 보면서 모은 것보다 당신의 영화에서 더 나은 것을 얻었소." 여행 잡지에 의존했다는 사실에서 그 당시 군사 정보 수집 수준을 짐작할 수 있다. 그에 비하면 버그가 도쿄의 건물 옥상으로 올라간 행동은 그린베레의 특수 작전 활동처럼 보인다.

결국 군은 나이를 감안해 버그를 받아들일 수가 없었다. 하지만 받아줄 수 있는 기관이 있었다. 사실, 모 버그는 자유분방하고 무모한 접근 방식을 선호하는 전략사무국OSS의 스타일에 딱 들어맞는 인물이었다.

제2차 세계 대전이 시작되었을 때 미국에는 외국의 정보를 수집하는 데 전념하는 민간 기구가 전혀 없었다. 미국이 정보 수집 활동을 전혀 하지 않은 건 아니다. 육군과 해군은 모두 정보기관이 있었고, 제너럴일렉트릭 같은 민간 기업도 기업 정보 수집 활동을 후원했다. 하지만 연방 정부에서 주류를 차지한 고상한 아이비리그 출신들은 그런 활동을 비도덕적이고 심지어 더러운 것으로 간주하는 경향이 있었다. 루스벨트 정부의 전쟁부 장관 헨리 스팀슨Henry Stimson은 "신사는 서로의 편지를 읽지 않는다"라고 말한 적이 있다. 이러한 결벽증적 태도 때문에 미국은 영국이나 독일, 러시아에 비해 크게 불리한 위치에 있었는데, 이들 나라는 모두 고도의 정교한 정보기관들을 보유했고, 적과 동맹을 가리지 않고 과감한 첩보 활동을 벌였다.

진주만 공격으로 마침내 정신을 차린 미국 정부는 자신의 단점을 인정하고 OSS를 만들었다. 오늘날 많은 사람들은 OSS를 중앙정보국

(CIA)의 전신으로 알고 있지만, OSS의 관할 영역은 CIA보다 훨씬 광범위했다. 첩보 활동 외에도 해외에서 준군사 작전을 펼치면서 미국 특수 부대의 작전 수행을 위한 준비 작업을 했다. 모 버그의 모험처럼 많은 경우에 첩보 활동은 탈법 활동과 손을 잡고 진행되었다.

OSS는 대체로 국장인 윌리엄 '와일드 빌' 도너번William 'Wild Bill' Donovan과 수석 과학자인 스탠리 로벨Stanley Lovell이 그 조직을 만들었다고 해도 과언이 아니다. 도너번이 처음 이름을 알린 것은 제1차 세계 대전 때 무모하기 짝이 없는 공격을 이끌면서였다. 그는 1918년 10월에 아르곤 숲에서 독일 요새를 공격하던 제69보병연대('파이팅 아이리시Fighting Irish'라는 별명으로 유명한)를 지휘했다. 하루는 치열한 교전 도중에 후퇴하라는 명령을 받았다. 어떻게 할까 잠시 생각한 끝에 도너번은 후퇴하는 대신에 부하들에게 돌격하라고 명령했다. 파이팅 아이리시가 망설이자, "도대체 뭘 망설이는 거야? 영원히 살고 싶은가?"라고 외치고는 단신으로 적진을 향해 돌격했다. 부하들이 뒤를 따를 것이라고 확신하고서. 실제로 부하들은 그의 뒤를 따랐다.

독일군이 그들의 진격을 막아섰고, 기관총탄이 도너번의 무릎을 산산조각냈다. 그래도 도너번은 후퇴 명령을 거부하고는 다섯 시간 동안 절뚝거리며 돌아다니면서 부하들에게 필연적인 독일군의 반격에 대비하게 했다. 독일군이 진격해왔을 때, 도너번은 파이팅 아이리시를 단결시켜 훈족을 요새로 패주하게 만들어 거의 혼자 힘으로 이 전투의 승리를 거머쥐었다. 만약 그 공격이 실패했더라면, 도너번은 군사 재판에 회부되었을 것이다(물론 살아남았다면). 대신에 도너번은 명예 훈장을 받았고, 미국사에서 가장 빛나는 전공을 세운 군인 중 한 명으로 칭송받으면서 고국으로 돌아갔다.

제2차 세계 대전이 진행되고 있을 때, 도너번은 뉴욕의 법률 사무소에서 일하고 있었다. 그는 우연히도 컬럼비아 대학교에서 프랭클린 루스벨트와 함께 로스쿨을 다녔고, 루스벨트는 1940년 7월에 패배주의자인 조지프 케네디 시니어보다 더 정확한 실상을 파악해 보고하라고 옛 친구를 영국으로 보냈다(케네디 시니어는 이것을 노골적인 모욕으로 받아들였는데, 실제로 루스벨트가 의도한 것도 그것이었다). 도너번은 상황이 암울하다는 데에는 동의했지만, 영국인의 투지를 강조했고, 윈스턴 처칠(아직 총리가 되지 않은)을 놀랄 만한 지도자로 평가했다. 이 평가는 루스벨트의 사기를 북돋았고, 결국 히틀러를 물리칠 처칠과 루스벨트의 동맹을 결성하는 데 도움을 주었다. 도너번은 영국 현장 조사를 디딤돌로 삼아 루스벨트에게 정보를 종합 분석해 전달하는 직책을 얻었고, 그것을 바탕으로 OSS를 창설하고 그 수장이 되었다. 그런데 그 역할은 문서상으로는 그럴듯했지만(도너번은 분명히 OSS를 성공시킬 비전과 추진력을 갖고 있었다), 와일드 빌은 정부 기관을 운영하는 데 필요한 나머지 재능은 형편없었다. 도너번을 존경하는 사람들조차 그의 행정 능력이 '아주 형편없는' 수준까지는 아니더라도 '심각한' 수준이었다고 인정했다. 간단히 말해서, 도너번은 사람들을 관리할 인내심이나 내공이 부족했다. 그 결과로 OSS는 미국 역사상 가장 부실하게 운영된 기관 중 하나가 되었다. 직원들은 이 상황을 아주 적절하게 표현한 『맥베스』의 구절에 크게 웃곤 했다. "이제 혼란이 자신의 걸작을 만들었구나."

도너번의 단점이 가장 크게 부각된 업무는 직원 채용이었다. 조직을 서둘러 만들어야 했던 그는 뉴욕의 친구들을 찾았고, 명문가 출신을 수십 명이나 뽑았다. OSS 직원 명부에는 멜런Mellon, 듀폰Du Pont, 모건Morgan, 밴더빌트Vanderbilt 같은 성이 우글거렸다. 칼럼니스트들은 이 기관의 이니셜이 실제로는 "Oh So Social(오 아주 사교적인)"의 머리글자를 딴 것이라고 비아냥거렸다. 도너번을 변호하자면, 명문가 출신 채용은 일리가 있었다. 그들은 대개 여러 언어를 구사했고, 유럽을 잘 알았다. 하지만 리비에라에서 휴가를 보내는 것과 전쟁을 치르는 것은 하늘과 땅 차이이다. 한 기자는 "턱시도를 입고 프랑스어를 말할 줄 안다고 해서 반드시 낙하산을 타고 적진에 침투하거나 다리를 폭파시키는 능력까지 뛰어난 건 아니다"라고 지적했다. 많은 상속자들은 실전에서 "극도의 심적 파탄"을 경험했다.

그런데 도너번이 명문가 출신보다 더 사랑한 사람들은 약간 비정상적인 사람들이었다. 그는 OSS를 특이한 재능을 가진 사람들로 가득 채웠다. 채용한 사람 중에는 마피아 청부 살인자와 신학 교수도 있었다. 또, 바텐더와 인류학자, 프로 레슬러, 치과 교정 전문의, 조류학자, 연방 교도소에서 휴가 나온 중죄인도 있었다.

마를레네 디트리히Marlene Dietrich(독일 출신의 배우이자 가수), 줄리아 차일드Julia Child(요리사이자 작가), 존 스타인벡John Steinbeck, 존 웨인John Wayne, 톨스토이의 손자, 링링 서커스 상속자도 끌어들였다. 비평가들은 가끔 OSS를 워싱턴의 유명한 정신병원 이름을 따 "세인트 엘리자베스"라고 불렀는데, 그냥 빗대어 그렇게 부른 것이 아니었다. OSS의 한 고위 간부는 "OSS는 실제로 정신병질이 있는 사람을 다수 고용했을 수도 있다"라고 인정했다. 도너번은 "히틀러를 무찌르는 데 도움이 된다고 판단된다면, 나는 스탈린도 OSS 요원으로 채용할 것이다"라고 말한 적도 있다. 이 말이 농담인지 진담인지는 아무도 몰랐다.

공정하게 말하면, 도너번은 과학자 스탠리 로벨을 포함해 아주 총명한 비정상인도 몇 명 채용했다. 도너번은 로벨을 처음 면담할 때, OSS에서 셜록 홈스의 숙적인 모리아티 박사 같은 역할을 해달라고 요청했다. 사실은 로벨은 제임스 본드 시리즈에 나오는 Q 박사에 더 어울렸다. 그가 한 일은 기본적으로 실험실을 어슬렁거리면서 스파이가 쓸 멋진 무기나 도구를 고안하는 것이었다. 몇 가지 예를 들면, 로벨은 동료들과 함께 선박에 들러붙는, 연체동물처럼 보이는 폭탄을 개발했다. 문서를 숨길 비밀 공간이 있는 구두와 단추, 전지도 만들었다. 총탄을 발사하는 연필과 담배도 발명했다. 앤트 제미마Aunt Jemima(미국에서 오랜 전통을 자랑하는 팬케이크 믹스 상표명—옮긴이)라는 폭발성 가루도 고안했는데, 밀가루처럼 생긴 이것은 물과 섞어 비스킷으로 만들 수도 있고, 씹어도 아무 위험이 없다. 오직 신관을 사용해 점화시켜야만 폭발한다. 거기서 그치지 않고 로벨의 팀은 똥을 기반으로 한 무기도 여러 가지 개발했다. 카콜루브caccolube라는 무기는 연료통에 집어넣으면, 설탕이나 모래보다 훨씬 완벽하게 자동차 엔진을 파괴했다. 또 다른 무기는 인조 염소 똥이었는데, 이것을 북아프리카에 뿌리면 질병을 퍼뜨리는 파리를 끌어들일 수 있을 것이라고 기대했다(그들은 이 계획을 "프로젝트 커프리셔스Project Capricious", 즉 기발한 계획이라고 불렀는데, 염소자리를 라틴어로 Capricornus라고 부르는 데에서 딴 이름이다). 또 다른 계획은 사실상 설사에 해당하는 액체를 합성하는 것이었는데, 로벨은 "설사의 역겨운 냄새를 복제한" 화합물이라고 말했다. 그러고 나서 어린이를 고용해 중국에서 일본군 장교의 바지에 그것을 뿌리게 했다. 로벨은 이 무기를 "후, 미?Who, Me?"(누구요, 저요?) 폭탄이라고 불렀다.

이것들은 미친 아이디어 축에 끼지도 못했다. 히틀러와 무솔리니가 오스트리아와 이탈리아 사이에 있는 브레너 고개에서 정상 회담을 연다는 소식을 들은 로벨은 회의장의 한 꽃병에 부식성 액체가 든 병을 넣어두는 계획을 세웠다. 이 휘발성 액체는 20분도 안 돼 증발하면서 머스터드 가스로 변해 그곳에 있는 모든 사람의 각막을 태울 것이다. 좀더 극적인 요소를 가미하기 위해 로벨은 사전에 교황과 접촉해 하느님이 십계명을 어긴 죄로 파시스트의 눈을 멀게 하는 징벌을 내릴 것이라는 예언을 하게 하는 아이디어를 제안했다. 머스터드 가스가 이 '예언'을 이루면, 독일과 이탈리아 시민들이 들고 일어나 파시스트들을 권좌에서 끌어내릴 것이라고 로벨은 주장했다(애석하게도 마지막 순간에 회담 장소가 바뀌었고, 그 계획은 실행에 옮겨지지 않았다). 로벨은 또한 전쟁에 이기기 위해 '호르몬 작전'도 개발했다. 로벨은 의심스러운 프로이트의 이론을 바탕으로 히틀러가 "남성과 여성 사이의 중간"에 걸쳐 있기 때문에 쉽게 어느 한쪽으로 기울어지게 할 수 있다고 주장했다. 그래서 여러 가지 여성 호르몬을 추출해 히틀러의 개인 채소밭에서 자라는 비트와 당근에 주입하려고 했다. 그러면 히틀러는 가슴이 봉긋 솟아오르고 수염이 빠지고 목소리는 창피스러운 소프라노 영역으로 올라갈 것이라고 기대했다. 이 계획은 히틀러의 한 정원사를 뇌물로 구워삶는 단계까지 진행되었지만, 결국에는 무위로 돌아갔다. 나중에 로벨은 "정원사가 돈만 챙기고 주사기와 약물은 덤불에 던져버린 것으로 보인다"라고 말했다.

이런 이야기는 끝이 없다. 하지만 OSS의 활동에서 가장 황당하고 믿기 어려운 이야기는 그 계획들이 가끔 성공했다는 것이다. 관리자로서의 단점에도 불구하고, 와일드 빌 도너번은 보기 드물게 신체적 용감성과 정신적 대담성을 겸비한 사람이었다. 영화감독 존 포드

John Ford(또 한 사람의 OSS 요원)는 이렇게 말한 적이 있다. "빌 도너번은……낙하산을 타고 프랑스에 침투하고, 다리를 폭파하고, 독일 공군의 연료 탱크에 오줌을 누고, 독일 스파이와 함께 세인트레지스호텔 지붕에서 춤추는 것을 아무렇지도 않게 여겼다." 이런 사람은 당연히 다른 사람들에게 큰 감명을 준다. 그리고 터무니없는 로벨의 아이디어 20개 중 한두 개는 아주 큰 효과를 발휘해 추축국의 임무에 심각한 타격을 입혔다. 사실, 그 당시 세상의 혼란을 감안하면, 어쩌면 OSS처럼 터무니없는 활동만이 성공할 수 있었는지도 모른다. OSS는 군부대 이동에서부터 핵무기에 이르기까지 모든 것에 관한 첩보를 입수하면서 세계 각지에서 아주 다양한 비밀 작전을 수행했다. 또한, OSS가 발탁하지 않았더라면 전쟁 지원 노력에 전혀 기여하지 않았을 괴짜들도 아주 잘 활용했는데, 그중에 메이저 리그 포수 출신인 모 버그도 포함돼 있었다.

20장

바하반도에서의 임무 수행

모 버그처럼 보리스 패시도 1942년 여름에 라틴아메리카의 스포츠에 관심을 보였다. 하지만 버그의 관심이 건전하고 순수한 것이었던 반면, 패시는 교활한 첩보 활동 게임을 하고 있었다.

1940년, 패시 감독은 할리우드 고등학교를 떠나 샌프란시스코로 가서 미 육군 정보부를 운영하는 일을 도왔다. 패시 소령의 관할 구역은 아주 넓었지만(서부 지역 7개 주와 알래스카까지), 진주만 공격 이전에는 하는 일이 아주 따분한 수준이었다. 진주만 공격 이후 이 지역은 몇 달 동안 높은 경계 수준을 유지했는데, 그럴 만한 이유가 충분히 있었다. 오늘날 많은 사람들은 잘 모르지만, 일본은 진주만 공격을 하고 나서 얼마 후에 실제로 미국 영토를 두 번째로 공격했다. 1942년 2월 23일, 캘리포니아주 샌타바버라 부근에서 잠수함 한 척이 수면 위로 떠올라 정유 공장에 포탄을 퍼부었다. 이 공격은 별다른 피해를 입히지 않았고, 사망자도 발생하지 않았다. 하지만 진주만 공격의 여파로 아직도 비틀거리던 미국으로서는 이 사건을 대단히 심각하게 받아들일 수밖에 없었다. 일본은 언제든지 하늘에서건 바다에서건 미국을 공격할 수 있는 것처럼 보였다.

할리우드하이에서 근무할 때 일본인 가족들과 접촉한 점(그리고 자신의 선수들을 징집해간 일본군에 대해서도 잘 아는 점)을 고려해 패시에게 멕시코 서부의 바하반도에서 반란을 일으키려는 일본인을 색출하라는 임무가 떨어졌다. 군 당국은 특히 바하반도 바로 북쪽에 위치한 샌디에이고의 해군 공창이 기습받는 상황을 두려워했다. 지금이라면 멕시코에서 일본인 반란군을 색출한다는 계획이 멍청한 소리로 들리겠지만, 1940년대 초에 바하반도에 살던 일본인은 3600명을 넘었다. 그곳의 목화 산업에서 일자리를 얻으려고 일본에서 이주한 사람들의 후손이었다. 사실, 멕시코 정부는 1942년 1월에 이미 대부분의 일본인을 체포해 멕시코시티와 과달라하라로 이주시킨 상태였는데, 이곳들은 내륙 깊숙한 곳에 위치해 충성심이 의심스러운 사람들이 준동한다 하더라도 그 피해를 최소화할 수 있었다(이와 비슷하게 캐나다 정부도 밴쿠버에서 일본인 2500여 명을 퇴거시켰고, 루스벨트 행정부는 전쟁 동안 약 11만 명의 일본인을 다른 곳으로 이주시켜 격리했다). 이러한 강제 이주 조처에도 불구하고, 패시 팀은 바하반도에서 일어날지도 모를 반란 행위를 계속 우려했다. 그래서 1942년 여름에 패시는 요원 6명을 그 지역에 배치하고 "자동차, 당나귀, 말, 보트를 타거나 도보로" 반도 지역을 샅샅이 수색하라고 지시했다.

요원들—'Z'나 '브러시' 또는 '스트롱암' 같은 암호명으로 통한—은 종종 수색 결과를 보고서로 작성해 우편으로 보냈다. 수신인은 패시가 지어낸 가명인 '버나드 T. 노먼 박사'였는데, 보고서들을 보면 요원들은 우스꽝스러울 정도로 무능하기 짝이 없었다. 보고서를 가장 많이 쓴 '카를로스'는 밖으로 빠져나갈 운송 수단을 구하지 못해 바하반도의 소도시에서 발이 묶이는 상황에 반복적으로 빠졌다. 한번은 다이너마이트를 운반하는 배를 얻어 타려고 시도했지만, 선장이 퇴짜를 놓는 바람에 그곳에 3주 동안 발이 묶여 아무것도 하지 못하고 지내기도 했다. 이런 상황을 겪고 나서 마침내 새로운 장소에 도착한 카를로스는 불순분자를 찾으러 돌아다니는 대신에 낚시를 하거나 말을 타고 사냥을 하면서 시간을 보내곤 했다. 배회하다가 현지 야구장으로 가 몇 이닝을 구경하기도 했다. 카를로스는 마치 야구에 집착한 것처럼 보였다. 들르는 마을마다 야구 선수는 몇 명이고, 야구장과 야구 글러브는 몇 개인지 세었다. 심지어 심판 수도 세었다. 우리가 이 모든 이야기를 아는 것은 카를로스가 바하반도의 멕시코인이 야구를 하는 습성에 대해 끝없이 지껄이면서 자신이 '발견'한 것을 모두 세세하게 패시에게 보고했기 때문이다. 오늘날 이 편지들을 읽어보면 지루하기 짝이 없고 속이 부글부글 끓어오르는데, 이렇게 쓰는 것도 상당한 문학적 재능이라고 할 수 있다.

그런데 패시가 원한 보고서가 바로 그런 것이었다. 그 당시 바하 지역의 우편 서비스는 불규칙하고 안전이 보장되지 않았는데, 누가 몰래 엿보더라도 이 보고서들은 얼빠진 이야기만 잔뜩 늘어놓은 편지로 보였을 것이다. 하지만 이 편지들의 얼빠진 이야기를 조리 있는 내용으로 바꿔주는 해독 키가 있었다. 이 편지들은 암호로 작성된 것이었다. 카를로스는 '야구장' 크기와 위치에 대해 주절거리면서 실제로는 활주로에 대한 정보를 제공했다. '글러브'는 비행기였고, '배트와 야구공'은 휘발유 저장소였으며, '심판'은 잠재적 파괴 공작원이었다.

그 밖에도 잠수함 독이나 석유와 시멘트 저장소를 가리키는 암호 단어(예컨대 '핸드볼 코트')도 있었다. 또 낚시 여행과 사냥 여행은 적 군대가 침공하거나 은신할 수 있는 해변과 그 밖의 지역을 정찰하기에 좋은 기회를 제공했다. 실없어 보이는 모든 이야기에는 진지한 목적이 있었다.

그러나 솔직히 말해서 이 정찰 활동에서는 그다지 신통한 결과를 얻지 못했다. 바하 지역의 모든 '야구장'과 '배트와 야구공'은 민간용으로 쓰였고, 멕시코 앞바다에 일본 잠수함이 출몰한다는 소문이 끊이지 않았지만 실제로 잠수함을 목격한 요원은 아무도 없었다. 사실, 바하 지역에는 일본인 불순분자보다는 그들을 잡으러 다니는 미국인 요원이 훨씬 많았다(현지에서 참치잡이 어선을 정선시켜 선원을 신문하는 일을 하던 한 요원은 자신이 정선시킨 두 배의 선장이 사실은 비밀 활동을 수행하던 미군 요원임을 알고서 쓴웃음을 지었다). 게다가 패시의 정보원 중에는 신뢰할 수 없는 사람들도 있었다. 게으르고 경솔한 사기꾼 같은 사람이 많았는데, 이들은 양쪽에서 돈을 챙기고, 훌륭한 정보를 제공하기보다는 개인적 원한을 갚는 데 더 혈안이 되었다. 이들은 감시 대상이 아내가 없는 틈을 타 윤락가를 드나들거나 미국 국경을 넘어 술을 밀수한 일 등을 고자질했다.

바하 작전은 비록 전쟁의 승리를 가져다주진 않았지만, 보리스 패시의 인생 경로를 바꾸는 계기가 되었다. 패시는 비밀을 다루는 걸 좋아했고, 암호와 그 밖의 술수로 사람들을 농락하는 걸 즐겼다. 이 기간에 그는 요원들을 관리하는 일 외에 신분을 감추기 위해 가발을 쓰거나 '음성 변조 장비'를 사용하면서 변장술도 시험했다고 전한다. 전쟁 전에는 단순한 군인이자 교사에 불과했던 그는 첩보 활동에 큰 매력을 느꼈고, 그보다 더 중요한 일을 하길 원했다. 운 좋게도 새로운 과학 부문의 모험은 바로 그런 재능을 가진 사람을 원했다. 그 모험은 바로 맨해튼 계획이었다.

맨해튼 계획은 진주만 공격 이전에 이미 시작되었지만, 추진력이나 구체적인 목적 없이 몇 달이 그냥 흘러갔다. 활동이라고는 정부 관리들의 주도로 열린 일련의 회의와 연구가 고작이었고, 거기서 나온 주요 결과물은 후속 회의와 연구 일정을 잡는 과정의 반복이었다. 이러한 무사태평함에 핵물리학자들은 분노를 참을 수 없었다. 특히 히틀러가 점령한 유럽에서 온 과학자들이 그랬는데, 이들은 독일이 그때까지 이미 3년 동안이나 핵분열 연구를 해왔다는 사실을 알고 있었다.

이러한 무기력 상태는 1942년 9월에 레슬리 그로브스Leslie Groves 장군이 맨해튼 계획의 총 책임자가 되면서 끝났다. 오늘날 그로브스는 맨해튼 계획과 거의 동의어로 연상되는 인물이지만, 처음에는 그 일을 맡길 매우 싫어했다. 탁월하지만 무자비한 관리자—그와 동시에 군 내에서 최고의 건축 감독이자 가장 재수없는 놈—로 유명했던 그로브스는 전쟁이 시작될 때 국내뿐만 아니라 해외까지 모든 육군 기지의 건설 공사를 관장하는 자리에 있었는데, 그 예산은 매달 6억 달러(오늘날의 가치로는 100억 달러)에 이르렀다. 그런 그에게 맨해튼 계획(시작 무렵에는 예산이 1억 달러에 불과했다)을 책임지는 자리로 가는 것은 사실상 좌천이나 다름없었다. 사실 그로브스는 펜타곤 건설 과정을 몸소 감독하면서 펜타곤 사람들을 너무 열받게 했는데, 맨해튼 계획 책임자로 보직이 바뀐 것은 그에 대한 보복이었다고 할 수 있다. 상관들은 전쟁이 끝나기 전에 그로브스가 원자폭탄을 만들 가능성이 전혀 없다고 판단했고, 그 실패를 통해 그에게 겸손을 가르칠 수 있을 것이라고 생각했다.

그런데 일은 그들의 뜻대로 흘러가지 않았다. 그로브스는 분기탱천하여 이 일에 온힘을 쏟아붓기로 마음먹었다. 그로브스가 총 책임자로서 맨 먼저 한 일 중 하나는 버클리의 캘리포니아 대학교에서 교수로 근무하던 물리학자 로버트 오펜하이머를 로스앨러모스의 무기 설계 연구소 책임자로 임명한 것이었다. 지금 와서 보면 오펜하이머를 책임자로 임명한 일은 탁월한 선택처럼 보이지만, 그 당시에는 과학계와 군부 모두에서 아주 큰 논란을 낳은 결정이었다. 높은 위치에 있던 여러 물리학자는 다소 오만하게 오펜하이머는 노벨상 수상자가 아니기 때문에 지도자로서 충분한 존경을 받지 못할 것이라고 주장했다. 더 중요하게는 오펜하이머는 이론물리학자이지 실험물리학자가 아니었고, OSS를 이끈 와일드 빌 도너번처럼 조직 관리 능력이 형편없을 것 같았다. 한 과학자는 그로브스에게 "그는 햄버거 매점조차 제대로 관리하지 못할 것"이라고 반대 의견을 제시했다. 하지만 그로브스는 전혀 개의치 않았다. 그는 자신이 사람을 아주 잘 평가하는 능력을 가졌다고 믿었으며, 그래서 모든 반대 의견을 물리치고 오펜하이머가 로스앨러모스의 책임자로 아주 적격이라고 결정했다.

군부의 반대는 더 심각했다. 부유한 집안에서 자라고 정치적으로 순진했던(부유한 진보주의자의 전형이라고 할 정도로) 오펜하이머는 버클리의 엘리트 사이에서 유행하던 주의는 무엇이건 늘 어정쩡하게 지지했다. 1930년대에는 공산주의가 유행했는데, 오펜하이머는 스탈린

주의자들과 사귀었고, 에스파냐 내전에서 공산당 측을 지원하기 위해 수천 달러를 모금하는 활동에 참여했다. 더군다나 오펜하이머 주변에는 낮에는 핵분열 연구를 하고 밤에는 공산당 간부와 몰래 만나는 급진파 학생들도 많았다. 요컨대 오펜하이머는 보안상 매우 위험한 인물이었다. 이런 사정 때문에 제2차 세계 대전 당시 최고의 비밀 연구소를 책임진 사람인데도 불구하고 육군은 그에게 그곳에서 일할 수 있는 기밀 정보 취급 허가를 내주길 거부했는데, 이것은 아주 곤란한 상황을 초래했다. 마침내 그로브스가 개입해 오펜하이머가 그곳에서 일을 시작할 수 있도록 임시로 기밀 정보 취급 허가를 내주게 했다.

그로브스는 오펜하이머를 완전히 믿었지만, 그래도 공산주의와 어떤 관계가 있는지 조사할 의무를 느꼈는데, 얼마 후 그 일에 완벽한 적임자를 찾았다. 이미 샌프란시스코 베이 에어리어에 살고 있던 끈질기고 명민한 육군 정보부 장교였다. 십대 시절부터 적군赤軍과 싸워 온 그는 공산주의자와 그들을 대표하는 모든 것을 혐오했다. 그 장교의 이름은 보리스 시어도어 패시였다.

21장

V-1, V-2, V-3

1942년 봄과 여름에 베르너 폰 브라운은 페네뮌데 로켓 시험장에서 V-2 발사 시험을 세 차례 했다. 세 차례 시험은 모두 실패로 끝났다. 첫 번째 로켓은 연소실을 예비 점검할 때 폭발하고 말았다. 두 번째 로켓은 이륙할 때부터 위험하게 비틀거리더니 1.6킬로미터쯤 날아가다가 발트해에 추락했다. 세 번째 로켓은 발사 과정은 순조로웠지만, 누전이 일어나는 바람에 14톤짜리 폭죽처럼 공중 폭발했다. 일련의 시험 발사는 흥미롭긴 했지만 좌절만 안겨주었다.

하지만 10월 3일, V-2가 마침내 하늘 높이 날아올랐다. 발사대에서는 아주 느리게 상승했다. 페네뮌데에서 노예로 일했던 사람은 이렇게 회상했다. "마치 사람들이 막대기로 밀어올리는 것처럼 V-2는 아주 천천히 올라갔다" 하지만 로켓은 점점 속도가 붙더니 최고 속도에 이르자 시속 5600킬로미터로 날았다. 그날 폰 브라운 팀은 발사 성공을 기대하고서 초승달 위에 걸터앉은 여자 그림을 동체에 그려넣었다. 로켓은 달까지 날아가진 못했지만, 190킬로미터까지 아주 먼 거리를 날아갔다.

폰 브라운 팀은 이 시험 발사와 그다음 몇 달 동안 성공한 시험 발사 장면을 영상으로 촬영했고, 군부 지도자들은 그 가능성에 열광하면서 이 필름을 스너프 필름(실제 살인이나 자살 장면을 촬영한 엽기적 영상물)처럼 돌려보기 시작했다. 선전 장관이던 파울 요제프 괴벨스Paul Joseph Goebbels는 신이 나서 소리를 질렀다. "이 필름을 독일의 모든 극장에서 보여줄 수만 있다면, 나는 더 이상 따로 연설을 하거나 원고를 작성하지 않아도 될 것이다. 아무리 강경한 비관주의자도 더 이상 우리의 승리를 의심치 않을 것이다." 히틀러의 반응은 덜 열광적이었다. 히틀러는 보기 드물게 상식적인 판단력을 보여주면서 이 로켓은 목표물에 정확하게 도달하기는 힘들어 보인다고 지적했다. 10월 3일의 시험 발사에서 로켓은 아주 멀리 날긴 했지만, 목표 지점에서 3킬로미터나 벗어난 곳에 떨어졌다. 정밀 타격은 거의 불가능해 보였다.

그럼에도 불구하고, 나치는 그다음 몇 달 동안 V 로켓 개발을 위해 수십억 마르크를 쏟아부었다. 그리고 그 당시에는 아무도 몰랐지만, 이 부정확성은 나중에 이 무기의 가장 큰 장점이 되었다. 정확한 조준이 불가능하다는 사실 때문에 V 로켓은 넓은 반경 안에서 어느 지점에라도 떨어질 수 있었다. 그 결과, 공격받는 사람들은 잠재적 목표물에서 아무리 멀리 떨어진 곳에 있더라도 결코 안심할 수 없었다. 다시 말해서, 보복 무기는 최상의 공포 무기였다. 930제곱킬로미터에 이르는 런던 주변과 그곳에 사는 수백만 명의 사람들을 공포에 떨게 하기에 완벽한 무기였다.

페네뮌데에서 시험 발사가 계속되는 동안 독일군은 런던 바로 남쪽에 위치한 프랑스 북부에 V 로켓 발사 시설을 건설하기 시작했다. 그 사이에 폰 브라운 팀 공학자들은 훨씬 더 야심적인 무기를 설계하기 시작했는데, 그것은 바로 수수께끼의 로켓 V-3이었다.

22장

편지

새뮤얼 가우드스밋은 하버드 대학교에서 남학생들의 샤프롱 역할을 하면서 1년을 보낸 뒤, 마침내 유익한 일을 하기 시작했다. 1941년 11월, 하버드 대학교에서 가까운 MIT의 한 동료가 그곳에서 레이더 연구를 하는 일자리를 소개했다. 관심 분야가 물리학을 넘어 다방면에 걸쳐 있던 가우드스밋은 새로운 연구소의 다양한 인적 구성이 마음에 들었다. 그곳에는 변호사와 군인, 정보 분석가도 일하고 있었고, 심지어 레이더에 관한 책(어린이를 위한 책이 아니라 이해력이 떨어지는 장군들을 위한 책)에 일러스트레이션 작업을 하기 위해 디즈니에서 차출한 부부도 있었다. 무엇보다도 가우드스밋은 자신도 마침내 전쟁에 진짜로 기여한다는 기분이 들었다. 사실, 이때 자신감이 너무 넘친 나머지 그는 어리석은 도박을 감행했고, 하마터면 그 때문에 체포될 뻔했다.

전쟁 동안에 일어난 많은 과학 문제가 그랬듯이, 그 사건 역시 베르너 하이젠베르크에게서 시작되었다. 1942년 10월, 오스트리아에서 망명해 뉴욕으로 온 물리학자 빅토어 바이스코프Victor Weisskopf는 스위스의 한 동료로부터 편지를 받았다. 편지에는 두 가지 사실이 적혀 있었는데, 하나는 얼마 후 하이젠베르크가 취리히에서 강연을 한다는 것이었고, 또 하나는 하이젠베르크가 베를린의 카이저 빌헬름 연구소의 자리를 수락했다는 것이었다. 이 이야기들은 대체로 잡담에 불과했지만, 정치적 감각이 탁월한 바이스코프는 편지를 읽고 또 읽길 반복하다가 불안감에 얼굴을 찡그렸다. 카이저 빌헬름 연구소는 국립연구소, 즉 나치가 관리하는 연구소로, 핵물리학 계획을 적극적으로 추진하는 곳이었다. 라이프치히에서 일어난 하이젠베르크의 '원자 폭발' 소문과 독일이 중수에 큰 관심을 보인다는 소문이 이미 떠돌고 있었다. 그렇다면 하이젠베르크가 카이저 빌헬름 연구소로 간다는 사실이 의미하는 것은 오직 하나, 독일이 핵폭탄 개발 계획을 본격적으로 추진한다는 것밖에 없었다.

핼러윈 직전에 바이스코프는 그 편지를 MIT에서 일하던 또 다른 망명자에게 보여주었다. 그 역시 그 내용이 심상치 않다는 데 동의했다. 어떻게 해야 할지 몰랐던 두 사람은 술병을 가져와 술을 마시면서 답을 찾아보기로 했다. 머리가 술기운으로 몽롱해지자, 한 가지 계획이 떠올랐다. 편지에는 하이젠베르크가 12월 초에 취리히에서 강연을 한다고 적혀 있었다. 스위스는 중립국이어서 추축국이나 연합국 시민 모두 자유롭게 출입할 수 있었다. 그곳에 한 과학자를 보내 하이젠베르크에게 질문을 던짐으로써 독일의 진전 상황을 넌지시 떠보면 어떨까? 그럴듯한 계획이 아닌가?

술잔을 더 기울이면서 계획은 더 과감해졌다. 단순히 하이젠베르크의 의중을 떠보는 대신에 독일의 계획에 초를 치는 편이 낫지 않을까? 예컨대 하이젠베르크가 독일로 돌아가는 날짜를 지연시키면 어떨까? 아니면 아예 그를 억류해 영구히 돌아가지 못하게 하면 어떨까? 물론 그것은 어리석은 계획이자 너무 위험한 계획이었다. 하지만 술이 한두 잔 더 들어가자, 그것은 전혀 어리석은 계획으로 보이지 않았다. 그를 억류해서는 안 될 이유도 없지 않은가? 어차피 지금은 전시 상황이고, 무슨 일이든지 허용될 수 있었다. 계획만 잘 세운다면, 하이젠베르크도 전혀 위험하지 않을 것이고, 그를 독일에서 빼내면 독일의 원자폭탄 계획은 큰 난관에 빠질 것이다. 술잔을 더 기울일수록 이 아이디어는 더욱 그럴듯해 보였고, 바로 그다음 날 바이스코프는 숙취를 떨쳐내고 로버트 오펜하이머에게 편지를 썼다.

그 편지는 하이젠베르크가 새로 맡게 된 직책과 그 불길한 조짐에 관한 소문을 전하고 나서 취리히에서 열릴 하이젠베르크의 강연을 언급했다. 그리고 놀랍도록 직설적으로 이렇게 덧붙였다. "최선의 방책은……납치 작전을 감행하는 것입니다." 바이스코프는 독일인이라면 오펜하이머 당신을 납치하길 주저하지 않을 것이라고 지적했다. 이 계획은 분명히 위험이 따르지만(이 작전은 스위스의 중립성을 저해할 뿐만 아니라, 일이 잘못될 경우 하이젠베르크에게 접근한 사람은 모두 첩자로 몰려 체포될 것이다), 나치가 원자폭탄을 손에 넣을 가능성과 견주면 그 위험은 무시할 만한 수준으로 보였다. 체포와 고문의 위험에도 불구하고, 바이스코프는 자신이 직접 취리히로 가겠다고 자원했다. 바이스코프는 "납치가 가장 효과적이고 안전한[!] 방책이라는 것은 단순한 수학 증명처럼 명백합니다"라고 결론지었다.

그 무렵에 오펜하이머는 로스앨러모스의 무기 설계 연구소를 책임지고 있었기 때문에 허무맹랑한 생각에 낭비할 시간이 없었다. 사실, 그는 하이젠베르크에 대한 소문을 이미 다른 경로를 통해 들었다. 그래서 바이스코프에게 보낸 답장은 '관계 당국'에 그 사실을 전하겠다는 무미건조한 관료적 언질로 채워졌다. 그리고 "이 문제에 관해 당신이 추가적인 답신을 받을 수 있을지는 장담할 수 없습니다"라고 정중한 거절처럼 보이는 발언을 덧붙였다.

하지만 개인적으로 오펜하이머는 납치 아디이어가 아주 나쁘진 않다고 생각해 전시 과학 연구 총책임자인 버니바 부시Vannevar Bush에게 전달했다. 그것을 전달하면서 오펜하이머는 자신이 그 제안에 찬성하는 것은 아니라고 덧붙였다. 그리고 이 일은 당연히 바이스코프가 감당할 수 없는 일이고 전문 요원이 필요할 것이라고 지적했다. 그래도 취리히 방문은 "우리에게 기회를 제공할 것으로 보입니다"라고 썼다.

한편, 부시는 이런저런 핑계를 대며 오펜하이머와의 만남을 미뤘다. 하지만 속으로는 그 아이디어가 마음에 들었고, 그것을 전해들은 군 책임자 역시 그랬다. 그러나 결국 책임자들은 이 계획을 거부했는데, 그것이 위험하고 불법이어서가 아니라, 게임 이론 차원의 고려 때문이었다. 만약 우리가 하이젠베르크와 접촉한다면, 나치는 우리가 그들의 원자폭탄 계획을 안다는 사실을 알아챌 게 분명했다. 그러면 우리 역시 비슷한 계획을 추진한다는 사실을 알려 우리 계획이 위험에 처할 수 있다. 게다가 그러면 나치는 원자폭탄 계획에 더욱 박차를 가할 텐데, 그런 상황은 그러지 않아도 이미 한 발 늦은 우리에게는 큰 타격이 될 수 있다. 하지만 놀랍게도 이 아이디어를 완전히 묵살한 사람은 아무도 없었고, 노벨상을 수상한 물리학자를 납치한다는 계획은 계속 그들의 마음속에서 들끓었다.

바이스코프는 이런 사실을 전혀 몰랐다. 그런 결정을 내리는 사람들은 보안 문제 때문에 바이스코프처럼 하찮은 일반인에게 그런 이유를 일일이 설명하려고 하지 않았다. 바이스코프는 오펜하이머의 답장 외에는 자신의 제안에 대해 아무 소식도 듣지 못했고, 일주일이 지나자 점점 조바심이 났다. 취리히 강연 날짜가 눈앞에 다가왔는데, 아무래도 관료주의적 태만이 이 계획을 망칠 것만 같았다.

가만히 있을 수 없었던 바이스코프와 그의 술친구는 히틀러가 원자폭탄을 손에 넣으면 잃을 것이 가장 많은 영국은 자신들의 계획에 더 솔깃할 것이라고 판단했다. 그래서 MIT에서 레이더를 연구하는 몇몇 영국인을 알고 있던 동료 망명자 가우드스밋을 찾아갔다. 가우드스밋은 옛 친구 하이젠베르크를 납치한다는 계획을 기막힌 아이디어라고 생각했다. 그와 접촉한 영국인은 편지를 보낼 주소를 알려주고는 편지에 'tube alloys(튜브 합금)'라는 문구를 집어넣으라고 권했는데, 그것은 영국인 사이에서 원자폭탄을 뜻하는 암호였다. 가우드스밋은 시킨 대로 서둘러 편지를 써서 11월 7일에 우체통에 집어넣었다. 그리고 이제 이 편지가 곧 사람들을 행동에 나서게 할 것이라고 확신했다.

실제로 그러긴 했지만, 행동은 대서양 건너편이 아니라 이쪽에서 일어났다. 영국인 담당자들은 'tube alloys'라는 문구를 보고서 소스라치게 놀랐다. 어떻게 무명의 물리학자가 극비리의 암호 단어를 안단 말인가? 그들은 버니바 부시에게 이 사실을 알리면서 경고했고, 부시는 즉각 진상 조사에 나섰다. 유머라곤 모르는 정보 요원들이 가우드스밋을 급습해 어디서 그 단어를 들었는지 물었다. 게다가 가우드스밋은 편지에서 가끔 다른 첩보들도 접한다고 언급했는데, 이것이 의심을 더 키웠다. 영국인들이 이 사실을 듣고 싶어 할까? 미국 정보 요원들이 이 내용을 어떻게 생각했을지 쉽게 상상이 갈 것이다. 가우드스밋은 더듬거리는 목소리로 변명을 늘어놓으면서 어설픈 행동에 대해 사과했다. 더 매서운 질문들이 이어졌고, 결국 정보 요원들은 마지못해 가우드스밋을 놓아주었다. 그는 깊은 유감과 함께 이 사건에서 빠져나왔는데, 이 일을 통해 전시의 과학계에서 자신이 서 있는 위치를 분명히 이해했다. 그곳은 바로 바닥이었다.

하지만 보리스 패시와 비슷하게 가우드스밋도 과학계의 은밀한 측면과 접촉한 이 사건을 통해 큰 흥미를 느꼈다. 가우드스밋은 이전부터 늘 탐정 소설을 좋아했고, 아마추어 탐정으로 활동하는 자신을 상상하곤 했다(앤아버의 자기 연구실에 도둑이 침입해 장비를 훔쳐갔을 때, 가우드스밋은 지문 채취 장비를 꺼내 직접 그 단서를 수집했다). 전쟁에 도움이 되는 계략을 짠다는 생각은 더 큰 흥미를 유발했다. 그래서 심한 질책을 받았는데도 불구하고, 가우드스밋은 정보 장교들에게 편지를 보내 자신을 잘 활용할 방도를 찾아보라고 권했다. 해외에서 활동하는 데 유용한 자산인 여러 외국어 구사 능력 외에 이탈리아와 네덜란드, 벨기에, 프랑스에 아는 과학자들이 있다는 점도 강조했다. 그리고 "심지어 아직도 나를 친구로 믿는 독일 물리학자도 몇 명 있습니다"라고 덧붙였다. 솔직히 말해서, 편지의 어조는 다소 애처로웠다. "제발 날 버리지 마세요. 무슨 일이든지 할게요!"라고 사정하는 것 같았다. 당연한 일이지만, 아무도 답장하지 않았다. 납치 계획이 무산된 뒤, 정보부 사람들은 가우드스밋과 얽히길 꺼리는 것처럼 보였다.

어쨌든 얼마 후에 또 다른 편지 때문에 가우드스밋은 정보 활동에 관한 환상을 완전히 접었다. 1942년 여름, 독일은 네덜란드에서 유대인을 추방하기 시작했고, 가우드스밋과 부모 사이의 연락이 완전히 끊겼다. 가우드스밋은 몇 달 동안 네덜란드에 있는 친구들에게 편지를 보내 부모의 행방을 찾도록 도와달라고 간청했다. 그중에는 리제 마이트너가 베를린을 탈출하도록 도운 물리학자 디르크 코스터르도 있었다.

코스터르는 1942년 후반 아니면 1943년 초(정확한 날짜는 불확실하다)에 자신이 아는 독일 시민 중 가장 큰 권력을 가진 사람에게 도움을 요청했는데, 그 사람은 바로 베르너 하이젠베르크였다. 코스터르는 가우드스밋과 하이젠베르크는 어쨌든 친구가 아닌가라고 생각했다. 하이젠베르크는 가우드스밋의 집에서 저녁 식사도 하지 않았던가? 아이러니하게도 가우드스밋은 몰랐지만, 자신이 납치하자고 주장했던 과학자가 지금은 자신의 부모를 구할 수 있는 최선의 희망이었다.

한편, 이삭과 마리아너가 쓴 편지가 1943년 3월에 마침내 아들에게 도착했다. 봉투에 적힌 이름을 보고서 가우드스밋은 희망이 치솟았지만 소인을 확인하고는 절망에 빠졌다. 그 편지가 왜 그토록 오래 지체되었는지, 그리고 어떻게 해서 결국 자신에게 전달되었는지(자비로운 독일군 군인 때문에? 아니면 네덜란드의 지하 활동 요원들 덕분에?) 알 수 없었다. 그 편지는 포르투갈을 경유해 전달되었지만, 최초의 소인에는 이전에 체코슬로바키아의 영토였던 테레지엔슈타트라는 도시의 이름이 찍혀 있었다. 이 도시는 대규모 강제 수용소 바로 옆에 있었다.

23장

프레시먼 작전

윈스턴 처칠은 중수를 1940년과 1941년에 "우리 비밀 문서에 나타나기 시작한 불길한 단어인데, 섬뜩하고 부자연스러운 단어이다"라고 언급한 적이 있다. 아마도 이렇게 꺼림칙한 느낌을 반영해 영국 담당자들은 중수를 D_2O나 "주스Juice"라고 부르기 시작했다. 독일 측이 주스를 발견하는 족족 구입한다는 사실을 확인하자, 정보부 사람들은 대응 방안을 놓고 논쟁을 벌이기 시작했다.

일부에서는 하이젠베르크 납치에 반대했던 논리와 동일한 게임 이론 논리를 인용하면서 아무 행동도 하지 말아야 한다고 주장했다. 연합국은 노르웨이의 베모르크 공장을 파괴하는 등의 방법을 통해 독일이 중수에 접근하는 것을 방해할 수 있었다. 하지만 그러면 나치는 연합국이 이 섬뜩하고 부자연스러운 액체에 관심이 있다는 사실을 알아챌 게 틀림없었다. 그리고 연합국 측도 원자폭탄 개발을 시작했다는 결론을 내리고 원자폭탄 개발 계획에 더 박차를 가할 게 뻔했다.

하지만 일부 사람들은 즉각 행동을 취해야 한다고 주장했는데, 독일이 원자폭탄 개발에서 앞섰다는 사실을 감안하면 더욱더 즉시 행동해야 한다고 했다. 그들은 즉각 베모르크를 폭격하길 원했다. 하지만 노르웨이의 정보 요원들은 이 방안에 반대했다. 베모르크 주변의 산악 지형과 예측하기 힘든 날씨 때문에 공중 폭격은 성공할 확률이 낮았다. 게다가 중수를 생산하는 시설은 지하에 위치해 폭격으로 파괴하기 어려웠다. 그리고 베모르크는 단순히 중수만 생산하는 게 아니었다. 주변 지역에 전력을 공급하고 비료도 생산했는데, 공습을 하면 다른 곳보다 이 시설들이 가장 큰 손상을 입을 것으로 보였다.

결국 영국은 더 위험한 세 번째 방안을 선택했다. 특공대를 베모르크로 침투시켜 중수 생산 시설을 파괴하기로 했다. 이 임무는 영국 특수작전국이 책임지고 수행하기로 했는데, 특수작전국은 비공식적으로는 비신사전 전담부라고 불렀다. 이들이 하는 일은 한 역사학자가 묘사한 것처럼 유럽 전역에서 파괴 공작을 수행해 "히틀러의 수염을 태우는" 것이었는데, 베모르크의 중수 생산 시설을 파괴하는 것만큼 히틀러를 열받게 하는 일은 없을 것 같았다. 그것은 "원자 무기를 타격하기 위한 역사상 최초의 시도"였다.

베모르크를 무력화하려면 먼저 그곳에서 어떻게 중수가 생산되는지 알아야 했다. 그 작업은 전기 분해 건물 5층에서 시작되었는데, 관을 통해 강물을 끌어와 통들에 담았다. 그러고 나서 물에 전류를 가해 분리된 수소를 비료 생산에 사용했다. 중수는 이 과정의 부산물로 만들어졌다. 중수 분자는 보통 물 분자에 비해 쉽게 분해되지 않기 때문에, 오랫동안 전류를 가해 전기 분해를 하면, 남은 액체 속에서 중수가 차지하는 비율이 높아진다. 이렇게 약간 농축된 물을 다른 수조로 옮겨 계속 전기 분해를 해 더 농축시킨다. 이런 농축 단계를 여섯 번 거치면서 5층에서 1층으로 내려가는 동안 D_2O의 농도를 0.000002퍼센트에서 13.5퍼센트로 높일 수 있었다.

베모르크에서는 D_2O의 농도를 더 높이기 위해 여기서 여과 단계를 세 번 더 거쳤다. 이 여과 장치가 설치된 방들은 경이로운 공학 기술의 집약체로, 수많은 관과 냉각기, 밀봉재, 밸브, 석면 격판, 그리고 생산 효율을 높이기 위한 온갖 종류의 피드백 고리들로 가득 차 있었다. 이 장비들은 엄청나게 복잡했고 믿기 힘들 정도로 낭비적이었다. 베모르크에서는 강물 10만 갤런을 처리해 겨우 1갤런의 중수를 얻었다. 하지만 그것은 99.5퍼센트의 농도를 자랑하는 원자로용 주스였다.

비신사전 전담부는 이 과정을 방해하는 방법을 찾아야 했다. 그런데 베모르크에서는 이미 수석 공학자(나치가 중수를 어디에 쓸지 알았던)가 독자적으로 생산 라인에 피마자유를 쏟아부음으로써 그 작업을 방해하고 있었다. 그 결과로 물에 거품이 부글부글 일어나면서 물이 여과 장치로 원활하게 흘러가지 못해 생산 작업이 정체되고 지연되었다. 그 공학자는 몇 년 전에 이 공장의 건설 작업을 도왔기 때문에 직접 자기 손으로 그 장비를 망가뜨리는 것이 가슴 아팠지만, 선택의 여지가 없다고 생각했다. 영국 측은 이 공학자의 재치 있는 방해 공작에 기뻐했지만(식물 기름으로 원자폭탄 제조를 막을 수 있다니!), 그런 행동을 자주 할 수는 없었는데, 발각되는 날에는 끌려가 총살될 게 뻔했기 때문이다. 그리고 그 방법의 효과는 일시적이었다. 청소를 깨끗이 하고 나면, 생산이 다시 원활하게 재개되었다. 영국은 더 영구적이고 효과적인 방법을 원했다. 생산 과정의 마지막 단계는 공장 지하실에 있는 18개의 초정밀 전해조에 주스를 통과시키며 여과하는 것이었다.

그래서 영국은 특공대를 보내 이 시설을 폭파하기로 결정했다. 그들은 이 임무를 '프레시먼 작전Operation Freshman'이라고 명명했다.

이 계획을 세운 영국은 특공대원 선발 작업에 들어갔다. 고국을 떠나 영국 정부에 자문을 하고 있던 일부 노르웨이인은 베모르크 부근 출신의 군인 8명을 보내라고 제안했다. 이들은 스키를 아주 잘 타고 지형을 잘 알았다. 영국은 이 제안을 받아들이지 않았다. 노르웨이 군인들은 파괴 공작이나 비밀 작전 혹은 이처럼 고도의 정밀성이 필요한 임무를 수행한 경험이 전혀 없었다. 특공대는 스키를 타는 대신에 도보나 특수 접이식 자전거로 접근할 수도 있었다. 게다가 8명은 너무 적어 보였는데, 실수나 만일의 상황에 대처할 여유가 조금도 없었다. 영국 측은 30명이 적당하다고 판단했고, 전원을 비신사전 전담부에서 선발했다.

30명의 특공대원은 케임브리지 외곽의 사유지에서 훈련을 받았다. 공장에 접근하는 상황을 모방하기 위해 눈신을 신고 키 큰 풀밭 위를 걷는 연습을 했는데, 주변에서 눈밭에 가장 가까운 환경으로 택할 수 있는 곳이 거기였다(이런 훈련을 하는 이유를 감추기 위해 상관들은 실제로 있지도 않은 워싱턴컵 대회에서 미국인을 이기기 위해 지구력을 기르는 훈련이라는 이야기를 퍼뜨렸다). 이 훈련을 위해, 베모르크에서 마이크로필름으로 촬영해 치약 튜브에 넣어 몰래 들여온 청사진을 참고해 목수들이 공장 지하실을 정교하게 복제한 건물을 만들었다. 이 건물 모형은 각각의 문에 달린 자물쇠까지 정확하게 복제했는데, 특공대원은 인근 교도소에서 차출한 전문 절도범으로부터 자물쇠 따는 법을 배웠다. 그들은 칠흑 같은 어둠 속에서도 임무를 완수할 수 있을 때까지 모의 지형을 지나고 폭발물을 정확하게 설치하는 훈련을 끝없이 반복했다. 그러고 나서 누군가가 아주 적절한 마지막 아이디어를 내놓았다. 특공대가 목표 시설을 파괴하고 베모르크를 탈출하면, 나치는 틀림없이 추격에 나설 것이다. 그래서 베모르크를 파란색 동그라미로 둘러싸 표시하고 노르웨이 서부로 향하는 가짜 탈출로가 표시된 지도(실크 손수건에 그려진)를 쉽게 발견될 수 있는 장소에 놓고 오자고 했다. 그동안에 특공대는 동쪽으로 160여 킬로미터를 이동해 중립국인 스웨덴으로 간다는 계획이었다.

노르웨이인에게 성의를 표시하기 위해 영국 측은 노르웨이 군인 4명을 사전 정찰대로 쓰기로 했다. 노르웨이 중부 출신인 이 네 사람은 한 달 먼저 출발해 낙하산으로 착륙한 뒤, 활주로를 준비하고, 베모르크의 방어 태세를 정찰하고, 영국 특공대를 그곳까지 안내하기로 했다. 이 준비 작업은 꼭 필요했는데, 베모르크 주변 지역은 믿기 힘들 정도로 험준한 9000제곱킬로미터의 고원 지대로, 이곳에는 주로 순록이 살고, 어른도 엉덩방아를 찧게 할 만큼 강풍이 몰아쳤기 때문이다. 한 역사학자는 이곳을 "지구에서 가장 황량한 장소 중 하나로, 북유럽에서 가장 크고 가장 외딴 산맥 지역이다"라고 묘사했다. 현지 주민들은 밤에는 냉기가 너무 빨리 내려와 가끔 타고 있던 불도 그 자리에서 얼어붙는다고 말했다. 심지어 고원의 이름인 하르당에르 Hardanger조차 영어권 사람들에게는 으스스하게 들렸는데, hard(어려운)와 danger(위험)가 결합된 단어처럼 보였기 때문이다.

극도의 보안을 유지하기 위해 낙하산 강하는 밤중에만 했고, 시정을 최대한 확보하기 위해 야간 낙하산 강하는 보름달이 뜰 무렵에만 했다. 10월 중순에 네 명의 노르웨이인 선발대—그라우스 Grouse(뇌조)란 암호명으로 불린—를 투입할 준비가 되었다. 영국 정보부와 협력한 BBC는 10월 18일에 방송 멘트를 평소와 조금 달리했다. 아나운서는 "런던에서 전하는 뉴스입니다(This is the news from London)" 대신에 "런던에서 전하는 '최신' 뉴스입니다(This is the *latest* news from London)"라고 말했다. 바뀐 한 단어는 베모르크 부근에서 활동하던 비밀 요원들에게 그날 밤 특공대원들이 낙하산을 타고 강하할 예정임을 알려주었다.

그라우스 팀은 바위가 곳곳에 널려 있고 떨어졌다간 뼈도 추리기 힘든 협곡이 여기저기 산재하여 매우 위험하고 험준한 지역에 낙하해야 했다. 지형 자체도 위험을 가중시켰는데, 영국 파일럿은 강과 도로를 표지로 삼아 비행하는 데 익숙했던 반면, 하르당에르 고원은 암석과 눈이 뒤섞여 모든 지역이 흑백의 '호랑이 줄무늬' 패턴으로 뒤덮여 어디나 서로 비슷해 보였기 때문이다. 그라우스 팀의 네 대원은 모두 안전하게 착륙하긴 했지만, 목표 지점에서 50킬로미터나 떨어진 곳에 낙하했고, 장비들은 온 사방에 흩어지고 말았다. 장비들을 모두 수거하느라 이틀을 낭비했는데, 그러고 나자마자 하르당에르 고원에 눈보라가 몰아닥쳤다.

눈보라가 그친 뒤, 그들은 수백 킬로그램의 식량과 장비를 끌고 베모르크를 향해 나아갔는데, 한 사람이 눈 속에 반쯤 파묻힌 썰매를 발견한 덕분에 수고를 좀 덜 수 있었다(경이롭게도 그것은 그 사람이 어린 시절에 쓰던 썰매였다. 2년 전에 노르웨이의 레지스탕스 대원에게 빌려주었는데, 그 대원이 쓰다가 버린 것 같았다). 하지만 그 썰매조차 큰 도움이 되진 않았는데, 지형이 울퉁불퉁할 뿐만 아니라 눈이 무릎까지 쌓였고, 높은 고도 때문에 숨 쉬기도 힘들었기 때문이다. 15일간의 악전고투 끝에 그들은 마침내 베모르크 인근에 도착해 통나무집으로 들어가 휴식을 취했다. 하르당에르 고원에는 그런 통나무집이 곳곳에 산재했지만, 주로 여름에 사용할 목적으로 지은 것이라 벽이 얇았고, 갈라진 틈 사이로 눈과 바람이 윙윙거리며 밀고 들어왔다.

베모르크 지역을 정찰한 뒤 그라우스 팀은 런던과 무전 교신을 시도했지만, 악천후 때문에 교신은 사실상 불가능했다. 배터리는 딱딱하게 얼어붙었고, 매서운 강풍에 안테나는 계속 꺾였다. 결국 임시방편으로 스키 폴과 버려진 낚싯대를 사용해 안테나를 세워야 했다. 마침내 런던과 교신이 되었을 때, 보고할 내용은 나쁜 소식밖에 없었다. 독일군은 베모르크를 점령한 뒤 그 일대에 지뢰를 부설하고 주변에 철조망을 설치했으며 기관총도 다수 배치했다. 임무 도중에 사상자가 발생할 가능성이 높아 보였다.

그럼에도 불구하고, 작전은 예정대로 진행되었다. 11월 19일 오후, 그라우스 팀의 통신병은 하늘이 맑게 갤 것이라는 간단한 날씨 보고를 보냈다. 런던에서는 전혀 무관해 보이는 "Girl"이라는 답신을 보냈다. 그것을 본 통신병은 심장이 심하게 고동쳤을 것이다. 프레시먼 작전을 바로 그날 밤에 시작한다는 신호였다.

영국 지휘부는 30명의 특공대를 바위가 도처에 널린 지형에 낙하산으로 침투시켜 발목 부상을 당할 위험을 감수하는 대신에 글라이더를 사용하기로 결정했는데, 이것은 독일이 사용한 전술을 차용한 것이었다. 글라이더는 엔진이 없기 때문에 자체 동력으로 이륙하거나 비행할 수 없었다. 대신에 프로펠러 비행기에 100미터 길이의 밧줄로 글라이더를 매달아 목표 지점으로 실어간 뒤, 공중에서 밧줄을 끊어 글라이더를 활공하게 해야 했다. 길이 20미터의 이 글라이더는 소리도 없이 지상으로 하강하기 때문에, 적에게 들킬 염려가 없었다. 하지만 글라이더가 평온하게 잘 조절된 방식으로 하강하리라고 생각했다면, 다시 생각해보라. 글라이더는 합판으로 만들어졌고, 공기역학적 안정성이 뛰어나지 않았다. 동체 바닥은 토사물을 씻어내기에 용이하도록 골함석 구조로 설계되었는데, 사람들이 미끄러지는 것을 방지하기 위해서였다. 독일 글라이더들은 벨기에의 반반한 평원에 군대를 운송하는 데 큰 성공을 거두었지만, 하르당에르 고원의 험준한 지형에서는 일이 틀어질 가능성이 훨씬 높았다.

11월 19일 내내 그라우스 팀은 현지의 풍속과 시정에 관한 정보를 주기적으로 런던으로 보냈지만, 런던에서 그 메시지를 해독할 무렵에는 변덕스러운 구름과 한랭 전선이 그곳 날씨를 불안하게 만들었다. 불안을 느끼면서도 런던 지휘부는 결국 출발 명령을 내렸다. 첫 번째 비행기와 글라이더는 스코틀랜드 북서부에서 오후 6시 45분에 이륙했고, 15분 뒤에 두 번째 비행기와 글라이더가 이륙했다. 그 직후부터 바람이 심하게 불기 시작했고, 노르웨이 해안에 이르렀을 무렵에는 폭풍이 몰아칠 것처럼 보였다. 한 관계자는 훗날 그 날씨를 "사방이 온통 구름으로 뒤덮여 있었다"라고 묘사했다.

지상에서 그라우스 팀은 착륙 장소를 준비했는데, 빨간색 불빛의 손전등 여러 개를 L자 모양으로 배치하고, 라디오 비컨radio beacon(지상의 한 지점에서 특정 전파를 발사해 항공기나 선박에 그 지점에 대한 자신의 위치를 알게 하는 장치—옮긴이)을 발사해 비행기들에 착륙 지점을 알려주었다. 얼마 후 구름 사이에서 웅웅거리는 모터 소리가 들려왔다. 고원에서 고립된 상태로 한 달을 보낸 그들은 그 소리에 사기가 끓어올랐다. "저기 온다!" 한 사람이 소리쳤다. "불빛을 위로!" 그들은 빨간색 불빛을 껐다 켰다 하면서 비행기를 찾으려고 상공을 응시했다.

잠시 후 웅웅거리는 소리가 사라졌다. 비행기가 그들을 그냥 지나가버린 것이다. 그들은 얼굴을 찌푸렸지만 크게 걱정하진 않았다. 아마도 파일럿이 그저 다른 경로를 원해서 그랬을 것이다. 그리고 두 번째 비행기도 곧 올 테니까. 실제로 몇 분 뒤 웅웅거리는 소리가 다시 들려왔고, 그들은 다시 손전등 불빛을 깜빡이기 시작했다. 하지만 이번에도 소음은 다시 사라져갔다. 같은 일이 세 번 연속으로 일어나자, 그라우스 팀은 조바심을 내며 침을 꼴깍 삼켰다.

가까이 다가오길 몇 차례 더 반복하다가 웅웅거리는 소리는 마지막으로 한 번 다가왔다가 사라진 뒤로는 영영 돌아오지 않았다. 자정 무렵에 그라우스 팀은 터덜터덜 걸어 통나무집으로 돌아가 무슨 일이 일어났는지 알아보기 위해 런던에 무전을 보냈다. 그리고 이내 물어본 것을 후회했다.

파일럿들은 하늘에서 길을 잃고 말았다. 두 비행기에 실린 라디오 비컨 수신기가 둘 다 고장났고, 구름이 걷혀 빨간색 L자 불빛을 맨눈으로 확인할 기회가 생겼을 때에도 호랑이 줄무늬 외에는 아무것도 보이지 않았다. 그렇게 비행기와 글라이더가 고원 주변을 계속 선회하면서 20분이 지나고, 한 시간이 지나고, 두 시간이 흘렀다.

결국 연료가 바닥날 위험에 봉착하자, 파일럿들은 기수를 돌릴 수밖에 없었는데, 그때 일이 꼬이기 시작했다. 글라이더에 연결된 견인줄에 밤 내내 얼음이 쌓였고, 과도한 무게를 지탱하던 밧줄은 손상되기 시작했다. 결국 노르웨이 해안에 이르렀을 때 밧줄 하나가 끊어졌고, 글라이더가 추락하기 시작하자 비행기 승무원들은 공포에 질린 눈으로 뒤를 돌아보는 것밖에 할 수 있는 일이 없었다. 글라이더는 시속 약 300킬로미터로 선회하다가 구름 사이로 사라졌다. 비행기는 주변을 선회하면서 글라이더를 찾으려고 애썼지만 아무 소용이 없었고, 오전 3시에 영국으로 돌아온 뒤 승무원들은 글라이더가 바다에서 실종되었다고 보고했다.

두 번째 비행기의 견인줄도 끊어졌는데, 이번에는 육지 위에서 끊어졌다. 글라이더의 위치를 파악하려고 비행기는 그 지역 상공을 선회하면서 아래쪽을 열심히 살폈는데, 불행하게도 파일럿이 두꺼운 구름 속에서 무리한 비행을 하다가 비행기가 산 옆구리와 충돌하고 말았다. 비행기는 산비탈에서 굴러 내려가다가 폭발하면서 탑승자 전원이 사망했다.

한편, 글라이더는 땅에 충돌하면서 착륙했다. 탑승자 17명 중 3명이 즉사했고, 6명은 중상을 입었다. 잔해 속에서 모두를 탈출시킨 뒤, 지휘관은 걸을 수 있는 두 사람을 농가로 보내 그곳이 어디인지 알아오라고 했다. 어쩌면 아직 스웨덴으로 탈출할 희망이 있을지도 몰랐다. 하지만 농부는 그곳은 국경에서 640킬로미터나 떨어져 있다고 대답했다. 그리고 자신은 현지 나치 사령부에 그들을 보았다고 신고해야 한다고 덧붙였다. 독일군도 비행기 추락 소리를 분명히 들었을 테고, 만약 자신이 침묵을 지킨다면 반역자로 몰려 총살당할 것이라고 했다. 두 사람은 추락 장소로 돌아와 지휘관에게 이 사실을 보고했다.

지휘관은 자기 병사들이 첫 번째 나치 순찰대는 격퇴할 수 있겠지만, 곧이어 더 많은 독일군이 몰려올 게 뻔했고, 게다가 여러 병사가 치료를 받아야 했다. 그래서 독일군이 도착하자, 생존자들은 투항했다. 트럭에 실려갈 때, 한 포로는 주변에 모인 노르웨이 사람들에게 장난조로 승리의 V 사인을 흔들었다.

그다음에 일어난 일은 몇 년 뒤에야 전시의 잔학 행위에 관한 재판에서 밝혀졌는데, 엇갈리는 증언 때문에 진실은 다소 불확실한 채로 남아 있다. 노르웨이에 주둔하던 나치 지휘관은 부하들을 시켜 영국인들을 심문해 임무가 무엇인지 알아내려고 했지만, 영국인들은 이름과 계급, 군번 외에는 아무것도 진술하려 하지 않았다. 지휘관은 딜레마에 빠졌다. 1942년 10월에 히틀러는 모든 외국인 파괴 공작원을 그 자리에서 사살하라는 비밀 총통 명령을 내렸다. 독일군은 외국인 파괴 공작원을 사석에서는 "해적"이라고 불렀다. 글라이더에 폭발물이 실린 것으로 보아 이 영국인들은 파괴 공작원임이 틀림없었다. 하지만 이들은 군복을 입고 있었다. 이 점을 감안하면 이들은 전쟁 포로로 대우해야 마땅했고, 훗날 지휘관은 이들을 처형하고 싶은 마음이 전혀 없었다고 주장했다.

양심과 한참 씨름하던 지휘관은 국방부 원수 빌헬름 카이텔Wilhelm Keitel에게 전화를 걸었다(기묘한 우연의 일치랄까, 카이텔은 로버트 오펜하이머의 아내 키티의 외종숙이었다. 결혼을 통해 오펜하이머는 카이텔과 인척 관계가 되었다). 지휘관은 그들을 총살해야 하느냐고 물었다. 카이텔은 모호하게 대답했지만, 총통의 명령과 모순되는 지시를 하지는 않았다. 여전히 결정을 내리지 못한 지휘관은 폰티우스 필라투스Pontius Pilatus(성경에서 예수에게 십자가형을 선고한 본디오 빌라도로 나오는 사람—옮긴이)처럼 행동하기로 했다. 자신은 이 문제에서 손을 씻고 빠져나오기로 하고 특공대원들을 게슈타포에게 넘긴 것이다. 게슈타포는 군복을 입은 사람들을 어떻게 처리할지 결정하는 데 망설임이 덜했다.

게슈타포는 14명을 잠깐 동안 구금했다가 골짜기로 데려갔다. 그곳에서 경비병들이 한 사람을 붙잡고 콘크리트 탄약고 쪽으로 끌고 갔다. 그의 모습이 시야에서 사라지자마자 골짜기에 총성이 울려퍼졌다. 여전히 군복이 자신을 보호해줄 것이라고 믿고 있던 나머지 13명은 당혹스러운 표정으로 주위를 살폈다. 어디다 총을 쏜 것일까? 잠시 후 경비병들이 돌아와 한 사람을 더 데려갔고, 1분 뒤 다시 총성이 울려퍼졌다. 결국 14명 모두 총살형 집행대가 기다리고 있는 탄약고 쪽으로 끌려갔다. 그곳에 도착한 특공대원은 군복 상의를 벗으라는 지시를 받았는데, 독일군은 전쟁 포로를 죽이지 않는다는 허구를 유지하기 위해서였다. 거부한 사람도 있었지만, 어쨌든 총살을 피하진 못했다. 한 사람은 아내와 아이들 사진을 꺼내 보이면서 살려달라고 애원했다. 돌아온 것은 총탄 세례였다. 부상이 너무 심해서 설 수 없는 사람이 있었다. 그러자 독일군은 그를 돌에 기대놓고 조준했다. 한 사람이 쓰러질 때마다 지휘관이 다가가 머리에다 총을 쏴 확인 사살을 했다. 처형이 끝난 뒤, 14구의 시체는 도랑으로 던져졌다.

이 잔학 행위에 대한 소식이 베를린에 당도하자, 장교들은 불같이 화를 냈다. 수백 년 전부터 이어져온 전쟁의 인도적 국제 규범을 위반해서가 아니라 알아내지 못한 정보 때문이었다("심문부터 하고 나서 죽여야지, 이 멍청이들!"). 이제 게슈타포는 파괴 공작원들의 표적을 알아낼 방법이 없었다.

게슈타포에게는 다행스럽게도 곧 두 번째 기회가 찾아왔다.

영국으로 귀환한 일행의 보고에도 불구하고, 다른 글라이더는 바다에 추락한 것이 아니었다. 바다에 조금 못 미친 곳에 추락하면서 두 동강이 났고, 충돌하는 순간 6명이 즉사했다. 나머지 4명은 머리뼈가 부러지고 팔다리가 으스러지는 중상을 입었다. 그중 두 사람은 자신의 피 때문에 땅바닥에 얼어붙었다. 여기서도 지휘관은 상황이 절망적이라고 판단해 현지 독일군 순찰대에게 투항했다.

총살형 집행대에게 처형당한 사람들은 적어도 금방 죽었다. 하지만 이들의 운명은 그렇지 않았다. 붉은 악마라는 별명으로 불린 독일군 지휘관은 중상을 입은 4명을 데려가 의사에게 모르핀을 과다 투여해 죽이게 했다. 한 사람은 곧 죽었지만, 나머지 세 사람은 무슨 일이 벌어지는지 알아채고는(의사는 그들에게 발진티푸스 예방 주사를 놓는다고 거짓말을 했다) 저항했다. 그것은 큰 실수였다. 붉은 악마는 이에 격분해 한 대원을 허리띠로 졸라 죽였다. 자비를 베풀길 원했던 의사는 두 번째 사람에게는 정맥에 공기를 주사해 색전증으로 죽게 하려고 시도했다. 하지만 그것은 효과가 없었고, 붉은 악마는 군홧발로 그 사람의 목을 짓밟아 죽였다. 마지막 대원은 계단 아래로 끌고 내려가 등에 총을 쏴 죽였다. 그러고 나서 독일군은 시체를 바다에 던져버렸다.

부상을 입지 않은 5명은 오슬로로 데려가 심문했다. 이들 역시 구체적인 진술을 거부하자, 독일군은 이들의 손을 가시철사로 묶고 눈을 가려 트럭에 태웠는데, 전쟁 포로 수용소로 데려가는 것처럼 보였다. 트럭은 몇 시간을 달린 뒤 멈췄고, 눈을 가린 대원들이 비틀거리면서 트럭에서 내렸는데, 당연히 손목은 갈기갈기 찢긴 상태였다. 갑자기 누가 "아흐퉁!Achtung!"(독일어로 '차렷!'이란 뜻)이라고 외쳤다. 그러자 총성이 요란하게 울렸고, 5명 모두 땅바닥에 쓰러졌다. 이들은 전쟁이 끝난 뒤 구덩이에서 발견되었는데, 군복을 입은 상태였다.

프레시먼 작전에서 영국인이 유일하게 얻은 위안은 이 임무의 목표를 누설한 특공대원이 한 명도 없었다는 것뿐이다. 하지만 결국은 이들이 침묵을 지키려고 한 노력도 허사로 돌아가고 말았다. 한 글라이더의 잔해를 뒤지던 독일군은 실크 손수건에 그려진 지도를 발견했다. 특공대는 그것을 독일군에게 자신들이 동쪽 대신에 서쪽으로 도주한다고 믿게 하려는 가짜 미끼로 쓰려고 했다. 하지만 독일군은 탈출로는 무시하고 파란색 원으로 표시된 지점에 주목했는데, 그곳은 바로 베모르크 중수 생산 공장이었다. 이렇게 하여 그들은 파괴 공작원들의 표적이 어딘지 알아챘다.

프레시먼 작전은 모든 면에서 대참사였다. 정예 특공대원 30명이 죽었다. 손수건 지도는 표적을 노출해 독일군은 베모르크의 방어 태세를 한층 강화했다(더 많은 철조망과 지뢰와 기관총으로). 무엇보다도 연합국이 핵분열에 관심이 있다는 사실을 들키고 말았다. 차라리 히틀러에게 로스앨러모스 엽서를 보내는 편이 나았을 것이다.

프레시먼 작전 실패로 대다수 사람들이 낙담했지만, 반면에 의지를 불태운 사람들도 있었다. 고국을 떠나 영국 정보부에 자문을 하던 노르웨이인들은 처음부터 프레시먼 작전을 탐탁지 않게 여겼다. 그 작전은 쓸데없이 번잡했고, 현지 지형에 익숙지 않은 대원들을 투입하는 것도 약점이라고 생각했다(도대체 어떻게 그곳에서 접이식 자전거가 효과가 있다고 생각할 수 있단 말인가?). 참사 소식을 듣고 나서 하루가 지나기 전에 두 노르웨이인 장교가 거너사이드 작전Operation Gunnerside이라는 더 과감한 계획을 세우기 시작했다. 이들은 베모르크를 파괴하는 방법이라면 자신들이 영국인보다 한 수 위라고 자신했다.

24장

이탈리아인 항해가

사랑에 빠진 발터 보테가 흑연 실험을 망친 뒤, 독일의 원자폭탄 계획은 중수를 사용해 핵반응을 연구하는 방법에 집중했다. 반면에 미국의 계획은 항상 흑연을 더 나은 선택으로 여겼고, 이 탄소 화합물에 대한 확신은 1942년 12월에 큰 성과를 가져다주었다.

미국인들은 최초로 만든 원자로를 "파일pile"('더미' 또는 '무더기'란 뜻)이라고 불렀는데, 이것은 그저 아무 의미 없는 암호명이 아니었다. 그 원자로는 실제로 거대한 흑연 더미(pile)였는데, 쓰지 않는 시카고 대학교 스쿼시 코트 바닥 위에 미끌미끌한 검은색 흑연 벽돌을 350톤 쌓아서 만든 것이었다. 기술자들이 이 벽돌들을 제대로 배치해 쌓는 데에는 하루 24시간씩 작업해 17일이 걸렸다. 최종 결과는 폭 7.5m에 2층 높이에 달하는 달걀 모양의 둔덕이었다. 스쿼시 코트는 난방이 되지 않았지만, 이 구조물을 짓는 사람들은 힘들게 일하느라 땀이 났고, 많은 사람은 상의를 벗었는데 이들은 곧 그것을 후회했다. 수많은 흑연 먼지가 공기 중에 흩날렸는데, 한 사람은 "우리는 석탄 광부들의 심정을 이해하게 되었다. 우리는 마치 민스트럴 쇼minstrel show(남북 전쟁 전후에 유행했던 엔터테인먼트 쇼로, 백인이 얼굴을 검게 칠하고 흑인 행세를 하면서 희화화된 방식으로 흑인을 풍자했다—옮긴이)를 위해 분장한 것처럼 보였다. 한 차례 샤워로는 표면의 흑연 먼지만 씻어낼 수 있었다. 첫 번째 샤워를 하고 나서 30분쯤 지나면, 땀구멍에 박힌 먼지가 흘러나오기 시작했다"라고 그때의 상황을 회상했다.

원자로의 맨 바깥쪽 벽돌들은 단단한 흑연 덩어리였지만, 중심을 향한 대다수 벽돌들은 구멍이 뚫려 있었고, 거기에 약 2.25kg의 우라늄 덩어리가 채워져 있었다. 1만 8000개의 우라늄 덩어리는 각자 어떤 방향으로도 중성자를 방출할 수 있었다. 중성자는 주변의 흑연 속으로 들어가면 속도가 느려졌고, 느려진 중성자가 곧이어 다른 우라늄 덩어리에 흡수되면 핵분열 반응을 촉발했다. 여기서 우라늄 덩어리는 흑연 빵 덩어리에 박혀 있는 핵분열 건포도로 생각할 수 있다. 각각의 작은 건포도에서 일어나는 핵분열 반응이 합쳐져 전체 연쇄 반응이 일어난다.

이렇게 쌓아놓은 적당량의 흑연과 우라늄은 세 번째 요소인 카드뮴이 없다면 저절로 임계 상태에 이르게 된다. 카드뮴은 입자를 흡수하는 스펀지와 같아서 많은 중성자를 집어삼킨다. 그래서 원자로를 건설하는 동안 작업자들은 가끔 흑연 벽돌들 사이에 수평 방향의 통로를 만들고, 거기다가 가느다란 나무 막대를 밀어넣었는데, 나무 막대 끝에는 카드뮴 조각이 붙어 있었다. 이 막대들은 원자로가 너무 일찍 임계 상태에 도달하는 걸 막기 위해 자물쇠를 채워 그 자리에 고정돼 있었다.

시카고의 겨울은 너무 추워서 숨 쉬기가 고통스러운 날이 많은데, 그런 날 중 하루인 1942년 12월 2일에 마침내 모든 것이 준비되었다. 미국이 전쟁에 뛰어든 지 1년쯤 지났을 무렵이었는데, 아직은 주로 북아프리카와 남태평양의 과달카날섬 같은 곳에서 전투가 벌어지고 있었다. 그날 아침, 국무부는 유럽에서 유대인이 이미 200만 명이나 사망했다고 발표했다.

그날 오후, 42명의 사람들이 모자와 스카프와 장갑을 착용하고 스쿼시 코트로 모여들었다. 대부분은 원자로가 내려다보이는 발코니에 서 있었지만, 여러 기술자는 아래 바닥 위에서 어슬렁거리며 돌아다녔다. 그중 한 사람은 도끼를 들고 있었다. 그 사람을 스크램 SCRAM(safety control-rod axe man, 안전 제어봉 도끼를 든 남자)이라고 불렀는데, 그의 임무는 역사상 최초의 핵분열 연쇄 반응이 역사상 최초의 원자로 멜트다운(노심 용융)으로 진행되지 않도록 막는 것이었다. 만약 원자로가 제어 불능 상태에 빠지면, 그 사람은 사형 집행인처럼 도끼를 휘둘러 가까이 있는 밧줄을 잘라야 했다. 그러면 천장에 다모클레스의 칼(다모클레스는 시라쿠사의 참주 디오니시우스 1세의 신하인데, 다모클레스가 아첨을 하자, 디오니시우스 1세는 그를 말총에 매달아놓은 칼 밑에 앉게 하고는, 권력자의 운명이 그처럼 위험하다는 것을 가르쳐주었다—옮긴이)처럼 매달려 있던 카드뮴 막대가 원자로 중심에 있는 구멍으로 떨어져 연쇄 반응을 질식시키게 돼 있었다. 만약 스크램이 실패하면, 3인조 과학자들(이들을 농담조로 '자살 특공대'라고 불렀다)이 나서기로 되어 있었다. 그들은 발코니에서 카드뮴과 물이 섞인 들통들을 준비한 채 대기하고 있다가, 마지막 수단으로 들통에 든 것을 원자로 위로 던지기로 돼 있었다. 두 가지 안전 조치는 허접했지만, 사실 최초의 원자로와 관련된 것은 허접하지 않은 것이 없었다.

임계 실험은 오후 2시 무렵에 시작되었다. 한때 로마에서 자기 연구소 복도를 뛰어다녔던 이탈리아 물리학자 엔리코 페르미가 전체 과정의 책임자였다. 페르미는 가까이 있던 방사능 탐지기가 재깍거리자, 자물쇠를 채운 카드뮴 막대들을 하나씩 풀라고 지시했다. 매 단계마다 페르미는 계산자를 사용해 계산을 하고, 일부 장비에 기록된 수치를 확인했다(페르미는 영어를 익히기 위해 『곰돌이 푸*Winnie-the-Pooh*』를 읽었는데, 각각의 장비에 그 작품에 나오는 캐릭터인 푸Pooh, 루Roo, 티거Tigger라는 이름을 붙였다). 마침내 페르미는 'k 인자k factor'라고 부르는 값을 알아내려고 시도했다. k 인자는 연쇄 반응이 흐지부지 끝날지 아니면 임계 상태로 나아갈지 좌우하는 값이다. 우라늄 원자 하나가 핵분열을 할 때마다 거기서 중성자가 나온다. 때로는 이 중성자들이 날아다니면서 추가로 핵분열 반응을 일으키지만, 때로는 반응을 일으키지 않는다. k 인자는 중성자가 평균적으로 추가 핵분열 반응을 일으키는 데 성공하는 비율을 나타낸다. 따라서 만약 우라늄 핵분열 반응이 네 번 일어나 추가 핵분열 반응을 한 번 더 일으킨다면, $k=\frac{1}{4}$, 즉 0.25이다. 만약 두 번의 핵분열 반응에서 추가 핵분열 반응이 한 번 더 일어난다면, $k=\frac{1}{2}$, 즉 0.5이다. $k=1$이 중요한 문턱값이다. 이것을 넘어서면, 핵분열 반응이 한 번 일어날 때마다 한 번 이상의 핵분열 반응이 추가로 일어나고, 이제 반응이 자동으로 계속 이어진다.

카드뮴 막대를 하나만 남기고 모두 꺼내자, k는 1에 아주 가까워졌다. 하지만 페르미는 마지막 막대를 확 끄집어내 임계 상태로 치닫게 하는 대신에 속도를 늦추었다. 그는 그 막대를 15센티미터만 꺼내라고 지시했다. 그러고 나서 루와 티거를 확인하고 계산한 뒤, 고개를 끄덕였다. 점점 뜨거워지고 있었다. 막대를 15센티미터 더 꺼낸 뒤, 다시 계산을 했다. 이제 정말로 임계 상태 직전이었다. 다시 15센티미터를 더 꺼냈다. 그동안 죽 제자리를 지키고 있던 도끼를 든 남자와 자살 특공대는 손이 근질거려 참기가 힘들었다. 한 단계가 지날 때마다 방사능 탐지기는 점점 더 빠르게 재깍거렸고, 결국에는 너무나도 빠르게 재깍거려 어떤 사람들은 마치 "드릴이 돌아가면서 윙윙거리는 소리"처럼 들렸다고 말했다. 페르미는 여전히 계산을 계속했다. "15센티미터 더."

마침내 오후 3시 53분에 페르미는 고개를 들고 씩 웃었다. 그리고 k 값이 1.0006에 이르렀다고 발표했다. 그것은 아주 기묘한 순간이었을 것이다. 원자로는 흔들리지도 않았고, 눈에 띄는 변화도 일어나지 않았다. 빛이 나기 시작한 것도 아니고, 그 어떤 일도 일어나지 않았다. 하지만 페르미의 연필에 있던 흑연은 원자로의 흑연이 방금 역사상 새로운 문턱을 넘어섰다는 것을 증명했다. 그들은 세계 최초의 원자로 옆에 서 있었다. 원자폭탄의 완성까지는 아직도 갈 길이 멀었다. 무엇보다도 농축 우라늄-235나 플루토늄이 많이 필요했다. 하지만 페르미는 그 거리를 크게 좁혔다.

그날은 이제 더 이상 실험을 계속할 이유가 없었기 때문에, 조수들이 카드뮴 막대를 도로 끼워넣어 모든 것을 중단시켰다. 실험 성공을 축하하기 위해 그 자리에 모인 과학자들은 키안티를 몇 병 꺼내 종이컵에 따라 마셨다. 와인 병은 전통적인 밀짚 싸개로 둘러싸여 있었는데, 과학자들은 그것을 돌리면서 모두가 거기에 사인을 했다.

얼마 후, 시카고의 맨해튼 계획 고위 책임자가 워싱턴의 고위 책임자에게 전화를 했다. "짐, 흥미로운 소식이 있소. 방금 이탈리아인 항해가가 신세계에 상륙했소."

상대방은 그 암호를 듣고서 생기가 돌았다. "그래요? 원주민은 우호적이었나요?"

"모두 안전하고 즐겁게 상륙했습니다."

페르미의 원자로 실험 성공으로 맨해튼 계획에 속도가 붙었다. 이제 자기 지속적 연쇄 반응이 가능해졌으므로, 레슬리 그로브스 장군은 본격적으로 우라늄을 농축할 공장 건설을 시작할 수 있었다. 제대로 가동하는 원자로를 확보했으므로 과학자들은 플루토늄도 증식할 수 있었다. 이 두 가지 진전으로 맨해튼 계획 담당자들은 자신감을 얻었다.

반면에 페르미의 성공은 독일의 원자폭탄에 대한 두려움을 한층 더 높였다. 오합지졸에 가까운 미국 과학자들이 원자로를 만드는 데 성공했다면, 하이젠베르크와 한 같은 천재들은 이미 그것을 만들고도 남았을 것이었기 때문이다. 사실, 12월 2일에서 며칠 지나기 전에 맨해튼 계획에 참여한 한 물리학자(평범한 일개 물리학자가 아니라 장차 노벨상을 수상하게 될 천재 물리학자)가 분필을 쥐고 칠판에 계산을 했는데, 미국의 진전 속도를 감안한다면 독일은 늦어도 1944년 12월에, 어쩌면 그보다 더 빨리 원자폭탄을 개발할 것이라고 '증명'했다. 모두 그의 주장을 의심할 이유가 전혀 없다고 생각했다.

4부

1943년

25장

비밀 메시지

영국 물리학자들은 닐스 보어를 덴마크에서 빼내려고 몇 년 동안 노력했는데, 그를 보호하려는 목적도 있었지만, 그의 천재성을 연합국의 전쟁 지원 노력에 활용하려는 목적도 있었다. 그래서 보어를 국외로 빼돌리기 위해 1943년 1월에 덴마크의 지하 활동 요원이 코펜하겐에 있던 보어의 집을 방문했다.

보어는 함정일지도 모른다고 의심해 영국 측의 확인 문서가 없다는 이유로 제안을 거절했다. 그 요원은 다소 정교한 방법으로 메시지를 전달했는데, 보어의 요구를 편지로 써서 마이크로필름에 담고 그 복사본을 여러 엽서의 우표 밑에 숨긴 뒤, 스톡홀름에 있는 요원에게 보냈다. 그 요원은 우표에서 마이크로필름을 떼어낸 뒤, 아무도 없는 방 안에서 환등기를 사용해 메시지를 확대해 살펴보았고, 그러고 나서 그 메시지를 영국 측에 전달했다.

영국인은 마치 덴마크인보다 한 수 위임을 보여주기라도 하려는 듯이 더 정교한 방법으로 응수했다. 2월 초에 코펜하겐의 요원은 은행에 근무하는 연락책으로부터 전화를 받았는데, 누가 낡은 열쇠들을 그곳에 남기고 갔다는 내용이었다. 열쇠들을 회수한 요원은 그중 하나(229라고 표시된)를 바이스에 끼우고 특정 지점을 줄로 갈기 시작했다. 0.4cm쯤 깎아내자, 작은 구멍이 나타났다. 그 속에 한 변이 0.5mm인 정사각형 마이크로필름이 3개 들어 있었다. 여기서 그는 손수건으로 코와 입을 막았는데, 갑자기 기침이나 재채기가 나와 마이크로필름을 날려보내는 불상사를 막기 위해서였다. 그러고 나서 물 위에 띄우는 방법으로 마이크로필름을 꺼낸 뒤, 의사 친구에게서 빌린 600배 배율의 현미경으로 살펴보았다(세 마이크로필름에는 모두 동일한 메시지가 들어 있었지만, 축소 과정에서 불가피하게 일부 단어가 흐릿해졌기 때문에, 세 버전을 비교해야 정확한 메시지를 알 수 있었다). 그는 그 메시지를 보어에게 전달했고, 보어는 그 열쇠들을 정원에 묻었다.

그 메시지는 몇 년 전에 중성자를 발견한 핵물리학자 제임스 채드윅이 보낸 것이었다. 채드윅은 보어와 잘 아는 사이였고, 제발 영국으로 오라고 간청했다. "나는 당신의 조력이 큰 도움을 줄 수 있는 특정 문제를 염두에 두고 있습니다"라고 썼다(진화론으로 유명한 할아버지와 이름이 같은 물리학자 찰스 다윈Charles Darwin도 보어의 도움을 간청했다). 채드윅이 중성자에 큰 관심이 있다는 사실로 미루어 보어는 영국이 이미 원자폭탄 개발 계획을 시작했을 거라고 짐작했다.

하지만 이 소식에 보어는 생각만큼 크게 놀라진 않았다. 보어는 1939년에 우라늄-235가 핵분열의 핵심 원료 물질이라는 사실을 처음 발견한 과학자였다. 오직 우라늄-235만이 연쇄 핵반응을 일으킬 수 있고, 훨씬 풍부한 우라늄-238로는 연쇄 핵반응을 일으킬 수 없었다. 덴마크에 고립돼 있었던 보어는 최근에 우라늄 농축 기술이 발전했다는 사실을 전혀 몰랐고, 그래서 우라늄 농축 개념을 환상에 불과하다며 일축했다. 보어는 원자폭탄 하나를 만들려면 나라 전체를 공장으로 전환시켜야 할 것이라는 유명한 말을 했다. 그 결과로 영국에서 함께 일하자는 제안은 헛된 노력으로 보였다. 보어는 특유의 읽기에 고통스러운 문법을 구사하며 "이 모든 것에도 불구하고, 최선의 판단에 따르면, 나는 원자물리학 분야에서 최근에 일어난 경이로운 발견들이 가까운 미래에 당장 사용될 전망이 거의 없다고 확신합니다"라고 썼다. 이 답변 역시 당연히 마이크로필름으로 축소되었고, 금속박으로 싼 뒤에 운반자의 의치에 숨겨 영국으로 전달되었다.

영국 측은 보어에게 계속 간청했고, 나중에 보어는 독일 과학자들이 우라늄과 중수를 구매한다는 소문을 전했다. 하지만 영국 측은 이 위대한 덴마크인을 코펜하겐에서 빼내지 못했다. 핵폭탄의 실현 가능성이 거의 없다는 물리학적 이유 외에도 보어는 덴마크에 남아서 동료 시민을 보호해야 한다는 의무감을 느꼈다. 하이젠베르크, 졸리오-퀴리와 마찬가지로 보어 역시 조국에 자신이 필요하다고 생각했고, 사실 덴마크가 유럽의 다른 피점령국에 비해 상대적으로 자유를 더 누린 데에는 보어의 영향력(그리고 그의 지하 활동)이 약간 도움을 준 측면도 있었다.

하지만 실제로는 덴마크가 소중한 자유를 누릴 수 있었던 큰 이유는 보어 같은 저항 운동가가 아니라 다른 데 있었다. 무엇보다도 굶주린 독일 시민에게는 덴마크의 소고기와 치즈, 버터가 필요했다. 그리고 한 가지 이유를 더 들자면, 덴마크인을 보호하는 나치 수호천사(이렇게 부를 수 있다면)가 베를린에 있었다. 그 구원자는 외무부에서 중간

간부로 일하던 에르네스트 폰 바이츠제커Ernest von Weizsäcker로, 귀족 물리학자 카를 프리드리히 폰 바이츠제커의 아버지였다. 에르네스트 폰 바이츠제커는 분명히 비열한 행동에 가담했지만, 대다수 나치보다는 인도주의적 기질이 강했고, 외교관으로 근무하던 시절의 코펜하겐에 좋은 기억을 갖고 있었다. 그래서 그는 덴마크에 거주하는 유대인을 체포해 추방하라는 히틀러의 명령을 무시했다. 그리고 아들을 존중하는 마음에서 보어와 그의 물리학 연구소가 박해를 받지 않도록 보호했다.

보어에게는 불행하게도, 에르네스트 폰 바이츠제커는 덴마크를 구하는 것보다 더 큰 야망이 있었다. 1943년 3월, 몇 달 동안 계책을 꾸민 끝에 바이츠제커는 주 바티칸 독일 대사직을 수락했다. 문서상으로만 보면, 이것은 흥미로운 결정이었다. 베를린에서 비교적 높은 지위에 있던 그가 이 작은 교황령으로 가는 것은 사실상 좌천에 해당하는 것이었다. 그것은 또한 추악한 상사 요아힘 폰 리벤트로프Joachim von Ribbentrop의 마음에 쏙 드는 행동이기도 했다. 많은 나치 고위직 인사와 마찬가지로 리벤트로프도 주변을 아첨꾼들로 채우길 원했기 때문에, 실력 있고 인도적인 바이츠제커를 기쁜 마음으로 떠나보냈다. 하지만 리벤트로프는 바이츠제커의 진짜 동기를 조금도 의심하지 않았다. 바이츠제커는 히틀러주의에 대한 착각에서 벗어났고, 독일군이 북아프리카와 러시아에서 교착 상태에 빠지자 이 전쟁을 명예롭게 빨리 끝내고 싶었다. 바티칸은 비록 소국이긴 해도, 전 세계적인 영향력과 높은 도덕적 지위를 지니고 있었다(사실, 교황 비오 12세가 1943년 2월에 핵폭탄의 위험을 경고하는 연설을 방송한 것은 전쟁 동안 일어난 불가사의한 사건 중 하나였다. 그렇게 이른 시기에 교황이 이 일급 기밀을 어떻게 입수했는지는 아무도 알아내지 못했다). 바이츠제커는 주 바티칸 대사의 자격으로 교황청과 이탈리아 사이에 비밀 협상을 전개해 이탈리아가 무기를 내려놓도록 설득하려고 했다. 그러면 독일은 유럽에서 가장 강력한 동맹을 잃게 될 것이고, 그렇게 되면 독일도 전쟁을 그만둘 것이라고 바이츠제커는 판단했다.

물론 이것은 반역에 해당하는 행위였다. 만약 리벤트로프가 바이츠제커의 이런 의도를 눈치채기라도 한다면, 즉각 그를 체포해 처형할 것이다. 하지만 바이츠제커는 이것은 충분히 도박을 걸 만한 일이라고 생각해 1943년 4월에 로마로 갔다. 그러면 덴마크는 더 위험해지겠지만, 세계 대전을 끝내는 것이 훨씬 중요했다. 게다가 덴마크의 정치적 상황은 안정적으로 보였다. 바이츠제커는 닐스 보어의 운명에 대해서는 걱정할 이유가 없다고 판단했다.

26장

거너사이드 작전

그라우스 팀은 분개했다. 프레시먼 작전의 실패에도 불구하고, 비신사전 전담부는 여전히 베모르크 중수 공장을 파괴하길 원했고 4인조의 도움이 필요했다. 임무가 실패하고 나서 며칠 뒤, 겨울이 다가오는데도 비신사전 전담부는 무전을 통해 그들에게 현 위치를 사수하면서 버티라는 지시를 보냈다. 한 대원은 그때 "어떻게? 무엇으로?"라고 생각했다고 한다. "우리에게는 남은 식량도 없었고 아무것도 없었다."

고원의 날씨가 절대로 변하지 않는 것은 아니었지만(가끔은 눈보라가 북쪽으로부터 몰아쳤고 가끔은 남쪽으로부터 몰아쳤다), 그래도 늘 혹독했다. 불을 땔 마른 장작도 구할 수 없어 그라우스 팀은 가진 것—긴 속옷, 털모자, 스웨터, 파카, 방풍 바지, 여러 겹의 양말과 장갑—을 모두 동원해 몸을 감싸야 했다. 그래도 여전히 서리에 뒤덮인 고드름이 된 느낌이었고, 대부분의 밤을 슬리핑백 속에서 오들오들 떨면서 보냈다. 추위도 문제였지만, 더 큰 문제는 배고픔이었다. 오트밀과 그 밖의 식료품 약간 외에는 먹을 것이 전혀 남지 않아 먹을 것을 찾아 근처의 통나무집들을 뒤지기 시작했다. 곰팡이 슨 순무, 간유, 발효시킨 물고기, 심지어 개 사료까지 먹었다. 마침내 고기가 너무나도 먹고 싶은 나머지 한 사람은 근처 농가에서 양을 한 마리 훔치는 위험까지 감수했다. 그러고 나서 몇 시간 동안 우려 즙이 많은 스튜를 만들었다. 그 냄새만으로도 뱃속이 꿈틀거렸다. 그런데 불에서 솥을 내리다가 허약해진 요리사가 그만 순록 가죽을 밟고 미끄러지면서 더러운 바닥 위에 모든 것을 쏟고 말았다. 네 사람은 잠깐 발밑을 쳐다보다가 모두 네 발로 기면서 쏟아진 스튜를 허겁지겁 집어 먹기 시작했다. '식사' 도중에 한 사람이 자신의 수프에 머리카락이 들어 있다고 농담을 하자, 일종의 망상에 빠져 있던 그들은 그것이 아주 재미있다고 생각해 미친 듯이 웃었다.

몇 주일이 지나자 이제 유머 감각마저 바닥나고 말았다. 한 사람은 "산에서 이런 개고생을 해야 할 이유가 뭘까?"라고 생각했다. "[파괴 공작 임무가] 성공하고 우리가 살아서 탈출할 가능성이 조금이라도 있을까?" 대부분의 시간을 통나무집 안에 갇혀 지내다 보니 그때쯤 이들은 머리가 비정상 상태가 되었고, 일상생활의 짜증—아침을 준비하거나 쓰레기를 버릴 차례가 누구인지를 놓고 벌어진 설전—이 심각한 의견 대립으로 비화했다. 수 킬로미터 안에서 신선한 사냥감은 순록뿐이었는데, 가끔 한 마리를 잡으면 골수까지 남기지 않고 먹어치웠고, 심지어 눈알과 입술(기묘하게도 밤 맛이 났다)도 맛있다는 사실을 발견했다. 심지어 순록의 위에서 나온 반쯤 소화된 지의류(노르웨이어로 괴르gørr라고 부르는)까지 게걸스럽게 먹었는데, 이것은 그들에게 유일한 비타민 C 공급원이었다. 냉혹한 영국인은 줄곧 그들에게 현 위치를 고수하면서 대기하라고 지시했다. 거너사이드 작전이 곧 시작될 것이라고 했다.

거너사이드 작전은 프레시먼 작전의 기본 계획을 그대로 따랐다. 특공대가 베모르크 발전소를 공격해 지하의 중수 생산 시설을 파괴하는 계획이었다. 하지만 30명의 특공대원을 동원하는 대신에 눈에 잘 띄지 않게 10명(그라우스 팀 4명과 낙하산으로 침투할 6명)만 동원하기로 했다. 지휘관은 23세의 키 큰 폭발물 전문가 요아킴 뢴네베르그Joachim Rønneberg였는데, 너무 비쩍 말라서 결핵 환자처럼 보였다. 그리고 프레시먼 작전에 투입된 대원들과 달리 10명 모두 현지 지형을 잘 아는 하르당에르 지역 출신인 데다가 스키를 아주 잘 탔다.

미신 따위는 신경 쓰지 않는다는 듯이 뢴네베르그를 포함한 6명은 실패한 프레시먼 작전 대원들과 마찬가지로 베모르크를 모의해 만든 장소에서 훈련을 했다. 영국인은 노르웨이 군대의 능력을 여전히 의심했기 때문에, 6명은 자신들의 능력을 입증하기 위해 지하실로 들어가는 입구(문, 창문, 쓰레기 배출구 등)를 모조리 암기하고, 어둠 속에서 폭발물을 설치하는 훈련을 끝없이 반복하면서 더 열심히 노력했다. 그들은 폭발물로 0.5파운드짜리 노벨 808Nobel 808을 사용했는데, 노벨 808은 아몬드 냄새가 나는 짙은 주황색 화합물이었다. 그들은 연습을 통해 벽돌담에 구멍을 뚫으면서 그 위력에 대한 감을 익혔다.

하지만 아무리 열심히 연습해도 줄일 수 없는 위험이 한 가지 있었는데, 그것은 바로 보복 위험이었다. 나치는 노르웨이에서 연합국 협력자들의 무고한 친구와 이웃까지 처벌하며 무자비하게 다룸으로써 현지 주민의 저항을 억눌렀다. 예를 들어 베모르크 서쪽의 한 해안 마을에서는 지난 4월에 현지 독일군 지휘관이 영국제 밀가루 자루들을 가지고 있는 사람을 몇 명 붙잡았다. 지휘관은 이들이 부근 지역에서 사보타주 행위를 한 대가로 밀가루를 받은 것이 아닐까 하고 (정확하게) 의심했다. 그는 한 게슈타포 요원을 성경 판매원으로 위장해 그 마을에 침투시켜 조사를 시작했다. 그 요원은 며칠 뒤에 급습을 단행해도 될 만큼 충분한 증거를 발견했고, 그동안에 나치는 추가 사보타주 장비와 은닉 무기도 발견했다. 이제 더 이상 잃을 것이 없다고 판단한 지하 활동 요원들은 총을 쏘아 독일군 한 명을 죽였다. 그러자 독일군 지휘관은 그 마을의 모든 집을 불태우고 남자 18명을 처형했다. 그래도 분노를 삭이지 못한 그는 항구에 정박된 배들을 모두 침몰시키고, 모든 가축을 죽이고, 살아남은 주민 전원(아기에서 이빨 없는 할머니까지)을 강제 수용소로 보냈다. 연합국 협력자들에게는 이렇게 한다는 본보기를 보여준 것과 다름없었다. 그 지휘관은 그 마을을 사실상 지도에서 지웠다.

따라서 현지 노르웨이인 군인을 동원한 거너사이드 작전은 모든 공장 노동자들과 베모르크 인근 마을 주민의 목숨을 걸고 도박을 하는 셈이었다. 하지만 이번에도 원자폭탄으로 무장한 독일에 대한 두려움이 모든 것을 압도했다.

거너사이드 공격은 원래 1942년 크리스마스이브(너무나도 예상 밖의 날짜여서 공격을 하기에 아주 이상적인 밤)에 감행하기로 계획되었다. 6명의 추가 대원은 글라이더를 사용하는 대신에 작전 며칠 전에 낙하산으로 현지에 투입될 예정이었다. 하지만 악천후 때문에 낙하가 지연되었고, 그라우스 팀의 네 대원은 다음번 보름달이 뜰 때까지 기다려야 했다. 어려운 조건에서도 최선의 길을 찾으려고 한 이들은 크리스마스 만찬을 위해 순록을 한 마리 잡아 튀긴 혀와 간 수프로 맛있는 식사를 했고, 디저트로는 피로 양념을 한 뇌를 먹었다. 분위기를 띄우기 위해 노간주나무 가지를 가져와 크리스마스트리로 세웠고, 수신기를 파이 굽는 팬에 넣어 소리를 증폭시킨 라디오를 임시변통으로 만들어 캐럴을 들었다.

다음번 보름달이 뜨는 날은 1월 21일이었다. 하지만 데자뷔처럼 그날 밤에 영국군 파일럿은 또다시 길을 잃고 접선 지점을 찾지 못해 그 상공을 두 시간 동안 선회했다. 비행기에 타고 있던 거너사이드 작전 대원들은 그냥 뛰어내리게 해달라고 간청했다. 자신들은 어쨌든 "길을 찾아 목적지까지 갈" 수 있다고 자신했지만, 파일럿은 거절했다. 그리고 대원들이 파일럿을 더 설득하기 전에 날개 밑에서 불꽃들이 폭발했다. 비행기는 대공포 공격을 받았고, 그러자 파일럿은 낙하 작전을 취소하고 기수를 스코틀랜드로 돌렸다. 영국인은 그라우스 팀에게 사과 메시지를 송신했지만, 그것은 달갑지 않은 사과였다. 그들은 또다시 꼬박 한 달을 고원에서 보내야 했다.

거너사이드 작전에 투입된 대원 6명도 낙담하기는 마찬가지였다. 뢴네베르그와 그 일행은 중수가 무엇인지 제대로 알지도 못했고, 핵분열이란 용어도 그들에게는 아무 의미가 없었다. 하지만 훌륭한 대원들이 이미 프레시먼 작전에서 그토록 많이 죽었다면(그리고 위험이 더 커졌는데도 상관들이 여전히 베모르크를 공격하길 원한다면), 그것만으로도 모험을 강행할 이유는 충분했다.

다행히도 2월 17일에는 모든 것이 딱 맞아떨어졌다. 날씨가 맑았고, 이번에는 파일럿도 접선 지점을 발견했다. 화물 적재실에서 초록색 불빛이 반짝였고, 거너사이드 작전 대원들은 누가 마음을 바꾸기 전에 장비를 던지기 시작했다. 몇 초 뒤에는 자신들도 뛰어내렸다.

고원에 착륙하자마자 눈보라가 거세게 몰아쳐 무려 닷새 동안 그 지역을 화이트아웃whiteout(심한 눈보라와 눈의 난반사로 모든 것이 하얗게 보이면서 시야가 크게 제한되는 현상—옮긴이) 상태로 만들었다. 여섯 대원은 간신히 통나무집을 찾아 몸을 피했고, 폭풍이 잦아들길 기다리면서 특별히 토끼털로 만든 속옷에 의존해 웅크린 채 지냈다. 어느 순간에는 바람이 너무나도 강하게 불어, 오두막집이 통째로 지면에서 떨어져나가 『오즈의 마법사』에 나오는 도로시 게일Dorothy Gale처럼 하늘을 날면서 공중제비를 하지는 않을까 염려될 정도였다. 마침내 폭풍이 멎자 밖을 내다보았더니, 파일럿이 접선 지점을 제대로 발견하지 못했다는 사실을 깨달았다. 그들은 수목 한계선(수목이 생존할 수 있는 한계선)보다 높은 곳에 위치한 지점에 착륙하기로 되어 있었다. 하지만 눈 속에서도 옹이가 많은 나무 둥치가 여러 개 보였다. 그들은 통나무집에서 지도를 펴놓고 분석하다가 자신들이 그라우스 팀과 만나기로 한 곳에서 북동쪽으로 32km 떨어진 지점에 있다는 결론을 내렸다. 이제 그곳까지 걸어서 가야 했다.

그런데 출발하기 전에 저 멀리서 뭔가가 움직였다. 자세히 보니 스키어였다. 저 사람은 친구일까, 부역자일까, 나치일까? 물론 전혀 알 길이 없었다. 하지만 독일군 순찰병일 가능성이 높았기 때문에, 그들은 그 사람이 그냥 지나가길 바라면서 통나무집으로 돌아가 숨었다. 하지만 그런 요행은 없었다. 그 사람은 곧장 그들을 향해 다가왔다. 설사 몸은 숨긴다 하더라도, 발자국은 숨길 길이 없었다. 그 외로운 늑대와 정면으로 맞서는 수밖에 선택의 여지가 없었다.

그들은 그 사람이 문에서 불과 몇 발자국 앞으로 다가올 때까지 기다렸다가 갑자기 홱 달려들어 불과 몇 초 만에 그를 둘러쌌다. 그 사람은 나치 복장은 아니었지만, 그렇다고 안심할 수는 없었다. "도대체 산에서 뭘 하고 있소?" 뢴네베르그가 물었다.

그 남자의 정체는 늙은 밀렵꾼이었는데, 순록 고기를 팔기 위해 스키를 타고 이 마을 저 마을 돌아다닌다고 했다. 그는 무해한 사람처럼 보였지만, 예리한 질문을 몇 가지 던졌더니 나치 동조자로 드러났다. 그리고 망명한 노르웨이 왕과 그 가족을 모욕함으로써 대원들을 경악케 했다. "그들은 내게 해준 일이 아무것도 없어요. 그러니 그냥 지금 있는 그곳에 계속 죽 머물렀으면 좋겠소." 이러한 반항적 태도로 미루어보아 밀렵꾼은 밀고할 가능성이 높았고, 투표에서 몇몇 대원은 자신들의 임무를 누설할 것이라며 그를 죽이자는 쪽에 표를 던졌다. 뢴네베르그는 그들의 의견을 묵살했다. 뢴네베르그는 밀렵꾼이 숨을 곳을 포함해 부근 지리를 잘 알고 있으니 안내인으로 이용하는 게 낫다고 주장했다.

결국 그것은 탁월한 결정이었다. 거너사이드 작전 대원들에게는 운반해야 할 장비가 수백 킬로그램이나 있었고, 거센 맞바람과 싸우면서 그 무거운 짐을 끌고 고원을 가로질러가야 했기 때문에 아주 힘든 한 주를 보내야 했다. 실제로 밀렵꾼이 없었더라면, 그 일은 시시포스의 고역과 같은 악몽이 되었을 것이다. 밀렵꾼은 편한 길을 찾고 험한 길을 피하는 데 탁월한 재주가 있었다. 뢴네베르그는 그의 스키 타는 솜씨가 "보기에 아름답다고" 생각했다. 무거운 장비를 끌고 가는 데도 불구하고, 그들은 앞으로 나아가는 데 큰 진척을 보였다.

하지만 이틀 뒤에 위기가 닥쳤다. 예고도 없이 지평선 위로 검은 점 두 개가 나타났다. 또 다른 스키어들이었는데, 어쩌면 이번에는 나치 순찰병일지 몰랐다. 밀렵꾼이 우리를 함정에 빠뜨린 것일까? 대원들은 밀렵꾼에게 욕을 하면서 은폐물을 찾아 몸을 숨겼다.

스키어들이 다가오면서 천천히 그 형체가 점점 커졌다. 두 사람은 부근의 작은 언덕 위로 올라가더니 쌍안경으로 지형을 살피기 시작했다. 두 사람이 금방 움직일 기척을 보이지 않자, 뢴네베르그는 그 정체를 파악하기 위해 척후병을 보냈다.

기어서 언덕 위로 다가간 척후병은 마침내 두 사람의 얼굴을 살펴볼 만큼 충분히 가까이 접근했다. 혹은 얼굴 일부를 살펴볼 만큼 가까이 다가갔다. 두 사람은 수염이 무성했고 피부는 기묘하게도 노란색을 띠고 있었다. 그리고 불안하게도 두 사람은 극도로 경계하고 조심하는 행동을 보였다. 주말에 한가롭게 스키를 즐기러 온 사람이 아니라 군인처럼 행동했다.

뭔가 해야겠다고 생각한 척후병은 권총을 꺼내 들고 마음을 굳게 먹은 뒤, 그들의 주의를 끌기 위해 기침을 했다. 두 사람이 홱 몸을 돌리면서 자신들도 총을 겨눴다. 세 사람은 잠시 서로를 노려보다가 곧 기쁨을 주체하지 못해 함성을 질렀다. '나치'라고 생각한 두 사람은 사실은 거너사이드 팀을 찾아나선 그라우스 팀 대원이었다. 수염은 추위를 피하기 위해 길렀고, 피부는 영양실조로 노랗게 변한 것이었다.

그라우스 팀과 거너사이드 팀이 이렇게 극적으로 만난 뒤, 뢴네베르그는 늙은 밀렵꾼을 놓아주었지만, 협박의 말을 잊지 않았다. 만약 우리를 밀고한다면, 우리는 나치에게 당신이 안내인 역할을 한 이야기를 할 거고, 그러면 나치는 당신 역시 처형할 거요. 그러고 나서 8명의 대원은 밀렵꾼이 스키를 타고 떠나는 모습을 지켜보았다. 그의 스키 타는 모습은 여전히 아름다웠지만, 그들은 뢴네베르그의 자비가 나중에 화근이 되지 않을까 불안했다.

며칠 동안 휴식을 취한 뒤(그리고 그라우스 팀을 위해 가져온 건포도와 초콜릿을 맛있게 먹으면서), 파괴 공작원들은 행동에 돌입했다. 공격 날짜는 2월 27일 토요일로 잡혀 있었다. 전날 밤에 뢴네베르그는 최신 정보를 입수하기 위해 척후병을 베모르크로 보냈다. 아직 한 가지 중요한 결정—발전소에 잠입하는 방법—이 남아 있었기 때문이다. 베모르크 발전소는 협곡을 굽어보는 암붕 위에 자리잡고 있어 접근할 수 있는 방법이 제한돼 있었다. 한 가지 방법은 노동자들이 드나드는 도로를 이용하는 것이었는데, 그 도로는 협곡을 가로지르는 다리로 연결되었다. 이것은 가장 쉬운 방법이었는데, 다리에 있는 두 경비병을 처치하는 것은 간단해 보였다. 하지만 만약 경비병이 경보를 울리거나 소리를 지른다면, 그걸로 임무는 끝나고 말 것이다. 경비병을 죽이면 현지 주민이 보복을 당할 염려도 있었다. 두 번째 방법은 암붕 뒤쪽의 절벽에 만든 계단을 따라 내려가는 것이었다. 이 계단은 발전소에 물을 공급하는 수로를 따라 나란히 뻗어 있었다. 하지만 계단은 얼음으로 뒤덮여 있었고, 부비트랩과 지뢰가 여기저기 설치돼 있었다. 이런 이유 때문에 뢴네베르그는 세 번째 방법을 선호했다. 이 길에는 경비병이 전혀 없다는 점도 매력적이었는데, 경비병이 없는 것은 굳이 경비를 서야 할 이유가 없었기 때문이다. 이 길로 가려면, 발전소 앞쪽에 있는 180미터 높이의 가파른 암벽을 타고 내려가 반대쪽 암벽을 타고 기어 올라가야 했다. 몇몇 대원은 이 경로는 불가능하다며 반대했지만, 정찰 사진은 암벽에 자라는 식물을 보여주었다. 한 대원은 식물이 암벽을 붙잡을 수 있다면, 사람의 손도 그것을 붙잡을 수 있다고 주장했다. 그날 밤, 척후병은 협곡 암벽에 노간주나무와 관목이 곳곳에 자라고 있다는 사실을 확인했다. 그 말을 듣고 륀네베르그는 암벽 경로를 택하기로 결정했다. 대원들이 어떤 결과를 예상했건, 그들은 훌륭한 군인이었고 결정에 따라 일사불란하게 움직였다.

토요일 오후에 장비를 점검한 뒤, 10명의 노르웨이인 군인 중 9명(한 명은 오두막집을 지키기 위해 남았다)이 오후 8시에 베모르크를 향해 출발했다. 하지만 이들은 나서자마자 목격되고 말았다. 부근 마을에서 네 젊은이(남자 두 명과 여자 두 명)가 은밀한 시간을 보내기 위해 부근의 통나무집으로 향하다가 거너사이드 대원들과 마주쳤다. 당혹스럽게도 대원 중 두 사람은 그중 한 남자를 알았다. 그는 첩자는 아니었지만, 대원들은 그의 목덜미를 붙잡고 만약 자신들의 존재를 누설했다간 어떤 일이 닥칠지 온갖 종류의 험악한 말로 위협했다. 그러고 나서 그들은 젊은이들을 한 오두막집으로 몰아넣고 다음 날 정오까지 그곳을 떠나지 말라고 했다. 눈이 동그래진 젊은이들은 순순히 말을 들었다.

대원들은 흰색 위장복에 배낭을 메고서 32킬로미터 구간 중 대부분을 스키를 타고 이동했다. 도중에 그들은 수목 한계선 아래로 내려가 나무가 듬성듬성한 숲을 걸어서 지나갔다. 이제 베모르크 발전소를 돌리는 폭포 소리가 들렸다. 그리고 숲속의 빈터로 들어서자, 갑자기 저 멀리 달빛 아래에서 몇 달 동안 자신들의 생각을 지배했던 건물이 나타났다. 그것은 아주 웅장한 광경이었을 것이다. 한 역사학자는 "만약 중세의 왕이 성을 지을 장소를 찾으려고 노르웨이 전역을 살폈다면, 노르스크 휘드로가 서 있는 암붕보다 더 나은 곳을 찾지 못했을 것이다"라고 말했다. 평화로운 시기에 8층짜리 화강암 건물은 모든 창문에 불을 환히 밝히고 화려한 호텔처럼 빛났을 것이다. 하지만 전쟁 동안에는 등화관제 때문에 창문들에 검은 커튼이 쳐진 이 건물은 거대한 석관처럼 보였다. 그럼에도 불구하고 거너사이드 대원들은 폭포 소리를 뚫고 들려오는 기계 소리를 들을 수 있었다. 베모르크는 바로 그날 하루 동안 원자로용 주스를 약 4.5킬로그램이나 생산했다.

숲속으로 다시 돌아간 대원들은 구불구불 한참 돌면서 협곡으로 내려가는 도로를 발견했다. 그 도로를 따라 내려가기가 너무 지루했으므로 결국 대원들은 그냥 비탈을 따라 곧장 가로질러 가기로 결정했다. 이것은 기본적으로 눈 덮인 덤불 사이로 곧장 곤두박질치는 것이나 다름없었다. 등을 지면에 댄 채 미끄러져 내려가면서 앞에 벌린 스키를 브레이크 삼아 하강 속도를 제어했다. 그들은 1미터 내려갈 때마다 초소형 눈사태를 일으켰다.

반쯤 내려왔을 때, 일부 대원은 도로가 뻗어 있는 지점에 도착했고, 뒤따라오는 동료들을 기다리기 위해 잠시 멈췄다. 몇 초 뒤, 갑자기 세상이 환하게 밝아졌다. 고개를 돌렸더니, 도로 위로 두 쌍의 전조등이 비치며 달려왔다. 노동자들을 태운 두 대의 버스였다. 그들은 재빨리 눈더미 뒤로 몸을 숨겼지만, 동료들이 비탈을 따라 계속 내려오는 것을 보고 경악했다.

비탈을 내려오던 동료들도 전조등 불빛을 보고서 속도를 늦추기 위해 황급히 나무뿌리와 돌을 비롯해 아무거나 붙잡으려고 애썼다.

몇 명은 간신히 멈추는 데 성공했지만, 두 사람은 계속 내려오다가 한 버스 지붕 위에 굴러 떨어졌다.

그런데 버스에 탄 사람들은 아무도 그것을 눈치채지 못했다. 그때는 이미 늦은 시간이어서 사방이 캄캄했으며 모두 기진맥진한 상태였다. 노동자들은 멍하게 앞만 응시했고, 아주 놀라운 것(하늘에서 떨어진 두 군인)이 시야에 들어왔는데도 그들의 우울한 마음속으로 뚫고 들어가지 못했다. 버스는 웅웅거리며 모퉁이를 돌아 사라졌다. 잠깐 쉬면서 숨을 돌린 후, 9명의 대원은 계속 아래로 내려갔다.

비탈을 다 내려온 지점에서 귀환 여행(만약 그런 기회가 있다면)에 대비해 눈으로 이글루를 만들고 스키를 그 속에 묻었다. 배낭에서 총과 수류탄을 꺼낸 뒤, 흰색 눈옷을 벗어 던지고 카키색 영국군 군복을 겉으로 드러냈다. 그들은 공장 노동자와 현지 주민이 보복을 당할 가능성을 최소화하기 위해 영국군 복장으로 작전을 수행하기로 결정했다. 물론 독일군이 그들을 붙잡아 심문한다면 이런 계책도 무위로 돌아가겠지만, 그럴 가능성은 거의 없었다. 무엇보다도 거너사이드 대원들은 대부분 살아서 돌아가리라고 기대하지 않았다. 영국을 떠나기 전에 그들은 사랑하는 사람들에게 작별 편지를 썼다. 그리고 생포될 경우에 대비해 각자 배낭에서 총과 수류탄 외에 청산가리 캡슐도 꺼냈다.

오후 10시에 협곡 가장자리에 도착했다. 예상대로 경비병 두 명이 현수교를 순찰하고 있었고, 바로 그 너머의 검문소에 15명이 더 머물고 있었다. 옥상에는 기관총이 설치돼 있었고, 정보 보고서에 따르면 이것 말고도 여기저기를 돌아다니는 순찰대가 셋 더 있을 가능성이 있었다. 하지만 뢴네베르그의 생각대로 협곡 자체를 지키는 경비병은 한 명도 없었다. 그들은 이 행운에 미소를 머금고 아래로 내려가기 시작했다.

협곡 바닥에 도착하자 물살이 센 개천이 나타났다. 그들은 얼음 다리를 찾아 여기저기를 살폈고, 발가락으로 눌러보면서 여러 곳을 시험했다. 유일하게 적당해 보이는 곳은 기름처럼 미끄러웠고, 세차게 흐르는 물 밑에 잠겨 있었다. 위태롭긴 했지만 그 얼음 다리는 그들의 체중을 지탱했고, 9명의 대원은 조금씩 나아가면서 모두 무사히 얼음 다리를 건넜다.

이제 진짜 어려운 난관이 남아 있었는데, 180미터 높이의 암벽을 올라가야 했다. 협곡 측면을 따라 물이 졸졸 흘러내려 암벽을 더 미끄럽게 만들었고, 그들의 손가락은 이미 추위에 곱아 있었다. 옹이가 많은 노간주나무가 없었더라면, 암벽을 올라가는 것은 불가능했을 것이다. 덤불은 한 대원의 목숨까지 살렸다. 작은 암붕으로 몸을 끌어올리고 있을 때 그의 손이 미끄러졌다. 발길질을 해가며 재빠른 움직임으로 간신히 추락은 면했지만, 지면에서 60미터 상공에서 한 손으로 암벽을 붙잡고 매달린 상태였다. 그 대원은 최대한 침착하려고 애쓰면서 나머지 한 손으로 붙잡을 곳을 찾아 암벽을 더듬기 시작했다. 하지만 젖은 바위밖에 없어 아무것도 손에 잡히지 않았다. 다른 선택의 여지가 없어 그는 몸을 좌우로 흔들면서 조금씩 더 먼 곳을 더듬기 시작했다. 마침내 손가락 끝이 한 관목 가장자리를 스쳤지만, 다른 손으로 암벽을 붙잡고 있는 한 그곳에 손이 닿지 않았다. 바람이 거세지기 시작해 점점 버티기가 힘들어지자, 그는 운에 맡기고 모험을 할 수밖에 없다고 판단했다.

모든 본능과 맞서 싸우면서 또다시 다리를 힘껏 차면서 몸을 그네처럼 흔들기 시작했다. 그리고 마지막으로 크게 몸을 흔든 뒤에 손을 놓았다. 잠깐 동안 그는 아무것도 잡지 않은 채 공중에 붕 떠 있었다. 그러고 나서 북유럽의 타잔처럼 그 관목을 붙잡았다. 관목은 나뭇가지처럼 구부러지면서 조금 휘어졌지만 결국에는 버텨냈다. 그 대원은 깊은 숨을 몇 번 들이쉰 뒤에 다시 암벽을 오르기 시작했다. 올라가야 할 높이가 아직도 120미터나 남아 있었다.

오후 11시에 9명의 대원 모두 협곡 가장자리 위로 올라온 뒤, 포복으로 기어 변압기 뒤에 몸을 숨기고 휴식을 취했다. 경비병 교대 시간이 임박했기 때문에, 초콜릿과 크래커를 먹으면서 기다렸다. 모두 젊은이들인지라 여자에 관한 농담과 이야기도 주고받았다. 임무에 관한 이야기는 굳이 다시 할 필요가 없었다. 모두 자기가 할 일을 알고 있었다. 5명이 엄호를 맡고, 4명으로 이루어진 폭파조가 발전소에 침투할 예정이었다.

경비병 교대가 있고 나서 그들은 새 경비병들이 지루함을 느낄 때까지 30분을 더 기다렸다가 움직였다. 가능하면 경비병이 이미 지나간 자리에 남긴 발자국을 따라 밟으면서 이동했다. 발전소 주변의 철도 지선이 끝나는 지점에서 경비병이 없는 문을 발견한 그들은 자물쇠를 절단했다. 여기서 5명은 폭파조와 분리되어 엄호를 위해 기관단총을 검문소와 경비탑으로 향했다. 뢴네베르그를 포함한 폭파조는 울타리에 구멍을 뚫고 중수 공장을 향해 나아갔다. 폭파조는 두 사람씩 두 조로 나뉘어 안으로 들어갈 입구를 찾았다.

공장 내부에 침투해 있던 첩자는 보안이 허술하다고 알려주었지만, 모든 문이 굳게 잠겨 있었다. 창문들도 모두 다 잠겨 있었다. 한 창문에 칠해진 등화관제용 페인트에 난 틈을 통해 뢴네베르그가 들여다보았더니 지하실의 중수 생산 전해조가 보였다. 높이 1.2미터의 반짝이는 회색 원통들은 아주 큰 소화기처럼 보였다. 심장이 두근거렸고, 그냥 운에 맡기고 창문을 깨고 들어가고 싶은 충동이 강하게 일었다. 하지만 간신히 충동을 억누르고 다른 곳으로 발길을 돌렸다.

마지막 수단으로 뢴네베르그는 동료와 함께 한 배관을 통해 침투를 시도했다. 짧은 사다리를 통해 그곳에 이른 그들은 입구에 쌓인 눈을 손으로 치운 뒤, 지렁이처럼 포복으로 기면서 케이블과 전선 사이를 뚫고 나아갔다. 불행하게도 이 과정에서 지면에 닿은 채 끌리던 대원의 권총이 느슨해져 아래의 금속 표면 위로 떨어지면서 땅 하는 소리가 났다. 그들은 몸이 얼어붙은 채 경보에 대비했다. 하지만 그 소리는 기계들의 소음 소리에 묻혔고, 잠시 후 그들은 계속 전진했다.

발전소의 내부 구조를 환히 외우고 있던 그들은 중수 생산 시설 부근 지점으로 나아간 뒤, 해치를 통해 4.5미터 아래의 바닥으로 뛰어내리면서 지면에 닿자마자 낙하산으로 낙하할 때처럼 몸을 굴렸다. 몇 달 동안의 준비 끝에 마침내 그들은 최종 관문 앞에 서게 되었다. 그곳 입구에는 '관계자 외 출입 금지'라는 경고문이 독일어와 노르웨이어로 쓰여 있었다. 그들은 총을 꺼내 들고 고개를 끄덕인 뒤, 경비원을 덮쳤다.

당연히 독일군은 그곳에 정예병(아이아스나 아킬레스에 해당하는 최고의 킬러)을 배치했어야 했다. 독일의 원자폭탄 개발 계획의 성패는 바로 이 방에 달려 있었기 때문이다. 그런데 실제로는 너저분한 노르웨이인 연금 수급자를 이곳에 배치했는데, 그는 고개를 돌려 상황을 파악하는 데 족히 3초는 걸렸고, 그러고 난 뒤에도 품속의 권총을 찾느라고 한참 꾸물거렸다. 경비원이 아무런 위협이 되지 않는다고 판단한 대원들은 그를 무장 해제시키고 한쪽 구석으로 몰아넣은 뒤, 입을 다물고 있으라고 했다.

아주 간단한 지시였는데도 경비원은 그것조차 제대로 따르지 못했다. 대원들이 아몬드 냄새가 나는 노벨 808을 꺼내 소시지 모양으로 빚기 시작하자, 잘난 체하기 좋아하는 이 늙은이(구스타브Gustav라는 이름의)는 대담하게도 이래라 저래라 잔소리를 하기 시작했다. 그 방에는 한쪽에 9개씩 모두 18개의 중수 생산 전해조가 있었는데, 대원들은 각각의 전해조 아래쪽 주위에 소시지를 하나씩 감은 뒤 기폭 장치 선으로 그 모두를 사슬처럼 연결하려고 했다. 하지만 한 전해조에 다가갈 때마다 구스타브는 발작하듯이 성질을 냈다. "그것들은 전해조라고!"라고 소리쳤다. "아주 값비싼 거야. 전기 충격을 조심해. 오, 거기 구석에 있는 가성 소다를 조심하라고! 잘못하다간 화상을 입어." 그것은 마치 셰익스피어의 익살극에 나오는 한 장면 같았다. 아는 체하길 좋아하는 말단 직원이 자신이 어떤 위험에 처했는지 까마득히 모른 채 계속 실없는 소리를 지껄이고 있었다. 잠깐 동안 지켜보다가 대원들이 신관과 폭파 장치를 설치한다는 사실을 깨닫고 나서야 구스타브도 마침내 상황의 심각성을 알아차렸다. 그리고 "오, 맙소사, 제발 조심해. 잘못하다간 이 모든 것을 다 날리고 만다고!"라고 꽥 소리쳤다.

"바로 그게 우리가 원하는 거요." 한 대원이 무표정하게 말했다.

이 말에 마침내 구스타브도 입을 닫았다. 대원들도 입을 열 수 있게 되자, 나름의 연기를 펼쳤다. 여전히 보복을 두려워한 그들은 구스타브에게 자신들이 영국인이라고 믿게 하려고 했다. 그래서 외우고 있는 것 중에서 영국을 과장되게 언급하는 구절을 몇 개 읊조리기 시작했다. 모순되게 이 대화를 노르웨이어로도 말했지만, 구스타브는 깊은 인상을 받은 것처럼 보였다.

한편, 두 사람은 폭발물 설치 작업을 계속했다. 절반쯤 진행했을 때, 뒤쪽에서 쨍그랑 하는 소리가 들렸다. 뒤를 돌아보았더니 유리창이 깨져 있었다. 누군가 밖에서 유리창을 깬 게 분명했다.

두 사람은 순간 몸이 얼어붙었고, 경비병과 수류탄, 총구가 나타나는 상황을 상상하며 마음의 준비를 했다. 구스타브가 은밀하게 누군가에게 신호를 보냈을까? 우려했던 대로 늙은 밀렵꾼이 밀고를 했을까? 그 어느 쪽도 아니었다. 유리창이 깨지고 나서 잠시 후, 눈에 익은 장갑 낀 손이 창문을 휘저으며 쑥 들어왔다. 나머지 두 대원이 눈밭 위를 돌아다니며 입구를 찾는 데 지친 나머지 은밀한 침투 따위는 무시하고 지하실 창문을 부수고 들어온 것이다.

그것은 과감한 행동이었다. 그러나 과감하지만 바보 같은 짓이었다. 뢴네베르그는 두 사람이 안으로 들어오는 걸 돕기 위해 하던 작업을 멈춰야 했고, 창틀의 유리 파편을 제거하는 과정에서 오른손을 크게 베이고 말았다. 이 때문에 뢴네베르그는 폭발물 설치 작업을 직접 할 수 없었는데, 그가 폭발물 전문가라는 사실을 감안하면 이것은 사소한 문제가 아니었다. 이제 다른 손으로 신관들을 비틀어 묶는 수밖에 달리 방법이 없었다. 또한 등화관제용 페인트를 칠한 창문을 깨는 바람에 빛이 밖으로 새어나갔는데, 경비병의 눈에 띄기라도 한다면 즉각 경보가 울릴 수 있었다. 그래서 대원 한 명이 밖에서 엉덩이로 구멍을 가리고 서 있어야 했는데, 이 때문에 그도 임무 수행을 거들 수 없었다.

혼란스러운 상황은 이것만이 아니었는데, 보이지 않는 곳에서 헛기침 소리가 들려왔다. 구스타브가 또 그들을 부른 것이었다.

"이번엔 또 뭐야?" 뢴네베르그가 으르렁거리듯이 말했다.

구스타브는 "내 안경! 방 어딘가에 놓아두었는데, 안경이 있어야 해"라고 말했다.

"설마 진심은 아니겠지?"

"안경이 없으면 난 아무것도 보이지 않는다고. 난 안경이 꼭 필요해. 제발 앞을 보게 도와줘. 그것이 부서지면 전쟁 때문에 어디서도 구할 데가 없어. 그러면 나는 직장을 잃게 될 거야."

뢴네베르그는 이 상황이 도저히 믿어지지 않았다. 엘리트 특공대원으로 독일의 원자폭탄 계획을 무산시키기 위해 자신의 경력에서 가장 위험한 임무를 진두지휘하고 있는데, 지금 모든 것을 뒤로 미루고 노인의 안경을 찾아야 하는 신세라니!

"도대체 안경을 어디다 뒀지?"라고 묻자, 구스타브가 책상 쪽을 가리켰다. 그곳을 보니 책상 위에 안경 케이스가 놓여 있었다. 뢴네베르그는 그것을 구석에 있는 구스타브에게 던져주고 다시 신관 설치 작업으로 돌아갔다.

그런데 잠시 후 또다시 헛기침 소리가 났다. 돌아보았더니 믿을 수 없게도 구스타브가 텅 빈 안경 케이스를 내려다보고 있었다. "안경은 여기 없네."

"그럼 도대체 어디 있어?"

"자네가 들어올 때까지만 해도 거기 있었어." 구스타브는 마치 이 모든 것이 뢴네베르그의 잘못이라는 듯이 훌쩍이며 이렇게 말했다. 또다시 하던 작업을 멈추고 뢴네베르그는 책상 위의 모든 것을 집어던지면서 샅샅이 찾기 시작했다. 그리고 마침내 장부 사이에 끼여 있는 안경을 발견하고는 구스타브에게 건네주었다. "자, 이제 입 다물어."

다행히 다른 대원들이 폭발물 설치 작업을 거의 다 끝냈고, 이제 관심을 탈출로 돌릴 수 있었다. 구스타브에게서 열쇠를 빼앗아 중수 제조실에서 나와 복도를 건너 밖으로 나가는 문의 자물쇠를 열었다. 그들은 자신들이 떠나고 나서 안전한 곳으로 대피할 수 있도록 구스타브도 복도로 끌고 갔다. 이제 신관에 불을 붙이는 일만 남았다.

그때, 발자국 소리가 들려왔다.

모두 놀라서 그 자리에 얼어붙었다. 귀를 기울여보니, 분명히 복도 옆 계단을 걷는 발 소리였다. 대원들은 푸념의 욕설을 내뱉고 몸을 숨기면서 권총을 꺼냈다. 잠시 후, 또 다른 경비원이 들어왔는데, 구스타브보다 훨씬 젊은 사람이었다. 다행히도 그는 구스타브만큼 굼뜬 사람이었고, 특공대원들이 자신을 에워싸자 놀라서 비명을 질렀다. 몇 가지 질문을 던졌더니, 그는 같은 노르웨이인이었고, 목숨을 걸고 나치에게 이 사실을 알릴 생각이 전혀 없었다. 그래서 대원들은 그를 구스타브 옆으로 밀어넣고 다시 폭발물에 주의를 돌렸다.

마침내 오전 1시 13분에 모든 준비가 끝났다. 뢴네베르그는 호주머니에서 영국 낙하산 중대 배지를 몇 개 꺼내 바닥에 던져놓았다. 보복을 막기 위해 주의를 딴 데로 돌리려는 마지막 계책이었다. 그러고 나서 성냥불을 켠 뒤 신관에 불을 붙였다. 신관은 30초 동안 타도록 설정돼 있었다. 거의 시간이 다 되었을 때, 뢴네베르그는 구스타브와 젊은 경비원을 풀어주면서 위층으로 달려가 엎드리라고 했다. 그리고 폭발 소리가 들릴 때까지 입을 벌리고 있으라고 충고했다. 그러지 않으면 갑작스런 압력 변화 때문에 고막을 다칠 수 있다고 설명하면서. 경비원들이 급히 달아난 뒤에야 대원들도 등을 돌려 전속력으로 달리기 시작했다.

그런데 밖에서는 폭발 소리가 실망스럽게도 아주 약하게 들렸다. 한 역사학자는 "가장 낮은 소리만 났고, 가장 높은 소리는 전혀 없었다"라고 표현했다. 이 때문에 일부 대원은 폭발물이 제대로 터지지 않은 게 아닐까 걱정했다. 하지만 쓸데없는 기우였다. 베모르크의 두꺼운 벽이 폭발 소리를 줄였을 뿐이었다. 지하실 내부에서는 노벨 808이 아주 아름답게 임무를 완수해 전해조들이 박살나면서 중수가 사방에 흩어졌다. 또한 전해조에서 튀어나온 파편들이 천장을 지나가는 수도관들을 뚫는 바람에 그 방은 물바다가 되었고, 약 350킬로그램의 순수한 원자로용 주스가 배수구로 흘러내려갔다.

나중에 피해 상황 점검을 위해 현장에 나타난 독일군조차도 정밀한 작전 수행에 감탄했다. 독일군은 처음에는 보복을 위해 인근 주민 중에서 100명의 인질을 추렸다. 하지만 아마추어의 솜씨로는 도저히 이런 일을 할 수 없다는 사실을 깨닫고는 모두 풀어주었다. 이 사건에 대한 독일 측의 공식 보고서는 "습격 지점을 제외하면, 광범위한 피해는 전혀 없음. 습격 지점은 완전히 파괴되었음"이라고 기록했다.

9명의 대원은 왔던 길을 되돌아갔다. 총은 단 한 발도 쏘지 않았고, 자신들 뒤쪽에 열려 있던 철도 건널목의 문도 닫고 오는 친절까지 베풀었다. 그러고 나서 협곡을 달려 내려와 얼음 다리를 다시 건너고, 반대편 협곡 암벽을 기어오르면서 얼른 무사히 탈출하길 기원했다. 불행하게도 뢴네베르그의 손에서 계속 피가 흘러내려 눈 위에서 쉽게 추적할 수 있는 진홍색 자국을 남겼다. 게다가 협곡 위로 올라오고 나서 얼마 지나지 않아 베모르크에서 사이렌이 요란하게 울리기 시작했다. 뒤를 돌아보니 여러 수색조가 출발했고, 손전등 불빛이 어둠 속에서 큰 낫처럼 획획 지나갔다. 그들은 이글루에서 스키를 꺼낸 뒤, 가까이 있던 도로를 따라 달리기 시작했는데, 경비병이 가득 탄 차량이 지나갈 때마다 몸을 숨겼다.

또 다른 지그재그 도로의 꼭대기에 도착하자마자 하르당에르에는 그 명성에 걸맞게 눈이 내리기 시작했다. 하지만 이번만큼은 이들도 그 지겹던 눈보라가 그렇게 반가울 수 없었다. 눈은 발자국과 핏자국을 지웠고, 비록 눈보라 속에서 앞으로 나아가기는 더 힘들었지만, 눈보라는 이들 백전노장 스키어들보다는 수색대의 발길을 더 지연시켰다. 몇 시간 뒤, 그들은 아무 방해도 받지 않고 통나무집에 무사히 도착했다. 그들은 위스키를 한 잔 마실 수 있을 정도만 의식이 남아 있었다. 그러고는 그대로 쓰러져서 18시간 동안 깊은 잠에 빠졌다. 다음 날, 잠에서 깬 그들은 바람 속으로 사라져갔다.

27장

철학의 위안

베르너 하이젠베르크는 1942~1943년 겨울을 좌절 속에서 보냈다. 여전히 원자로를 만들고 있었고, 여전히 핵분열을 연구하고 있었지만, 어떻게 된 일인지 쿠르트 디프너가 자신을 앞질렀다. 하이젠베르크는 자신의 원자로에서 늘 특정 기하학 형태를 선호해 중수와 우라늄 층들을 교대로 배열했다. 때로는 그 층들을 원형 껍데기 형태로 배열했지만, 샌드위치 같은 판들의 형태로 배열할 때가 더 많았다. 두 경우 모두 이상적인 배열은 아니었다. 우라늄 원자가 분열할 때, 거기서 나온 중성자는 어느 방향으로든 날아갈 수 있지만, 모든 방향이 똑같이 좋은 것은 아니었다. 중성자가 편평한 판 표면에서 똑바로 위나 아래로 날아간다고 상상해보라. 그것은 금방 중수에 부딪쳐 속도가 줄어들 것이고, 그럼으로써 연쇄 반응을 촉진할 것이다. 하지만 중성자가 옆 방향으로 날아가면, 우라늄 층 내부에 머물면서 다른 우라늄 원자와 충돌할 가능성이 높고, 그 중성자는 속도가 줄어들지 않는다.

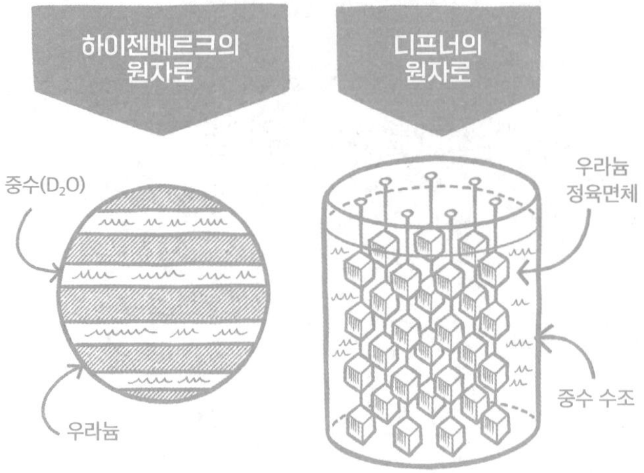

따라서 옆 방향으로 날아가는 중성자는 낭비되고 만다.

디프너는 혁신적인 '격자' 설계로 이 문제를 해결했다. 우라늄을 판이나 껍질 대신에 작은 정육면체 형태로 쪼갠 뒤, 중수 수조 속에 떠 있도록 배열했다. 그러자 기하학적 구조가 확장되었고, 날아다니는 중성자는 이제 3차원 방향 중 어느 쪽에서나 속도를 줄여주는 물질을 만날 수 있었다(엔리코 페르미가 시카고에서 흑연 사이에 작은 우라늄 덩어리를 끼워넣어 만든 원자로도 동일한 개념을 사용했다). 디프너의 실험 장치를 준비하는 데에는 몇 주일에 걸친 고된 단순 작업이 필요했고, 우라늄이 중수와 섞여 불붙는 사태를 방지하기 위해 모든 우라늄 정육면체를 래커lacquer로 코팅해야 했다. 하지만 중성자 방출량 급증(하이젠베르크의 13퍼센트에 비해 무려 110퍼센트에 이른)은 이 설계의 우수성을 증명했다. 그리고 정말로 당혹스러운 사실은 디프너가 하이젠베르크가 쓰고 남은 찌꺼기를 가지고 이 모든 일을 해냈다는 것이었다. 중수와 우라늄은 늘 하이젠베르크가 먼저 공급받았고, 디프너는 하이젠베르크가 쓰고 남은 것을 사용해야 했다. 하지만 군수 분야에서만 일해 우습게만 보였던 그가 노벨상 수상자의 코를 납작하게 했다.

하이젠베르크는 나치 지도자들이 자신을 연구에만 전념하도록 내버려두지 않아 더 좌절했다. 엘리트 과학자였던 하이젠베르크는 시답잖은 국가 행사에 자주 참석해야 했는데, 1943년 3월 1일에는 오토 한을 비롯한 여러 과학자와 함께 베를린에서 열린 강연에 참석하라는 지시를 받았다. 강연 주제는 정말 터무니없게도 공습이 건강에 미치는 효과에 관한 것이었다.

오늘날 순진한 사람들은 공습이 건강에 나쁜 효과만 미친다고 생각할 테지만, 그날 밤의 강연자인 샤르딘Schardin 박사는 피어오르는 연기 구름에는 긍정적 측면이 있다고 주장했다. 물론 공습 동안 20톤의 잔해 더미에 깔릴 수도 있고, 파편에 몸이 찢길 수도 있지만, 그런 복잡한 문제들을 제쳐놓고 뇌에 미치는 충격력에만 초점을 맞춘다면, 폭탄은 실제로는 즐겁게 죽을 수 있는 방법이라고 했다. 폭탄은 기압 급상승을 가져와 뇌가 사실상 액화되는데, 모든 혈관이 터지면서 극심한 뇌졸중이 일어나 당사자는 그 사실을 알아채기도 전에 죽음을 맞이하게 된다고 했다. 그 결과로 대체로 아무 고통 없이 거의 평온한 죽음을 맞이한다고 했다. 요점은 공습은 전혀 두려워할 대상이 아니라는 것이었다.

흥미롭게도 샤르딘 박사가 강연을 막 마무리지을 무렵에 베를린에 공습 사이렌이 울려퍼지기 시작했다. 마침 이론을 검증할 때가 온 것이다! 하이젠베르크와 한을 비롯해 나머지 청중은 서둘러 지하실로 대피했다. 이전에 공습을 경험한 사람은 거의 없었기 때문에, 그들에게 이것은 실로 굉장한 첫 경험이었다. 지축을 뒤흔드는 듯한 굉음과 함께 폭탄이 쏟아지기 시작했는데, 몇 시간이나 계속된 듯한 느낌이 들었다. 주변의 벽이 심하게 들썩이고 흔들렸으며, 지상에서 건물이 무너지는 소리도 자주 들렸다. 얼마 안 가 전기가 나갔고, 구급대원들이 피투성이가 되어 신음하는 여성을 데리고 들어왔다. 공습이 가장 심할 때에는 폭탄 두 개가 거의 동시에 그들 위에서 터졌고, 이중 타격의 압력 때문에 사람들은 거의 멍한 상태에 빠졌다. 한은 짓궂은 장난기를 참지 못하고 이렇게 말했다. "이젠 샤르딘도 자신의 이론을 믿지 않을걸." 잠깐 동안 모두 웃음을 터뜨렸다.

해제 경보가 울리자, 과학자들은 대피소에서 나와 주변을 돌아보았다. 그 부근은 완전히 파괴되어 구부러진 강철과 무너진 벽이 어지럽게 널려 있었다. 연합군의 폭탄 중에는 인 같은 인화성 물질을 포함한 소이탄도 있었기 때문에 거리 곳곳에 기이한 모습으로 불타는 액체 웅덩이가 널려 있었다. 사람들은 자신의 집이나 연구소가 무사한지 알아보기 위해 모두 뿔뿔이 흩어졌다.

하이젠베르크는 누구보다도 염려해야 할 이유가 많았다. 하필이면 그 주에 외할아버지의 생일을 축하하기 위해 이제 다섯 살이 된 쌍둥이 자녀 볼프강과 마리아를 라이프치히에서 베를린으로 데려왔기 때문이다. 자녀들을 폭탄과 소이탄의 위험에 노출시키리라고는 상상도 하지 못했다. 대피소를 떠나면서 품었던 한 가닥 희망(제발 파괴 지역이 베를린 중심부에 국한되었으면 하는)은 헛된 것으로 드러났다. 불길이 거리를 따라 사방 수 킬로미터까지 외곽 지역으로 뻗어나가면서 활활 타고 있는 모습이 눈에 들어왔다. 그날 밤 시 당국은 모든 버스와 열차의 통행을 중단했으므로, 하이젠베르크는 한 동료와 함께 즉각 걷기 시작했다.

불안에도 불구하고(어쩌면 불안 때문에) 하이젠베르크는 걸어가는 90분 내내 추상적인 주제에 관한 이야기를 했다. 그는 전쟁의 격동을 겪는 동안 현대의 마르쿠스 아우렐리우스Marcus Aurelius가 된 것처럼 철학에서 위안을 얻었다. 가족과 함께 독일 남부 산악 지역의 별장으로 피신할 때마다 계속 작업해오던 논문을 꺼내 최근에 떠오른 계시적 생각을 추가했다. 그는 그것을 "실재의 질서Ordnung der Wirklichkeit"라고 불렀다. 이 논문에는 게르만 철학의 웅장한 전통에 따라 우주의 본질에 관한 형이상학적 장광설이 넘쳐났는데, 그 외에도 윤리, 특히 부당한 사회에서 지식인의 책임을 다룬 절들도 포함돼 있었다. 하이젠베르크는 개인은 본질적으로 거대한 역사의 힘들에 이리저리 휩쓸리는 장기판의 졸에 불과하며, 친구와 사랑하는 사람들에게 친절하게 대해주는 것 말고는 사회에 별로 큰 영향을 미치지 못한다고 결론 내렸다. 따라서 이 무명의 개인들은 더 높은 예술과 과학의 영역으로 물러나야 하고, 게다가 모든 지적 작업에 대한 도덕적 책임을 완전히 면제받아야 한다고 주장했다. 설사 부당한 통치자가 그것을 나쁜 목적으로 이용하더라도 말이다. 여기서 하이젠베르크가 자신의 양심과 싸우고 있었다는(무엇보다도 우라늄 핵분열 연구 때문에) 사실은 심리학 박사가 아니더라도 충분히 짐작할 수 있다. 편리하게도 그는 자신의 잘못을 사면했고, 161쪽짜리 그 논문을 인류의 사상에 아주 크게 기여하는 것으로 간주해 그 복사본을 친구들에게 크리스마스 선물로 주었다.

그날 밤, 베를린에서 동료와 함께 걸으면서 하이젠베르크는 자신이 좋아한 또 다른 주제에 대해서도 상세히 이야기했는데, 그 주제는 독일 과학의 현 상태와 독일 과학이 독일의 미래에서 담당할 역할이었다. 지금 읽어보면 그 대화는 마치 초현실적인 플라톤의 대화법처럼 들리는데, 독일의 운명을 암울하게 보는 비관적인 동료와 쾌활한 태도로 과학이 활력을 불어넣는 미래에 대한 낙관론을 강조하는 하이젠베르크가 논쟁을 벌인다. 그러면서 그들은 폭탄 구덩이들과 불타는 잔해 더미들—최신 과학과 기술의 발전이 낳은 직접적 결과물—을 피해가며 계속 걸어갔다. 한번은 하이젠베르크가 열광적인 웅변에 심취한 나머지 인이 불타는 웅덩이를 밟았다가 신발의 불을 끄려고 불이 붙지 않은 다른 웅덩이로 달려가야 했다.

하이젠베르크는 독일 민족의 성격에 관해서도 이야기했는데, 독일 민족은 그들을 위대한 경지로 이끄는 영웅(혹은 지도자)에 관한 신화를 너무 믿는 경향이 있는 몽상가라고 표현했다. 하지만 그러한 환상은 마침내 깨어지고 말았다. 독일 민족은 다시는 어리석은 환상에 빠지지 않을 것이고, 진리를 등한시하거나 무시하지 않을 것이다. 하이젠베르크는 그들은 과학적으로 사고하는 법을 배울 것이고, 그들 앞에 놓인 실재에 기반을 둔 사고를 할 것이라고 주장했다.

이 이야기를 할 때, 하이젠베르크는 또다시 인 웅덩이에 발을 들여놓았고, 두 번째로 신발에 불이 붙었다. 하지만 이러한 실재의 틈입이 대화를 중단시키지는 못했는데, 하이젠베르크가 즐거워하며 또다시 물로 신발의 불을 껐기 때문이다. 결국 동료는 다소 머뭇거리며 "우리가 당장 직면한 현실에 좀 신경을 쓰는 게 좋을 것 같네"라고 말했다. 신발에서 다시 연기가 피어오르지 않는 한, 하이젠베르크는 그 말에 쉽게 동의하려 하지 않았을 것이다.

얼마 후, 두 사람은 서로 행운을 빌어주고 각자 자신의 집을 향해 헤어졌다. 이때, 하이젠베르크의 밤에 실재가 또 한 번 틈입했다. 자신과 아이들이 머물던 처갓집에 도착했더니 그 집이 불타고 있었다. 황급히 달려가 보았더니 모든 문과 셔터가 사라지고 없었다. 이것은 좋지 않은 징조였다. 안으로 뛰어들어 다락방으로 올라갔다. 그곳에서 연로한 장모가 용감하게 불을 끄려고 애쓰고 있었다. 떨어지는 잔해로부터 머리를 보호하기 위해 마치 제1차 세계 대전 때 참호에서 싸우던 포병처럼 철모를 쓰고 있었다. 하이젠베르크는 그만 포기하라고 장모를 설득하여 밖으로 데리고 나왔다. 장모는 아내와 아이들은 무사히 탈출했다고 말했다. 그들은 지역 식물원 근처에 있는 이웃의 집에 머물고 있었다.

가족이 무사하다는 이야기를 듣고 나서 하이젠베르크는 불타고 있던 옆집으로 달려갔다. 지붕이 꺼지고 집 안의 계단이 무너졌기 때문에, 하이젠베르크는 마치 스파이더맨처럼 외벽을 기어올라 다락방으로 올라갔다. 그곳에서 한 노인이 건성으로 화염에 얼마 안 되는 물을 끼얹고 있었다. 물론 그 물은 아무 도움이 되지 않았지만(물은 쉭쉭거리면서 증발해버렸다), 노인은 충격으로 망연자실해 제정신이 아니었다. 내버려두었더라면 그대로 죽고 말았을 것이다. 노인은 불길 속에서 하이젠베르크가 "점점 크기가 줄어드는 원"이라고 표현한 곳으로 계속 후진했다. 검댕이 묻은 하이젠베르크('화염 벽'을 뛰어넘어 다가간)가 나타난 것을 보고서야 노인은 정신을 차리고 현실로 돌아왔다. 노인은 정중한 제스처로 자신의 구원자에게 절을 했다. 하이젠베르크는 외벽을 타고 아래로 내려가도록 도움으로써 그의 목숨을 구했다.

전체적으로 그날 밤은 하이젠베르크가 지닌 최선의 측면과 최악의 측면을 다 보여주었다. 둔감하면서 용감하고, 영웅이면서 바보이기도 했다. 우라늄 연구의 도덕적 의미를 너무 고민한 나머지 순전히 자신의 책임을 면제하기 위해 완전히 새로운(그리고 완전히 엉터리인) 철학 체계를 만들었다. 하지만 사람이 맞닥뜨릴 수 있는 아주 어려운 도덕적 딜레마에 맞닥뜨렸을 때에는 모르는 사람을 구하기 위해 생명의 위험도 도외시한 채 주저하지 않고 불길 속으로 뛰어들었다. 그날 밤은 하이젠베르크를 존경한 사람이 왜 그토록 많았는지, 그러면서 다른 한편으로는 왜 그에게 큰 좌절을 느낀 사람이 많았는지 그 이유를 분명히 보여주었다.

그 후 몇 달 동안 연합군의 공습이 점점 심해졌고, 몇 시간 동안 쉬지 않고 폭탄을 쏟아부을 때도 많았다. 베를린과 라이프치히를 비롯해 안전한 곳은 어디에도 없는 것처럼 보였고, 특히 북부 지역에 공습이 집중되었다. 가족의 안전을 염려한 하이젠베르크는 1943년 봄에 가족을 독일 남부의 여름 별장으로 옮겼고 그곳에 계속 머물게 했는데, 이것은 잘한 일이었다. 가족은 이주에 강하게 반대했지만(통나무집 별장은 춥고 외딴 곳에 있어 불편했다), 그해 말에 라이프치히의 집은 공습으로 완전 파괴되었다. 만약 하이젠베르크가 이주를 강하게 주장하지 않았더라면, 그들은 모두 그곳에서 목숨을 잃었을 것이다.

한편, 독일의 고위 과학자들도 피신을 모색하고 있었다. 베를린 공습이 있고 나서 몇 달 후, 모든 독일 과학자들은 자신들의 연구소를 옮길 장소를 물색하라는 지시를 받았다. 하이젠베르크와 우라늄 클럽은 독일 남부의 검은 숲(독일어로는 슈바르츠발트Schwarzwald, 흔히 영어로 Black Forest라고 부름—옮긴이) 근처의 슈바벤알프스에 있는 조용한 몇몇 마을을 점찍었다. 특히 하이거로흐라는 마을이 핵분열 연구에 아주 이상적인 곳으로 보였다. 외딴 곳에 있어 잘 알려지지 않은 이 마을은 더군다나 절벽 옆에 위치해 공중에서 공습하기가 어려웠다. 게다가 절벽 아래쪽에는 튼튼한 동굴이 뚫려 있었다. 하이젠베르크가 새롭고 더 강력한 우라늄 기계를 가동하기에(그리고 쿠르트 디프너에게 누가 진짜 천재인지를 최종적으로 보여주기에) 완벽한 장소였다.

28장

"재미있는 일이 곧 시작될 거요!"

1943년 3월, 전쟁 중에 일어난 가장 운명적인 대화 중 하나는 투옥된 두 독일 장군 사이에 오간 대화였다. 한 사람은 상냥한 냉소주의자였고, 다른 한 사람은 신랄한 낙관주의자였다. 상냥한 냉소주의자는 수척하고 굶주려 보이는 눈과 뾰족한 귀를 가져 장군보다는 전쟁포로에 더 어울리는 빌헬름 폰 토마Wilhelm von Thoma였다. 1942년 가을에 폰 토마는 이집트에서 전차 사단을 지휘했는데, 영국군에게 큰 패배를 당한 뒤 후퇴 준비를 했다. 하지만 상급 지휘관인 에르빈 로멜Erwin Rommel은 히틀러로부터 전차 부대는 후퇴하지 말라는 전보를 받았다. 총통은 거짓말 같은 승리를 거두든가 명예롭게 죽으라고 요구했다. 군사학적 관점에서 보면 이 명령은 미친 짓이었고, 로멜도 그것을 알고 있었다. 그럼에도 불구하고, 로멜은 정권에 대한 충성심에서 그 명령을 따랐다. 이와는 대조적으로 폰 토마는 그 명령을 "비할 데 없이 미친 짓"이라고 비판했고, 이틀 뒤인 11월 4일에 깨끗한 군복을 입고 자신의 전차에 올라탄 뒤 적진 속으로 돌진했다. 의도적으로 두 발의 포탄을 맞은 뒤, 그는 해치를 열고 기어 나와 전쟁 포로로 잡히길 기다리면서 불타는 전차 잔해 옆에서 평온하게 서 있었다.

결국 그는 런던에서 북쪽으로 수십 킬로미터 떨어진 트렌트파크에 수감되었는데, 이곳은 그 유래가 헨리 4세 시절까지 거슬러 올라가는 호화로운 장원이었다. 장원 소유주가 제2차 세계 대전이 일어나기 전날 밤에 죽자, 영국 정부는 이곳을 독일군 고급 장교들을 위한 근사한 전쟁 포로 수용소로 개조했는데, 전쟁 포로에게는 필요 이상으로 호화로운 곳이었다. 이곳에는 대리석 조각상과 높은 삼나무와 오크, 들오리가 헤엄치는 연못이 있었고, 잔디밭과 뜰은 철조망이 처져 있었지만, 포로들은 허락하에 그 주변을 산책할 수 있었다. 실내에서는 온수와 냉수를 쓸 수 있었고, 벽에는 독일 미술 작품들이 장식돼 있었다. 공용 구역에는 라디오 콘솔과 화실도 있었다. 한 포로는 렘브란트 유파의 유명한 작품인 〈황금 투구를 쓴 남자〉를 너무나도 비슷하게 잘 그려 영국인은 그 그림을 식당에 걸어놓았다. 심지어 극장도 있었고, 담배와 맥주를 파는 가게도 있었다. 요컨대 이 나치 전쟁광들은 그 당시 대다수 영국인보다 훨씬 안락한 삶을 살았다. 독일군 포로들 사이에서 주요 불만은 음식이 '너무 풍부하다는' 것이었다.

전쟁이 끝날 무렵에는 장군 63명이 트렌트파크에서 지냈지만, 폰토마는 이곳에 두 번째로 도착했다. 그래서 평소에는 서로 아무 관계도 없었지만, 그곳에 맨 처음 온 장군—신랄한 낙관주의자, 루트비히 크뤼벨Ludwig Crüwell—과 친하게 지냈다. 엄한 눈과 꽉 다문 입, 냉혹한 시선을 가진 크뤼벨은 전형적인 프로이센 장군처럼 보였다. 하지만 나치와의 관계는 좀 복잡했다. 1934년 6월에 일어난 군 숙청 때 나치

폭력배들이 자신을 살해하려고 시도했는데, 그 이후로 그는 나치 정권을 경멸했다. 하지만 충성스러운 군인이었던 그는 항상 자신의 임무를 다했고, 히틀러의 전쟁을 조금의 망설임도 없이 수행했다(그것 말고도 크뤼벨에게는 어린 자녀가 여럿 있었는데, 독일의 패배가 자녀들의 미래를 망칠 것이라는 우려도 있었다). 이러한 염려에도 불구하고, 전쟁의 시작은 크뤼벨에게 빛나는 순간을 가져다주었는데, 자신이 지휘한 군대가 1941년에 베오그라드를 점령했다. 비평가들은 뛰어난 전술을 보여준 그를 한니발에 비교했다. 빠른 승진 후에 그는 그해 8월에 북아프리카로 전보되었다.

크뤼벨의 눈부신 출세는 그다음 해 5월에 돌연히 끝났다. 어느 날 오후, 크뤼벨은 이탈리아군의 위치를 살피기 위해 비행기를 타고 통상적인 정찰 임무에 나섰다. 지상의 이탈리아군 장교들은 크뤼벨의 비행기가 필요 이상으로 경계선을 넘어가지 않도록 하기 위해 신호탄으로 최전선의 위치를 가리키라는 지시를 받았다. 하지만 흔한 이탈리아군의 실수가 여기서도 일어났는데(독일군은 늘 이탈리아군의 무능을 불평했다), 책임 장교가 크뤼벨이 도착하기 직전에 전화로 수다를 떨다가 그만 신호탄을 발사하는 것을 잊어먹었다. 크뤼벨이 탄 비행기는 그를 지나쳐 계속 나아가다가 몇 분 뒤 격추되고 말았다. 크뤼벨은 포로로 잡혀 결국 트렌트파크로 이송되었다.

크뤼벨은 이곳 생활에 잘 적응하지 못해 석 달 만에 체중이 11킬로그램이나 줄었다. 또 병 때문에 독일로 귀환될지도 모른다는 기대를 품고 자신을 학대했는데, 오한을 유발하기 위해 찬물로 샤워를 하고, 손톱으로 다리를 박박 긁어 상처를 내기까지 했다. 영국은 이러한 속임수를 간파하고 그의 방면을 거부했다. 크뤼벨은 침울한 상태에 빠졌고, 동료 장군인 폰 토마가 도착하고 나서야 기분이 나아졌다.

두 사람은 서로 기질이 아주 다른데도 잡담을 나누며 함께 많은 시간을 보냈다. 크뤼벨은 무뚝뚝하고 웃지 않았으며 항상 엄격한 규율을 지켰다. 폰 토마는 몇 시간이고 계속 지껄여댔고, 수용소에서는 쓸데없는 것이라며 군의 규율을 무시했다. 나치 지도자들을 경멸하는 태도는 두 사람이 동일했다. 괴벨스의 '맥주집 장광설'에 혐오감을 느꼈고, 헤르만 괴링Hermann Göring(그의 궁전에는 약탈한 미술품이 가득했고, '8절지만큼 큰' 황금 벨트 버클을 차고 다녔다)을 탐욕스럽고 외모에 관심이 많은 사람이라며 비난했다. 또한 히틀러의 광기 발작(히틀러는 가끔 바닥을 기면서 개처럼 물려고 했다고 한다)에 관한 소문도 주고받았고 그의 전쟁 지휘 능력을 조롱했다. 두 사람은 그 당시 상황이 나쁘다는 데에는 의견이 일치했지만, 장기 전망에 대한 견해는 서로 달랐다. 포로가 되기 전에 크뤼벨은 오직 독일의 승리만 경험했기 때문에 낙관적 견해를 유지했다. 사실, 패배는 생각조차 하지 않으려 했는데, 그랬다간 비통함으로 미쳐버릴 것 같았기 때문이다. 반면에 폰 토마는 이미 전쟁은 졌다고 유쾌하게 선언하면서 크뤼벨을 고문하길 즐겼다.

독일군 장군들이 히틀러를 비난하는 대화를 들으면서 영국인들은 분명히 기분이 좋았을 것이다. 그런데 51세의 장군들은 1943년 3월 22일에 나눈 대화에서 중요한 군사 정보도 제공했다. 독일의 미래에 관한 긴 토론 도중에 폰 토마는 지금쯤은 이미 독일의 폭탄에 폐허로 변했어야 하는데, 런던이 아직 건재한 것이 놀랍다고 말했다. 크뤼벨이 그게 무슨 말이냐고 묻자, 폰 토마는 포로가 되기 전에 자신이 들은 소문을 들려주었는데, 발트해 연안의 페네뮌데에서 시험하고 있다는 새로운 혁명적 로켓(V 무기)에 관한 이야기였다. 폰 토마는 "그들은 그곳에서 아주 거대한 무기를 꺼냈다고 합니다"라고 설명했다. "그것은 15킬로미터를 날아올라 성층권까지 도달한" 뒤에 "끔찍한" 공포를 지상으로 쏟아붓는다고 했다. 무슨 문제가 생겨 실전 배치가 지연된 게 분명하지만, 어쨌든 런던은 끔찍한 공격을 받게 될 거라고 했다. 그러고 나서 페네뮌데에서 근무하는 고급 장교의 말을 인용해 "내년까지 기다려보면 재미있는 일이 곧 시작될 거요!"라고 말했다.

폰 토마와 크뤼벨은 까마득히 몰랐지만, 영국인들은 이 대화를 녹음하고 있었다. 정부가 1939년에 트렌트파크를 접수하자마자 정보 요원들은 비밀의 방(도청을 뜻하는 mic'd를 따 "M 방"이라 불렀다)을 벽으로 가리고, 그곳에 7분짜리 축음기 디스크에 대화를 녹음하는 장비를 설치했다. 그러고 나서 공용 구역과 독일인이 잘 모이는 장소들의 조명 기구에 마이크로폰을 설치했다. 동의 없이 포로들 사이의 대화를 녹음하는 것은 제네바 협약에 어긋나는 것이었지만, 영국은 그런 규정을 무시했다.

아이러니하게도 트렌트파크에 머물던 독일군 장교들은 대부분 영국인이 도청을 시도하리란 사실을 알고 있었다. 그들은 개인적으로 서로에게 가벼운 입과 부주의한 잡담의 위험에 대해 반복해서 충고를 했다. 적이 어떤 짓을 할지 모르니 절대로 방심하지 말라고 했다. 하지만 그러고 나서는 곧바로 자신들이 정식 심문 조사를 받을 때 영국인에게 말하지 않은 것과 영국인이 알고 싶어 할 그 밖의 온갖 이야기를 자랑스레 떠벌리기 시작했다. 사실, 새로 온 포로의 적응을 돕기 위해 폰 토마는 집단 치료 모임을 자주 열었는데, 여기서 그들의 전쟁 경험을 솔직히 이야기하라고 권했다. 이를 두고 한 역사학자는 "어떤 끄나풀도 그보다 더 잘할 수는 없었을 것이다"라고 평했다. 영국 정보 요원들은 이 모든 이야기를 신나게 들었고, 때로는 포로들이 더 많은 것을 이야기하도록 부추기기 위해 가짜 기사가 실린 신문까지 제공했다.

트렌트파크를 유지하는 데에는 감당하기 힘들 정도로 많은 비용이 들었지만, 독일 장군들은 배가 부르고 행복하면 경계심을 풀었고, 여기서 값을 매길 수 없는 고급 정보들을 얻을 수 있었다. 예를 들면, 크뤼벨과 다른 장교 사이에 벌어진 잠수함 전술에 관한 즉석 토론은 디데이에 연합군 측이 유리한 위치에 설 수 있는 정보를 제공했고, 결국에는 수백 대의 유보트를 데이비 존스Davy Jones의 보관함으로 보냈다(뱃사람들 사이에서 전해져 내려오는 미신에 따르면, 데이비 존스는 17세기 무렵에 인도양 주변을 약탈하고 다닌 해적인데, 악마를 만나 계약함으로써 영원한 생명을 얻었다고 한다. 바다 밑에는 흑요석으로 만든 '데이비 존스의 보관함'이 있다는데, 바다에 빠져 죽은 사람의 영혼이나 난파선의 보물은 모두 바다 밑의 이곳으로 가게 된다고 한다. 영어에서 '데이비 존스의 보관함에 들어가다'라는 표현은 '익사하다' 또는 '침몰하다'라는 뜻으로 쓰인다.—옮긴이). 하지만 가장 중요한 정보는 V 무기에 관한 것이었다.

영국군 장교들은 페네뮌데를 얼마나 심각한 위협으로 간주해야 할지를 놓고 몇 달 동안 토론을 벌였다. 일부 사람들은 그 위협이 소문과 정황 증거가 뒤섞여 크게 과장되었다고 주장했다. 하지만 몇몇 행운의 사건을 통해 그렇지 않다는 것이 드러났다. 1942년 후반에 한 덴마크 화학자는 베를린의 식당에서 식사를 하다가 페네뮌데에서 온 두 기술자 옆자리에 앉게 되었는데, 두 사람은 실컷 취해 얼마 전에 있었던 로켓 시험 발사에 대해 수다를 떨기 시작했다. 덴마크 화학자는 신속하게 이 첩보를 연합군 정보부에 알렸다. 그리고 정찰 임무에 나선 비행기가 페네뮌데 상공을 지나갈 때, 탑승한 사진사가 마침 반만 사용한 필름 롤을 발견하고 사진을 찍기 시작했는데, 우연히도 로켓 발사 순간에 발생한 배기가스 구름을 포착했다. 후속 조사를 통해 근처에서 발전소와 지선 철도도 발견되었다. 그래도 이 모든 정보는 여전히 모호한 상태에 있었지만, 임박한 '재미있는 일'을 언급한 폰 토마의 섬뜩한 보고가 이 문제를 매듭지었다.

그건 그렇고, 무슨 문제 때문에 V 무기 생산이 지연되었을 거라는 폰 토마의 추측은 옳았다. 실제로는 여러 가지 문제 때문이었다. 발사와 조종에 쓰이는 부품들은 광범위한 시험이 필요했고, 그것들을 만드는 데에는 80여 가지의 화학 원소와 합금이 들어갔는데, 그중 많은 것은 희귀하고 구하기가 어려웠다. 그리고 1943년 2월에 몇 차례 시험 발사 때 일어난 일련의 화재가 일의 진척을 방해했다. 폰 토마의 냉소주의를 감안하면, 그는 세 번째 이유에 크게 웃었을 것이다. 그해 3월 초 어느 날 밤에 히틀러는 잠을 자다가 환영을 보았는데, 신들이 V-2 미사일 계획은 실패할 것이라는 계시를 내린 것으로 보인다. 며칠 뒤, 히틀러는 전체 계획을 중단시켰다. 이 때문에 페네뮌데에서 로켓 생산을 지휘하던 책임자는 화가 나 몸을 부들부들 떨었다. 우리는 전시의 물자 부족과 기술 문제뿐만 아니라, "군 통수권자의 꿈"과도 맞서 싸워야 한단 말인가 하고 씩씩댔다.

히틀러의 측근 중에서 그래도 제정신을 가진 나치였던 알베르트 슈페어는 그다음 몇 주일 동안 조리 있게 총통을 설득했고, 폰 토마와 크뤼벨이 대화를 나눈 직후에 페네뮌데에서 V 무기 생산 작업이 재개되었다. 그러고 나서 느리지만 꾸준히 V 무기의 배치를 위한 준비가 착착 진행되었다. 그리고 연합국 측은 이내 공포에 떨기 시작했다.

29장

빨갱이 색출

멕시코 바하반도에서 스파이 임무를 수행하고 나서 중령으로 막 승진한 보리스 패시는 1942년 후반에 맨해튼 계획을 위해 태평양 연안 지역의 보안 업무를 맡게 되었고, 그 후 몇 달을 미국 서부 전역에서 보안 침해 사례를 조사하면서 보냈다. 그는 맨해튼 계획을 가장 크게 위협하는 요소가 바로 자신의 코 밑에, 그러니까 캘리포니아주 북부에 있다는 사실을 전혀 알지 못했다.

비록 미국과 소련이 독일에 대적하기 위해 1941년에 동맹을 맺긴 했지만, 소련은 아무런 거리낌도 없이 미국의 연구소들, 특히 버클리에 있는 캘리포니아 대학교의 유명한 방사선연구소를 염탐했다. 방사선연구소는 맨해튼 계획에서 아주 중요한 부분을 차지했는데, 우라늄 농축에 꼭 필요한 세계 최고 성능의 사이클로트론을 보유하고 있었기 때문이다. 그래서 소련 첩자들이 방사선연구소에 침투했다는 증거를 FBI가 발견하자, 관계자들은 충격에 빠졌다. 특히 첩자란 첩자는 모두

로스앨러모스로 옮겨가기 전에 방사선연구소에서 일했던 로버트 오펜하이머와 연결된 것처럼 보였기 때문에 더욱 그랬다.

FBI는 베이 에어리어에서 유명한 공산주의자인 스티브 넬슨Steve Nelson의 집을 (불법적으로) 도청한 뒤에 오펜하이머를 겨냥했다. 1943년 3월 하순의 어느 날 오전 1시 30분에 오펜하이머의 제자가 넬슨에게 여러 건의 비밀 핵분열 실험 결과를 누설하는 심각한 사건이 일어났다. 넬슨은 그 학생과 그 밖의 사람들에게서 얻은 정보를 종합해 결국 오크리지와 로스앨러모스에서 진행되는 연구에 대해 상세한 지식을 얻게 되었다. 게다가 그러고 나서 넬슨이 소련 비밀 요원에게 정보를 전달하는 장면이 목격되었다. 그 학생과 대화를 나누는 동안 오펜하이머의 이름이 여러 차례 나왔다. 물론 넬슨은 오펜하이머는 스파이 행위에 관여하지 않았다고 분명히 선을 그었다. 사실, 넬슨은 오펜하이머가 "신경과민"일 정도로 스파이 활동에 지나친 거부감을 보였다고 불평했다. 하지만 맥락상 넬슨이 오펜하이머를 개인적으로 아는 것은 분명했고, 모든 것을 의심하는 FBI의 첩보 활동 세계에서는 이 점이 오펜하이머의 충성심을 추가로 의심하게 만들었다. FBI는 오펜하이머의 통화 기록을 샅샅이 조사하기 시작했고, (상대가 알아채지 못하게) 그를 감시하기 위해 트렌치코트를 입고 페도라를 쓴 요원들을 버클리 교수 회관 바깥에 배치했다. 또한 가장 문제가 되는 넬슨의 대화 내용을 녹취록으로 작성해 보리스 패시에게 전달했다.

그것을 본 패시가 경악했다고 말하는 것은 상당히 점잖은 표현이다. 한 역사학자는 "군 보안 장교의 기준으로 보더라도 [패시는] 열정적이고 호전적인 반공주의자였다"라고 평했는데, 그 보고는 패시에게는 상상 가능한 최악의 소식이었다. 전쟁에서 가장 비밀스러운 계획에 공산주의자가, 그것도 자신이 책임지고 있는 시기에 자신의 뒷마당으로 침투하다니! 녹취록을 받은 지 24시간이 지나기 전에 패시는 워싱턴으로 날아가 레슬리 그로브스 장군에게 직접 브리핑을 했다. 그러자 그로브스는 육중한 덩치를 흔들면서 FBI 측에 오펜하이머에 관한 파일을 모두 넘겨달라고 요구하고, 앞으로는 모든 정보를 패시에게 보내라고 했다.

베이 에어리어로 돌아온 패시는 지휘 센터로 삼기 위해 버클리 바로 남쪽에 위치한 오클랜드에 셋집을 한 채 구한 뒤, 방사선연구소의 공산주의자들에게 세 갈래로 공격을 감행했다. 첫째, 그의 팀은 패시의 집에 모든 감시 대상, 특히 오펜하이머의 집에 몰래 설치한 도청 장치를 감시할 전화 교환대를 포함해 6000달러어치의 스파이 장비를 배치했다. 둘째, 버클리와 로스앨러모스에 보안 요원들(이들을 '첩보원'이란 뜻의 속어로 '크립creep'이라고 불렀다)을 잔뜩 배치해 용의자들을 미행하고 출입을 감시했다. 마지막으로, 방사선연구소에 자신들의 스파이를 침투시켰다. 그중에는 차를 운전하고 암살자로부터 오펜하이머를 보호하는 임무를 맡은 '경호원' 두 명도 포함돼 있었다. 진짜 임무는 오펜하이머의 일거수일투족을 패시에게 보고하는 것이었다.

이런 전술이 보여주듯이, 패시 팀은 합법적 절차 따위는 안중에도 없었다. 심지어 패시는 스파이임이 명백한 오펜하이머의 학생들을 '속여서' 거추장스러운 미국 법이 적용되지 않는 국제 수역으로 데리고 가자고 제안한 적도 있었다. 그리고 그곳에서 '러시아식으로' 심문해 자백을 받아내겠다고 공언했다. 이것이 농담인지는 확실하지 않지만, 그러한 위협은 불필요한 것으로 드러났다. 도청과 미행 끝에 패시와 FBI는 방사선연구소에서 일하는 학생(그리고 다른 곳에서 일하는 과학자도) 여러 명이 소련의 비밀 요원과 만나는 장면을 포착했다. 이들을 처벌하기 위해 정부 요원들은 창의성을 발휘해야 했다. 도청은 불법이어서 그것을 증거로 과학자들을 기소할 수는 없었다. 그래서 그들을 징집해 외딴 군사 기지로 보내버렸다. 한 과학자는 북극권에 있는 알래스카주의 기지로 추방되었다. 미국의 강제 노동 수용소라고 부를 만한 그곳에서 그 과학자는 전쟁이 끝날 때까지 긴 속옷을 접으면서 시간을 보냈다.

그로브스는 오펜하이머를 책임자로 고용해야 한다고 강력하게 주장한 당사자였기 때문에, 방사선연구소 사건(그 자체의 보안 문제를 초래한 사실)에 특별한 관심을 보였다. 한번은 그로브스가 패시와 함께 오클랜드의 스파이 하우스를 방문하려고 왔는데, 그때 그는 군복 차림으로 도착했다. 문제는 그곳이 쾌적하고 조용한 민간인 거주 지역이어서 사람들이 그곳에 왜 장군이 왔는지 의아하게 여길 게 뻔하다는 점이었다. 이 실수를 뒤늦게 깨닫고서 키가 크고 뚱뚱한 그로브스는 자동차 뒷좌석에서 밴텀급 체형인 패시의 레인코트를 가져와 그 속에 자신의 몸을 우겨넣었다. 그러고는 차에서 내려 들소처럼 스파이 하우스를 향해 돌진했다. 패시는 몇 년 동안이나 이 사건을 반복해서 언급하며 조롱했지만, 그가 현장에서 그로브스보다 훨씬 매끄럽게 행동했다고는 말할 수 없다. 하루는 버클리 캠퍼스를 정찰하던 중에 이전에 할리우드하이에서 가르쳤던 제자를 만났다. 그 학생이 "감독님, 여기서 뭐 하고 계세요?"라고 묻자, 패시는 몇 초 동안 더듬거리며 횡설수설하다가 몸을 홱 돌려 달아났다.

비록 패시가 오펜하이머의 제자 여러 명을 체포하긴 했지만, 오펜하이머 본인의 수상한 짓은 하나도 잡아내지 못했는데, 오펜하이머가 감시받는다는 사실을 알고서 적절히 대처한 것이 한 가지 이유였다. 예를 들면, 운전기사 겸 경호원과 함께 있을 때 다른 사람과 이야기를 하고 싶으면 뒷좌석 창문을 내려 바깥의 소음으로 일종의 보호막을 만들었다. 그래도 늘 감시를 받는다는 스트레스 때문에 오펜하이머는 큰 고통을 받았다. 그러지 않아도 비쩍 마른 체격이었던 그는 60킬로그램이던 체중이 50킬로그램으로 줄어 뼈만 앙상한 모습으로 변했다. 친구들은 오펜하이머가 기이하게도 유아의 식사용 의자에 몸을 집어넣어 앉았던 것을 기억한다. 예방 조치로 오펜하이머는 동생인 프랭크Frank와 이야기하는 것마저 멈췄다. 프랭크는 당비를 납부하는 공산당 당원이었다. 상황이 너무나도 나쁘게 돌아가자, 로스앨러모스에 도착하고 나서 불과 몇 달 뒤에 오펜하이머는 한 친구에게 맨해튼 계획을 그만두고 싶다고 털어놓았다.

자신에게 쏟아지는 압력을 줄이기 위해 1943년 8월에 오펜하이머는 패시의 한 동료가 요청한 면담에 응하기로 결정했다. 아마도 오펜하이머는 이렇게 생각했을 것이다. 내가 과거에 의심스러운 사람들과 어울렸다는 사실을 그들이 안다. 그러니 나의 충성심을 증명하려면 면담에 응해서 모든 것을 설명하는 편이 낫다. 어쩌면 심지어 일부 불순분자의 이름을 대야 할지도 모른다. 그러면 그들은 나를 신뢰할 것이고, 나를 더 괴롭히지 않을 것이다. 하지만 이 계획은 극적인 역효과를 냈는데, 면담 중에 특별히 불리한 이야기가 튀어나오면서 그렇게 되었다. 버클리에 살던 한 영국인 공학자는 소련에 넘겨줄 목적으로 비밀 기술 정보를 캐고 다녔다. 이 공학자는 오펜하이머가 기꺼이 협조하리라고 생각하고서 공동의 친구(버클리에서 프랑스어를 가르치던 교수)를 시켜 디너파티에서 오펜하이머의 의중을 떠보게 했다.

이 일은 6개월 전에 일어났는데, 오펜하이머는 패시의 동료에게 자신은 도움을 거절했다고 분명히 말했다.

오펜하이머가 이 이야기에서 초점을 둔 것은 영국인 공학자였고, 패시 팀이 감시의 시선을 그 사람에게 돌리길 원했다. 하지만 오펜하이머는 이 이야기를 하면서 그 사람의 친구인 프랑스어 교수를 반역죄에 연루시켰다는 사실을 깨닫지 못한 것으로 보인다. 교수의 이름을 대라고 하자 오펜하이머는 답변을 피했지만, 그날 오후에 이 사건을 들은 패시는 오펜하이머에게 면담을 요구했다. 오펜하이머는 마지못해 동의했고, 두 사람은 다음 날 버클리 캠퍼스의 어느 방에서 대면했는데, 패시는 서둘러 그 방에 마이크로폰을 몰래 설치했다.

오펜하이머를 옹호하는 사람들도 오펜하이머에게 오만한 기질이 있다는 사실을 인정하는데, 그는 패시를 지적으로 자신보다 못한 사람으로 여겼고, 그것은 분명히 사실이었다. 그렇긴 해도 패시는 절대로 멍청이가 아니었다. 패시는 오펜하이머를 러시아인 방식으로 심문하지는 않았지만, 날카로운 질문을 여러 가지 던졌다. 그리고 능란하게 면담의 초점을 영국인 공학자(어쨌든 패시가 잘 파악하고 있던 인물)로부터 오펜하이머에게로 돌렸다. 왜 몇 달 동안 미적이다가 이제 와서 그 이야기를 하는 건가요? 그리고 충성심이 그토록 강하고 보안에 그토록 신경을 쓴다면, 왜 당신에게 중개자로 접근한 교수의 이름을 대지 못하나요?

궁지에 몰린 오펜하이머는 변명을 통해 거기서 빠져나오려 했는데, 그것은 오히려 더 깊은 수렁으로 빠져드는 결과를 초래했다. 대화 도중에 그는 은밀한 채널 대신에 공식 라인을 통해 러시아와 원자폭탄의 비밀을 공유하는 것이 "좋다고" 생각한다고 인정했다. 패시는 경악했다. 그러고 나서 (그렇게 하라고 전혀 요구하지 않았는데도) 오펜하이머는 영국인 공학자가 입수한 일급 기밀문서를 어떻게 처리할지 추측하기 시작했다. 아마도 마이크로필름으로 축소시켜 현지 영사관에 갖다줄 것이라고 추측했다. 이 말을 듣고 패시는 첩보 활동에 대해 아는 게 전혀 없는 과학자가 어떻게 스파이가 문서를 소련으로 전달하는 절차를 소상하게 아는지 의심이 들었다.

만약 오펜하이머가 패시를 안심시키길 기대했다면, 그것은 완전히 오산이었다. 훗날 오펜하이머는 그날 자신이 한 증언을 "거짓말투성이"와 "어리석게 꾸며낸 이야기"라고 말했는데, 난처한 질문들에 답변을 거부하면서 마치 구린 데가 있어서 회피하는 듯한 인상을 주었다. 늘 배우처럼 멋진 연기를 하려는 기질이 약간 있던 오펜하이머는 "만약 조금이라도 잘못된 일을 했다면, 총살도 기꺼이 감수하겠소"라는 말과 함께 면담을 끝냈다. 패시는 무덤덤한 반응을 보였다. 면담 초기에 패시는 자신을 블러드하운드에 비교하면서, 자신이 맡은 냄새를 절대로 포기하지 않을 것임을 오펜하이머에게 분명히 말했다.

패시는 그다음 몇 달 동안 이 약속을 지켰다. 그는 "우리는 절대로 오펜하이머를 시야에서 놓치지 않았습니다. 그의 모든 발걸음을 파악하고 있었어요. 모든 편지를 읽었고, 모든 통화를 도청했으며, 모든 접촉자를 확인하고 조사했어요"라고 말했다. 한번은 오펜하이머가 차에 가방을 놔두고 식당에서 식사를 하는 동안 크립 두 명이 차에 몰래 들어가 가방을 열었다. 그 안에는 1/5쯤 남은 진 한 병, 27년 된 브랜디 한 병, 속옷, 전지, 설사약이 들어 있었고, 아쉽게도 스파이 문서는 없었다. 또, 한번은 합법적 절차를 통해 요원들이 열두 살 소년으로부터 오펜하이머에게 불리한 증언을 끌어냈다.

한편, 오펜하이머는 자신의 충성심을 증명하려는 노력을 계속했다. 세 번째 면담에서는 공산주의자로 짐작되는 사람 이름을 몇 명 더 댔다. 그중에는 자신의 학생들과 비서, 가까운 친구와 그 아내가 포함돼 있었다. 또한 자신의 동료들을 추가로 감시하기 위해 지역 과학 협회에 위장 요원을 잠입시키라고 제안했다. 1950년대에 그가 당한 고초를 바탕으로 오펜하이머를 매카시즘의 희생자로 여긴 사람들은 이러한 행동에 큰 실망을 느낄지 모른다. 하지만 자신의 명성을 지키려고 필사적으로 노력하던 이 시기에 오펜하이머는 때로는 누구라도 배신할 수 있는 진짜 밀고자처럼 행동했다.

패시의 광신적 태도도 그에게 불리하게 작용했다. 오펜하이머와 그 밖의 용의자를 추적하면서 패시는 극단적인 방법을 자주 사용했다. 예를 들어 불온분자를 잡기 위해 달리던 열차를 세워 철도 공무원들을 격분케 했다. 심지어 상관의 사무실에서 기밀문서를 몰래 훔치는 버릇도 있었는데, 다음 날에 능글맞은 웃음과 함께 돌려주면서 보안에 더 신경 쓰라는 교훈을 주었다. 그런 일을 당한 상관은 기분이 좋을 리 없었다. 사실, 패시는 그해에 함께 일한 상관들을 모두 다 열받게 만들었고, 그 결과로 1943년 후반에 그중 여러 사람은 그를 보이지 않는 곳으로 치울 방법을 모색했다. 가능하면 해외로, 이왕이면 최전선으로 보내려고 했다. 마침 이런 조건에 딱 맞는 자리가 그로브스에게 있었다.

30장

아름다운 페네뮌데

1943년 후반에 영국 측은 독일 장군들이 말한 것처럼 V 무기를 사용한 '재미있는 일'이 곧 시작될 조짐을 발견했다. 상식적으로 생각할 때, 독일은 런던을 공격하기에 가장 가까운 지점인 프랑스 북부에서 로켓을 발사할 것 같았다. 그리고 불길하게도 정찰기들은 독일인이 그곳에 거대한 기반 시설을 짓는 모습을 포착했다. 몇몇 장소에는 거대한 스키처럼 보이는 구조물을 세웠는데, 표적을 향해 로켓을 인도하는 발사 레일처럼 보였다. 또, 거대한 벙커를 짓기 위해 계곡만한 크기의 참호를 파는 모습도 목격되었다. 더욱 불길한 소식도 있었는데, 1943년 6월에 탈출한 프랑스인 포로가 스위스 주재 미국 대사관에 나타나 얼마 전에 중수가 든 통을 페네뮌데까지 호송했다고 주장했다. 그 포로는 그것이 어디에 쓰이는지 몰랐지만, 중수가 핵분열 연구 외에는 로켓에 딱히 쓸모가 없다는 사실을 감안한다면, 드러난 점들을 이어 전체 그림을 완성하는 것은 그다지 어렵지 않았다. 독일은 페네뮌데에서 원자폭탄을 실어보낼 로켓을 개발하고 있고, 프랑스 북부에서 그것을 런던으로 발사할 시설을 짓고 있는 게 틀림없었다.

하지만 모든 사람이 그런 결론에 이르렀던 것은 아니었다. 영국 정보부 내에서 큰 세력을 차지한 한 파벌은 이러한 로켓의 위험이 과장되었다고 생각했고, 페네뮌데를 항공기용 폭탄이나 심지어 무해한 슬러지 펌프를 제조하는 공장에 불과하다고 일축했다. 그들은 독일의 전차와 전투기만 해도 염려할 것이 충분히 많다고 주장하면서 굳이 새로운 위협을 지어낼 필요가 없다고 했다. 얼마 지나지 않아 영국 정보부 내에서 내전이 일어났고, 상황이 너무 심각해지자 마침내 윈스턴 처칠이 6월 29일 늦은 밤에 회의를 열어 중재에 나섰다. 그 회의는 화이트홀의 정부 청사 아래 깊은 지하실에서 열렸다. 그곳에는 관측 구멍이 뚫린 두꺼운 초록색 문 뒤에 전시 내각실이 있었는데, 창문도 없는 이 어두운 공간에는 파란색 천으로 덮인 U자 모양의 테이블이 놓여 있었다.

그날 밤의 주인공은 처칠의 두 측근인 덩컨 샌디스Duncan Sandys와 처웰 경Lord Cherwell인 프레더릭 린드먼Frederick Lindemann이었다. 독일에서 태어난 처웰은 옥스퍼드 대학교의 뛰어난 물리학자였지만 성미가 고약했다. 처웰은 유대인과 여성, 아프리카인을 경멸했으며, 대신에 모든 애정을 처칠에게 쏟아부었는데, 사실상 처칠과 사랑에 빠졌다고 할 정도였다. 그는 처칠의 개인적 과학 고문으로 일했고, 그런 자격으로 페네뮌데의 위협을 대단치 않게 생각했다. 그 반대편에는 정보 장교인 동시에 8년 전에 다이애나 처칠Diana Churchill과 결혼해 처칠의 사위가 된 샌디스가 있었다. 샌디스는 전쟁 초기에 운전병이 졸면서 차를 운전하다가 충돌 사고가 나는 바람에 하마터면 한쪽 발을 잃을 뻔했다. 샌디스는 몇 달에 걸친 힘겨운 재활 훈련을 견뎌냈고, 처칠은 그를 측은히 여겨 페네뮌데를 조사하는 위원회의 책임자로 임명했다. 이런 총애 신호에 처웰은 격분했고, 그 순간부터 젊은 경쟁자를 경멸했다.

그날 밤에는 샌디스가 포로의 증언, 스파이의 보고, 폰 토마와 크뤼벨이 나눈 대화, 정찰기가 페네뮌데의 로켓을 촬영한 사진, 프랑스 북부에 건설되고 있는 콘크리트 벙커 사진을 비롯해 그동안 자신의 팀이 수집한 증거를 모두 제시하면서 먼저 포문을 열었다. 그리고 오싹한 통계 자료를 덧붙이며 자신의 주장에 힘을 실었다. 겉보기 크기로 미루어 짐작할 때, V 로켓은 하나당 약 4000명의 사상자를 낼 수 있고, 1시간에 로켓을 하나씩만 발사하더라도 처음 한 달 동안 영국인 사상자는 200만 명에 이를 것이라고 추정했다.

검사 측 논고가 끝나자, 처웰이 변호를 시작했다. 그는 샌디스에게 창피를 안겨주고 싶었지만, 처칠의 사위를 마구 공격하는 것은 조심할 필요가 있었다. 그래서 그날 밤에 그는 그저 '악마의 변호인'(어떤 사안에 모두가 찬성할 때 의도적으로 반대 의견을 말하는 사람. 토론을 활성화하거나 다른 대안이 없는지 모색하는 데 도움을 주는 역할을 한다—옮긴이) 역할을 하려 한다고 주장하면서 샌디스의 증거에 몇 가지 이의를 제기했다. 먼저 포로와 스파이의 보고는 신뢰성이 떨어지는 것으로 악명이 높다고 말했다. 그러니 그들의 말을 너무 믿어서는 안 된다고 했다. 정찰 사진은 너무 높은 고도에서 찍은 것이어서 세부 내용은 잘해야 모호한 것에 그친다고 주장했다. 샌디스가 '로켓'이라고 주장한 것은 자기 눈에는 흐릿한 흰색 얼룩으로밖에 보이지 않으며, 따라서 어떤 것이라도 될 수 있다고 했다. 게다가 만약 독일인이 정말로 거대한 폭발성 로켓을 발트해 연안에서 시험하고 있다면, 불과 150여 킬로미터 거리에 있는 스웨덴의 영국인 요원들이 이미 뭔가를 들었을 것이라고 주장했다. 마지막으로, 독일인이 그토록 정교한 로켓을 개발했을 리가 없다고 주장했는데, 영국인 공학자들이 아직 그와 비슷한 것을 개발하지 못했으니 독일인이 우리를 추월할 리가 없다는 이유에서였다. 처웰은 사진에서 관처럼 생긴 얼룩은 로켓이 아니라 비행기에서 발사하는 재래식 무기인 '공중 어뢰'일 것이라고 결론 내렸다. 아니면 그 장소 전체가 다른 곳의 진짜 위험으로부터 연합국 측의 관심을 돌리기 위한 속임수일지도 모른다고 주장했다.

처칠은 이 모든 주장을 깊이 숙고했다. 처칠은 관련 과학을 거의 이해하지 못했고, 그저 가장 가까운 두 기술 고문이 완전히 정반대의 주장을 펼치는 모습을 지켜보았다. 다행히도 처칠에게는 판단을 도와줄 세 번째 인물이 있었는데, 존스R. V. Jones가 그 주인공이었다. 원래 처웰 밑에서 일했던 31세의 존스는 지금은 정보부에서 샌디스와 함께 일했고, 따라서 균형 잡힌 견해를 제시할 수 있었다. 존스는 이미 다른 문제들에서도 뛰어난 안목으로 처칠에게 깊은 인상을 준 바가 있었다. 그래서 지금 이 순간에도 처칠은 이 젊은이 쪽으로 몸을 돌려 손가락을 흔들며 우렁찬 목소리로 말했다. "자, 이제 존스 박사가 진실을 말해주시겠소?"

존스는 마음을 가다듬었다. 이것은 자신의 경력에서 가장 중요한 프레젠테이션이었다. 그는 다른 때보다 특별히 긴장했는데, 자신의 멘토인 처웰의 주장을 반박해야 했기 때문이다. 먼저 비록 스파이나 포로의 말은 신뢰성이 떨어지더라도, 이 경우에는 그들이 너무나도 확증적인 세부 사실을 제공했기 때문에, 모든 것을 전해들은 이야기로만 평가절하할 수 없다고 지적했다. 그리고 만약 건설 장소나 로켓 시험 장소가 속임수라면, 너무나도 어리석은 짓처럼 보인다고 말했다. 가짜 벙커와 가짜 발사대를 짓느라고 수백만 마르크와 소중한 콘크리트를 그토록 많이 낭비할 필요가 있을까? 그 시설들의 규모가 그 진실성을 말해준다고 주장했다. 존스는 사진에서 관처럼 보이는 물체가 공중 어뢰라는 주장도 반박했는데, 그 크기와 질량을 감안하면, 알려진 어떤 비행기에도 그것을 실을 수 없다고 지적했다.

거기서 처칠은 "그만!"이라고 외치고 나서 처웰을 향해 심술궂게 씩 웃으며 말했다. "들었지요? 이 정도면 당신의 주장을 반박하기에 충분한 것 같군요." 처칠은 존스를 애초에 발탁한 사람이 처웰이라는 아이러니도 재미있다고 생각했다. 그래서 킬킬거리며 "기억나나요? 존스를 내게 천거한 사람이 당신이었지요"라고 말했다.

처웰은 반격하려고 시도했지만 아무 소용이 없었다. 처칠은 정보의 진실성을 확신했고, 그날부터 페네뮌데에서 독일이 추진하는 로켓 개발 계획은 공식적인 위협이 되었다. 그리고 그다음 6주일 동안 입수한 정보는 그 위험을 더욱 증대시켰다.

전쟁 중간 무렵에 파울 로스바우트(그리핀이란 암호명을 쓴 베를린의 편집자)는 나치에 저항해 사소한 사보타주 활동을 했다. 종이를 낭비하기 위해 편지에 우표를 과도하게 붙이거나, 동전을 모으고 기차 화장실에서 구리로 만든 물건을 떼내 창문 밖으로 던짐으로써 전시의 구리 부족 사태를 악화시켰다. 하지만 이런 장난과 별도로 그리핀은 정보 수집이라는 아주 값진 일을 했다. 영국인은 1941년에 그리핀이 전한 V 무기에 관한 보고를 무시했지만, 그리핀은 페네뮌데에 관한 단서를 캐려는 노력을 절대로 멈추지 않았고, 그 집요한 노력은 1943년 8월에 중요한 결실을 맺었다.

그리핀이 비밀 정보를 얻기 위해 흔히 사용한 방법은 저녁 식사를 하면서 사람들에게 술을 실컷 먹이는 것이었는데, 이번에 그의 표적이 된 사람은 핵물리학자 파스쿠알 요르단Pascual Jordan이었다. 요르단은 한때 하이젠베르크와 어깨를 나란히 하는 물리학자로 간주되었고, 열성적인 나치만 아니었더라면 아마 노벨상도 받았을 것이다. 그의 인생에서 큰 비극은 말을 더듬는다는 점이었는데, 그 정도가 좀 심했다. 모든 대화에서 늘 말을 더듬었는데, 때로는 단어들을 너무나도 심하게 난도질하는 바람에 사람들은 불편함을 느껴 눈길을 돌렸고, 그러면 요르단은 말을 더욱 심하게 더듬었다. 로스바우트는 요르단의 말더듬증과 그의 정치적 견해 사이에 어떤 관계가 있다는 사실을 간파했다. 나치는 잘생긴 외모와 신체적 완전성을 미화했는데, 로스바우트는 그 부족함을 보완하기 위해 많은 "척추 장애인과 절름발이, 말더듬이가 나치스 당원이 되었다고" 생각했다.

전쟁이 시작되자 요르단은 페네뮌데에서 일하기 시작했는데, 처음에는 기상학자로 일한다고 말했다가 나중에는 로켓공학자로 일한다고 했다. 로스바우트는 이 이야기가 아귀가 맞지 않는다고 느꼈다. 요르단은 핵물리학자였고, 그것도 아주 훌륭한 과학자였다. 혹시 페네뮌데에서 원자폭탄을 미사일에 싣는 시험을 하고 있는 것은 아닐까? 그리핀은 진상을 조사하기로 결정했고, 그래서 레지스탕스 활동을 하던 몇몇 친구와 함께 1943년 8월의 어느 날 밤에 요르단을 만찬에 초대해 부지런히 술을 먹였다. 이것은 요르단의 혀를 부드럽게 하는(두 가지 의미에서) 결과를 낳았는데, 어느 쪽 이유에서건 요르단은 술에 취하면 말을 덜 더듬었고, 따라서 평소보다 말을 더 많이 하는 경향이 있었다. 술은 그의 경계심도 허물었고, 가슴이 풍만한 로스바우트의 친구가 추파를 던지자, 요르단은 곧 페네뮌데에서 자신이 하는 연구 이야기로 좌중을 즐겁게 했다. 심지어 첫 번째 로켓 발사 예정 날짜까지 내뱉었다. 이 시끌벅적한 저녁 만찬에서 요르단은 아주 즐거운 시간을 보냈다. 그는 그리핀의 친구가 한쪽 구석에서 메모를 하고 있다는 사실을 전혀 눈치채지 못했다.

요르단은 비틀거리며 집으로 돌아갔고, 다음 날에는 숙취로 크게 고생했을 것이다. 그날 밤 일을 그가 얼마나 기억하는지는 아무도 알 수 없다. 한편, 그리핀의 친구는 즉각 런던에 보고했다.

모든 경고 신호를 고려해 영국은 최대한 빨리 페네뮌데를 폭격하기로 결정했고, 그 작전을 히드라 작전이라 명명했다.

하지만 처칠 정부 내에서 알력이 심한 파벌들은 히드라 작전을 놓고 또 한 번 충돌했는데, 이번에는 정확하게 무엇을 타격하느냐를 놓고 싸움을 벌였다. 한 파벌은 표적을 발전소와 로켓 공장에만 제한하길 원했다. 결국에는 이 파벌이 졌다. 신화에서 헤라클레스는 히드라를 죽이기 위해 히드라의 모든 머리를 자르고 불로 태워야 했는데, 영국은 페네뮌데에도 그와 비슷하게 완벽한 접근법을 쓰기로 결정했다. 기반 시설뿐만 아니라 사람들까지도 표적으로 삼기로 했다. 즉, 인근 막사까지 폭격함으로써 과학자와 공학자까지 의도적으로 죽이기로 한 것이다.

공격은 8월 17일에 시작되었고, 1개 중대의 영국 공군기가 독일 북해안을 지나 베를린으로 향했다. 독일군 레이더가 침입자들을 포착했고, 독일 공군은 독일의 심장부를 보호하기 위해 인근 지역의 전투기들을 모두 출격시켰는데, 총 158대가 발진했다. 이 속임수는 멋지게 통했다. 독일군의 관심이 베를린 수비에 집중된 사이에 약 600대의 폭격기로 이루어진 두 번째 공격 팀이 영국에서 출격해 오후 11시 25분에 페네뮌데로 몰려갔다. 이들은 약 135만 킬로그램의 폭탄을 투하해 눈에 보이는 것을 모조리 쓸어버렸고, 막사들에는 여러 차례 폭탄을 명중시켰다. 또 인근 숲에서 과학자들의 주택 단지를 발견하고는 100채 이상의 가옥을 파괴했다.

한 독일인 비서가 쓴 일기에 이 공습을 아주 생생하게 기술한 이야기가 나온다. 그녀는 주변 건물들이 무너지는 가운데 페네뮌데 구내에서 불길이 치솟는 길을 따라 죽어라고 달렸다고 기록했다. 도중에 피 웅덩이로 들어갈 뻔했는데, 잘려나간 다리가 그곳에 둥둥 떠 있는 걸 보고 대경실색했다고 한다. 또 다른 목격자는 지상에서 군 지휘관(폰 토마에게 "재미있는 일이 곧 시작될 거요"라고 자랑삼아 이야기했던 바로 그 사람)이 필생의 노력을 쏟아부은 모든 것이 불타는 가운데 절망에 빠져 흐느끼는 모습을 보았다. 그는 "페네뮌데! 나의 아름다운 페네뮌데!"하고 울부짖었다.

공학자와 과학자는 대부분 목숨을 구하기 위해 현장에서 달아났으나, 폰 브라운은 자신의 아름다운 페네뮌데를 버리길 거부했다. 그는 앞에서 일기를 썼다는 그 비서를 붙잡고는 마치 멜로드라마처럼

"우리는 비밀문서를 구해야 해!"라고 고함을 질렀다. 몇몇 용감한 사람들과 함께 그들은 불타는 폰 브라운의 사무실 건물로 뛰어들어 연기가 자욱한 복도를 손으로 더듬으며 나아가 계단에 도달했다. 2층에 도착한 그들은 중심부가 완전히 내려앉은 것을 발견하고는, 푹 꺼진 구멍 주위를 돌아 구석에 있는 금고로 갔다. 폰 브라운이 금고 문을 열자, 비서는 그다음 한 시간 동안 문서를 팔에 잔뜩 안고 계단을 뛰어 오르락내리락하면서 밖에 있던 금고에 집어넣었다. 비서는 마침내 탈진 상태에 빠져 주저앉았고, 불길은 계속 뜨겁게 치솟으면서 주변의 공기도 뜨거워졌다.

언뜻 보면 히드라 작전은 페네뮌데에 회복 불가능한 치명타를 가한 것처럼 보였다. 다음 날 아침, 독일 공군 참모총장(전투기들을 쓸데없이 베를린 상공을 배회하게 함으로써 페네뮌데를 무방비 상태로 노출시킨)은 이를 치욕스럽게 생각해 권총으로 자기 머리를 쏴 자살했다. 비서가 집무실에서 그의 시체를 발견했다. 하지만 폰 브라운은 중요한 문서를 대부분 회수하는 데 성공해 어렵게 얻은 지식을 구했다. 게다가 연합국 측에는 불행하게도 이 공습으로 사망한 과학자는 극소수였다. 근처에서 울린 사이렌 경보 덕분에 대다수 과학자들은 폭격기가 도착하기 전에 집에서 나와 대피했고, 독일인 사망자 120명 가운데 중요한 연구자로 꼽을 만한 사람은 단 두 명뿐이었다. 안타깝게도 직격탄을 맞은 막사들은 노예처럼 끌려와 일하던 노동자들의 주거지였고, 이들은 사전에 대피하지 못했다. 그날 밤에 사망한 노동자는 약 600명이었는데, 연합국에 중요한 정보(공습 계획을 짜는 데 중요한 역할을 한 정보)를 제공한 룩셈부르크인도 몇 명 포함돼 있었다. 영국군 역시 대공포에 항공기 40대와 215명의 인명을 잃었다. 전체적으로 평가할 때, 히드라 작전은 몇몇 중요한 머리를 태우지 못하고 남겨놓은 채 끝났다.

히드라 작전은 다른 측면에서 훨씬 미묘한 효과를 낳았다. 히틀러는 비록 전략가로서는 형편없었지만 군사적 상상력은 풍부했는데, 때로는 이것이 좋은 결과를 낳았다. 히틀러는 제1차 세계 대전 시대의 무기와 전술(프랑스의 마지노선처럼)에 매달리는 대신에 전차와 전투기와 혁신적인 전격전을 중시했다. 반면에 히틀러의 상상력은 때로는 웅대한 계획에 도박을 하게 만들었는데, 페네뮌데 공습 직후에 그는 가장 환상적인 계획에 더욱 박차를 가했다. 그것은 거대한 대포 호흐드루크품페Hochdruckpumpe(직역하면 '고압 펌프'란 뜻)를 만드는 것이었다.

호흐드루크품페는 포신 길이가 130미터나 되었고, 한 시간에 길이 2.7미터의 로켓 포탄을 600발 발사할 수 있었다. 히틀러는 이 거포를 세 번째 보복 무기란 뜻으로 V-3라 명명했고, 이것을 프랑스 북부에 배치해 거기서 곧장 런던 중심부를 포격하려고 했다. 이를 위해 그는 프랑스 북부에 콘크리트 벙커를 더 많이 만들라는 명령을 공병대에 내렸다. V-3를 발사하는 장소는 미모예크 근방으로 정했다. 미모예크는 몇 년 전에 조 케네디가 여동생 캐슬린과 함께 유럽 대륙 여행 중에 크라이슬러 컨버터블을 타고 즐겁게 프랑스 북부를 달리다가 지나간 작은 마을이었다.

31장

PT-109

그 당시 조 케네디는 미모예크에서 일어나는 일을 전혀 모르고 있었다. 그에게는 감시해야 할 더 시급한 위협이 있었는데, 바로 자기 동생이었다.

해군 정보부 일에 싫증이 난 잭은 1943년 초에 덴마크의 신문 칼럼니스트 잉가 아르바드Inga Arvad와 연애를 하기 시작했다(잭은 아르바드를 개인적으로 "잉가-빙가Inga-Binga"라고 불렀다). 불행하게도 아르바드는 1936년 베를린 올림픽 때 히틀러를 따라다닌 이후로 히틀러와 상당히 친밀한 관계였다. 괴링의 결혼식에도 참석했고, 괴벨스하고도 친하게 지냈다. 그녀의 매력을 감안할 때, FBI는 아르바드가 잭에게서 정보를 빼내지 않을까(혹은 잭을 스파이로 포섭하지 않을까) 염려해 잭의 전화를 도청하고 두 사람을 미행하기 시작했다. 별다른 혐의는 포착되지 않았지만, 어쨌든 해군은 잭을 해임하길 원했다(잭의 아버지가 거물이 아니었다면 실제로 그랬을 것이다). 그래서 1943년 2월에 해군은 잭을 로드아일랜드에서 훈련하고 있던 어뢰정 부대로 전출시켰다. 그것은 서로에게 도움이 되는 묘수로 간주되었다. 잭은 짜릿한 임무를 얻었고, 해군은 잭을 아르바드로부터 떼어냄으로써 보안 위험을 제거했다. 잉가-빙가는 그 전출을 어리석은 짓이라고 생각했다. 잭은 이미 허리 문제로 고생하고 있었는데(잉가는 친구에게 "뒤에서 보면 그는 절뚝이는 원숭이 같아"라고 말했다), 그를 전투 현장으로 보내는 것은 무분별해 보였다. 그럼에도 불구하고, 1943년 4월에 해군은 잭을 태평양 전쟁에서 아주 치열한 전투가 벌어진 장소인 파푸아뉴기니 동쪽의 솔로몬 제도로 보냈다.

잭이 지휘한 어뢰정인 PT-109는 바다의 말벌이라고 부를 수 있는 소형 전함이었다. 선체를 가벼운 목재로 만든 PT는 날렵하고 빠를 뿐만 아니라 기동하기도 쉬웠다. PT는 밤중에 어둠 속에 몸을 숨기고 훨씬 크고 느린 적선을 향해 윙윙거리며 다가가 1180킬로그램짜리 어뢰를 말벌처럼 쏘았다. 방어를 위해 기관총도 장착했지만, 얄팍한 선체는 적의 화력을 견디기 힘들었기 때문에 속력과 약삭빠른 기동에 의존했다. 다시 말해 PT 어뢰정을 타는 것은 해군에서 가장 위험한 일 중 하나였는데, 잭이 그 부대에 배속되었다는 이야기를 들은 조는 잠재적 위협(바로 자신에게 닥칠) 때문에 염려가 커졌다. 남태평양은 해군이 빛나는 전공을 올리는 전역이었는데, 그곳에 투입된 동생은 메달을 받을 것이 거의 확실했다. 반면에 조는 얼마 전에 푸에르토리코에서 버지니아주 노퍽으로(이전보다 전투 장소에서 훨씬 먼 곳으로) 근무지가 바뀌었다.

1943년 7월에 조에게 만회할 기회가 찾아왔는데, 해군 장교들이 노퍽에서 '아주 위험한' 임무에 투입할 파일럿을 모집하기 위해 회의를 열었기 때문이다. 조는 자리에서 벌떡 일어나 양손을 흔들면서 즉각 자원하고 나섰다. 그 임무는 프랑스 서해안의 비스케이만(프랑스어로는 가스코뉴만)에서 독일 잠수함을 추적하는 일이었다. 그곳에는 독일의 잠수함 기지가 여러 개 있었고, 연합국 선박에 대한 잠수함 공격은 연합국의 전쟁 노력에 큰 지장을 초래했다.

조의 임무는 독일 잠수함을 추적하고 가끔 공격하는 것이었다. 문제는 비스케이만 상공에는 독일 전투기들이 돌아다니고 있었으므로, 더 날렵하고 민첩한 비행기를 모는 법을 배워야 한다는 것이었다. 불행하게도 이 비행기의 조종석은 그때까지 고안된 것 중 손꼽을 만큼 복잡했는데, 다이얼이 50여 개, 스위치가 150여 개나 있었다. 대다수 파일럿은 세부 내용을 익히는 데 큰 애를 먹었다. 그들은 하늘을 날려고 해군에 입대했지, 체크리스트를 외우고 수많은 단추를 누르려고 입대한 것이 아니었다. 하지만 복잡한 상황을 잘 헤쳐나가는 것이 한 가지 강점이었던 조는 불과 6일 만에 조종법을 마스터했다. 그래도 실전에 투입되기 전에 더 많은 비행 경험을 쌓아야 했고, 그래서 샌디에이고의 공장에서 새로 만든 비행기를 노퍽으로 운반하는 일에 열심히 매달렸는데, 몇 주일이고 계속해서 똑같이 지루한 비행경로를 따라 비행해야 했다. 조는 그 임무는 민간 여객기 팬암을 모는 것과 같다고 불평했다. 그러면서 남태평양에서 잭이 어떤 종류의 위험한 임무에 투입되고 있는지는 그저 상상만 할 수 있을 뿐이었다.

하지만 상상을 그리 오래 할 필요는 없었다. 그 사건은 지금은 조지 워싱턴의 체리나무나 에이브러햄 링컨의 통나무집처럼 미국 대통령에 관한 전설 중 하나가 되었다. 1943년 8월 2일 밤, 잭이 탄 어뢰정은 솔로몬 제도 근방을 돌아다니면서 일본 함정들을 향해 무차

별 사격을 가했는데, 그때 구축함 아마기리天霧호('하늘의 안개'란 뜻)가 PT-109의 우현을 들이받으면서 선체를 두 동강 냈다. 충돌하는 순간 케네디의 승조원 두 명이 즉사했고, 나머지 사람들은 물속으로 떨어졌다. 부근에 있던 다른 PT들은 그 충돌에서 아무도 살아남지 못했을 것이라고 판단하고 뿔뿔이 흩어졌다.

사실은 11명이 살아남아 뒤집힌 선체 조각을 붙잡고 매달려 있었다. 잭은 지휘관으로서 어둠 속에 떠 있는 그들에게 일장 연설을 했다. 처음에는 항복 가능성을 언급했는데, 항복을 한다고 해서 그 사람을 탓하지 않겠다고 말했다. "여러분에게는 가족이 있을 것이고 자식이 있는 사람도 있을 것이다." 하지만 자신은 탈출을 시도할 것이며, 어쩔 수 없는 상황이 오면 싸울 것이라고 말했다. "나는 잃을 것이 아무것도 없다"라고 덧붙이면서. 그의 연설에 감동한 부하들은 투표를 통해 잭과 행동을 함께하기로 결정했고, 가장 가까운 섬을 향해 출발했다.

일부는 헤엄을 쳤고, 부상을 입은 사람들은 널빤지를 잡고 발길질을 했다. 그중에서 패트릭 맥마흔Patrick McMahon은 심한 화상을 입어 아무것도 할 수 없었다. 그러자 잭은 자신도 부상을 입었고 허리가 좋지 않은데도 불구하고, 맥마흔의 구명조끼 끈을 이빨로 물고 물속에서 그를 끌고 가기 시작했다. 네 시간 동안 파도와 싸우면서 사투를 벌인 끝에 11명은 간신히 플럼푸딩섬 모래톱에 도착했다. 마른 땅 위에 올라오긴 했지만, 음식이나 민물은 전혀 구할 수 없었다. 게다가 일본군이 이 지역을 순찰하고 있었으므로, 그곳에 오래 숨어 있을 수도 없었다. 네 시간 동안 휴식을 취한 뒤, (아버지가 가짜 의료 검진 결과를 만들어 제출함으로써 간신히 해군에 입대할 수 있었던) '절뚝이는 원숭이' 잭은 다시 바닷속으로 뛰어들었다. 몇몇 섬을 돌아본 뒤에 플럼푸딩섬으로 돌아온 잭은 부하들을 모아 그나마 코코넛나무가 있는 올라사나섬으로 탈출하자고 했다. 또다시 긴 헤엄을 쳐야 했지만, 이번에도 11명 전원이 무사히 해변에 도착했다.

이미 PT-109 승조원들을 위해 추도식을 연 미국 해군과 달리 오스트레일리아 해군은 만일의 경우에 대비해 섬 원주민 두 사람에게 카누를 타고 실종된 승조원을 수색하게 했다. 여러 섬에서 만날 뻔한 기회를 계속 날린 끝에 마침내 잭은 그들을 만났다. 그리고 그들의 제안에 따라 코코넛에 SOS 메시지를 새겨서 건네주었다. 그들은 그것을 가지고 떠났고, 다음 날 8명의 섬 주민을 더 데리고 돌아와 잭을 카누 바닥에 눕히고 종려나무 잎으로 덮어 숨겨서 데려갔다. 마침내 사고 후 6일째 되던 날, 잭은 구조대와 함께 돌아왔는데, 올라사나섬에 접근하면서 흥분을 이기지 못해 함성과 고함을 질렀다. 한 역사학자는 "그의 안도감과 흥분은 치료용 브랜디 때문에 크게 고조되었다"라고 지적했다. 충돌했을 때 사망한 사람을 제외하고 나머지 승조원은 모두 구조되었다.

얼마 지나지 않아 신문들은 잭의 이야기, 특히 이빨로 맥마흔의 구명조끼를 물고 헤엄친 이야기를 대대적으로 보도하기 시작했다. 잭은 전쟁에서 가장 빛나는 영웅 중 한 명(대사의 아들인데도 일부러 위험한 임무를 선택했고 어려운 상황에서 놀라운 용기를 보여준 영웅)이 되었다. 잭은 너무나도 유명해져서 전쟁 후반에 플럼푸딩섬은 그의 공적을 기려 케네디섬으로 이름이 바뀌었다.

이 이야기에 감동하지 않은 사람은 오직 조뿐이었다. 잭이 구조된 뒤에 조는 가족에게 잭의 소식을 묻지 않았는데, 이 냉담한 태도에 케네디 시니어는 분노했다. 그리고 조에게 분한 일은 그걸로 그치지 않았다. PT-109 침몰 사건 후 한 달이 지난 9월 초에 케네디 시니어는 매사추세츠주 하이애니스포트에서 55세 생일을 맞았다. 부상에서 회복하기 위해(그는 아직 완전히 회복하지 못했다) 고향으로 돌아온 잭도 그곳에 있었다. 조도 노퍽에서 휴가를 얻어 참석했다. 축하 자리에는 케이크와 선물, 술이 넘쳤지만, 그날 저녁의 절정은 케네디 시니어의 가까운 친구인 현지 판사(하버드에서 조를 가르쳤던 바로 그 사람)가 국가에 헌신한 대사를 위해 건배를 했을 때였다. 그러고 나서 그는 "우리의 영웅, 우리의 자랑스러운 영웅, 존 F. 케네디 중위의 아버지"를 위해서 다시 한번 건배를 했다. 참석한 사람들 모두에게서 함성이 터져나왔다.

그런데 모두 다는 아니었다. 잠시 후, 케네디 가족의 또 다른 친구가 케네디 저택 복도를 걸어가다가 닫힌 침실 문 앞에서 발길을 멈췄다. 누군가 안에 있는 기척이 났는데, 그 사람이 누구인지는 금방 알 수 있었다. 그 안에서 조가 비통하게 울고 있었다.

32장

수다쟁이 과학자

외교관 에르네스트 폰 바이츠제커가 바티칸에서 공작을 벌이는 데 골몰하는 동안 베를린에는 더 이상 덴마크를 배려해줄 사람이 없었고, 1943년이 되자 덴마크의 정치 상황은 빠르게 나빠졌다. 2월에 스탈린그라드 전투에서 소련이 승리한 것에 고무된 덴마크의 지하 저항 조직은 그 후 몇 달 동안 사보타주 활동의 강도를 높였다. 나치는 정치범 총살과 왕궁 점령으로 보복에 나섰다. 이것은 다시 8월에 광범위한 노동 파업을 야기했고, 그러자 히틀러는 인내심을 잃었다. 히틀러는 덴마크에서 유대인이 누리는 상대적 자유를 늘 못마땅하게 여겼는데, 이제 그것을 바로잡으라고 요구했다. 그래서 9월 중순에 게슈타포 요원들이 코펜하겐의 유대인 공동체 센터를 급습해 한 사람을 체포하면서 딱 한 가지 물품만 압수했다. 그 물품은 이름과 주소가 적힌 명단이었다. 대규모 급습 작전이 착착 준비되었다.

하지만 다른 나치의 급습과 달리 이번 급습은 해피 엔딩으로 끝났다. 덴마크 지하 조직은 전쟁 동안 벌어진 가장 놀라운 공적 중 하나를 세웠는데, 10월 1일에 8000명의 유대인(덴마크 전체 유대인 인구 중 95퍼센트에 이르는)을 단 하룻밤 사이에 사라지도록 도왔다. 대부분은 바다를 통해 탈출했는데, 소형 보트와 바지선, 수상 플랫폼 등에 올라타 차가운 카테가트 해협을 건너 스웨덴으로 건너갔다. 다음 날 아침에 코펜하겐으로 밀고 들어간 게슈타포 요원들은 닐스 보어를 포함해 명단에 있는 표적이 사실상 전부 다 사라진 것을 발견하고 깜짝 놀랐다.

보어는 사실 이틀 전에 이미 빠져나갔다. 게슈타포 밑에서 사무원으로 일하던 보어 가족의 친구가 보어의 체포 영장을 보고서 사전에 몰래 귀띔을 해준 덕분이었다. 그 당시 덴마크에서는 야간 통행금지가 엄격하게 시행되고 있었기 때문에(어두워진 뒤에 밖에서 돌아다니는 사람은 누구라도 사살되었다), 보어는 아내와 함께 달랑 가방 하나만 들고 오후에 집을 나섰다. 몇 블록을 지났을 때 거리 모퉁이에 서 있던 남자가 고개를 끄덕였는데, 계획이 순조롭게 진행되고 있다는 신호였다. 그들은 도시 외곽의 들판으로 간 뒤, 거기서 바다 쪽으로 계속 걸어가 해변의 작은 판잣집에 몸을 숨기고 밤이 될 때까지 기다렸다. 마침내 어선이 나타나자, 두 사람은 모래 위를 기어 배까지 갔고, 배를 타고 바다를 건너 스웨덴으로 갔다. 그날 밤의 나머지 몇 시간은 텅 빈 교도소 방에서 잠을 잤다. 보어의 아들들과 그 가족들은 다음 날 밤에 벌어진 대규모 탈출 행렬에 동행했다. 보어의 한 손녀는 장바구니에 몸을 숨겼고, 한 스웨덴 공무원이 그것을 손에 들고 운반했다.

불행하게도 보어에게는 스톡홀름이 코펜하겐보다 더 안전한 곳이 아니었다. 의표를 찔려 분노한 게슈타포는 무슨 수를 써서라도 보어를 잡아오라고 명령했다. 그래서 보어의 덴마크인 경호원들은 스파이들을 떨쳐내기 위해 교묘한 계략을 동원해 도시 내에서 보어를 이리저리 이동시켜야 했다. 한번은 택시가 보어를 스웨덴 정보부가 운영하는 안전 가옥으로 데려갔는데, 거기서 보어는 다락방으로 급히 올라간 뒤 밖으로 나갔다. 그리고 붙어 있는 여러 집의 지붕을 건넌 뒤에 또 다른 안전 가옥에 도착해 다락방 창문을 통해 안으로 들어갔고, 다시 집 밖으로 나와 기다리고 있던 택시를 타고 다른 곳으로 갔다.

보어를 숨기기가 힘들다는 점도 일을 어렵게 했다. 보어는 머리가 아주 크고 눈에 잘 띄는 인물이었는데, 특유의 그 얼굴은 스칸디나비아 어디에서도 누구나 알아보았다. 게다가 보어는 시선을 끄는 행동을 자제하려고 하지 않았다. 그는 덴마크를 도와달라고 탄원하기 위해 스웨덴 장관들을 만나러 돌아다녔다. 몸을 숨겨야 한다고 경호원들이 아무리 이야기해도, 보어는 고질적인 수다쟁이였고, 자신이 은신 중이라는 사실을 계속 잊어먹었다. 전화가 울릴 때마다 보어는 얼른 수화기를 집어들고는 "보어입니다"라고 말했다. 너무나도 지친 덴마크인 경호원들은 스웨덴인 관계자들에게 도움을 청했다. 하지만 스웨덴인은 위험을 가소롭게 여겼다. 한 사람은 웃으면서 "이곳은 시카고가 아니라 스톡홀름이라오"라고 말했다. 이에 대해 덴마크인 경호원은 자신은 게슈타포보다는 미국인 갱스터를 더 믿겠다고 말했다.

스웨덴에서 필요한 도움을 얻을 수 없자, 덴마크인들은 보어를 비행기에 태워 영국으로 보내기로 결정했는데, 그것은 위험이 따르는 모험이었다. 스웨덴의 중립을 존중해 영국 공군은 보어를 실어 나를 비행기(경폭격기 모스키토)의 무장을 완전 해제했다. 그래서 노르웨이에 배치된 독일군의 대공포를 피하기 위해 위험할 정도로 높은 고도로 날아야 했다. 하지만 보어를 스톡홀름에 두는 것보다는 그 편이 더 안전할 것 같았다. 그래서 10월 5일에 보어를 보호하는 사람들은 그를 차에 몰래 태우고는(그의 가족은 스톡홀름에 남았다) 공항으로 데려갔다. 그곳에서 오후 10시에 모스키토에 보어를 태우고 나서, 그들은 비행기가 사람들의 시선을 끄는 것을 막기 위해 즉시 현장을 떠났다. 기진맥진한 상태에서 비로소 안도감을 느낀 덴마크인 경호원은 집으로 가 샴페인을 듬뿍 들이켜고는 그대로 쓰러져 잠에 빠졌다.

한 시간 뒤, 노크 소리가 들렸다. 최악의 상황(혹시 비행기가 추락했을까? 나치가 격추시켰을까?)이 벌어진 것은 아닐까 염려하면서 당장 달려가 문을 열었더니, 거기에 보어가 서 있었다. 비행기는 엔진 문제와 연료 누출 문제 때문에 뜨지 못했다. 보어는 위험 따위는 안중에도 없이 유쾌하게 혼자서 택시를 잡아타고 스톡홀름으로 돌아왔다. 경호원은 보어를 얼른 홱 잡아당겨 집 안으로 들어오게 했고, 밤새 보어의 방문 앞에서 권총을 들고 지켰다.

지하 조직은 다음 날 밤에 다른 비행기를 수배했는데, 이 비행기는 얼마 후 더 큰 낭패를 겪게 되었다. 이륙 직전에 영국 공군 승무원은 바다 위에서 격추될 경우에 대비해 보어에게 낙하산과 해상 구명조끼와 신호탄을 건네주었다. 보어는 산소마스크를 사용하는 법도 배웠다. 보어는 비행 동안 여압실이 아닌 폭탄 투하실에서 매트리스 위에 앉아서 가야 했는데, 대공포를 피하기 위해 아주 높은 고도로 날아야 했기 때문에, 탑승자들은 모두 여분의 산소가 필요했다. 하지만 수다쟁이 보어는 비행 전 교육 시간에 너무 많이 떠들어 지시 사항을 하나도 습득하지 못했다. 게다가 이륙 직후에 보어는 표준 사이즈의 비행 헬멧에 자신의 거대한 머리가 들어가지 않는다는 사실을 알았다.

그 결과로 비행기가 위험한 고도에 이르러 파일럿이 헬멧의 헤드셋을 통해 보어에게 산소마스크를 써야 한다고 알려주었지만, 보어는 그 말을 듣지 못했다. 고도 6000미터를 돌파하고 나서 몇 분이 지났을 때, 파일럿이 보어의 상태를 알아보기 위해 무전으로 대화를 시도했지만, 아무 응답도 없었다. 몇 번이고 교신을 시도했지만, 여전히 묵묵부답이었다.

독일의 대공포 진지를 지난 후에 파일럿은 숨을 쉴 수 있는 곳까지 고도를 급히 낮추었지만, 여전히 보어로부터 생명 징후는 들려오지 않았다. 파일럿은 아마도 가슴이 덜컥 내려앉았을 것이다. 연합국은 세계 최고의 과학자를 나치의 수중에서 빼내는 데 성공했지만, 그만 비행기 화물칸에서 죽게 하고 말았다! 비행기가 착륙하자, 지상 요원들이 문을 열고 응급 처치를 하기 위해 달려갔다. 그런데 보어는 멀쩡하게 똑바른 자세로 앉아 있었고 유쾌해 보였다. 그는 "방금 아주 달콤한 낮잠을 잤다오"라고 말했다. 그러고는 그것에 대해 끊임없이 수다를 떨었다.

보어는 핵물리학 분야에서 일어난 발전을 잘 모르고 있었기 때문에, 얼마 후 몇몇 동료와 정부 관계자가 보어가 묵는 런던의 사보이 호텔을 방문해 최신 정보를 브리핑했다. 한 역사학자는 "역사상 그렇게 적은 사람들 사이에서 그토록 많은 비밀 정보가 논의된 적은 일찍이 없었다"라고 평했다. 그 만남에 관한 일부 이야기에 따르면, 그중 한 사람은 보어가 전쟁 초기에 현명하게도 전보로 보낸 "모드 레이 켄트Maud Ray Kent"(radyum taken, 즉 '라듐을 탈취당함'의 애너그램이라고 해석했던)라는 문구를 언급했다. 그것에 대해 묻자, 보어는 어리둥절한 표정으로 눈살을 찌푸리면서 "애너그램 따위는 전혀 없어요"라고 대답했다. 그저 전쟁 전에 자신의 아이들을 돌봐주면서 자기 가족과 친밀하게 지낸 영국인 유모를 찾으려 했을 뿐이라고 했다. 그 여자의 이름이 모드 레이이고, 켄트주에 살았다고 했다.

그런데 보어에게서 나온 놀라운 이야기는 그것뿐만이 아니었다. 하이젠베르크에 관한 이야기도 있었다. 연합국 측은 모르고 있었지만, 하이젠베르크는 보어와 핵분열에 대해 논의하기 위해 1941년 9월에 코펜하겐을 방문했다. 그날 밤에 벌어진 싸움은 그 후에 과학사의 전설 연대기에 편입되었지만, 역사학자들은 그때 정확하게 무슨 일이 일어났는지 제대로 분석하지 못했다. 보어와 하이젠베르크가 그 대화를 서로 너무나도 다르게 기억한 것이 한 가지 원인이었다. 보어와 핵분열 연구를 공개적으로 논의하는 것은 반역 행위가 될 수 있었기 때문에, 하이젠베르크는 미묘하고 모호하게 이야기하면서 보어가 행간을 읽어 진짜 의미를 파악하길 기대한 것이 한 가지 문제였다. 불행하게도 보어는 대화를 그렇게 좋아했지만 역사상 최악의 청자 중 한 명으로 꼽힐 만큼 상대의 말에 귀를 기울이지 않았고, 하이젠베르크의 의도를 전혀 간파하지 못했다. 하이젠베르크(어쨌든 나치를 위해 열심히 일하던)를 향해 갑자기 치밀어오른 분노도 자신이 들은 말을 왜곡시켰을 것이다. 어쨌든 우리가 확실히 아는 것이 몇 가지 있다. 두 사람이 비록 완곡한 표현을 사용하긴 했지만 우라늄 핵분열에 대해 논의했고, 하이젠베르크는 전시에 그런 연구에 관여하는 것이 "도덕적으로 허용되는" 일인지 물었으며, 하이젠베르크가 무엇인가에 대해 대략적인 설계를 설명했는데 보어는 그것을 원자폭탄으로 생각했다는 사실이다. 두 사람의 만남은 결국 언쟁으로 끝났고, 하이젠베르크가 떠났을 때 보어는 낙담했다. 두 사람은 10년 넘게 아주 가까운 사이로 지냈는데, 친구보다는 아버지와 아들 같은 관계였다. 하지만 그 몇 시간이 두 사람의 관계를 완전히 망쳐놓았다. 그리고 하이젠베르크가 무슨 말을 했건(혹은 무슨 의도로 그런 말을 했건), 보어는 독일 물리학자들이 원자 무기 개발에 매달리고 있다고 확신했다.

보어는 이 소식을 사보이호텔에서 만난 사람들에게 전했다. 보어는 사실상 핵무기를 만들기가 불가능하다는 사실에서 위안을 얻었는데, 아직까지 충분히 많은 양의 우라늄을 농축하는 데 성공한 사람이 아무도 없었기 때문이었다. 이 부분에서 만남의 분위기가 조금 어색해졌다. 그곳에 온 과학자들은 핵무기 제조가 가능할 뿐만 아니라, 미국이 이미 핵무기를 만들고 있다고 알려주었다. 이번만큼은 보어도 잠시 입을 다물었다. 과학자들이 계산을 보여주고 엄청난 규모로 진행되는 맨해튼 계획을 설명하자, 보어도 마침내 진실을 깨달았다. 이제 원자폭탄이 현실이 되는 것은 시간문제라는 것을.

33장

불타는 중수

1943년 8월, 포수 모 버그는 전략사무국(OSS)에서 공식적으로 부적응자로 분류되어 훈련을 위해 메릴랜드주 시골에 위치한 이전의 걸스카우트 캠프로 파견되었다. OSS 방식을 충분히 반영한 그 훈련은 힘들고 혁신적인 동시에 얼빠진 것이었다.

그곳에서 버그가 받은 훈련 과정에 대한 기록은 존재하지 않지만, 소르본과는 아주 딴판이었다는 것만큼은 분명하다. 비밀 요원은 대개 자물쇠 따는 법, 비밀 메시지 해독하는 법, 전화 도청법, 손가락으로 사람의 눈알을 파내는 법, 적 순찰병을 소리 없이 죽이는 법 등을 배웠다. 오전에는 성냥통에 카메라를 숨기는 법을 배우고, 오후에는 석조 다리와 금속제 다리를 폭파하는 법을 자세하게 배웠는데, 손가락이 여러 개 날아간 폭발물 전문가에게서 배웠다. 가장 기억에 남은 OSS 훈련은 '유령의 집'이었다. 한밤중에 곤히 잠든 훈련병들을 흔들어 깨워 금방 쓰러질 것 같은 폐가로 잠입하라는 지시를 내렸다. 그

안에 들어가서는 손에 총을 쥐고 어둠 속에서 구불구불한 미로를 나아가야 했다. 바닥이 고르지 않아 가끔 발이 쑥 꺼지는 곳도 있었고, 숨겨진 스피커를 통해 독일인 목소리를 내보내 훈련병의 방향 감각을 의도적으로 흩뜨렸다. '임무'를 완수하려면 부비트랩을 해제하고, 괴물처럼 갑자기 툭 튀어나오는 종이 인형 독일군을 사살해야 했다.

버그 같은 요원들은 조금 더 심각한 어조로 L 알약 사용법에 대한 설명을 들었다. L 알약은 고무로 코팅된 청산가리 캡슐로, L은 'lethal(치명적인)'을 가리켰다. 고무 코팅 덕분에 필요하다면 알약을 입 속에 몇 시간이고 안전하게 넣어둘 수 있었다. 심지어 삼키더라도 소화되지 않고 몸속을 통과한다. 하지만 이빨로 세게 물어 고무를 찢으면, 청산가리가 터져나와 몇 초 안에 몸이 마비되면서 죽는다. 만약 나치에게 포로로 붙잡히면 혀 밑에 알약을 몰래 감추라고 교육받았다. 그리고 불가피하게 고문(이빨을 부수고, 손톱을 뽑고, 귀를 자르는 등의)이 시작되면, 비밀을 누설하느니 그렇게 명예로운 자살을 선택할 수 있었다.

몇 주일의 훈련이 끝난 뒤, OSS 교관들은 훈련병들을 실제 세계에 풀어놓았다. 한 훈련에서는 다리나 댐에 잠입해 불쌍한 야간 경비원을 때려눕히고 취약 지점에 가짜 폭발물을 설치하는 임무를 수행해야 했다. 여러 훈련병은 그런 멍청한 행동을 하다가 체포되어 교도소로 갔는데, 아마도 그 때문에 점수가 깎였을 것이다. 마지막 시험은 극한의 압박을 받는 상황에서 임무를 수행하는 능력을 입증하는 것이었는데, 미국의 군수 공장에 침투해 기밀문서를 훔쳐야 했다. 한 사람은 미국 상무부 장관의 서명을 위조해 폭약 제조 공장에 무사히 들어간 뒤, 폭격 조준기에 관한 일급 기밀문서를 빼내와 A$^+$를 받았다. 버그도 비슷한 시도를 했는데, 백악관 편지지 양식을 위조해 항공기 공장에 잠입하는 데 성공했다. 하지만 예리한 직원이 그를 막아섰고, 전설적인 버그의 매력으로도 그를 진정시키지 못했다. 버그는 결국 자신이 비밀리에 훈련을 수행하고 있다고 실토했고, OSS는 이 사건 때문에 창피를 당했다.

최종 시험을 망쳤는데도 불구하고, 버그는 훈련 코스를 통과하여 1943년 가을에 눈길을 끄는 몇몇 임무에 배치되었다. 한 임무에서는 유명한 천문학자 에드윈 허블Edwin Hubble과 팀을 이루었다. 두 사람은 다른 요원 다섯 명과 함께 유럽에서 낙하산으로 적의 후방에 침투하여 명시되지 않은 잠복 활동을 수행할 예정이었다. '와일드 빌' 도너번이 50대의 망원경 전문가와 40대의 전직 포수를 짝지어 첫 번째 임무에서 적진 깊숙이 침투시킨 것을 왜 좋은 아이디어라고 생각했는지는 아무도 모르지만, 도너번은 그런 사람이었다. 그는 냉철한 판단력보다는 자신의 열정을 믿었다. 역사 애호가들에게는 애석하게도, 허블-버그의 임무에서는 아무런 성과도 없었다. 하지만 노르웨이의 베모르크 중수 공장에서 수행한 버그의 다음번 임무는 실질적이고 치명적인 결과를 낳았다.

레슬리 그로브스 장군은 거너사이드 특공대의 활약에 관한 소문을 그 일이 있고 나서 5주 후인 1943년 4월에야 들었다. 그로브스는 베모르크에 관한 정보를 공유하는 핵심 집단에서 배제된 데 화가 났는데, 뉴스 보도와 나치 정부(거의 똑같은 강도로 싫어한 두 집단)의 발표를 꿰어맞춰 사정을 짐작해야 했기 때문이다. 그로브스가 영국 측을 만났을 때, 그들은 그 작전을 신나게 설명해주었는데, 그 공장을 적어도 2년 동안 작동 불능 상태로 만들었다고 자랑했다.

그다음 날, 영국 측은 그 주장을 정정했다. 2년이 아니라 최소 1년 동안은 작동 불능 상태에 놓일 것이며, 이것은 믿어도 된다고 했다. 성급한 정정에 그로브스는 불안을 느꼈다. 왜 추정치를 갑자기 반이나 줄인단 말인가? 영국인은 염려하지 않아도 된다고 말했다. 자신들은 모든 것을 다 고려했고, 추가 질문을 할 필요는 전혀 없다고 했다. 그로브스는 추가 정보를 요구했지만 거부당하자 더욱 화가 났다.

그해 7월, 영국 측은 런던에서 성대한 만찬을 열어 거너사이드 특공대원들(전원이 작전을 마치고 황량한 하르당에르 고원을 건너 무사히 탈출한)의 공을 치하했다. 만찬은 리츠호텔에서 열렸는데, 대원들은 메인 코스로 나온 뇌조 고기를 보고 즐거워했다. 각 대원에게는 훈장이 수여되었고, 그들은 성공을 축하하며 건배를 거듭했다. 그날 밤은 그들의 생애에서 가장 빛나는 밤 중 하나였다.

하지만 그것은 거짓 축하연이었다. 영국 측은 베모르크에서 중수를 다시 생산한다는 소문을 몇 달 전부터 들었고, 리츠호텔 만찬이 있기 1주일 전에 레지스탕스 대원이 보내온 보고는 그들의 두려움을 확인시켜주었다. 쿠르트 디프너는 습격 직후에 잔해 제거와 새로운 장비 설치를 서두르기 위해 자신의 최측근을 보냈다. 한 사람은 "목에 칼을 들이대는" 바람에 공장 기술자들이 어쩔 수 없이 작업을 했다고 회상했다. 디프너의 측근은 중수 생산 시설을 단 6주 만에 재가동시켰다. 사실, 나치는 가동 중단 시간을 이용해 지하실의 고농축 생산 전해조를 18개에서 26개로 늘렸다. 이에 따라 베모르크의 중수 생산량은 습격 이전에는 하루에 5킬로그램이던 것이 6월 중순에는 약 6.8킬로그램으로 늘었다. 영국은 노르웨이인 특공대원을 위한 만찬 동안에는 이 사실을 함구했다. 하지만 진실을 말하자면, 그들의 용감한 임무는 아무 쓸모 없는 것이 되고 말았다.

결국 특공대가 실제로 파괴한 것은 원자폭탄 정보 분야에서 일하던 미국인과 영국인 관계자들 사이에 남아 있던 선의였다. 전쟁 초기에 영국과 미국은 정보를 자유롭게 교환했지만, 보안에 과도하게 집착한 그로브스는 건전한 이유와 옹졸한 이유에서 정보 교환을 중단시켰다. 기묘하게도 그로브스의 아버지는 1856년에 태어났는데도 왕정 시대에 영국이 아메리카 식민지를 배신한 행위를 결코 용서하지 않았고, 아들도 영국에 대한 아버지의 증오심을 그대로 물려받았다. 더 합리적인 측면에서 보자면, 그로브스는 이제 미국이 원자폭탄 개발에서 중요한 일을 도맡아하고 있다는 사실을 알고 있었고, 만약 영국이 베모르크 습격과 같은 일을 자신에게 알려줄 아량이 없다면, 어디 한번 해보자 하는 마음이 들었다. 미국은 영국의 도움 없이도 얼마든지 단독으로 원자폭탄을 만들 수 있었다.

무엇보다 큰 불만은 영국이 중수 공장을 제대로 마비시키지도 못했다는 사실이었다. 생산 속도는 거의 늦춰지지 않았다. 그래서 그로브스는 베모르크를 완전히 파괴해야겠다는 결심을 굳혔다. 더 이상 영국 정보부를 신뢰할 수 없다고 판단한 그로브스는 상황을 제대로 평가하기 위해 노르웨이 현지에 자신의 부하가 있어야 한다고 결정했다. OSS가 원자폭탄 첩보전에 연루된 것은 이 때문이었다.

그 당시 OSS는 힘든 시기를 보내고 있었다. 자유분방한 운영 방식 때문에 워싱턴 사람들은 대부분 OSS를 혐오까지는 아니더라도 의심의 눈으로 바라보았다(이 짐승 같은 사람들을 외국에 풀어놓아 제멋대로 날뛰게 해도 괜찮을까?). 도너번은 신뢰 회복이 절실히 필요했는데, 그래서 1943년 10월에 그로브스(군 고위 간부 가운데 황송하게도 자신을 만나려고 몸소 찾아온 사람은 그가 처음이었다)가 자기 사무실에 들렀을 때, 도너번은 깊은 인상을 심어주려고 최선을 다했다. 대화를 마친 뒤, 도너번은 자신의 개인 운전기사에게 그로브스를 집까지 바래다주라고 지시하고는, 주차장으로 달려가 데이트에 나선 어설픈 고등학교 2학년생처럼 장군을 위해 차 문을 열어주었다. 그 방문 이후에 도너번은 그로브스가 요구하는 것은 무엇이건 거절할 수 없었다. 그로브스가 베모르크를 정찰하기 위해 노르웨이에 요원을 보내는 문제를 문의하자, 도너번은 가장 유망한 요원 중 한 명을 추천했는데, 그 사람이 바로 모 버그였다.

불과 몇 주일 후, 버그는 영국에서 비행기를 타고 노르웨이 상공에서 낙하산을 메고 뛰어내렸다. 다행히도 착륙을 방해하는 눈보라는 몰아치지 않았고, 노르웨이인 자유 전사들이 그를 오슬로로 데려갔다. 거기서 베모르크에 관련된 여러 과학자들을 만나 물어보자, 그들은 독일이 중수 생산을 재개했다고 확인해주었다. 노르웨이에서 몰래 빠져나온 버그는 도너번에게 그 소식을 알렸고, 도너번은 그 정보를 그로브스에게 전달했다.

그로브스는 망설이지 않았다. 이제 베모르크를 파괴해야 한다고 판단했다. 깜찍한 글라이더 투입이나 특공대 습격 같은 것은 논외였다. 그는 대천사처럼 하늘에서 응징의 폭탄을 비처럼 쏟아부어 그곳을 지옥으로 만들려고 했다. 역사학자들이 지적한 것처럼 그로브스는 그때까지 모든 경력을 육군 공병대에서 뭔가를 짓고 만들면서 보냈기 때문에, 베모르크를 폐허로 만든다는 결정은 아주 흥미로운 일탈이었다. 하지만 그로브스는 늘 전투에서 군대를 지휘하길 갈망해왔고, 이것은 그에게 천재일우의 기회였다. 그래서 11월 16일에 육군의 엘리트 폭격 부대 중 '블러디 헌드레드스Bloody Hundredth'라는 별명으로 불리던 제100폭격 비행단에 공격 명령을 내렸다.

사상자를 최소화하기 위해 공격 시간은 공장 노동자들이 대부분 점심을 먹으러 공장을 떠나는 오전 11시 30분 직후로 잡았다. 하지만 블러디 헌드레드스의 비행기들(빅애스버드Bigassbird, 행더익스펜스Hang the Expense, 론치울프Raunchy Wolf를 비롯해 그 밖의 142대)은 도중에 저항을 거의 받지 않아 예정보다 20분 일찍 노르웨이 해안에 도착해 공중에서 꾸물거리며 시간을 보내야 했다. 마침내 오전 11시 43분에 폭탄 투하가 시작되었는데, 모두 합쳐 31만 5000킬로그램의 폭탄을 쏟아부었다. 20분 뒤, 추가로 39대의 비행기가 도착했는데, 이들은 원래 오슬로를 폭격할 예정이었지만 너무 짙은 구름 때문에 이곳으로 방향을 돌렸다. 이들은 근처의 질소 공장을 베모르크로 오인해 리우칸 마을에 230킬로그램짜리 폭탄 수백 개를 투하했다.

그런데 베모르크를 파괴하는 게 목적이었다면, 그로브스의 작전은 실패했다. 발전소 건물에 명중한 폭탄은 겨우 열두 발에 그쳤다. 비록 이 공격으로 발전기 여러 대와 협곡을 가로지르는 현수교가 파괴되긴 했지만, 오래전에 노르웨이인이 예측한 것처럼 산악 지형과 절묘하게 배치된 위치 때문에 발전소는 공중 폭격에 그다지 큰 피해를 입지 않았다. 게다가 실수로 리우칸 마을을 표적으로 한 2차 폭격으로 마을 주민 22명이 사망했는데, 적어도 한 발이 방공호에 명중했기 때문이다(목격자들은 잘려나간 팔다리와 떨어져나간 목이 굴러다녔다고 보고했다). 런던의 노르웨이 망명 정부는 격노했다. 그리고 지하실의 농축 전해조들은 여전히 계속 보글거렸으므로, 중수 생산은 아무 차질 없이 계속되는 게 분명했다.

베모르크 폭격은 연합국 측으로서는 쓸데없이 분노만 표출한 폭격 연습이 되고 말았다. 유일한 이득이 있다면, 그로브스가 냉엄한 진실을 직시하게 되었다는 것뿐이었다. 즉, 그는 독일의 원자폭탄 계획에 대해 아는 것이 사실상 아무것도 없으며, 자신이 아는 극소수 정보는 피에 굶주린 영국인들을 통해 걸러서 전달된 것이었다. 두 가지 상황 모두 참을 수 없는 것이었으므로, 그로브스는 이 약점을 두 가지 방법으로 바로잡기로 결정했다. 첫 번째는 유럽의 최전선에서 정보를 수집하기 위해 과학자와 군인으로 이루어진 팀을 만드는 것이었다. 그로브스는 또한 유럽 곳곳을 돌아다니면서 뒤에서 떠도는 소문을 염탐하는 일종의 특별한 스파이도 필요했다. 또다시 도너번에게 의견을 구했더니, 도너번은 모 버그를 장기 임대 형식으로 맨해튼 계획에 쓰라고 추천했다.

그로브스는 그 제안을 받아들이길 망설였다. 비록 노르웨이에서 임무를 훌륭하게 수행하긴 했지만, 버그는 미국에서 유명한 운동선수였다. 그의 사진은 수천 번은 아니더라도 수백 번은 신문에 실렸기 때문에, 잠복 활동이 사실상 어려웠다. 하지만 버그에게는 유리한 점도 있었다. 버그는 여러 언어를 구사했고, (그의 지성과 고급 학위에 경외감을 느낀) 군 장교들뿐만 아니라 (그의 뛰어난 운동 능력에 찬사를 늘어놓는) 과학자들 역시 그를 매력적으로 여겼다. 사실, 그로브스 자신조차 버그의 위트와 성취에 현혹되었다(훗날 버그는 그로브스가 내심 프로 야구 선수—그것도 포수—가 되고 싶어 했지만, 공을 제대로 던지지 못했다고 말했다). 그래서 1930년대의 많은 메이저 리그 구단처럼 그로브스도 포수의 단점을 눈감아주고 자신의 선수 명단에 그 이름을 추가했고, 그럼으로써 버그를 역사상 최초의 원자 스파이로 만들었다.

버그가 붙잡혀서 심문을 받을 가능성이 아주 높다는 사실을 감안해 그로브스는 로스앨러모스에서 진행되는 일을 설명해주길 거부했다. 하지만 원자 스파이는 전문 지식을 어느 정도 알아야 했기 때문에, 버그는 자신이 경험한 것 중 가장 기이한 언어를 벼락치기로 배우느라 몇 달을 보냈다. 그 언어는 바로 양자역학이었다. 버그를 돕기 위해 OSS는 물리학 강사들을 소개했는데, 조 케네디의 경우와 마찬가지로 버그는 아이비리그 교수 여러 명을 포함해 최고의 물리학자들을 만났다(의심스러운 전설에 따르면, 그 강사들 중에는 아인슈타인도 있었다고 한다. 심지어 부스스한 헤어스타일의 이 물리학자는 만약 버그가 '야구 이론'을 가르쳐준다면, 자신도 버그에게 이론물리학을 가르쳐주기로 약속했다고 한다. 그러고 나서 잠깐 생각에 잠긴 듯하더니 아인슈타인은 그 말은 잊어버리라고 말했다. "내가 야구를 배우는 것보다 당신이 상대성 이론을 배우는 것이 훨씬 빠를 테니까요").

버그는 결국 과학 지식을 충분히 습득해 20세기 물리학의 거장들—채드윅과 페르미, 마이트너와 한, 이렌과 프레데리크 졸리오-퀴리 부부—이 쓴 논문을 읽기 시작했다. 특히 하이젠베르크의 불확정성 원리와 그것이 지닌 혼란스러운 철학적 의미에 큰 매력을 느꼈다. 기본적으로 불확정성 원리는 우리가 어떤 입자의 속도와 위치를 동시에 파악하는 데 한계가 있다고 말한다. 그리고 그런 한계를 인정하면서 이 기본적인 양들을 신뢰할 수 없는 것으로 만든다. 이를 확대 적용하면(일부 사람들의 주장에 따르면), 이 원리는 또한 전반적인 세계 자체에 대한 확실성마저 뒤흔드는데, 만약 기반을 이루는 물리학이 그 핵심에서 불확실하다면, 나머지 모든 것 역시 어떻게 확신할 수 있겠는가? 이제 세상에서 어떤 지식이 확실한 기반 위에 서 있다고 말할 수 있겠는가? 버그는 이런 질문들에 큰 흥미를 느꼈고, 이러한 흥미는 하이젠베르크가 미국의 핵무기 첩보전의 최고 표적이 된 그다음 해에 버그가 임무를 수행하는 데 큰 힘이 되었다.

34장

알소스

덴마크를 탈출한 뒤, 닐스 보어는 맨해튼 계획에 관해 조언하기 위해 배를 타고 미국으로 건너갔는데, 유럽에서와 마찬가지로 미국에서도 그는 보안 담당자들에게는 악몽과 같은 존재였다. 먼저 뉴욕을 방문했는데, 뉴욕은 보어처럼 아무 생각 없이 무단 횡단을 일삼는 사람에게는 아주 위험한 도시였다. 거리를 건너다가 차에 치일 뻔한 적이 한두 번이 아니었다. 그리고 기차를 타고 대륙을 가로질러 뉴멕시코주로 가는 동안 계속 자신의 암호명(니컬러스 베이커Nicholas Baker)을 까먹고 정체를 드러냈고, 밤에는 보어가 다른 데로 갈까 봐 무장 경호원이 그의 방문 앞에서 자야 했다. 최악의 상황은 귀를 기울이는 사람에게는 누구에게나 핵분열 연구에 관한 이야기를 신나게 지껄이는 것이었다. 상황이 너무나도 심각해지자, 그 여행의 마지막 구간에서는 그로브스가 모든 일을 내팽개치고 보어를 찾아가 신중한 처신의 필요성을 환기시키려고 애썼다—그로브스는 "열두 시간 동안 내내" 그랬다고 회상했다. 보어는 그 필요성을 즉각 이해했고, 허락되지 않은 말은 어느 누구에게도 단 한마디도 하지 않겠다고 약속했다. 심지어 로스앨러모스에 도착하고 나서 그 약속을 무려 5분 동안 지키는 데 성공했다. 하지만 자신을 환영하기 위해 마련한 만찬장에서 옛 동료들을 보자마자 또다시 수다를 떨기 시작하더니, 방금 전에 그로브스가 제발 입 밖에 내지 말라고 신신당부했던 비밀들을 모조리 까발렸다. 보어는 원래 입을 다물고 살 수 없는 사람이었다.

위대한 덴마크인은 로스앨러모스에서 소중한 스승이었지만(59세였던 그는 그곳에서 가장 나이가 많은 과학자였는데, 평균보다 무려 30세가 많았다), 그의 여행은 독일의 원자폭탄에 대한 불안을 크게 높이는 결과를 낳았다. 특히 그로브스의 불안감을 크게 키웠다. 그로브스는 천성적으로 히스테리가 있는 사람은 아니었지만, 한 측근은 "전쟁 동안에 독일의 원자폭탄 계획이 성공해 지옥문이 열릴까 봐 몹시 불안해했다"라고 말했다. 보어가 1941년에 하이젠베르크와 나눈 대화 이야기를 듣고서 장군의 불안감은 더욱 커졌다. 그는 오펜하이머와 로스앨러모스의 고위 책임자들에게 하이젠베르크의 원자폭탄 계획 이야기를 다시 꺼냈다. 그러면서 하이젠베르크가 그린 스케치를 꺼내 보여주었는데, 그것을 본 사람들은 상당히 큰 충격을 받았다. 모든 사람이 그것이 폭탄보다는 원자로처럼 보인다고 결론 내렸지만, 그 스케치는 2년 전에 그린 것이었다. 그동안에 독일은 상당히 큰 진전을 이루었을 게 분명했다. 설령 그렇지 않다 하더라도, 적어도 원자로는 플루토늄을 증식하는 데 사용할 수 있었다.

그보다 더 나쁜 상황도 생각할 수 있었다. 원자로를 가동하면 플루토늄 외에도 소위 '더러운 폭탄'을 만드는 데 이상적인 온갖 종류의 부산물이 만들어진다. 더러운 폭탄 역시 방사성 물질을 사용하지만, 핵분열 폭탄과 큰 차이가 있다. 핵분열 폭탄은 일시에 막대한 에너지를 방출해 사람을 죽이는데, 뜨거운 열과 큰 에너지로 사람을 증발시킬 수 있다. 더러운 폭탄은 치명적인 방사성 동위 원소를 방출해 사람을 죽이는데, 동위 원소가 몸속으로 스며들어가 그 사람을 중독시킨다. 그리고 핵분열 폭탄은 핵폭발이 필요한 반면, 더러운 폭탄은 핵폭발이 필요 없다. 그저 더러운 방사능 물질을 뿌리기만 하면 되는데, 이것은 일반적인 폭발물을 사용해도 충분히 할 수 있다. 심지어 그 물질을 연기나 가루와 섞어 농약 살포 비행기로 군대나 도시에 뿌릴 수도 있다.

1943년 당시에 독일이 더러운 폭탄을 만든다는 확실한 증거는 없었지만, 맨해튼 계획에 참여한 과학자들의 머릿속에서는 그 생각이 떠나지 않았다. 1943년 여름에 맨해튼 계획 책임자들은, 방사성 핵종을 사용한 공격에 대비해 가이거 계수기를 공습경보 사이렌과 결합한 핵 방어 시스템을 보스턴과 시카고, 뉴욕, 샌프란시스코, 워싱턴에 비밀리에 설치했다. 심지어 선제공격 이야기도 나왔다. 어느 날, 엔리코 페르미가 오펜하이머 옆으로 다가와 치명적인 스트론튬-90을 생산해 독일의 식품과 식수 공급망에 뿌려 중독시키자고 제안했다. 오펜하이머는 이 끔찍한 제안을 열정적으로 검토했지만, 이 계획이 효과가 있을 만큼 충분히 많은 사람을 죽이지 못하리라는 결론을 내리고서 폐기했다. 그는 적어도 50만 명은 죽여야 효과가 있다고 보았는데, 그럴 수 없다면 굳이 귀찮은 일을 할 필요가 없다고 판단했다.

불안감은 1943년 후반에 절정에 이르렀다. 독일의 연구 속도에 대한 추정을 바탕으로 여러 과학자는 나치가 더러운 폭탄을 여러 개

만들 만큼 충분한 방사성 물질을 이미 손에 넣었을 것이라고 확신했다. 게다가 나치의 선전 장관 괴벨스는 독일이 곧 혁명적인 '우라늄 어뢰'를 연합군을 향해 발사할 것이라고 선언하면서 긴장의 강도를 한층 끌어올렸다. 이제 남은 질문은 그 시기였는데, 여러 가지 이유로 미국인의 두려움은 12월의 여러 날 부근으로 결집하기 시작했다. 한 가지 이유는 언제나 휴가철에는 긴장이 느슨해지기 쉽다는 점이었다. 또 한 가지 이유는 히틀러가 극적인 연출과 제스처를 좋아한다는 점이었다. 베를린 올림픽이 그랬고, 그의 돌격대원들이 구스 스텝goose step(다리를 굽히지 않고 앞으로 높이 쭉 뻗는 걸음걸이—옮긴이)으로 파리를 행진하도록 한 것이 그랬다. 히틀러는 공격을 한다면 감정적 충격을 최대화하는 효과를 노릴 게 분명했다. 그렇다면 크리스마스나 새해 첫날보다 충격을 극대화할 수 있는 날이 있겠는가? 상상력이 극에 달한 일부 핵과학자들은 12월 후반에 가족을 시골의 피난처로 피신시켰다. 그러고는 암울한 1주일간의 휴일을 핵 공격 종말 뉴스를 기다리면서 홀로 전화기 옆에서 보냈다.

물론 그런 일은 일어나지 않았지만, 이러한 과잉 반응은 맨해튼 계획 지도자들이 독일 과학자들이 실제로 무슨 일을 하는지 전혀 모르고 있다는 사실을 또 한 번 분명히 보여주었다. 그 당시 미국의 정보 수집 능력은 한심한 수준이었고, 과학 전문 지식을 지닌 첩보 활동팀은 단 하나도 없었는데, 이것은 중요한 단서를 놓칠 수 있다는 것을 의미했다(예를 들면, 대다수 사람들은 여전히 우라늄을 쓸모없는 금속으로 여겼다). 그다음 해에 이 문제는 더욱 악화되었다. 1943년 후반에 연합국은 이탈리아에 교두보를 확보하고서 1944년에 독일 점령하의 프랑스를 공격할 계획을 세우고 있었다. 도시를 새로 하나 점령할 때마다 귀중한 핵무기 정보를 새로 얻을 기회가 생기는 셈이었다—혹은 반대로 그것을 그냥 사라지게 할 수도 있었다.

그로브스의 한 측근이 이 문제를 바로잡기 위한 계획을 내놓았다. 그는 간접적으로 입수한 해외의 소문에 의존하는 대신에 맨해튼 계획이 자체 정보 수집 팀을 만들어 유럽에서 정보를 수집해야 한다고 결정했다. 과학자와 군인으로 편성된 이 팀은 연구소에 침투하고, 비밀 문서를 해독하고, 붙잡은 과학자를 심문하는 임무를 수행할 예정이었다. 이것은 전쟁사에서 일찍이 없었던 새로운 시도였다. 과학자를 스파이로 만들어 첩보 활동을 맡기려는 생각은 이전에 아무도 한 적이 없었다. 이 팀은 그로브스에게 직접 보고하고, 그들이 찾는 것이 무엇인지 현장에서 아무도 모르게 극비리에 활동해야 했다. 그리고 최전방에 가까이 다가갈수록 더 좋은 성과를 얻을 것으로 기대되었다.

이 계획은 알소스 임무Alsos mission라고 불리게 되었는데, 말장난으로 붙여진 이름이었다. 그리스어로 '알소스αλσος'는 '작은 숲'이란 뜻으로 영어로는 'grove'에 해당한다. 하지만 이 말장난의 대상인 그로브스는 이 이름에 숨겨진 뜻을 알고는 크게 노했다. 그는 이 이름을 전혀 재미있어하지 않았으며, 게다가 보안 위험까지 있다고 생각했다. 자신이 맨해튼 계획에서 담당하는 역할을 아는 사람이라면 이 과학 임무를 수행하는 팀이 유럽에서 무슨 일을 하는지 금방 추정할 수 있기 때문이다(실제로 일부 영국인 요원들이 순전히 그 이름만으로 알소스의 목적이 무엇인지 추론했다는 증거가 있다). 그로브스의 사무실에서는 이 어원학적 범죄를 저지른 사람이 누구인지 아무도 실토하지 않았는데, 그로브스가 진상을 파악할 무렵에는 이 이름은 이미 펜타곤 내에서 널리 퍼지기 시작했다. 이제 와서 이름을 바꾸면 괜히 주의만 더 끌 뿐이라고 판단한 그로브스는 할 수 없이 그 이름을 그대로 쓰기로 했다.

그로브스는 알소스의 활동 범위를 핵과학을 넘어서서 크게 확대했는데, 독일의 연구소들을 약탈할 때 레이더와 로켓, 제트 엔진, 생물학 무기에 관한 정보도 얻을 수 있으리라 판단했기 때문이다. 하지만 대체로 다른 분야의 정보들은 알소스의 진짜 목적을 가리는 위장 역할을 했는데, 진짜 목적은 독일의 원자폭탄 계획에 관한 비밀을 추적하는 것이었다. 알소스는 또한 우라늄과 중수를 비롯해 핵무기에 관련된 물질을 압수하고 심지어 과학자들까지도 체포할 권한이 있었다. 사실, 임무 수행 과정에서 과학자를 확보하는 것이 최우선 과제가 되었다. 지구상의 모든 우라늄은 그것을 무기로 둔갑시킬 한이나 하이젠베르크가 없다면 아무 쓸모가 없었다.

그로브스에 대한 반감 때문에 영국인들은 알소스를 싫어했다. 그들은 기존의 정보 조직으로도 충분히 임무를 수행할 수 있다고 주장했다. 미덥지 못한 과학자들을 굳이 전방으로 보낼 필요는 없으며, 그들이 포로가 되어 '러시아식으로' 심문받을 위험이 크기 때문에 특히 그래서는 안 된다고 했다. 그로브스는 영국인들의 생각 따위에는 아랑곳하지 않았지만, 마지막 지적에는 공감했다. 그래서 맨해튼 계획에 참여한 과학자는 어느 누구도 알소스에서 일할 수 없었다. 그들은 아는 비밀이 너무 많았기 때문이다.

하지만 맨해튼 계획에 참여한 과학자를 모두 배제하다 보니, 알소스의 과학 책임 장교를 맡길 만한 사람이 얼마 없었다. 그로브스는 중성자와 사이클로트론을 연구한 경험이 약간 있는 핵물리학자가 이상적이라고 생각했다. 하지만 이론에만 해박한 지식인이어서는 안 되었다. 이 임무에서는 무엇보다도 탐정 같은 역할을 많이 해야 하기 때문이었다. 따르는 위험을 감안하면, 그 사람은 전쟁 지원 노력을 위해 뭔가를 하겠다는 열정이 넘쳐야 했고, 유럽과 유럽 언어에 대한 지식까지 있다면 금상첨화였다. 하지만 도대체 그런 사람을 어디서 찾는단 말인가?

다행히도 군사 책임 장교를 선발하는 과정은 훨씬 순탄했다. 사실, 그로브스는 이미 점찍어둔 사람이 있었는데, 전직 과학 교사 출신으로 비정규전 경험이 있는 사람이었다. 그는 자신만큼이나 보안에 강박적 집착이 심하고, 육군 내에서 근무하는 곳마다 상관을 분노케 하여 현재 근무하는 곳에서 다른 곳으로 전출할 필요가 있는 사람이었다. 그 사람은 바로 보리스 시어도어 패시였다.

5부

1944년

35장

비지 리지

페네뮌데 폭격에도 불구하고, 영국은 독일의 V 로켓에 대한 두려움을 떨치지 못했다. 한 관계자는 그것은 계속 "영국의 심장을 겨냥한 석궁"으로 남아 있었다고 표현했다. 1944년 2월에 그 상황은 충분히 위협적이어서 윈스턴 처칠은 하원에서 프랑스 북부에 건설된 거대한 콘크리트 벙커들에 주의를 촉구할 필요성을 느꼈다. 독일은 그 무렵에 그곳에 4만 명의 노동자를 투입해 작업을 독려했고, 그 장소는 놀라운 속도로 팽창해갔다. 어떤 벙커에는 후버 댐보다 더 많은 콘크리트가 들어갔다. 입증되지 않은 무기에 그토록 많은 돈과 재료를 쏟아부으려면 큰 위험을 감수해야 했는데, 궁핍해진 독일 경제를 감안하면 특히 그랬다. 하지만 한 역사학자는 "총통은 과감하고 웅대한 계획 이야기를 들으면 늘 표정이 활짝 밝아졌다. 그 계획에 수십만 톤의 강화 콘크리트가 필요하다고 하면, 그는 도취 상태에 빠졌다"라고 지적했다. 이 기준에 따르면, 독일에서 이 불길한 벙커들만큼 히틀러를 행복하게 만든 계획은 없었을 것이다.

특히 미모예크에 들어선 벙커에는 히틀러가 애지중지한 V-3를 배치할 예정이었다. V-3의 정식 이름은 '고압 펌프'란 뜻의 호흐드루크품페였지만 비공식적으로는 플라이시게스 리센Fleißiges Lieschen('부지런한 리센'이란 뜻. 리센은 여자 이름 Elisabeth의 애칭이다. 영어로는 '비지 리지Busy Lizzie'로 번역되었다—옮긴이)이라고 불렸다. 연합국 측이 받은 최초의 대략적인 보고에 따르면, V-3는 길이가 무려 28미터로 V-2의 두 배에 달했고, 날개폭은 36미터나 되었다. 무게는 1만 8000킬로그램이나 되는데, 그중 절반이 폭발물이 차지했고, 최대 시속 700킬로미터로 날 수 있었다. 가장 환상적인 것은 9600킬로미터가 넘는 사정거리였다. 이것은 런던은 말할 것도 없고 뉴욕과 워싱턴마저 타격할 수 있는 거리였다.

(미국을 공격하는 것은 독일에게는 지나치게 야심만만한 계획처럼 들릴 수 있지만, 그것은 전쟁 동안 히틀러가 가장 좋아한 꿈 중 하나였고, 그의 심복들은 그것을 실행에 옮길 여러 계획을 세웠다. 가장 기묘한 것은 후케팍Huckepack[등에 업기] 계획이었다. 먼저 폭격기에 연료를 잔뜩 채우고 독일로 돌아올 연료를 감안해서 최대한 멀리 대서양으로 발진시킨다. 그리고 기수를 돌리기 직전에 가느다란 연필 모양의 비행기가 분리되어 미국을 향해 계속 나아간다. 만약 모든 일이 순조롭게 진행되면, 이 비행기가 맨해튼에 도달하여 폭탄을 투하할 수 있을 것이다. 임무를 마친 이 비행기는 바다 위의 예정된 지점에 착수하고, 그러면 잠수함이 떠올라 승무원을 구조해 돌아올 예정이었다. 하지만 연필 폭격기는 폭탄을 겨우 몇 개만 실을 수 있어, 그 폭탄의 위력이 상상을 초월할 정도로 강하지 않다면 굳이 그런 수고를 할 가치가 없었다. 예컨대, 원자폭탄만큼의 위력이 있어야 했다. 나치가 독일의 맨해튼 계

획으로 맨해튼 자체를 분쇄하기 위해 그런 전술을 고려했다는 단서가 있다. 설사 그 폭격기에 재래식 폭탄을 싣는다 하더라도, 이 공격이 한 번만 성공하면 미국은 군인을 유럽으로 실어보내는 대신에 미국 해안선에 배치해야 할 것이다. 게다가 수십 년 뒤에 알카에다가 입증했듯이, 뉴욕을 공격하면 독일의 사기가 크게 올라갔을 것이다.)

어쩌면 당연한 일이지만, V-3의 놀라운 크기에 대한 소문은 그저 소문에 불과한 것으로 드러났다. V-3 로켓의 실제 크기는 보고된 28미터의 10분의 1도 안 되었고, 사정거리도 9600킬로미터에 훨씬 못 미쳤다. V-3는 심지어 진짜 로켓도 아니었는데, 자체 힘만으로 발사되지 않았기 때문이다. 그렇다고 해서 V-3가 무시무시한 무기가 전혀 아니란 뜻은 아니다. 그랬다면 히틀러가 V-3를 그렇게 총애했을 리가 만무하다. 비지 리지는 사실상 2.7미터짜리 포탄을 쏘는 127미터 길이의 대포였다. 차이점은 포탄을 추진하기 위해 보통 대포처럼 한 번의 폭발을 사용하는 대신에 리지는 총신을 따라 정확하게 시간을 맞춰 여러 번의 폭발을 사용해 포탄을 단계별로 가속시킴으로써 초음속에 가까운 속도로 발사했다. 2.7미터짜리 포탄 한 발로는 V-1이나 V-2만큼 큰 파괴력을 내지 못하지만, 리지는 펀치력 부족을 놀라운 발사 속도로 보완했다. 나치는 미모예크 근처에 V-3를 25대 배치할 계획이었고, 이렇게 하면 V-3는 6초마다 포탄을 한 발씩 발사할 수 있었다. 그렇다면 매일 런던에 V-3 포탄 1만 4400개를 쏟아부을 수 있었다. 괴벨스는 "런던에는 베를린보다 두 배나 많은 주민이 밀집해 살고 있다. 3년 반 동안 그들은 사이렌을 들은 적이 없었다. 그런데 이 끔찍한 악몽이 다가왔다는 사실을 깨달으면 어떻게 될지 상상해보라!"라고 말했다.

길이 127미터의 대포가 탁 트인 공간에 배치돼 있으면, 당연히 폭격기의 좋은 표적이 될 것이다. 그것은 하루 오후도 버티지 못하고 사라질 것이다. 그래서 리지를 보호하기 위해 5000여 명의 독일 노동자들이 굴을 파기 시작했다. 그들은 미모예크 외곽의 석회암 언덕에 거대한 동굴을 뚫고는 지표면에서 35층 깊이의 기반암에 포신을 고정했다(이런 식으로 포신을 고정시키는 것은 엄청난 충격을 흡수하는 데에도 도움이 되었다). V-3는 뒤쪽에서 장전하기 때문에, 2.7미터짜리 포탄이 진입할 터널도 파야 했다. 추가 보호 조치로 지표면에 드러난 포구를 5.4미터 두께의 콘크리트 돔으로 에워쌌고, (사용하지 않을 때에는) 건초더미로 위장한 두께 20센티미터의 강철판으로 덮었다.

솔직히 말하면, 비지 리지는 성공할 가능성이 희박한 무기였다. 그만한 크기의 포탄을 일련의 폭약으로 가속시키려면, 그 당시 전자공학의 능력을 벗어날 정도로 아주 정확한 타이밍이 필요했다. 사실, 1944년 봄에 베를린 서쪽의 V-3 시험장에서 실시한 시험 발사는 번번이 실패했는데, 포탄이 포신 안에서 폭발하거나 날아가는 도중에 제어를 벗어나 아래로 떨어졌다. 이 모든 것을 감안해 여러 역사학자는 V-3가 실제로 과연 제대로 효과를 발휘했을지 의문을 제기한다. 그렇긴 하지만, 알베르트 슈페어(히틀러의 측근 중에서 가장 건전하고 현실적인 나치였던)는 최종 단계 시험이 제 궤도에 올랐다고 증언했다. 그리고 변형된 V-3는 전쟁 후기에 벨기에와 룩셈부르크에서 적군을 향해 성공적으로 발사되었다.

V-3의 실제 잠재력과는 상관없이 그 당시 중요했던 것은 나치 지도자들이(그리고 연합국도) 그것이 효과가 있다고 믿었다는 사실이다. 독일이 핵무기 계획을 추진하고 있다는 사실을 감안하면, 그 위험은

특별히 커 보였다. 미모예크를 베모르크나 우라늄 클럽과 연결 지을 만한 구체적 증거는 없었지만, 암시나 속삭임은 늘 있었고, 일단 사람들이 마음속에서 이 둘을 연결시키기 시작하자 그 생각은 걷잡을 수 없이 계속 곪아갔다. 그토록 많은 돈과 노동력과 콘크리트를 정당화할 만한 무기가 핵무기 말고 또 무엇이 있겠는가? 맨해튼 계획에 참여한 한 물리학자는 핵무기를 탑재한 로켓을 너무나도 두려워한 나머지 매일 BBC 방송을 두 번씩 듣기 시작했는데, 뉴스를 듣기 위해서가 아니라 아직 런던이 건재하다는 사실에 안도하기 위해서였다. 심지어 유럽 연합군 총사령관이던 드와이트 아이젠하워Dwight D. Eisenhower 장군조차 미모예크에 대한 브리핑을 듣고서 머리를 흔들면서 "나를 공포에 떨게 만드는군"이라고 중얼거렸다.

당연히 연합국은 이 위협을 무력화할 필요가 있었다. 그것도 폭격이 아무 소용이 없을 정도로 독일이 벙커를 강화하기 전에 아주 신속하게 조치를 취해야 했다. 그래서 아이젠하워는 유럽 전역에서 벌이는 임무 중에서 디데이 공격을 제외하고는 미모예크 벙커를 포함한 로켓 배치 장소에 대한 공격을 최우선 과제로 삼기로 결정했다. 이에 따라 미국 육군과 해군이 행동에 착수했고, OSS의 괴짜들조차 웃게 만들 만큼 기이한 계획을 세웠다. 해군은 이 작전을 모루 작전Operation Anvil이라고 불렀는데, 조 케네디는 이 작전에 맨 처음 자원하고 나선 사람 중 하나였다.

36장

그로브스의 두 번째 공격

1944년 초에 그로브스는 비록 비정통적 방법이긴 했지만 또다시 공세에 나섰다. 군사 시설과 산업 시설만 폭격하는 대신에 과학적 표적을 제거해야 할 때가 왔다고 판단했다. 주 목표는 연구자들을 '편안한' 연구실에서 쫓아내 연구를 지연시키는 것이었지만, 그는 더 영구적인 조치에도 반대하지 않았을 게 확실하다. 한 보고서에서는 "과학 인력을 죽이는 것은……특별히 큰 도움이 될 것이다"라고 표현했다.

맨해튼 계획 지도자들로부터 의견을 청취한 뒤, 그로브스는 베를린 외곽에 위치한 달렘 거리를 타격하는 데 초점을 맞추었는데, 오토 한과 베르너 하이젠베르크가 이곳에서 일하고 있었다. 이전에 연구소를 폭격한 적은 한 번도 없었으므로, 1944년 2월 15일 저녁에 이 지역은 사실은 무방비 상태에 놓여 있었고, 그때 비행기들이 날아와 폭탄을 투하했다. 두 연구소는 큰 피해를 입었는데, 특히 한의 핵화학연구소의 피해가 컸다. 폭탄 하나가 한의 책상 의자 가까이에 떨어졌고,

그의 사무실 남쪽 벽이 통째로 날아갔다. 곧 그 건물의 서까래들에 불이 붙었고, 살아남은 과학자들은 줄지어 서서 책과 장비를 손으로 전달하면서 구하려고 애썼다. 그러고 나서 안전한 곳으로 물러나서 밤하늘을 배경으로 지붕이 붉게 타오르는 모습을 지켜보았다. 한 사람은 "끔찍하면서도 아름다운 광경"이었다고 회상했다.

운 좋게도 한은 그때 베를린에 없었다. 그 당시 그는 이와 같은 공습의 위험을 피하기 위해 독일 남부의 검은 숲 지역에서 새로운 연구소 부지를 물색하고 다녔다. 이 여행 덕분에 한은 목숨을 건졌다. 하지만 64세의 화학자는 이 폭격 때문에 평생 동안의 연구 기록을 대부분 잃었다. 특히 그는 어니스트 러더퍼드 같은 과학자들로부터 받은 개인적 편지를 잃은 것을 애통해했다.

달렘 폭격은 부차적인 효과도 있었다. 독일은 우라늄 클럽 회원들을 검은 숲으로 옮기는 일을 서두르게 되었다. 연합국은 이 일로 독일 과학자들을 정당한 공격 표적으로 간주하게 되었고, 그럼으로써 또 다른 비정통적 계획을 부활시키게 되었다. 앞서 1942년에 새뮤얼 가우드스밋의 두 친구가 취중에 취리히에서 하이젠베르크를 납치하자고 제안한 적이 있었다. 그들은 이 아이디어를 오펜하이머에게 전달했고, 오펜하이머는 상관들에게 이를 알렸지만, 가우드스밋은 윗사람들이 그 아이디어를 묵살한 것을 알고 있었다. 사실, 오펜하이머는 여전히 그 아이디어를 생각하고 있었고, 그 범위를 넓히기까지 했다. 독일 과학자 한 명을 납치하는 것이 좋은 일이라면, 여럿을 납치하는 편이 더 좋은 일이 아니겠는가? 군인들이 표적을 확인하는 걸 돕기 위해 오펜하이머는 독일 핵과학자 7명의 신상 서류 일체를 작성하기 시작했다. 로스앨러모스의 회의들에서 이 아이디어가 논의되자, 마침내 누군가가(그로브스는 그가 누구인지 결코 밝히지 않았다) 나서서 정곡을 찔렀다. "적국 과학자들이 그렇게 걱정된다면, 그냥 제거해버리는 편이 더 낫지 않나요?"

대다수 군 장교들은 이 말에 움찔했을 것이다. 장군들은 수천 명, 심지어 수만 명의 목숨을 앗아가는 공격 명령을 내리는 데에는 거리낌이 없었지만, 특정 개인을 죽이겠다는 이야기는 거의 하지 않았다. 그런 행동은 부적절하고 심지어 비열해 보였으며, 암살자와 스파이의 영역에 속하는 일이라고 생각했다. 하지만 그로브스는 평소의 요령 없는 태도를 드러내면서 그래도 상관없다는 반응을 보였다. 그의 생각에는 나치를 위해 무기를 설계하는 과학자들은 무기를 휘두르는 돌격대원만큼 위험했고, 어쩌면 훨씬 더 위험할 수도 있었다. 따라서 그들을 먼저 죽이는 것은 정당해 보였다.

그래도 암살이라는 오명을 감안해 그로브스는 상관들의 생각이 어떤지 알아보기 위해 이 아이디어를 지휘 계통을 따라 윗선에 전달했다. 1944년 2월에 그 답이 돌아왔다. "그로브스에게 자신의 더러운 일은 스스로 책임지라고 하게" 만약 질책의 의도로 이렇게 말한 것이라면, 이 지시는 그 목적을 달성하지 못했다. 그로브스는 아무도 자신에게 그 일을 하지 말라고 지시하지 않았다는 사실만 중요하게 여겼다. 아직은 암살을 실행하기로 완전히 마음먹은 것은 아니었지만, 적어도 그것은 선택지에 포함되었다.

37장

페리

비록 베모르크 중수 공장 공습은 지하실의 중수 생산 전해조들을 파괴하는 데 실패했지만, 장기적으로는 성공적인 것으로 드러났는데, 독일군은 연합국이 그 공장을 계속해서 반복적으로 공격할 것이라고 확신했기 때문이다. 그렇다면 다른 곳에서 더 안전하게 중수를 생산하는 것이 낫지 않겠는가? 나치 관계자들은 이미 그전부터 독일 내 깊숙한 곳에 중수 공장을 세울 계획을 세우고 있었는데, 베모르크 공습이 그 추진을 가속시켰다.

한편, 베모르크에는 여전히 다양한 농축 단계의 주스가 14톤 저장돼 있었다. 그것은 우라늄 클럽의 연구에 필요한 주스였다. 그래서 1944년 초에 베모르크는 그것을 전량 독일로 보내기로 했다. 물론 보안이 큰 문제였는데, 여러 경로를 검토한 끝에 책임자들은 상당히 복잡한 계획을 세웠다. 우선 베모르크에서 부근의 피오르 호수까지 철도를 통해 중수를 실어보내기로 했다. 그런 다음, 페리로 틴쇼 호수를 건넌 뒤, 철도로 북해 연안까지 보내기로 했다. 병참학적으로는 복잡하긴 하지만, 이것이 가장 안전한 경로처럼 보였다.

하지만 이 계획에 관한 소문이 결국 베를린의 파울 로스바우트에게 새어나갔고, 그리핀은 이를 영국 정보부에 알렸다. 연합국은 당연히 그렇게 많은 중수가 독일로 가도록 수수방관할 수 없었지만, 도중에 그것을 막는 것은 쉬운 일이 아니었다. 경로 중 두 철도 구간은 철통같이 방어할 게 분명했고, 북해를 가로질러 독일로 가는 구간 역시 마찬가지였다. 유일한 취약 지점은 틴쇼 호수를 건너는 구간으로 보였다. 그곳을 항해하는 페리인 휘드로호는 상선이어서 대체로 무방비 상태였다. 갑판 아래에 폭탄 하나만 설치하면 배를 쉽게 침몰시킬 수 있었다. 그리고 틴쇼 호수는 깊이가 390미터나 되기 때문에, 가라앉은 화물은 회수가 불가능할 것이다.

딱 한 가지 문제가 있었다. 상선인 휘드로호에는 노르웨이인이 대다수를 차지하는 승객도 타고 있을 텐데, 이들은 이 공격으로 모두 사망하고 말 것이다. 노르웨이의 지하 조직은 이 계획을 듣자마자 런던에 무전을 보내 거세게 항의했다. 무고한 사람을 그렇게 많이 죽이는 작전이 꼭 필요한가? 런던은 다음 날 수동태 위주의 문장으로 답변을 보냈다. "이 문제는 깊이 숙의되었고, 주스를 파괴하는 것이 매우 중요하다는 결정이 내려졌다." 노르웨이 지하 조직원은 가슴이 먹먹했다. 많은 동포들이 죽어가는 것을 감내해야 하다니…….

이 임무는 은밀한 정찰 여행으로 시작되었다. 1944년 2월 중순,

짙은 파란색 정장을 입은 남자가 오전 10시에 출발 예정인 휘드로호가 출발하기 직전에 배에 탔다. 그는 바이올린 케이스를 껴안고 상갑판에 서서 몸을 따뜻하게 하기 위해 파이프 담배를 피웠다. 그런데 그는 음악가 치고는 손재주가 서툴렀다. 전체 여정의 절반쯤 지났을 때, 그는 파이프를 쇠격자 사이로 떨어뜨렸는데, 그것은 페리 깊은 곳에 위치한 엔진실로 떨어졌다. 그는 당황해하면서 그것을 주우러 아래로 내려갔고, 그곳에 머무는 동안 엔진을 살폈다. 돌아오는 길에 그는 배에서 일하는 기술자와 부딪치면서 대화를 시작했다. 기술자는 잡담을 나누게 되어 즐거워했고(할 일이 별로 없어 따분한 직업이었으므로), 바이올리니스트가 페리를 아주 좋아한다면서 담배를 한 자밤 건네주자, 매우 고맙게도 이물에서 고물까지 배 전체를 구경시켜주겠다고 제안했다.

전망대로 돌아온 바이올리니스트는 바이올린 케이스를 붙잡고 그 안에 든 총의 무게를 느꼈다. 여행의 나머지 여정은 아래에서 본 것을 마음속으로 반복하면서 보냈다. 그는 거너사이드 작전에 참여했던 베테랑이었고, 베모르크의 험준한 장애물과 비교하면 휘드로호를 파괴하는 것은 식은 죽 먹기처럼 보였다. 배에서 내리면서 그는 배의 구조를 노르웨이 지하 조직에 보고했는데, 그 페리는 출발 후 30분이 지났을 때 수심이 가장 깊은 곳을 지났다고 덧붙였다. 페리의 일정과 승선 과정의 변덕을 감안하면, 휘드로호를 오전 10시 45분에 폭파하는 것이 이상적이라고 추정했다.

이번 작전에 사용할 폭탄으로는 거너사이드 팀이 사용했던 노벨 808을 선택하려고 했다. 하지만 이번에는 특공대원이 그냥 신관에 불을 붙이고 달아날 수가 없었다. 사전에 폭탄을 설치하고 타이머를 작동시켜야 했다. 그래서 생각해낸 설계는 종을 제거한 알람 시계에 기폭 장치를 연결한 것이었다. 특공대원들은 전날 밤에 페리에 몰래 승선해 시계태엽을 감고 알람을 설정하기로 했다. 아침에 시계가 작동하면, 금속 추가 위로 튀어오르면서 종 대신에 황동 접촉 장치를 때린다. 그러면 알람 시계와 기폭 장치 사이에 회로가 연결되어 전기 펄스 신호가 노벨 808로 가고, 곧 쾅 하고 폭발이 일어난다. 이제 남은 문제는 구멍의 크기뿐이었다. 구멍이 너무 크면, 배는 빨리 침몰시킬 수 있겠지만, 갑판 아래에 있는 사람들은 모두 수장되고 말 것이다. 구멍이 작으면, 인명은 구할 수 있겠지만, 승선한 경비병들에게 중수를 구할 기회를 줄지 모른다. 그래서 자비와 인명 손실 사이에서 균형점을 찾아 배를 5분 만에 침몰시키기로 결정했는데, 계산에 따르면 원주가 3.6미터인 구멍을 뚫어야 했다.

중수를 배에 싣기 며칠 전에 베모르크의 노동자들은 중수를 수산화칼륨이라는 라벨이 붙은 400리터짜리 드럼통 48개에 담는 작업을 시작했다. 현장에서 작업을 감독하던 관리자도 이번 작전에 가담한 사람이었는데, 그는 자신이 가담한 사실이 드러나면 목숨을 잃으리란 사실을 알고 있었다. 폭파 작전 이후에 나치는 그를 체포해 심문할 게 틀림없었다. 그래도 그는 자신이 해야 할 일을 묵묵히 수행했고, 드럼통들이 일요일인 2월 20일에 휘드로호에 실리도록 작업을 충분히 지연시켰다. 일요일 오전에 페리를 타는 현지 주민의 수가 가장 적었기 때문이다.

특공대원들의 관점에서 볼 때, 몇 주간의 준비 기간은 그보다 순탄할 수가 없었다. 하지만 작전 개시 하루 전날 밤에 초기의 행운에 재를 뿌리는 재앙이 일어났다. 휘드로호를 정찰했던 공작원은 바이올리니스트로 위장했는데, 마침 교향악단이 그 지역을 순회하고 있었기 때문에 낯선 사람이 바이올린 케이스를 들고 있어도 그다지 크게 시선을 끌지는 않았을 것이다. 하지만 2월 19일 토요일에 열린 한 파티에서 이 작전에 가담한 공모자 중 한 명이 한 음악가(교향악단과 함께 순회하던 세계적 수준의 바이올리니스트)가 다음 날 아침에 페리를 타고 떠날 계획이라고 말하는 것을 들었다. 마시던 음료수가 목에 걸려 거의 숨이 막힐 뻔한 공모자는 바이올리니스트에게 조금 더 머물며 관광을 하라고 설득하기 시작했다("고원 지역은 그렇게 황량하지 않아요. 그곳에서 스키를 즐겨보세요!"). 소용없는 일이었다. 그 바이올리니스트는 다음 날 밤에 오슬로에서 콘서트가 있어 더 머물 수가 없었다. 공모자는 체념하면서 그저 고개를 끄덕일 수밖에 없었다. 같은 날 밤, 또 다른 공모자의 어머니가 일요일에 페리를 타러 가겠다고 말했는데, 그 공모자 역시 어머니를 설득하는 데 실패했다. 아들은 진실을 말하고 싶어 입이 근질거렸고, 양심을 붙들고 힘겹게 싸웠다. 하지만 그 임무가 너무나도 중요했기 때문에 입을 다물었다.

자정 몇 시간 전에 베모르크에서 나치 경비병들이 중수 통들을 화물 열차에 싣기 시작했다. 기관총으로 무장한 군인 10여 명이 열차에 올라타 드럼통들 위에 걸터앉아 경계를 했다. 호수에 도착한 뒤 경비병들은 화차를 분리해 페리 부두에 갖다놓고 그 주위에 아크등을 여러 개 설치했다. 그리고 아침에 화차를 휘드로호에 실을 예정이었다.

한편, 특공대원들은 또 다른 위기에 봉착했다. 밤중에 페리 부두에 접근하는 것은 쉽지 않았다. 험준한 지형을 약 15킬로미터나 지나가야 했는데, 그러려면 차가 필요했다. 전시에 차를 구하기가 힘들었기 때문에, 동정적인 현지 의사의 차를 '훔치기로' 했다. 불행하게도 그 사람은 유능한 의사이긴 했지만 유능한 정비공은 아니어서, 특공대원들이 자정 직전에 차고에 침입해 키를 꽂고 시동을 걸자 차에서는 덜덜덜-덜덜덜 소리만 났다. 시동이 잘 걸리지 않았다. 다시 시도했지만, 똑같이 장송곡 같은 소리만 났다. 그러자 두 사람이 뛰쳐나가 후드를 열었다. 배터리와 연료 펌프, 연료 공급 파이프, 점화 플러그 등을 점검해보았다. 하지만 아무 소용이 없었다. 덜덜덜-덜덜덜. 시간이 계속 흐른다는 사실에 그들은 점점 초조해졌다. 한 사람이 발로 차를 차고 침을 뱉으며 "이 멍청한 짐승!"이라고 소리쳤다. 마침내 한 시간이 지난 뒤에야 그들은 카뷰레터를 열고 거기에 말을 질식시킬 만큼 많은 슬러지가 껴 있는 걸 발견했다. 서둘러 그것을 제거하느라 그들은 굴뚝 청소부 같은 몰골이 되었는데, 그러고 나서 키를 꽂고 다시 시도했더니 마침내 시동이 걸렸다. 후드를 쾅 닫고 나서 기어를 넣고 얼음이 덮인 도로를 질주해 부두로 향했다.

도착해보니 군인들이 밀집 대형으로 중수 드럼통들을 에워싸고 있었다. 하지만 믿을 수 없게도 독일군은 페리 자체의 경비에는 소홀했다. 운이 돌아왔다고 느끼면서 특공대원 5명 중 3명이 자동차 밖으로 나가 배로 접근했다. 발밑에서 나는 뽀드득거리는 얼음 소리에 움찔하긴 했지만, 배에 오르는 것은 아주 쉬웠다. 그저 배 측면에 밧줄을 던져 걸고 그것을 타고 올라가기만 하면 되었다. 배 안에서도 행운이 계속 이어졌는데, 휘드로호의 승무원들이 거나하게 술에 취한 채 시끌벅적하게 포커 게임을 하면서 토요일 밤을 축하하고 있었기 때문이다. 이들이 3등실로 잠입해 바이올리니스트가 설명한 길을 따라 움직이는 것을 아무도 눈치채지 못했다. 이들이 가장 낮은 층으로 내려가는 해치에 막 이르렀을 때, 또 다른 재앙이 닥쳤는데, 어둠 속에서 한 경비원이 나왔다.

세 사람은 몸을 숨기려고 했지만, 이미 때가 늦었다. 경비원에게 들키고 말았다. 그들은 경보가 울리는 상황을 예상했다.

"엉, 크누트 아닌가?"

특공대원들은 당황하여 그를 자세히 보았다. 그 경비원은 한 특공대원과 아는 사이였다. 두 사람은 같은 헬스클럽을 다녔다. 그럴듯한 핑계를 궁리한 끝에 크누트는 일어서서 자신들은 게슈타포를 피해 도망치고 있다고 말했다. "게슈타포가 우리를 급습할 텐데, 숨겨야 할 물건이 있어. 혹시 저 아래에 숨길 수 없을까?"

"왜 진작 말하지 않았어?" 경비원은 갑자기 쾌활하게 말했다. 그는 해치를 가리켰다. "저 아래에 뭔가를 숨기는 것은 처음도 아니야."

크누트가 머물며 경비원의 주의를 끄는 사이에 나머지 두 사람은 여전히 놀란 가슴을 쓸어내리면서 배 밑바닥으로 들어갔다. 그곳에는 차갑고 더러운 물이 30센티미터쯤 고여 있었는데, 두 사람은 물을 철벅거리며 이물 쪽으로 나아갔다. 그곳에 폭탄을 설치하면 휘드로호는 가라앉을 때 앞으로 고꾸라지면서 스크루와 키가 물 밖으로 나와 기슭 쪽으로 나아갈 수 없게 될 것이다. 그들은 배낭에서 폭발물을 꺼내 물속에 3.6미터 길이의 고리 모양으로 배치한 다음, 조심스럽게 뇌관을 연결했는데, 고도의 집중이 필요한 작업이었다. 선체의 강철 늑재에 시계를 테이프로 붙인 뒤 알람을 설정하고 나서 크누트와 경비원이 있는 곳으로 나갔는데, 두 사람은 아직도 수다를 떨고 있었다. 그들은 오전 4시에 배에서 내렸다.

몇 시간 후 차갑고 맑은 날씨 속에서 날이 밝았고, 그로부터 몇 시간 후인 오전 10시에 휘드로호가 출발했다. 그날 운전을 맡은 선장은 항해가 집안 출신이었다. 그의 형제는 대서양을 횡단하는 배를 몰았는데, 이미 어뢰에 두 번이나 피격당한 경험이 있었다. 그런 일이 일어날 때마다 페리를 모는 선장은 자신에게 수월한 일을 맡겨준 하늘의 별들에 감사를 드렸다.

오전 10시 45분에 선장은 발 아래에서 휘드로호가 휘청거리는 걸 느꼈다. 처음에는 좌초한 것이 아닌가 생각했지만, 틴쇼 호수의 깊이를 감안하면 그럴 리가 없었다. 어쩌면 어뢰를 맞았을지도 모른다고 생각했다. 하지만 그럴 가능성도 없었는데, 유보트는 피오르를 돌아다니지 않았기 때문이다. 이 불가사의한 일의 답을 알아내기 전에 배가 갑자기 급격히 앞으로 기울어졌다. 1분 뒤, 중수가 실린 화차들이 결박 장치를 끊고 미끄러지면서 배의 난간을 들이받자, 갑판에서는 난리가 벌어졌다.

아래쪽의 3등실에 있던 승객들은 선장보다 사태를 더 빨리 파악했다. "폭탄에 맞았어!"라고 누군가 소리쳤다. 창문도 없는 짐칸으로 물이 쏟아져 들어오기 시작했고, 곧이어 파이프가 터지면서 증기가 쏟아져 나왔다. 사람들은 서로 밀치며 출구로 달려갔지만, 천장의 조명이 깜빡거리다가 꺼지면서 앞이 보이지 않았다.

페리는 계획대로 5분도 채 안 돼 완전히 가라앉았다. 구명정은 한 대만 떴고, 탑승자 53명 가운데 노르웨이인 14명을 포함해 26명이 익사했다. 이로써 베모르크 임무(프레시먼 작전과 공습을 포함해)를 위해 희생된 사람은 16개월 동안 약 90명으로 늘어났다.

다행히도 공모자의 어머니는 희생자에 포함되지 않았다. 어머니의 계획을 듣고 나서 임무를 배신할 수 없다고 판단한 아들은 어머니의 저녁 식사에 하제를 듬뿍 집어넣었다. '식중독'으로 고통스러운 밤을 보낸 어머니는 결국 여행을 포기했다. 유명한 바이올리니스트는 그날 아침 오슬로에 가려고 휘드로호에 탔다. 하지만 그는 구명정으로 몸을 던져 목숨을 구했다. 심지어 물속에서 까닥거리고 있던 자신의 소중한 바이올린도 구했다.

중수 수송을 감독한 베모르크의 관리자(이제 큰 의심을 받게 된) 역시 무사히 빠져나갔다. 당연히 나치는 그를 심문했지만, 폭발이 일어나기 전날 밤에 허리를 움켜쥐고 신음하면서 병원에 입원했다는 사실이 밝혀졌다. 그는 맹장 수술을 받았고, 그래서 나치는 그에게는 혐의가 없다고 결론 내렸다. 그들이 몰랐던 사실이 하나 있었는데, 그 병원에 그의 여동생이 간호사로 일하고 있어 이 모든 일을 연출했다는 사실이다. 맹장 수술은 가짜였다.

그날 오전에 천운으로 살아남아 호수 위를 떠다닌 27명 가운데 몇 사람은 아이러니하게도 '수산화칼륨' 드럼통을 붙들고 있었다(완전히 채워지지 않아 내부에 에어포켓이 생긴 드럼통이 물 위로 떠올랐다). 나치는 그런 드럼통 4개를 건졌는데, 그 안에는 순수한 주스 32갤런이 들어 있었다. 이것이 우라늄 클럽이 노르웨이에서 받은 마지막 중수였다. 나머지(거의 같은 양의 사람 피와 바꾼)는 피오르 바닥으로 가라앉았다.

38장

상어

보리스 패시를 미치게 만드는 것이 한 가지 있다면, 그것은 바로 아무것도 하지 않고 빈둥거리는 것이었다. 그런데 상어 작전Operation Shark에 들어가고 나서 처음 몇 달 동안 패시는 정말로 아무것도 하지 않았다. 윗선의 지시로 오펜하이머 사건에서 손을 뗀 뒤, 1943년 가을에 패시는 워싱턴으로 소환되어 알소스 임무를 책임지게 되었다. 공식적으로 취한 첫 번째 행동은 윗입술을 가로지르는 수염을 가지런하게 다듬으며 기른 것이었다. 아마도 전쟁 중에 이 코밑수염은 자신의 러시아 혁명 시절을 생각나게 했을 것이다. 첫 번째 알소스 임무를 수행할 장소는 이탈리아였는데, 이를 준비하느라 부활절 휴일을 완전히 망치고 말았다. 하지만 진주만 공격 이후 2년이 지난 이때, 42세의 전직 감독은 아내 리디아에게 작별의 키스를 하고(리디아는 코밑수염을 싫어했다고 전한다) 자신의 세 번째 전쟁을 치르러 유럽으로 날아갔다.

그 당시에는 유럽 직항편이 없었으므로, 패시는 군인 13명과 과학자 6명으로 이루어진 자신의 팀과 함께 마이애미에서 푸에르토리코, 영국령 가이아나, 브라질, 프랑스령 서아프리카, 마라케시 등을 경유하며 대양을 건너야 했다. 이 여행은 8일이나 걸렸지만, 그의 팀은 12월 15일에 나폴리에 모두 양호한 상태로 도착했다. 패시는 "임무에 투입된 대원들의 사기는 하늘을 찌릅니다"라고 뽐내면서 워싱턴에 보고했다. 멋진 로고가 대원들의 사기에 큰 도움이 되었는데, 파란색 바탕에 새겨진 그리스어 α를 붉은색 번개가 가로지르며 지나갔다. α는 알소스와 atom(원자)을 나타냈고, 번개는 핵분열을 상징했다.

이탈리아에서 최우선 목표는 에도아르도 아말디(예전에 엔리코 페르미가 방사성 시료를 들고 복도를 달리게 했던 조수)를 찾아내는 것이었다. 과학자로서 아말디의 높은 명성과 이탈리아와 독일 사이의 긴밀한 관계를 생각하면, 우라늄 클럽이 로마에 있던 아말디와 접촉했을 가능성이 높았다. 패시는 아말디가 무엇을 아는지 알아내야 했다. 어쩌면 아말디는 파시스트 정부의 원자폭탄 계획을 위해 독일과 긴밀히 협력해 일할지도 몰랐다.

패시는 얼른 과학자들을 붙잡아오는 일을 시작하고 싶었지만, 알소스 임무는 곧 여러 가지 암초를 만났다. 하나는 그들 자신의 잘못 때문이었다. 알소스는 어떤 상위 집단에도 속하지 않는 사생아 부대였기 때문에, 로마까지 가려면 다른 부대들로부터 차량과 보급 물자를 빌려야 했다. 어떤 부대들은 기꺼이 도움을 제공하려고 했지만, 패시는 비밀 작전임을 강조하면서 왜 그런 장비가 필요한지 설명하길 완강하게 거부했다. 대신에 엄포에 의존했는데, 이 방법은 사병에게는 통했지만 장교에게는 통하지 않았다. 장교들은 패시가 대체 무슨 일을 하려는지 꼭 알고 싶어 했다. 그러면 교착 상태가 이어졌고, 그 지역을 책임진 장군은 "전말을 이야기하지 않으면, 우리를 위해 아무것도 하지 않겠다고 단호하게 선언했다"라고 패시는 말했다.

얼마 지나지 않아 로마로 가는 길이 어쨌든 막혀 있다는 사실이 분명해졌다. 이탈리아 원정은 연합군 측에 서광이 비치면서 시작되었다. 연합군은 1943년 7월에 시칠리아를 점령했는데, 곧이어 이탈리아 정부가 무솔리니를 권좌에서 끌어내려 감금했다(나중에 독일의 낙하산 부대가 그를 구출해 독일로 데려갔다). 그다음에 연합군은 이탈리아 남부로 진격했는데, 거기서 이탈리아반도를 따라 유럽 중심부로 북상함으로써 독일의 아랫배를 위협할 수 있을 것이라고 기대했다. 불행하게도 히틀러는 이 수를 연합군만큼 분명하게 내다보았고, 무솔리니가 체포된 후에 이탈리아를 방어하기 위해 수만 명의 독일군(모두 이탈리아를 욕하면서)을 투입했다. 북상하는 연합군과 남하하는 추축국 군대는 로마에서 남쪽으로 130킬로미터 떨어진 지점에서 마주쳤는데, 대부분의 전투는 산꼭대기에 위치한 유서 깊은 몬테카시노 수도원 주위에서 벌어졌고, 여기서 연합군 5만 5000명이 목숨을 잃었다.

이런 난관 때문에 알소스 부대는 나폴리에서 발이 묶였다. 나폴리는 좋은 시절에도 온 사방이 먼지로 뒤덮인 도시였는데, 1943~1944년 겨울에는 특히 분위기가 음울했다. 식품은 부패했고, 대다수 건물은 전기와 물이 부족했다. 끊임없이 내리는, 기분을 우울하게 만들던 보슬비는 한 가지 장점이 있었는데, 모든 것을 하얀 막으로 뒤덮어버리면서 숨을 막히게 하던 먼지를 씻어 내렸다. 발진티푸스가 발병해 DDT를 대대적으로 살포해야 했다. 그다음에는 많은 군인을 죽인 매독이 창궐하면서 일손이 딸리자, 군의관들이 면도 크림 광고 같은 공익 광고문("하숙인을 받는 여자는/사회적 혼란을 가져옵니다./반드시 콘돔을 사용하세요."나 "행복한 남자/그는 바보였어요./콘돔을 잊었다가/이제 성병에 걸렸어요." 같은)을 길가에 늘어선 나무들에 못으로 박아야 했다. 이 모든 일의 결과로 알소스 부대는 아무것도 하는 일이 없다는 불만 속에서 새해 첫날을 보냈고, 1월의 처음 몇 주일도 그렇게 보냈다. 뭔가 생산적인 일을 하려고 패시와 과학자들(그중 몇 명은 〈내셔널 지오그래픽〉 특파원으로 행세했다)은 나폴리 부근 지역에 거주하는 물리학자들을 찾는 작업에 착수했다. 혹시라도 그들이 아말디가 무슨 일을 하는지 소문을 들었길 기대하면서. 그들은 아무것도 아는 게 없었고, 면담 결과는 아무 성과가 없었다. 알소스 부대의 '하늘을 찌르는' 사기는 곤두박질치기 시작했는데, (딱히 할 일이 없던) 전문 기술 요원들에게 취사 같은 잡일을 시키면 특히 그랬다. 원자폭탄을 손에 쥔 히틀러로부터 세상을 구할 일급 기밀 임무에 투입된 엘리트 과학자들이 지금 무슨 일을 하면서 시간을 보내고 있단 말인가? 고작 감자 껍질을 벗기는 일이나 하고 있다니…….

게다가 하루하루 시간이 흐를수록 나치가 아말디를 붙잡아 알소스 부대가 손을 쓸 수 없는 베를린으로 데려갈 확률이 높아졌다. 그래서 점점 절박한 심정에 사로잡힌 패시는 먼저 그 과학자를 잡아오기로 계획을 세웠고, 이 임무를 상어 작전Operation Shark이라고 명명했다. 이 작전의 골자는 미국인 요원 한두 명을 로마로 보내 아말디를 설득해 탈출시키는 것이었다. 그들은 아말디를 로마에서 빼내 30킬로미터쯤 떨어진 지중해 해안에 대기 중인 잠수함으로 데려갈 예정이었다.

그렇게 해서 잠수함으로 아말디를 나폴리로 실어온 뒤에 심문하면 된다. 이탈리아 동해안인 아드리아해 연안에서도 다른 물리학자들을 대상으로 같은 임무를 수행하기로 했다. 만약 물리학자들이 저항하면 어떻게 해야 하는가? 몽둥이로 머리를 가격해 끌고 오면 된다. 그것은 아주 쉬운 일이었다.

처음에 패시는 자신이 직접 이 팀들을 이끌고 로마로 가려고 했지만, 워싱턴에서 급히 제동을 걸고 나섰다. 패시는 맨해튼 계획에 대해 아는 것이 너무 많아 포로로 붙잡힐 위험을 감수해서는 안 되었다. 그래서 패시는 급습 팀을 조직하는 데 집중했는데, 그것만 해도 상당히 고된 일이었다. 우선 아말디와 그 밖의 표적 인물과 접촉하는 것 자체가 예상보다 어려웠다. 이탈리아인과는 달리 무자비한 측면이 있던 나치는 로마의 지하 저항 조직을 완전히 씨를 말려버려, 공식 경로에서 벗어나 어떤 사람과 연락하는 것 자체가 매우 어려웠다. 그래서 비밀 요원을 잠입시켜야 했는데, 그러려면 OSS의 도움이 필요했다. 와일드 빌 도너번 측 사람들은 이 아이디어에 거부 반응을 보이지 않았다. 상어 작전은 그들이 좋아하는 종류의 불법 행위였고, OSS는 이미 이탈리아 남부에서 그곳의 문을 열기 위해 마피아 보스들과 협력하고 있었기 때문에, OSS가 개입하면 성공할 가능성이 높았다. 하지만 OSS의 협력을 구하는 데 관료적 사무 절차가 꽤나 많이 필요했고, 그래서 시간이 더 지연되었다.

패시는 마침내 OSS 요원들이 로마에서 아말디와 접촉했고, 또 몇 주 후에는 토리노에서 또 한 명의 물리학자와 접촉하는 데 성공했으며, 이들을 빼내기 위한 작업이 진행 중이라는 소식을 들었다. 이제 OSS에게 필요한 것은 잠수함이었다. 하지만 이것이 두통거리가 되었다. 영국 해군이 이탈리아 주변 바다를 통제하고 있었기 때문에, 잠수함을 잠입시키려면 먼저 그들의 허락을 받아야 했다. 하지만 영국인은 미국인만큼이나 개망나니 부대를 신뢰하지 않았는데, 이번에도 패시가 정확한 임무를 설명하길 거부했기 때문이다. 아직도 부근 해역에 독일 유보트들이 출몰했기 때문에, 잠수함을 투입하는 것은 아주 위험한 작전이었다. 패시는 이 문제를 해결하기 위해 비행기로 런던과 워싱턴, 나폴리를 왔다 갔다 하느라 몇 주일을 소모했다.

패시가 이해할 수 없는 이유로 OSS가 임무 수행 방식을 자꾸 바꾸는 것도 골칫거리였다. 그들은 갑자기 잠수함 대신에 잭 케네디가 지휘했던 것과 같은 종류의 고속 어뢰정을 투입하길 원했다. 패시는 좌절을 느끼면서 이를 악물고 서둘러 고속 어뢰정을 수배했다. 게다가 OSS는 두 차례나 실행 날짜를 잡았다가 아무 설명 없이 취소했다—그것도 한 번은 패시에게 알리지도 않고서. 패시는 그 결과를 듣기 위해 초조하게 밤을 새며 기다렸지만, 아침이 되자 아무 일도 일어나지 않았다는 사실을 알고는 격노했다.

패시가 막 분노를 터뜨린 늦은 봄에 몇 달 동안 준비한 전체 작전이 시작도 못 하고 폐기되고 말았다. 5월 30일에 미군 장교들이 모리스Morris라는 암호명을 쓰는 이탈리아인 스파이를 체포했다. OSS는 로마에 잠입해 아말디와 그 밖의 물리학자와 접촉하는 데 도움을 얻기 위해 모리스를 고용했다. 불행하게도 OSS는 일을 철저하게 처리하지 못했는데, 모리스가 이중간첩이었음이 드러났다. 모리스는 이탈리아와 북아프리카에서 벌일 작전들에 관한 정보를 독일에 제공했다. 미군이 나폴리에 있던 모리스의 아파트를 급습했을 때, 관련 인물들의 이름과 작전 실행 날짜를 포함해 상어 작전에 관한 내용이 적힌 기밀

문서가 발견되었다.

체포되었을 때 모리스는 아직 독일 측에 상어 작전에 관한 정보를 알리지 않은 것처럼 보였다. 하지만 확실한 것은 아무도 알 수 없었고, 패시는 아말디 주변에 파 놓았을지도 모르는 함정으로 요원을 투입하는 위험을 감수할 수 없었다. 이렇게 해서 상어 작전은 종결되었다.

이 실패를 초래한 잘못은 대부분 OSS에 있었지만, 보안 전문가로 자부하던 패시도 비난을 피할 수는 없었다. 그리고 과학 팀 전체가 알소스 임무는 시간 낭비라면서 그만두겠다고 나서면서 그의 명성은 더욱 큰 타격을 입었다. 개망나니 부대의 최고 개망나니는 이미 나폴리에서 여러 고위 장교를 화나게 했고, 이제 워싱턴 역시 그를 의심의 눈으로 바라보고 있었다. 무엇보다 절망스러운 것은 임무를 시작한 지 몇 개월이 지났는데도 패시는 독일의 원자폭탄에 대해 알아낸 것이 사실상 아무것도 없다는 사실이었다.

39장

비스케이만 블루스

비스케이만의 조 케네디에게는 길고 춥고 우울한 겨울이었다. 주어진 임무는 군사적 관점에서는 위험했지만 개인적 관점에서는 맥 빠지는 것이었다.

전쟁이 시작되었을 때, 독일 제독 카를 되니츠Karl Dönitz는 "까마귀가 두더지를 잡을 수 없는 것처럼 비행기도 유보트를 잡을 수 없다"라고 말하면서 비행기로 잠수함을 공격하려는 연합군의 시도를 비웃었다. 그 당시에는 되니츠의 생각이 옳았지만, 얼마 지나지 않아 새로운 기술이 두더지를 거의 멸종시켰다. 연합국 과학자들은 비행기에 장착할 수 있게끔 레이더 장비를 소형화했는데, 독일인은 그런 일이 불가능할 것이라고 생각했다. 게다가 소나(음파 탐지기)도 부표 안에 집어넣을 수 있을 정도로 소형화시켰고, 이 장비를 충분히 튼튼하게 만들어 비행기에서 바다로 부표를 투하했다. 그러면 그 속에 든 소나가 부근을 지나가는 잠수함을 탐지했다. 독일 공학자들도 방어 수단을 개발해 반격에 나섰는데, 그중에는 필렌베르퍼pillenwerfer('알약 투척기'란 뜻)라고 부르는 것도 있었다. 이것은 기본적으로 거대한 알카셀처(발포 소화제)나 다름없었다. 잠수함 주위의 물속으로 필렌베르퍼를 내보내면, 수조 개의 거품이 생겨 소나에서 발사한 음파 중 일부를 반사하는 대신에 흡수했다. 하지만 연합군의 소나와 레이더는 계속 개선되었고, 비행기 탑승자도 시각적으로 잠수함을 발견하는 법을 터득했다—잠수함이 남긴 기름이 떠 있는 지역을 찾거나, 위에서 내려다볼 때 상어처럼 생긴 그림자를 찾음으로써. 그랬다가 잠수함이 공기 공급을 위해 수면 위로 부상하면, 신호탄을 사용해 그 위치를 알렸다. 일단 위치만 파악하면, 잠수함은 폭뢰 공격에 매우 취약했다. 이 전술들을 결합해 사용하자, 프랑스 앞바다에서 유보트 함대는 거의 전멸하고 말았다. 1943~1944년 겨울에 독일에서 출항한 잠수함은 20척당 19척꼴로 연합군에게 파괴되었다.

그렇다고 해서 연합군의 피해가 전혀 없었던 것은 아니다. 독일 전투기들이 유보트를 호위하는 경우가 많았는데, 이 전투기들은 대잠수함 작전에 나선 비행기보다 훨씬 민첩해 연합군 비행기 수십 대가 격추되어 바다로 떨어졌다. 11월의 한 출격 비행에서 케네디가 탄 비행기는 두 대의 독일 전투기를 동시에 상대하다가 간신히 살아남았다. 몇 달 뒤에는 엔진 하나가 꺼지는 바람에 비상 착륙해야 했다. 1944년 3월까지 조의 비행 중대는 106명 가운데 36명을 잃었는데, 그중에는 조의 친구도 여러 명 있었다.

조에게 무엇보다 실망스러웠던 것은 이 모든 위험에도 불구하고 잠수함 사냥은 개인적 영예를 크게 떨칠 기회가 별로 없다는 점이었다. 성공이나 실패는 집단의 공이나 과로 간주되었고, 조의 정찰기는 혼자 힘만으로는 잠수함을 파괴하기가 어려웠으며, 단지 다른 전투기들의 공격을 위해 위치를 파악하는 일만 했다. 동생과 달리 조는 전쟁 영웅으로 이름을 날릴 기회를 전혀 잡지 못했고, 그래서 유럽 전역을 떠나 태평양으로 전출을 갈까 고민했다.

조는 자신을 구원해줄 일이 이미 일어나고 있다는 사실을 전혀 알지 못했다. 1944년 봄에 아이젠하워 장군은 프랑스 북부의 거대한 콘크리트 벙커들을 파괴하는 것을 우선 과제로 정했고, 그다음 몇 달 동안 연합군은 그곳에 680만 킬로그램의 폭탄을 투하했다. 여러 차례의 공격에서는 새로 개발한 5400킬로그램짜리 '지진 폭탄'을 사용했는데, 이 폭탄은 땅에 닿으면 지축을 뒤흔드는 폭발을 일으켰다. 미모예크의 불가사의한 V-3 벙커가 특히 큰 타격을 받았는데, 십여 차례가 넘는 공습에 동원된 비행기는 2200여 대나 되었다. 그 후 주변 지형은 파인 구덩이들이 겹치면서 마맛자국처럼 변했다. 전체적으로 이 공습으로 연합군은 비행기 450대와 병사 2900명을 잃었지만, 성과는 거의 없었다. 정찰 사진들은 벙커에서 일어나는 활동에 별다른 변화가 없음을 보여주었다. 병사와 보급 물자가 계속 투입되었고, 벙커도 확장되었다. 연합군 무기고에서 가장 강력한 폭탄도 무용지물이었다.

연합군 지도자들은 새로운 전략을 모색하기 시작했는데, 곧 특별한 묘안을 찾아냈다. 1944년 3월에 한 해군 대위가 오래되어 '폐물이 된' 리버레이터 폭격기를 꺼내와 고철로 파는 대신에 비행기 자체를 폭탄으로 개조하자고 제안했다. 즉, 폭격기에 폭탄을 가득 채워 목표물에 충돌시키자는 제안이었다. 이에 수반되는 위험은 차치하고 비용만 감안하더라도, 이 비행기 폭탄은 난공불락의 장소에만 사용할 수 있었는데, 프랑스 북부의 벙커들이 그 명단에서 맨 위에 있었다.

육군과 해군은 이 비행기 폭탄을 각자 독자적으로 추진했지만(해군은 이 임무를 모루 작전, 육군은 아프로디테 작전이라고 불렀다), 일반적인 개념은 동일했다. 각각의 임무에는 모선母船과 자선子船으로 이루어진 두 대의 비행기가 필요했다. 폐물이 된 폭격기를 자선으로 사용했는데, 이 계획을 위해 탄약고, 폭탄 적재 장치, 벤치, 탁자, 터릿, 기관총을 비롯해 내부와 외부의 불필요한 구조를 모두 뜯어냈다. 심지어 하중 지지 구조물까지 뜯어내는 바람에 목재로 폭격기 내부를 떠받쳐야 했다. 정비공들은 모두 합쳐 4톤의 금속을 들어내 폭격기의 무게를 약 1/4이나 가볍게 했다. 이 작업이 끝나자마자 다른 정비공들이 자선을 폭발물로 가득 채웠다. 그들은 네이팜탄(겔 형태의 휘발유)이나 나이트로스타치(산을 옥수수 전분과 섞은 것. 그 당시 수류탄에 보편적으로 쓰던 성분)를 사용했다. 폭발물은 상자에 담아 쌓았는데, 폭격기 한 대에 이런 상자가 약 10톤씩 실렸다. 이런 식으로 폭격기를 폭탄으로 개조했다.

그런데 이 비행기 폭탄을 이륙시키려면 심장이 쪼그라드는 과정을 거쳐야 했다. 원래 폭격기에서 뜯어내지 않고 남겨둔 한 가지는 조종석이었다. 이삿짐 트럭에 짐을 지나치게 많이 싣고 달린 적이 있는 사람이라면, 이 비행기를 몰고 활주로를 달리는 느낌을 상상할 수 있을 것이다. 온 사방에서 천장까지 쌓인 가구들이 금방이라도 어깨 위로 무너질 것 같고, 트럭이 한 번 덜컹거릴 때마다 불안하게 요동친다. 하지만 이 비행기에서 무너지는 것은 램프나 책장이 아니라 네이팜탄이었다. 그래도 파일럿은 운이 좋은 편이었다. 그 비행기는 좌석이 하나밖에 없었는데, 모루 작전과 아프로디테 작전에는 두 사람(파일럿과 기관사)이 필요했다. 그래서 기관사는 이륙하는 동안 쪼그려 앉은 자세로 팔과 다리로 조종석을 꽉 잡고서 제발 순탄하게 이륙하기만을 기도해야 했다.

일단 이륙에 성공하면, 파일럿은 해발 540미터의 순항 고도로 진입했다. 그러면 기관사가 바닥에서 일어나 비행기의 자동 조종 장치(피치pitch, 롤roll, 요yaw를 제어하는 일련의 자이로스코프들로 이루어진)를 설정했다. 각각의 자이로스코프는 독립적으로 보정해야 했는데, 비행기 폭탄을 프랑스까지 데려가는 일은 거의 다 이 자이로스코프들이 했다. 하지만 모든 일을 다 하는 것은 아니었다. 실제로 비행기를 벙커로 향하게 하려면, 자동 조종 장치가 제공하는 것보다 훨씬 섬세한 제어가 필요했는데, 이 단계에서 모선이 중요한 역할을 했다. 모선은 원격 조종 능력이 있어 자선을 왼쪽이나 오른쪽으로 가게 하거나 급강하하게 할 수 있었다. 유일한 문제는 그 당시는 전자공학이 제대로 발달되지 않아 그냥 원격 조종 장치를 설치하기만 하면 끝나는 일이 아니라는 점이었다. 맞춤 제작한 여러 종류의 회로를 설치하고 보정해야 했는데, 이 작업은 비행 도중에만 할 수 있었다. 기관사가 이 장비를 제대로 설치하는 데에는 대략 30분이 걸렸다.

이 단계가 끝나고 나서 기관사가 모선에 무전으로 암호(예컨대 '플라이볼flyball'이나 '그림 교체change pictures')를 보내면, 그때부터 모선이 나머지 일을 떠맡는다. 임무가 끝난 기관사는 작은 문을 통해 비행기 바닥으로 내려간 뒤 폭 60cm의 좁은 통로를 기어 비상 탈출 해치로 간다. 거기서 낙하산을 메고(그리고 바로 머리 위에서 윙윙거리는 프로펠러를 무시하려고 애쓰면서) 아래의 파란 창공으로 몸을 던진다.

한편 파일럿은 원격 조종 회로가 제대로 작동하는지 일련의 점검을 한다. 확인이 끝나면, 파일럿은 자선이 나아가는 방향을 프랑스로 맞춘 뒤, 시속 280킬로미터로 부드럽게 하강하도록 설정한다. 그러고 나서 작은 문을 지나 기관사가 지나갔던 길을 따라 해치로 간다. 이제 서둘러야 하는데, 비행기가 이미 하강을 시작했고, 고도 300미터 아래에서 낙하산으로 뛰어내리는 것은 자살 행위나 다름없기 때문이다. 점프를 하기 전에 마지막으로 해야 할 일이 남아 있는데, 폭발물의 신관을 작동시키는 것이다. 그러려면 많은 전자 장비에 연결된 여러 케이블을 찾아내 홱 잡아당겨야 한다. 사실상 세상에서 가장 큰 권총의 공이치기를 당기는 것과 같다. 그러고 나서 파일럿은 "제로니모!Geronimo!"(낙하산을 타고 뛰어내릴 때 외치는 구호—옮긴이)를 외치며 뛰어내린다. 비행기가 아직도 영국 상공에 있다면, 그는 들판이나 목초지에 착륙할 것이다. 그렇지 않다면, 영국 해협에 떨어질 것이다.

여기서부터는 모선(자선 위 높은 곳에서 날고 있는)이 자선을 프랑스까지 안내한다(자선은 눈에 잘 띄도록 윗부분을 흰색이나 노란색으로 칠했다). 자선이 벙커가 보이는 거리 안으로 접근하면, 모선에서 '덤프 스위치'를 눌러 자선의 날개에 붙은 승강타를 하강 위치로 바꾼다. 그러면 자선은 아래를 향해 날아가 벙커에 충돌하면서 거대한 폭발과 함께 세상에서 히틀러의 핵무기 로켓을 제거할 것이다.

이 임무에서 가장 위험한 부분은 자선에 탄 파일럿과 기관사가 낙하산으로 뛰어내리는 일이었다. 이것은 일본의 가미카제 임무가 아니었지만(이론상으로는 둘 다 살아남는다), 더 안전하다고 할 수는 없었다. 차라리 항공모함을 향해 쏜 어뢰를 타고 서핑을 하는 편이 더 나을지도 몰랐다. 임무가 틀어질 경우의 수는 일일이 열거하기 힘들 정도로 많았지만, 그중에서도 두드러져 보이는 것이 몇 가지 있었다. 폭발물은 본래 불안정한데, 그 당시의 전자공학 기술은 신뢰하기 어려운 수준이어서 심하게 흔들리며 이륙하거나 공중에서 난류를 만나면 비행기에 실린 폭발물이 폭발할 수 있었다. 이에 못지않게 위험한 것은 비행기에서 탈출하는 과정이었다. 할머니도 스카이다이빙을 즐기는 오늘날에는 잊어먹기 쉽지만, 낙하산 점프(특히 아주 낮은 고도에서 하는 낙하)는 한때 최후의 수단으로 간주되었다. 군사 교범에서는 파일럿에게 낙하산 점프를 하기보다는 설령 비행기에 연료가 가득 들어 있다 하더라도 될 수 있으면 불시착을 권유했다. 그리고 이 모든 위험에도 불구하고, 모루 작전과 아프로디테 작전은 성공할 가능성이 아주 낮았다. 폭격기는 상당히 많은 양의 폭발물을 실을 수 있지만, 공중 폭격에 적합하게 설계된 비행기여서 이런 종류의 임무에는 맞지 않았다. 폭격기는 아주 안정적으로 비행하도록 설계되어, 아래로 곧장 곤두박질치게 하기가 힘들었다. 게다가 프랑스의 콘크리트 벙커들은 축구장 서너 개만큼 컸지만, 가장 취약한 지점, 특히 미모예크의 V-3 포구는 폭이 겨우 몇 미터에 불과했다.

하지만 또다시 히틀러의 '경이로운 무기'에 대한 두려움이 나머지 모든 고려 사항을 압도했고, 1944년 봄에 미 해군은 폐물이 된 PB4Y-1 리버레이터를 비행기 폭탄으로 만드는 계획을 시작했다. 조 케네디에게는 다행스럽게도 조종석이 매우 복잡한 리버레이터는 이미 자신이 조종법을 마스터한 비행기였다. 모루 작전은 자신이 그토록 원했던 무분별할 정도로 영웅적인 임무를 수행할 기회를 제공했다.

40장

뚱뚱한 대위

알소스 부대는 몇 달 동안 빈둥거리다가 1944년 여름에 마침내 이탈리아에서 할 일을 찾았다. 연합군은 5월 중순에 몬테카시노 산꼭대기에 있는 수도원을 점령했고, 곧이어 나머지 지역도 금방 점령했는데, 6월 4일에는 로마도 수중에 넣었다. 패시는 나머지 대원들을 지프에 태우고 나폴리에서 북쪽으로 190여 킬로미터를 달렸다. 그들은 6월 5일 오전 8시에 로마에 진입했고, 즉각 에도아르도 아말디를 찾는 작업에 착수했다. 예상과 달리 독일군이 이미 그를 데려가지 않았길 바라면서.

정말로 독일군은 아말디를 데려가지 않았다. 패시와 대원들이 아말디 집 근처에 지프를 세우자, 어린이들이 실제 미국인을 보고 경이로워하면서 그들을 빙 둘러쌌다. 병사들은 미소를 지으며 어린이들의 머리를 툭툭 쳤지만, 그곳에서 지체하지 않았다. 상어 작전 문서에는 아말디가 165센티미터의 키에 호리호리한 체격이고 "파란 눈과 밤색 머리에 귀갑테 안경tortoiseshell glasses"을 썼다고 적혀 있었는데, 패시는 찾던 주소에서 바로 그런 사람을 발견하고서 크게 안도했다. 여섯 달 동안 허송세월을 한 끝에 마침내 알소스 부대는 첫 번째 표적을 손에 넣었다.

패시는 아말디에게 알소스 부대가 그를 구금하고서 보고를 받을 것이라고 설명했는데, 아말디는 유머를 던지면서 흔쾌히 이를 받아들였다. 실제로 아말디는 막강한 힘을 가진 미군이 자신에게 관심을 보이자 으쓱한 기분이 들었다. 미국인들은 심지어 그를 박사님이라고 불렀다. 아말디는 로마를 점령한 독일군은 오로지 고위 장교들을 체포하는 데에만 신경 썼고, 과학자들은 완전히 무시했다고 말했다.

패시는 아말디를 확보해 안도했지만, 그들 간의 대화가 그렇게 다정하게 흘러갔다고는 기억하지 않는다. 사실, 패시는 아말디가 실패로 끝난 상어 작전 이야기를 언제쯤 꺼내 자신을 질책할까 하고 내내 마음을 졸이고 있었다. 마침내 패시가 긴장을 견디지 못하고 먼저 그 이야기를 꺼냈다. "아말디 박사님, 저번에 그렇게 큰 어려움과 위험에 처하게 하여 정말 죄송합니다."

아말디는 그게 무슨 말이냐고 물었다.

"그러니까 저번에 우리 요원이 박사님을 탈출시킬 계획으로 찾아갔던 일 말입니다."

아말디는 어리둥절한 표정을 지었다. "뭔가 착오가 있는 것 같군요, 패시 대령. 나는 그런 계획을 들은 적이 없어요."

이번에는 패시가 어리둥절한 표정을 지었다. "그러니까 박사님은 지난 2월에 해변으로 가서 어뢰정을 타라는 말을 들은 적이 없다는 말씀이신가요?"

아말디는 눈을 끔벅였다. 그는 패시가 무슨 이야기를 하는지 도통 알 수가 없었다. 그제야 패시는 무슨 일이 있었는지 알아챘다. 상어 작전의 지연, 계속 바뀐 계획, 사전 설명 없는 작전 취소 등 OSS는 내내 자신을 엿 먹였던 것이다. 어쩌면 OSS는 정말로 자신을 도우려고 했지만 일을 망친 것일 수도 있었다. 아니면 처음부터 아예 도울 생각이 없었고, 거짓으로 돕는 척 시늉만 했을 수도 있다. 어쩌면 이 모든 것은 자신이 알아채지 못한 더 큰 계획의 일부일지도 몰랐다. 어쨌든 그들은 패시를 완전히 바보 취급한 것이다. 패시는 아말디 앞에서 애써 침착한 척하면서 자신이 뭔가 오해한 것 같다고 말했다. 패시는 "하지만 내 머릿속에서는 바퀴들이 서로 맞부딪치며 불꽃이 튀고 있었다"라고 회상했다.

대화를 마치고 나서 패시는 아말디에게 로마 안에서만 머물라고 엄격한 명령을 내리고는 또 다른 물리학자를 찾으러 나섰다가 현지 호텔의 자기 방으로 가서 나머지 알소스 대원들과 함께 다음 날 아말디와 다른 물리학자들로부터 보고를 받을 계획을 세웠다. 그런데 패시가 식사를 마치고 막 키안티를 한 잔 마시려고 할 때, 아말디가 겁먹은 표정으로 문을 두드렸다.

아말디는 로비에 미군 대위가 찾아왔다고 말했다. 그러면서 그 사람이 자기를 데려가는 명령서를 갖고 왔다고 했다.

"도대체 무슨 권한으로?" 패시가 물었다.

"미국 대통령의 명령이라는데요"라고 아말디가 대답했다. 미국인의 관심은 기분 좋지만, 이것은 좀 터무니없어 보였다.

혼란을 느낀 패시는 진상을 알아보기로 했다. 로비로 가보니, 짙은 눈썹의 '거한'이 의자에 느긋하게 앉아 있었다. 그 대위는 패시를 위아래로 훑어보더니 히죽 웃으며 말했다. "대령님, 아무래도 이 문제로 양해를 구해야 할 것 같군요." 그러고는 아말디를 데려가야겠다고 말했다.

그 순간, 지난 6개월 동안 겪었던 모든 좌절이 속에서 확 치밀어 올랐다. "차렷!" 패시가 소리를 질렀다. 대위는 놀란 것처럼 보였다. "차렷!" 패시가 또다시 소리를 질렀고, 대위는 벌떡 일어나 차렷 자세를 취했다. 대위는 패시보다 족히 15센티미터는 더 커 보였지만, 대령은 그의 얼굴을 들여다보면서 말했다. "대체 무슨 수작인가?"

대위는 패시가 지금 아말디와 관련된 중요한 임무를 방해하고 있다고 항의했다. "대령님, 이 일은 비밀입니다. 하지만 당신이 이 일에 얽혀들었으니 솔직히 말씀드리겠습니다. 저는 아말디를 나폴리의 알소스 부대로 데려가야 합니다."

미식축구 감독을 지낸 패시는 누군가를 심하게 혼쭐내는 법을 잘 알았다. "지금 네 앞에 있는 사람이 알소스 부대 책임자야! 넌 분명히 OSS에서 왔겠군. 너희 임무는 아말디 박사를 몇 달 전에 로마에서 빼내는 것이었어. 그런데 실패했지. 심지어 그를 추적하지도 않았어."

그 외에도 더 많은 욕설과 비난을 퍼부은 뒤에 패시는 마침내 대위를 돌려보냈다. "이제 자넨 로마에서 더 할 일이 없어. 만약 또다시 너를 마주친다면, 죄를 물어 기소할 거야. 죄목은 얼마든지 생각할 수 있어. 이제 그만 꺼져."

패시는 그날 밤의 나머지 시간을 분을 삭이지 못해 씩씩거리면서 보냈다. 핑계와 거짓말을 들으며 6개월을 참았는데, 이제 와서 또 이런 일을 당하다니! 도대체 OSS는 자신들이 어떤 존재라고 생각한단 말인가? 이 문제를 더 따지고 들어 정식 항의를 할까 하는 생각까지

했다.

하지만 아침이 되자, OSS 멍청이들보다 더 중요한 일들을 처리해야 했다. 그날은 1944년 6월 6일이었는데, 프랑스 진격이 시작된 날이었다. 이것은 이제 프레데리크와 이렌 졸리오-퀴리 부부를 포함해 알소스 부대가 추적해야 할 거물 표적이 더 많이 생겼다는 뜻이었다.

41장

토양 시료 채취기와 박하

아마도 독자 여러분은 디데이 공격에 과학이 어떤 역할을 했는지 별로 생각해본 적이 없겠지만, 지질학과 핵물리학이 이 중요한 침공 작전에서 놀라운 역할을 했다.

지질학적 측면에서는 연합군은 아주 무거운 차량 수천 대를 동원해 프랑스를 침공할 계획을 세웠는데, 그러려면 상륙 장소를 아주 신중하게 선택해야 했다. 차축이 진흙 속에 빠진다면, 트럭과 전차는 아무 쓸모가 없기 때문이다. 그래서 아이젠하워 장군은 어느 해변이 상륙하기에 가장 좋은지 선택하기 위해 여러 지질 조사 팀을 유럽 본토로 보냈다. 이들은 밤중에 고무보트나 소형 잠수함으로 해안에 접근했는데, 마지막 몇 킬로미터는 헤엄을 쳐서 해변까지 접근할 때도 많았다. 어둠을 틈타 이들은 해변을 측량하고 토양 시료를 채취해 돌아왔다. 여러 지점에서 수심도 쟀고, 해류의 속도와 세기도 지도로 작성했다(가끔 폭풍이 진흙과 실트와 모래의 분포 양상을 바꿔놓으면 그때마다

이들은 다른 날 밤에 다시 침투해 모든 것을 다시 조사해야 했다). 이들은 밤을 꼬박 새우며 활동한 뒤에 다시 파도 속으로 뛰어들어 몇 킬로미터를 헤엄쳐 고무보트나 잠수함으로 돌아갔다.

전체적으로 이들은 위험한 비밀 작전 수행과 엄격한 과학 연구 조사를 모두 성공적으로 해내면서 실로 대단한 일을 해냈다. 하지만 이들은 기억에 남을 만한 실수를 한 가지 저질렀는데, 어느 날 밤에 토양 시료 채취기를 독일군이 발견하기 쉬운 곳에 두고 왔다. 해변에 남은 토양 시료 채취기는 독일군에게 침공 장소를 알려줄 수 있기 때문에, 연합군 측은 나치의 추적을 피하기 위해 시장에서 토양 시료 채취기를 모조리 구입해 비행기에 싣고 프랑스 전역의 해변에 뿌리는 방안을 진지하게 검토했다. 애석하게도 토양 시료 채취기 폭격은 실행에 옮겨지지 않았는데, 전시인 탓에 토양 시료 채취기 공급이 부족했기 때문이다.

지질학자들은 직접 데이터를 수집하는 일 외에 정찰 사진도 검토했다. 핵물리학자들이 중성자를 원자에 쏘아 원자의 구조를 연구하는 것처럼 지질학자들은 비행기에서 떨어뜨린 폭탄이 노르망디의 지형에 대해 많은 정보를 알려줄 수 있음을 깨달았다. 그들은 특히 폭탄 구덩이 모양에 큰 관심을 보였다. 강하고 점착력이 높은 토양(그 위로 전차가 지나갈 수 있는)에 폭탄이 떨어지면 U자 모양의 구덩이가 생기고, 경사가 가파른 그 주변 테두리에는 크고 단단한 물질 덩어리가 쌓였다. 이와는 대조적으로 약하거나 흙이 많은 토양에 폭탄이 떨어지면 V자 모양의 구덩이가 생기고, 그 주변 테두리에는 후드득 튄 진흙이나 흙덩어리가 쌓였다. 이와 비슷하게, 독일군이 프랑스 농부들로부터 건초를 싣는 짐수레를 징발해 무거운 장비를 운반하던 관행은 독일군에게 독이 되었는데, 그 바퀴자국이 땅이 얼마나 단단한지 알려주는 소중한 단서를 제공했기 때문이다.

그런 연구를 바탕으로 지질학자들은 아이젠하워와 참모들을 설득해 그들이 선호한 디데이 상륙 장소 대신에 동쪽으로 몇 킬로미터 떨어진 오마하비치를 선택하게 했는데, 그곳 토양의 접지력이 훨씬 좋았기 때문이다. 이들의 노력 덕분에 연합군은 첫날에 중차량을 8851대나 상륙시킬 수 있었고, 처음 7주 동안 15만 대 이상을 상륙시켰다. 게다가 디데이에 최소한 한 명의 지질학자가 현장의 전문 지식을 제공하기 위해 군대와 함께 상륙했다. 그리고 그다음 두 달 동안 소규모로 편성된 지질학자 팀들이 중요한 활주로 스무 군데를 건설하는 작업을 도왔다. 물론 노르망디에 상륙한 군인들에게 가장 큰 공을 돌려야 마땅하지만, 어디로 상륙해야 할지 알려준 지질학자들 역시 중요한 역할을 했다.

디데이에 핵물리학자들이 담당한 역할에 대해 말하자면, 이들의 주요 관심사는 더러운 폭탄이었다. 비록 독일이 더러운 폭탄으로 새해를 축하하지는 못했지만, 6월 6일 디데이를 준비하는 내내 미국인 고위 관계자들의 마음속에서는 더러운 폭탄에 대한 두려움이 점점 커져갔다. 앞에서 설명했듯이, 더러운 폭탄은 방사성 동위 원소를 내뿜어 사람을 죽이며, 적의 침공을 저지하는 데 아주 효과적이다. 이 방사능에 단 몇 시간만 노출되어도 죽을 수 있는데, 방사능은 유령처럼 우리의 감각으로는 볼 수가 없기 때문이다. 병사들은 손쓸 수 없는 지경에 이를 때까지 자신이 방사능에 노출되었다는 사실을 전혀 알아채지 못한다. 게다가 방사능에 관한 소문은 병사들 사이에 광범위한 공포를 퍼뜨렸다(핵폭탄은 1944년까지 일급 기밀로 분류되어 일반인에게 알려지지 않았지만, 라듐 페인트나 우라늄 강장제에 노출된 후에 턱이 무너져 내리거나 끔찍한 죽음을 당한 사례들을 소개한 신문 기사들 때문에 대중은 일반적인 방사능의 위험을 잘 알고 있었다). 마지막으로, 일단 방사성 원자가 흙 속에 섞여 들어가면 깨끗하게 씻어낼 수 없으므로, 적절한 방사성 동위 원소로 오염된 땅은 몇 개월 심지어 몇 년 동안 적의 침공을 저지할 수 있다.

맨해튼 계획에 참여한 과학자들은 원자로의 가동 속도를 감안해 독일이 일주일에 10제곱킬로미터의 땅을 오염시킬 수 있을 것이라고 추정했다. 10제곱킬로미터라면 그리 많아 보이지 않지만(이런 속도로는 독일이 프랑스 북부 전체를 봉쇄하는 것은 불가능했다), 모든 땅을 오염시킬 필요는 없다. 항구나 해변, 철도, 공항, 고속도로 같은 특정 지역만 오염시키는 것만으로 충분하다. 혹은 저수지와 농작물을 오염시켜 깨끗한 식품과 물을 얻지 못하게 할 수도 있다. 다시 말해서, 나치는 핵심 기반 시설을 집중적으로 타격함으로써 불과 수십 그램의 동위 원소로 디데이 작전 전체를 무력화시킬 수 있었다.

맨해튼 계획에 참여한 과학자들은 1944년 4월에 처음으로 연합군 지휘관들에게 방사능의 위험을 경고했다. 늘 그랬듯이 영국인은 이 경고에 도대체 무슨 이야기를 하느냐는 듯이 눈을 굴렸다. 더러운 폭탄 이야기를 처음 들었을 때, 처칠은 눈살을 찌푸리며 "아주 흥미진진한 이야기처럼 들리는군요"라고 말했다. 이와는 대조적으로 아이젠하워는 큰 두려움에 휩싸여 이내 박하 작전Operation Peppermint을 개시했는데, 이것은 방사능전에 대응하기 위한 역사상 최초의 시도였다.

박하 작전 첫 단계에서는 가이거 계수기를 실은 비행기들이 프랑스 북해안을 돌아다니면서 방사능 수치가 특별히 높은 곳을 찾으려고 애썼다(일부 고위 관계자들은 그곳의 콘크리트 벙커들에 실제로는 원자로가 들어 있는 게 아닐까 하고 두려워했다. 만약 그렇다면, 그곳에서 공기 중으로 방사성 핵종들이 새어나올 것이다). 게다가 일부 보병은 가이거 계수기를 다루는 훈련을 받았는데, 이들은 디데이에 가이거 계수기를 들고 전선에 투입될 예정이었다. 도시락 크기의 이 가이거 계수기는 회색 에나멜로 마감한 방수 케이스에 들어 있었는데, 방사능을 감지할 때마다 특정 음색의 소리가 났다. 최초의 계획에 따르면, 각각 4명으로 이루어진 가이거 계수기 팀 8개를 침공하는 군대 사이에 분산 배치하기로 돼 있었다. 실제로 배치한 팀이 정확하게 몇 개였는지는 알려지지 않았지만, 오마하비치에 상륙한 군대에 합류했다고 보고한 팀들이 일부 있었다.

은밀하게 활동하긴 했지만 박하 작전에서는 의료진도 모종의 역할을 했다. 디데이 며칠 전에 그들은 피로와 욕지기, 발진, 백혈구 감소 같은 특정 증상들을 주시하라는 명령을 받았는데, 이것들은 모두 방사능 중독 증상이었다. 군인들 사이에 두려움이 확산되는 걸 피하기 위해 의료진은 왜 이런 증상에 주목해야 하는지 그 이유를 듣지 못했다. 상관들은 대신에 추적할 필요가 있는 기묘한 병원균 발생에 관한 이야기를 지어냈다.

박하 작전에서 마지막 부분을 담당한 것은 치과학이었다. 그 당시 휴대용 가이거 계수기의 신뢰도가 크게 떨어졌다는(특히 전지와 진공관의 결함이 많았다) 사실을 감안할 때, 지상에서 활동하는 군대는 좀

더 신뢰할 수 있게 오염을 감지할 방법이 필요했다. 그때 누가 방사능에 아주 민감한 치과용 필름을 제안했다(사실, 방사능은 1896년에 사진 필름에서 발견되었는데, 방사능이 필름에 흐릿한 반점이나 검은 점을 남겼기 때문이다). 그래서 디데이에 진격한 군인들 가운데에는 필름 롤을 가지고 돌아다니면서 시시때때로 필름을 현상하라는 지시를 받은 팀들이 있었다. 이들 역시 자신들이 왜 그 일을 해야 하는지 제대로 설명을 듣지 못했다. 꾸며낸 이야기는 최근에 값비싼 필름이 손상되는 일이 발생했는데, 고위 지휘관들이 그 원인을 알고 싶어 한다는 것이었다. 디데이의 대혼란 와중에 독일군의 총탄이 날아오는 가운데 가끔 멈춰서서 치과용 필름을 현상하는 것은 정신 나간 짓처럼 보였을 것이다. 하지만 그 병사들은 이 모든 것을 부조리한 군대의 광기 탓으로 돌리고 지시받은 대로 임무를 수행했다. 비록 정신 나간 짓처럼 보이긴 했어도, 이들의 노력 덕분에 연합군 지도자들은 마음을 무겁게 짓누르던 두려움을 떨쳐낼 수 있었고, 디데이 작전을 순조롭게 진행할 수 있었다.

42장

레무스

모 버그는 전쟁에 참여할 날을 목 빠지게 기다리다가 진이 다 빠졌다. 그러다가 마침내 원하는 일(유럽에서 비밀리에 원자폭탄의 비밀을 캐내는 작업)을 맡게 되었는데, OSS는 그 일이 얼마나 중요한지 전혀 내비치지 않았다. 버그의 브리핑 담당 장교는 중요한 장면을 묘사하는 셰익스피어처럼 라임을 맞춘 2행 연구聯句 형식으로 이 전쟁의 결과가 그의 어깨에 달려 있을 수도 있다고 설명했다. 그 장교는 만약 독일이 그 폭탄을 손에 넣는다면, "우리는 자정을 한 시간 남겨놓고 [전쟁에] 질 수 있소. 그들이 무엇을 하는지 알아내, 우리가 승리하도록 하시오"라고 경고했다.

불행하게도 버그의 첫 번째 임무 장소는 로마였는데, 미군이 아직 그 이남 지역에 머물러 있었기 때문에 영원한 도시(로마의 별칭)로 당당하게 걸어 들어가 임무를 수행할 수 없었다. OSS는 버그를 이탈리아 땅에 상륙시키기 위해 잠수함을 포함해 여러 가지 방법을 궁리했다. 하지만 그러려면 특별한 문서가 필요했는데, 거기에 필요한 서명을 얻을 수 없었다. 그래서 버그는 몇 달 동안 워싱턴의 메이플라워호텔에서 물리학을 열심히 파면서 거액의 숙박비만 축내고 있었다. 이번만큼은 한가한 생활에 좌절을 느꼈고, 자신의 짜증을 소심한 방식으로 분출했는데, OSS 요원에게 싸움을 걸거나 무작위로 동료들을 지목해 적으로 간주했다. 그러고는 이 악마들을 마주치지 않으려고 사무실 가구 뒤에 몸을 숨긴다든지 하면서 우스꽝스러울 정도로 갖은 애를 다 썼다. 버그는 곧 "똑똑하지만 성미가 까다로운" 디바diva(오페라의 프리마돈나—옮긴이)라는 명성을 얻게 되었다.

마침내 5월 초에 버그는 출발하라는 명령을 받았다. 로마에 잠입하는 임무였기 때문에, OSS는 로마 신화에서 늑대 젖을 먹고 자라 로마를 건국한 인물 중 한 명의 이름을 따 버그를 레무스Remus라는 암호명으로 불렀다. 소지할 장비로는 권총과 청산가리가 든 고무 캡슐을 주었다. 버그는 나일론 스타킹도 열두 켤레 요청했는데, 그 당시 유럽에서 귀했던 이 물건은 아마도 여성에게서 정보를 얻거나 유혹할 때 사용하려고 했을 것이다.

그런데 버그는 그렇게 노련한 공작원은 아니었다. 워싱턴에서 비행기로 떠날 때 제복을 입지 않은 사람은 버그 혼자뿐이었는데, 어두운 파란색 정장에 회색 페도라를 썼다. 상의 한쪽 호주머니에는 현금 2000달러가, 다른 쪽 주머니에는 권총이 들어 있었다. 비행기에서 처음으로 몸을 구부릴 때 권총이 빠져나와 바닥에 떨어지면서 큰 소리가 났다. 완전히 초보자나 저지를 법한 실수였다. 버그는 사과의 뜻으로 "비행기를 탈 때 윗사람들이 이것을 소지하라고 했다오"라고 중얼거렸다. 무기를 소지하고 여행하는 데 익숙한 장교가 권총을 허리띠에 끼우라고 충고했지만, 버그의 푹신한 배는 여행 동안 권총을 두 번이나 더 밀어냈다.

보리스 패시와 마찬가지로 버그도 이탈리아까지 빙 돌아서 갔는데, 런던에서 포르투갈로 갔다가 거기서 카사블랑카, 알제리, 시칠리아를 거쳐 나폴리로 갔다. 이탈리아에 도착하자마자 그의 정체는 거의 완전히 노출되었는데, 그로브스가 염려한 바로 그 이유 때문이었다. 영화배우 험프리 보가트Humphrey Bogart와 야구 스타 레프티 고메즈, 전 헤비급 챔피언 잭 샤키Jack Sharkey가 군인들의 사기를 진작하기 위해 이탈리아를 방문하고 있었는데, 고메즈와 샤키가 나폴리에서 버그와 마주쳤다. 1934년에 올스타 팀이 일본을 방문할 때 함께 갔기 때문에 버그와 잘 아는 사이였던 고메즈가 모의 이름을 크게 불렀다. 전직 포수는 깜짝 놀라 손가락을 입에 갖다대면서 쉿 하고 속삭였다. 그러고는 몸을 홱 돌려 거리의 군중 속으로 사라졌고, 고메즈는 영문을 몰라 멍한 표정으로 서 있었다.

버그는 그다음 몇 주 동안은 남의 눈에 띄지 않는 것이 좋다고 판단했던 것 같다. 사실, 얼마나 철저하게 모습을 감추었는지 그의 상관조차 그가 있는 곳을 몰랐다. 그 결과, 6월 초에 로마가 함락되기 직전에 OSS는 자기 요원을 추적하느라 무전을 보내지 않을 수 없었다. 한 무전 메시지에서는 "버그가 이탈리아에서 행동을 시작하지 않았다면, 그는 '당장' 출발해야 한다"라고 지시했다. 런던, 카이로, 알제리, 이스탄불을 비롯해 모든 곳을 확인해보았지만, 버그에게서는 아무 응답이 없었다.

하지만 버그는 자신의 임무를 태만히 한 것이 아니었다. 버그는 이탈리아반도의 발뒤꿈치에 위치한 도시인 바리에서 미군 장성과 저녁을 먹던 중에 로마 해방 소식을 처음 들었다. 버그가 약간의 매력을 내뿜으면서 자신의 상황을 설명하자, 장군은 자신의 전용기와 파일럿을 내주었고, 버그는 그것을 타고 나폴리 부근의 도시로 돌아왔다. 버그는 운전을 할 줄 몰랐기 때문에 차를 얻어 타고 로마까지 갔다. 친구들은 그를 "제2차 세계 대전 동안 히치하이킹을 가장 많이 한 사람"이라고 불렀다. 네 시간 뒤에 로마에 도착한 버그는 최우선 표적인 핵물리학자 에도아르도 아말디의 행방을 찾기 시작했다.

워싱턴에 있을 때 버그는 위험한 결정을 내렸는데, 육군 장교로 임관하지 않음으로써 군복을 입지 않기로 했다. 민간인 복장으로 돌아다니는 편이 눈에 띄지 않고 더 편했다. 낯선 사람에게서 정보를 얻는 데에도 도움이 되었는데, 사람들은 군인에게는 좀체 비밀을 털어놓으려 하지 않았기 때문이다. 하지만 전쟁의 규칙은 군인에게 민간인이 누리지 못하는 특혜를 제공한다. 특히 민간인 첩자는 그냥 쏘아 죽여도 큰 파문을 일으키지 않는다. 버그도 이 사실을 알고 있었지만, 운에 맡기고 모험을 해보기로 했다.

하지만 무슨 이유에서인지(아마도 계엄령하의 도시에서 돌아다니는 데 편했기 때문에, 혹은 그것이 여분의 권위를 준다고 생각했기 때문에, 혹은 그저 또 한 번 미친 모험을 하고 싶어서) 버그는 대위 군복 복장을 한 채 아말디의 집에 들렀다. 그곳에 도착했을 때, 아말디는 애지중지하는 자전거를 수리하느라 윤활유로 범벅이 되어 있었다. 나치가 이탈리아를 점령했을 때 나치의 눈을 피해 숨겨둔 자전거였다. 두 사람은 대화를 시작했고, 버그는 미 육군이 이미 아말디와 접촉했다는 사실을 알게 되었다. 아말디는 어떤 장교로부터 로마에 머물러 있으라는 명령을 받았다고 했다. 그 말을 듣고 버그는 초조해졌고, 자신은 미국 대통령의 명령을 받고 아말디를 데리러 왔다고 말했다. 아말디는 자신은 적어도 그 장교에게 이 사실을 알려야 한다고 항의했고, 버그는 그러라고 허락했다. 두 사람은 그 장교가 묵고 있는 호텔로 갔고, 아말디가 위층으로 올라간 사이에 버그는 자신의 임무 수행에 흡족해하면서 라운지에서 편히 쉬고 있었다.

그는 아말디가 몇 분 안에 돌아오리라고 예상했다. 그런데 아말디 대신에 밴텀급 체격의 장교가 계단을 쿵쿵거리며 내려왔는데, 그는 분명히 크게 화가 나 있었다. 버그는 차분하게 "대령님, 아무래도 이 문제로 양해를 구해야 할 것 같군요"라고 말했다. 하지만 대령은 협상할 생각이 전혀 없었고, "차렷!" 하고 소리쳤다. 버그는 눈만 끔벅거렸다. "차렷!" 대령이 다시 소리를 질렀다. 그제야 자신이 군복을 입고 있다는 사실을 깨달은 듯 버그는 벌떡 일어나 경례를 했다. 패시는 그의 얼굴을 들여다보면서 말했다. "대체 무슨 수작인가?"

그랬다. 그날 밤 패시가 호되게 혼쭐낸 그 게으른 '거한'이 바로 모 버그였다. 버그는 더듬거리며 "저는 아말디를 나폴리의 알소스 부대로 데려가야 합니다"라고 말했다. "지금 네 앞에 있는 사람이 알소스 부대 책임자야!" 그 순간, 버그는 지난 6개월 동안 패시가 OSS와 상대하며 겪었던 모든 좌절을 상징하는 인물이었다. 그래서 패시는 버그에게 모든 분노를 쏟아냈다. 둘 다 야구를 아주 사랑한다는 사실을 고려하면, 패시 감독과 전직 포수는 죽이 아주 잘 맞았을 수도 있었다. 대신에 패시는 버그를 철저히 짓밟았고, 그 후에도 이 덩치 큰 호인을 비난하길 멈추지 않았다.

하지만 패시가 버그를 겁줄 수 있다고 생각했다면, 그것은 오산이었다. 버그는 비록 이 일로 크게 당황하긴 했지만, 다음 날 패시가 없는 틈을 타 아말디 집을 방문해 자신의 실수를 수습했다. 반쯤 굶주린 물리학자를 근사한 레스토랑으로 데려가 신선한 고기를 대접한 것이 주효했다. 또 아말디의 자녀들을 위해 엔리코 페르미에게서 받아온 사탕과 초콜릿도 선물로 주었다. 이렇게 친절을 베푼 것이 효과가 있어 아말디는 핵분열에 관한 면담에 응하기로 했다. 무엇보다도 버그는 아말디가 이탈리아 육군에 징집된 후 북아프리카를 돌아다니며 복무하다가 로마의 자기 연구소로 돌아왔다는 사실을 알아냈다. 하지만 연합국 측이 우려한 것과 달리 아말디는 파시스트 정부와 협력하기는 커녕 핵분열 연구에서 완전히 손을 뗐다고 했다. 심지어 독일이 이탈리아를 점령한 뒤인 1943년 9월부터는 생명의 위협을 느껴 다섯 달 동안 숨어 지냈다.

다른 곳의 핵분열 연구 상황에 대해서는 아말디는 전쟁 동안 몇몇 독일 과학자들과 이야기를 했다는 사실을 인정했다. 그중에는 하이젠베르크와 한도 포함돼 있었는데, 아말디는 특히 하이젠베르크가 폭탄 연구를 하고 있을 것이라고 의심했다. 하지만 1942년 이후로는 그들과 접촉한 적이 없어 자세한 정보를 제공할 수 없었다. 미국의 겁 많은 과학자들에게는 이것은 최악의 소식이었다. 이 정보에는 그들의 상상력을 제어할 구체적 사실이 전혀 없어서 독일의 의도에 대한 두려움은 더 커지기만 했다.

그 후 몇 주 동안 버그는 아말디 외에도 여러 이탈리아 물리학자들을 면담했다. 분명히 알소스 부대는 이미 이탈리아 물리학자들을 대부분 찾아냈고, 심지어 그중 몇 사람을 심문하기까지 했다. 하지만 버그는 과학자들에게 훨씬 따뜻하고 친근하게 다가갔는데, 여기서 버그와 패시 사이의 중요한 차이점이 드러났다. 패시는 지략과 용맹함을 갖춘 훌륭한 군인이었지만, 최전선 부근의 혼란한 상황에서 진가가 빛나는 사람이었다. 사실, 로마에서 표적들을 확보한 뒤, 패시는 디데이 침공에 합류하기 위해 이탈리아를 뒤로 하고 전선으로 달려갔다. 버그는 인내심이 더 많았고, 가끔 실수를 저지르긴 했지만(제임스 본드라면 공공장소에서 절대로 총을 떨어뜨리지 않을 것이다) 첩보원이 수행해야 하는 실무에 아주 뛰어났다. 상대방의 신뢰를 얻어 비밀을 술술 털어놓게 하는 재주는 일단 호통부터 치고 보는 패시가 절대로 터득하지 못할 비결이었다. 예를 들면, 한 이탈리아 물리학자가 처음에 대화를 거부하자, 버그는 그 사람의 책장에서 무심코 페트라르카Petrarca의 소네트에 관한 책을 꺼내 몇 구절 낭독하기 시작했다(당연히 이탈리아어로). 그러자 그 과학자는 깜짝 놀라 버그에게 페트라르카를 어떻게 아느냐고 물었다. 버그는 프린스턴에서 페트라르카를 공부했다고 말했고, 그 길로 두 사람은 문학 토론에 빠졌다. 두 사람은 곧 와인을 들면서 시인을 위해 건배했고, 그 과학자는 자신도 모르게 원자폭탄 연구에 대해 아는 것을 모두 다 이야기했다.

매력이 통하지 않으면 속임수도 마다하지 않았다. 로마의 주요 표적 중 한 명(어깨가 넓고 단어를 신중하게 선택해 천천히 말하는 물리학자 잔-카를로 비크Gian-Carlo Wick)은 버그를 만났을 때 전혀 호감을 느끼지 않았다. 버그는 똑똑하긴 했지만, 다양한 분야에 걸쳐 백과사전식 지식을 아는 데 그쳤다. 많은 지식을 가졌지만, 미술이나 음악 자체를 즐기진 않았다. 모차르트 개인에 관한 사실은 몇 페이지고 암송할 수 있었지만, 모차르트의 음악 자체에 감동하진 않았다. 이에 반해 비크는 교양이 아주 깊었고, 독서도 깊고 폭넓게 했으며, 다양한 로맨스어를 버그보다 훨씬 유창하게 말했다. 다시 말해서 비크는 전형적인 유럽인 지식인이었고, 버그를 천박한 미국인으로 취급했다.

그래도 마지막에 웃은 사람은 버그였다. 비크는 버그를 업신여겼는데도 면담을 허용했는데, 젠체하는 이 남자를 만나도 별 해가 없을 것 같았기 때문이다. 비크는 10년 전에 라이프치히에서 하이젠베르크 밑에서 연구했는데(두 사람은 물리학 외에 탁구도 몹시 좋아했다), 전쟁 동안 연락을 계속 주고받았다고 말했다. 하이젠베르크는 심지어 1944년 1월에 비크에게 엽서를 보내 독일에서 살아가는 자신의 근황을 알려주었다.

마침내 비크는 면담에 지쳐 버그에게 그만 가라고 했다. 그런데 집을 나설 때 버그는 비크의 책상에서 하이젠베르크가 보낸 엽서를 슬쩍했다. 그날 밤, 버그는 엽서 내용을 독일어에서 영어로 번역한 뒤 정보 담당 장교에게 전달하기 위해 사진을 찍었다. 그리고 다음 날 비크의 사무실에 들러 엽서를 다시 제자리에 갖다놓았다. 비크는 전혀 눈치채지 못했다. 그는 멍청한 운동선수가 자신처럼 명석한 학자를 절대로 속일 수 없다고 생각하고서 경계심을 풀었다. 바보를 잡으려면 때로는 바보인 척할 필요가 있다.

하이젠베르크의 엽서에는 진짜 감정을 표출한 내용이 한 줄 포함돼 있었다. "평온하게 물리학만 생각할 수 있는 시절은 너무나도 멀어져서 마치 아주 오랜 세월이 지난 것처럼 보인다." 이것 말고는 단순히 지난 몇 달 동안 한 일을 열거했는데, 주로 재난을 피해 이리저리 옮겨다닌 이야기였다. 베를린의 인척 집에 난 화재와 몇 달 전에 라이프치히의 자기 집에 폭탄이 떨어진 일을 언급했다. 그래서 가족을 슈바벤알프스에 있는 별장으로 옮기고 되도록 자주 그곳을 방문한다고 했다. 이 소식은 엽서를 쓰는 하이젠베르크에게는 평범한 일상 이야기였지만, 부주의하게 노출한 단어들 때문에 OSS는 이제 하이젠베르크를 찾기 위해 주시해야 할 장소를 한 군데 알게 되었다.

엽서에는 하이젠베르크의 연구에 관한 내용도 언급돼 있었다. 그는 라이프치히의 연구소가 폭격을 받아 파괴된 반면, "베를린의 연구소는 아직 건재하다"라고 언급했다. 하지만 최근의 첩보에 따르면, 하이젠베르크는 사실은 자신의 연구소를 연합군의 공습이 미치지 않는 베를린 남쪽으로 옮긴 것으로 보였다. 하이젠베르크는 더 이상 자세히 말하진 않았지만, 이 짤막한 정보만으로도 수색 지역을 크게 좁힐 수 있었다.

버그가 엽서와 함께 이 면담 결과를 전달하자, OSS는 크게 흥분했다. 와일드 빌 도너번은 친히 버그를 치하했다. 누구에게 묻느냐에 따라 전직 포수는 멍청이가 되기도 하고 디바가 되기도 했다. 하지만 그는 중요한 순간에 원하는 결과를 내놓았다.

43장

아프로디테 작전 대 모루 작전

디데이 무렵까지 V-3는 아직 준비가 되지 않았기 때문에, 독일 방어를 위한 반격 카드는 또 다른 무기인 V-1 로켓에 의존해야 했다. 노르망디 상륙작전이 시작되고 나서 몇 시간 후, 베를린의 독일군 최고 사령부는 프랑스 북부 각지에 주둔하고 있던 여러 부대에 '룸펠카머Rumpelkammer'(헛간)라는 암호를 무전으로 보냈다. 독일 공학자들은 발사 장비를 준비하느라 며칠 동안 잠도 못 자고 열심히 일했고, 1944년 6월 13일 오전 4시 18분에 최초의 V-1이 런던 부근의 켄트주에 떨어졌다. 그 뒤를 이어 금방 수백 발의 로켓(하늘을 나는 상어처럼 길고 가느다란 모양의)이 날아왔다.

V-1 공격은 두 가지 큰 효과를 낳았다. 첫째, V-1은 연합군의 작전 수행에 지장을 초래했다. 한동안 영국에서 발진한 폭격기 중 40%는 V-1 발사 장소를 공격하는 데 투입되었다. 정찰 활동도 이에 못지않게 가중되었는데, V-1 발사 장소를 정찰하며 찍은 사진이 100만 장

이상이나 되었다. 이 활동 때문에 다른 작전에 투입해야 할 자원이 낭비되었다. 로켓 공격은 또한 공장과 발전소, 급수관, 도로, 운송 센터 등을 파괴함으로써 영국 남부 지역에 큰 혼란을 가져왔다. 공급망이 심각하게 손상되자, 연합군은 유럽 본토에서 독일군을 무찌르고 진격하는 데 애를 먹었다. 디데이에서 한 달 반이 지났는데도 오마하비치에서 내륙으로 겨우 40킬로미터 전진하는 데 그쳤다(그 대가로 10만 명의 사상자를 내면서도).

둘째, 미사일은 민간인을 공포로 몰아넣었다. 독일군은 V-1을 표적에 정확하게 보낼 능력이 없었기 때문에, 그것이 어디에 떨어질지 아무도 몰랐다. 여기에 빠른 속도(시속 약 640킬로미터에 이르는)가 더해져 V-1을 막는다는 것은 사실상 불가능했다. 영국군은 V-1이 날아오는 경로에 방공 기구들을 띄워 가끔 V-1을 조기에 폭발하게 만들었고, 대담한 파일럿은 아주 가까이(가끔은 불과 15센티미터 이내까지) 다가가서 날개를 위아래로 흔들어 난류를 일으킴으로써 V-1을 격추시키는 방법을 터득하기도 했다. 하지만 이런 방법으로 저지할 수 있는 V-1은 극소수에 지나지 않았고, 매일 밤 사람들은 혹시나 다음번 미사일이 재수없게 머리 위에 떨어지지 않을까 두려워하면서 잠자리에 들었다. V-1 공격의 피해가 너무 심각해지자(첫 2주일 동안 2700명이 사망했다), 처칠은 영국군에게 이에 대한 보복으로 독일 시민을 상대로 독가스를 사용하라고 명령했다. 처칠 내각이 이의를 제기했고, 영국 정부는 몇 년 동안 이 일을 숨겼다. 대신에 영국 정부는 런던 시민에게 시골로 대피하라고 권했다. 결국 150만 명 이상이 런던을 떠났다.

전반적으로 독일의 로켓 공격이 전세를 역전시켜 연합군을 대륙에서 영영 몰아낼지도 모른다는 실제적인 두려움이 있었다. 그리고 정말로 두려운 것은 그보다 더 무서운 무기가 등장할 가능성이었다. 지금까지 독일군은 비교적 크기가 작은 V-1만 발사했다. 그런데 프랑스 북부에 계속 건설 중인 거대한 콘크리트 벙커에서 발사되는 무기는 V-1보다 훨씬 심각할 게 분명했다. 특히 새로운 로켓이 핵무기라면(그런 소문이 계속 나돌았다) 더욱 그랬다. 벙커들은 연합군의 발이 묶인 곳에서 북동쪽으로 160여 킬로미터 떨어진 칼레에 위치했기 때문에, 지상 공격으로 그것들을 파괴할 가망은 전혀 없었다.

이런 상황은 그 무기가 본격적으로 운용되기 전에 벙커들을 파괴해야 한다는 압력을 더욱 가중시켰다. 재래식 폭탄은 효과가 없다는 것이 증명되었기 때문에, 이제 남은 희망은 비행기에 폭발물을 가득 싣고 원격 조종으로 벙커에 충돌시키는 미군의 계획뿐이었다.

라이트 형제 시절 이후로 앞을 멀리 내다본 비행사들은 원격 조종 비행기(사실상의 드론)를 시험해왔지만, 20세기 전반의 전자 시스템으로는 필요한 거리 너머로 신호를 보내거나 받을 수 없었다. 전쟁 동안에 특히 육군은 이러한 한계 때문에 애를 먹고 있었다. 아프로디테 작전에 따라 개발된 드론은 단 세 가지 지시(왼쪽, 오른쪽, 급강하)만 수행할 수 있었고, 그것조차 매끄럽게 해내지 못해 멈칫거리며 작동했다.

하지만 1944년 중엽에 해군의 모루 작전이 돌파구를 열었는데, 펜실베이니아주 남동부에 사는 35세의 성마른 공학자 윌프레드 '버드' 윌리Wilfred 'Bud' Willy의 공이 컸다. 윌리가 설계를 도운 새로운 무선 방식 시스템은 열 가지 지시를 수행할 수 있어 모선이 자선을 훨씬 정밀하게 제어하게 해주었다. 예를 들면, 모선은 자선의 속도를 바꾸고, 원격 조종으로 폭발물을 폭파시킬 수 있었으며, 심지어 자선의 히터를 켜거나 끌 수 있었다. 그때까지 이렇게 정교한 드론이 가능할 것이라고 예상한 사람은 아무도 없었다.

윌리의 설계에서 유일한 문제점은 원격 폭파 회로였다. 시험 비행에서 이 회로는 다소 기묘한 이유로 반복해서 폭발했다. 만약 이것이 진짜 폭발물을 싣고 실제로 수행한 작전이었다면, 자선은 목표 지점에 가기도 전에 폭발하고 말았을 것이다. 윌리 팀은 몇 주 동안 머리를 긁적이며 고민한 끝에 문제의 원인이 부기우기(블루스에서 파생한 재즈 음악의 한 형식—옮긴이) 때문이라고 결론 내렸다. 모선은 자선보다 약 5킬로미터 위에서 비행해야 했기 때문에, 자선은 아주 민감한 전파 탐지기가 필요했다. 이 장비가 너무 민감하다 보니 근처의 필라델피아 방송국들에서 흘러나오는 팝 뮤직과 뉴스 신호까지 포착했고, 그래서 회로를 제멋대로 작동시켰던 것이다. 윌리 팀은 이 문제를 완전히 해결하지 못했지만, 영국 해협 위를 날 때에는 제멋대로 흘러다니는 이러한 방송 전파 신호가 큰 문제가 되지 않을 것이라고 스스로 위로했다.

한편, 해군과 육군 모두 이 임무를 위해 영국에서 파일럿을 모집하고 있었는데, 조 케네디도 자원했다. 조와 동승 승무원들은 오래전부터 충분히 많은 임무를 수행해 명예 제대를 할 수 있었지만, 조는 영예로운 전공을 세울 기회를 기대하면서 그들을 설득해 디데이를 지나서까지 계속 머물게 했다. 하지만 디데이 이후에는 비스케이만에서 유보트를 사냥하던 파일럿들은 단순한 지원 역할만 하게 되었고, 동승 승무원들은 조에게 작별을 고했다. 그래도 한 가닥 희망이 남아 있었는데, 그 덕분에 조는 다른 임무에 투입될 기회를 얻었다. 그의 기지에서 장교들이 아주 위험한 임무에 투입할 파일럿을 모집하자, 조는 자원하고 나섰다. 보안상의 이유로 모병관은 정확하게 어떤 임무인지 말해주지 않았지만, 조는 상관하지 않았다. 그저 '위험한' 임무라는 것만으로 충분했다.

새로 편성된 제1특수공격대의 파일럿들은 6월 하순에 임무 브리핑을 들었다. 브리핑은 문자 그대로 간략한 설명이었다. 말수가 적은 장교가 그들의 임무는 네이팜탄이 가득 실린 비행기를 몰고 프랑스로 향해 날아가다가 폭발하기 전에 낙하산을 타고 탈출하는 것이라고 말했다. 그러고 나서 질문이 있느냐고 물었다. 몇 사람이 손을 들었지만, 장교는 더 이상 설명하길 거부하고 파일럿들을 해산시켰다. 그래도 위험 때문에 파일럿들의 사기가 꺾이지는 않았다. 새로운 파일럿이 임무를 위해 육군 부대에 새로 배속될 때마다 그들은 "어이, 친구들, 멍청이 친구가 또 하나 왔네"라고 소리를 질렀고, 그러면 모두 떠들썩하게 웃었다. 해군 역시 경박스럽긴 마찬가지였는데, 조는 특히 그랬다. 보스턴으로 돌아가 자신에 관한 헤드라인을 얼른 읽고 싶어 좀이 쑤셨다.

하지만 훈련이 진행되면서 열정은 실망으로 바뀌었다. 충분히 이해할 수는 있었지만, 영국군은 폭발물을 잔뜩 실은 채 비행장에 대기하고 있는 비행기들 때문에 매우 불안해했고, 기지 사령관들은 이 뜨거운 감자를 서로 떠밀면서 미군에게 비행기들을 다른 곳으로 옮기라고 요구했다. 당연히 네이팜탄이 가득 실린 비행기를 이리저리 몰고 다닐 수는 없었으므로, 이동 명령이 내려올 때마다 모든 폭발물을 비행기에서 내리고 텅 빈 비행기를 옮긴 다음에 폭발물 상자는 트럭에 실어서 운반했는데, 이것은 엄청나게 번거로운 일이었다. 새로운 기지를 찾아도 그것은 결코 즐거운 일이 아니었는데, 얼마 지나지 않아 또다시 상태가 더 나쁜 곳으로 쫓겨났기 때문이다. 아마도 최악의 장소는 영국 남동부 끝에 위치한 우드브리지였을 것이다. 이곳은 프랑스에서 손상을 입고 돌아오는 비행기를 위한 비상 활주로 역할을 했다. 만약 엔진 하나가 작동하지 않고 간신히 조종만 할 수 있거나, 연료가 펑펑 새고 있거나, 조종사와 부조종사가 모두 총에 맞아 불쌍한 무전병이 조종간을 잡고서 살아남기 위해 필사적으로 비행하고 있다면, 성모 마리아를 부르며 우드브리지로 향했다. 그곳에서는 극적인 불덩어리가 솟아오르는 모습을 일상적으로 볼 수 있었다.

여러 번의 이동 끝에 마침내 아프로디테 작전과 모루 작전 승무원들은 영국 시골 지역에 위치한 비행 기지에 도착했다. 오랫동안 사용하지 않은 이 기지의 삼각형 모양 활주로에서는 한 농부가 비트와 순무를 재배했다. 이곳에는 쥐도 들끓었는데, 쥐들은 막사에서 자는 파일럿들을 물었다. 처음에 그들은 총으로 쥐를 쏘아 죽이려고 했지만, 벽에 난 총알구멍으로 찬바람과 습기가 새어 들어왔기 때문에 결국 포기하고 말았다. 어쨌든 해군 파일럿들은 육군 파일럿보다는 쥐와 함께 지내는 게 더 좋았고, 그것은 육군 파일럿들도 마찬가지였다. 각자 다른 부대에 소속되어 같은 임무를 수행하게 된 두 집단은 서로에게 자연스러운 반감을 느꼈는데, 기지에 격리돼 지내는 동안 경쟁 관계는 더 악화되었다.

하지만 파일럿들에게 가장 큰 좌절을 안겨준 것은 날씨였다. 자선 승무원들은 공중에서 원격 조종 장치를 설정하는 훈련을 해야 했고,

모선 승무원들은 드론을 조종하는 훈련을 해야 했다. 그런데 훈련 비행을 하려면 CAV U 조건이 필요했다. CAV U는 ceiling and visibility unlimited(시계 양호)의 약자로, 6000미터 고도까지 구름이 전혀 없이 맑은 조건을 가리킨다. 이 조건이 갖추어지지 않으면, 훨씬 위에 떠 있는 모선에서 자선을 조종하는 것은 말할 것도 없고 자선이 보이지조차 않는다. 다시 말해 영국 남부에서 매우 보기 힘든 아주 청명한 날씨가 필요했다. 회색 구름이 하늘을 뒤덮는 날이 계속 이어지면서 아무것도 하지 못하고 몇 주가 그냥 흘러갔다. 낙관적인 일기 예보를 듣고 케네디와 파일럿들이 출격을 위해 모든 작업을 다 마쳤는데, 마지막 순간에 비행이 취소되는 일도 많았다. 자그마한 구름이라도 나타나면, 모든 것이 수포로 돌아갔다.

지휘관들은 파일럿들에게 캔디와 담배까지 곁들여 배급량을 세 배로 늘림으로써 사기를 진작시키려고 애썼다. 윈스턴 처칠도 그곳을 방문해 그들의 노고를 치하하면서 특별한 배려를 보였다. 심지어 처칠은 폭발물을 보기 위해 자선의 비좁은 비상 해치로 육중한 몸을 통과시키려고 시도했다. 기묘하게도 처칠은 금속 스파이크가 박힌 골프화를 신고 왔는데, 한 육군 소령은 그 신발을 신고 발을 잘못 디뎠다간 케이블에 구멍이 나 내부의 전자 회로에 단락이 일어나면서 치명적인 결과를 초래할 수 있음을 깨달았다. 소령은 황급히 달려가 당장 붙잡기 편리한 표적(커다란 엉덩이)을 붙잡고 소리쳤다. "총리님, 스파이크 달린 신발로 비행기에 올라가서는 안 됩니다!" 처칠은 고개를 돌려 자기 엉덩이를 만지는 사람을 쳐다보고는 "오, 안 된다고? 내가 여기에 들어갈 수 없다고?"라고 말했다. 모두가 긴장했다. 하지만 처칠은 소령의 용기를 가상하게 여겼고, "그렇다면 알겠네. 자, 그럼 어디에 발을 디딜지 알려주게. 내가 나갈 수 있도록 말일세"라고 말했다.

하지만 캔디와 처칠의 방문만으로는 파일럿들을 달래는 데 한계가 있었다. 날씨는 그들에게 계속 고통을 안겨주었고, 마침내 그들은 얼빠진 방식으로 절망감을 분출하기 시작했다. 한 가지 오락은 서로 박치기를 하는 것이었는데, 염소처럼 서로 이마를 부딪치면서 한쪽이 항복할 때까지 계속했다. 또 지프로 폭주 드라이브를 즐기기도 했는데, 일부러 나무에 지프를 들이박으면서 마지막 순간에 아슬아슬하게 탈출하는 모험을 즐겼다.

케네디는 이런 놀이에 가담하지 않았지만, 다른 파일럿보다 더 깊은 실의에 빠져 있었다. 우선 프랑스에서 반갑지 않은 소식이 들려왔다. 노르망디에서 발이 묶인 채 몇 주 동안 진격하지 못하고 있던 조지 패튼George S. Patton 장군의 군대가 8월 초에 갑자기 돌파구를 열었다. 그의 군대는 독일군을 사정없이 밀어붙이면서 아주 광대한 땅을 해방시켰다. 전 세계 사람들 중 대부분이 환호했지만, 조는 이 소식을 듣고 낙담했다. 만약 패튼이 프랑스를 너무 빨리 해방시키면, 명예로운 전공을 세울 기회가 영영 사라지지 않을까?

게다가 해군의 임무는 예상치 못한 복병을 만나 지연되었다. 펜실베이니아주의 버드 윌리 팀이 만든 환상적인 원격 조종 비행기를 영국으로 운반하려면, 대서양을 껑충껑충 건너뛰며 이동해야 했다. 불행하게도 악천후와 제빙 장비 부족으로 그들은 아이슬란드에서 3주 동안 발이 묶였다. 이 때문에 조를 비롯한 해군 파일럿들은 훈련에서 뒤처졌다. 그래서 8월 4일부터 며칠 동안 영국 남부의 날씨가 마침내 개자, 작전 지휘관들은 실제 공격 일정을 잡기 시작했는데, 육군의 아프로디테 작전 대원들이 (열악한 기술 장비에도 불구하고) 프랑스 북부의 벙커들을 먼저 공격하게 되자, 조는 무척 화가 났다. 육군 파일럿들이 모든 목표물을 파괴해버리면, 자신이 할 일이 없어지기 때문이었다.

하지만 그런 걱정은 할 필요가 없었다. 아프로디테 작전은 완전한 실패로 끝났다. 임무에 참가한 육군 폭격기 6대(테인트 어 버드Taint a Bird, 더 케어풀 버진The Careful Virgin, 쿼터백Quarterback을 포함해) 중에서 3대는 이륙 직후에 하마터면 추락할 뻔했다. 한 대는 방공 기구들이 떠 있는 곳으로 뛰어들었고, 한 대는 아군의 대공포 사격을 받았으며, 또 한 대는 공습을 위해 출격하던 편대를 만나 공중에서 다른 비행기와 거의 충돌할 뻔했다. 그 후에도 일은 계속 꼬이기만 했다. 모선들은 비행 중인 한 자선의 행방을 놓쳤고, 한 자선은 경로에서 벗어나 런던을 향해 날아갔다. 자선 두 대는 결국 바다로 추락했고, 또 한 대는 영국 땅 위에서 이른 시기에 폭발해 목초지에서 풀을 뜯던 소 80마리를 죽였다. 영국 해협을 건넌 비행기는 3대였는데, 원격 조종 스위치가 제대로 작동하지 않아 모두 표적 위로 그냥 지나가고 말았다. 결국 단 한 대만 벙커는 아니었지만 적에게 손상을 입혔다. 이 자선이 표적에서 벗어나자 모선은 자선의 방향을 돌려 독일군 대공포 부대로 향하게 했는데, 독일군 포수들은 뚱뚱하고 조준하기 쉬운 이 표적에 입맛을 다셨다. 그들은 일제히 포를 발사했고, 결국 자선은 초록색과 노란색의 거대한 불덩어리 속에서 죽어갔다.

벙커를 공격하지 못한 것도 충분히 나쁜 결과였지만, 아프로디테 작전에 참여한 대원들의 희생이 큰 것도 뼈아팠다. 한 파일럿은 비행기에서 뛰어내린 뒤 낙하산이 펴지지 않아 죽었다. 여러 명은 비슷한 낙하산 불량으로 거의 죽을 뻔했는데, 한 사람은 하늘에서 떨어지던 도중에 배낭을 찢고 손으로 낙하산을 꺼내 펼쳐야 했다. 낙하산이 펴지긴 했지만, 그 사람은 발목을 접지르고 치아가 부러졌으며 여러 곳에 열상을 입었다. 한 사람은 어깻죽지에서 한 팔이 떨어져나갔다. 당연히 이 결과에 분노한 육군 장군은 8월 6일에 아프로디테 작전을 중단시켰다. 그는 "이 계획은 철사 뭉치와 닭 창자와 무지가 합쳐진 결과물이다"라고 씩씩댔다.

조 케네디는 환호했다. 육군의 실패 때문에 오히려 자신의 전공이 돋보일 것이라고 생각했다. 며칠 뒤 마침내 모루 작전을 시작하라는 지시가 떨어졌을 때, 조는 선두에 서겠다고 나섰다. 사실, 일부 역사학자들은 조가 첫 번째 임무를 자신에게 맡기지 않으면, 아버지의 막강한 권력을 동원해 그들의 경력을 파멸시키겠다고 위협하면서 상관들에게 압력을 가하지 않았을까 하고 의심한다. 이 세상에 성질이 고약한 사람이 어디 히틀러뿐이겠는가? 어쨌든 이렇게 해서 조는 허락을 받아냈다.

살아남은 육군 파일럿들은 작전 실패와 함께 임무가 끝난 것에 기뻐했다. 작전이 중단된 뒤에는 술에 진탕 빠져 살았다. 술을 즐기던 그들 중 한 사람이 케네디가 걸어 들어오는 걸 보고는 혀 꼬부라진 소리로 "만약 내 아버지가 대사였다면, 나는 내 엉덩이를 이 비행복에서 꺼내달라고 했을 거야"라고 말했다. 조는 그냥 웃기만 했다.

44장

발키리 작전

하이젠베르크에게 1944년 여름은 무척 힘들었다. 그와 디프너는 우라늄과 중수의 우선 사용권을 놓고 계속 옥신각신했다. 어쨌든 일할 시간이 거의 없었는데, 연구소를 남쪽의 검은 숲 지역으로 옮기는 과정이 예상보다 오래 걸렸기 때문이다. 전황도 독일에게 매우 불리하게 돌아갔는데, 비밀스러운 이야기들은 불안감을 더욱 높였다. 괴링의 최측근 중 한 명이 7월에 베를린에 있던 하이젠베르크를 찾아와 연합군이 6주 안에 드레스덴에 원자폭탄을 투하할 것이라는 소문의 진위를 물었다. 하이젠베르크는 그것은 불가능하다고 생각했지만, 그래도 불안은 점점 커져갔다.

개인적 차원에서도 베를린에서 홀로 지내던 하이젠베르크는 큰 외로움을 느꼈다. 가족을 슈바벤알프스의 다 허물어져가는 오두막집으로 보내고 난 뒤로 가족을 보기가 어려웠다. 국제 과학계와도 접촉이 끊겼다. 더 이상 편지도 전혀 오지 않았고, 얼마 전에 '문화 강좌'를 위해 코펜하겐과 크라쿠프, 부다페스트를 방문했지만, 그곳 과학자들은 나치 행사 조직자들과 함께 나타난 자신에게 이해할 수 없는 적대적 반응을 보였다.

그해 여름에 하이젠베르크가 유일하게 기다린 것은 수요일 클럽이었다. 외교관, 재무부 장차관, 유명한 교수를 비롯해 20여 명의 독일 귀족으로 이루어진 이 집단은 1863년부터 격주로 수요일마다 베를린에서 식사와 비공식적 강연을 즐기는 모임을 가졌는데, 식사와 강연이 끝난 뒤에는 술을 진탕 마시고 학창 시절에 즐기던 노래를 불렀다. 요컨대 그것은 나이 많은 남자들의 사교 클럽이었는데, 가끔 남자다운 하이젠베르크의 기운을 북돋는 데 꼭 필요한 것이었다.

그런데 하이젠베르크를 포함해 모두가 놀랍게도 이 클럽은 전쟁 동안에 더 고상한 성격을 띠게 되어, 정권에 대한 좌절을 분출하는 배출구가 되었다. 이곳에서는 마음껏 불만을 털어놓아도 뒤탈이 날 염려가 없었다. 1944년에 이르자 이 모임은 '쉼판스키schimpanski'(히틀러를 비하하여 부르던 별명. 침팬지를 뜻하는 독일어 'Schimpanse'에 남성 이름에 관용적으로 붙이는 접미어 '스키'를 합성해 만든 말임—옮긴이) 히틀러와 그의 부하들을 맹렬하게 비난하면서 체제 전복적 성격을 점점 강하게 띠게 되었다. 일부 대담한 회원은 심지어 히틀러를 권좌에서 끌어내려야 한다고 주장했으며, 몇 사람은 이 의견에 대한 하이젠베르크의 생각을 물었다. 물론 하이젠베르크는 이들의 이야기를 진지하게 여기지 않았지만, 그런 이야기를 들으니 기운이 났다. 이들은 합리적인 사람들이었고, 자신과 마찬가지로 독일을 사랑하고 히틀러를 경멸하는 사람들이었다. 독일이 전쟁에서 승리하는 동시에 어떻게든 나치가 전쟁에서 지기를 바라는 것이 터무니없는 생각이 아니라 유일하게 합리적인 사고방식임을 이해하는 사람들이었다.

1944년에 들어서서 처음 6개월 동안은 남쪽으로 연구소를 이전하는 문제와 우라늄 기계 연구에 매달리느라 하이젠베르크는 수요일 클럽에 참석하지 못했다. 그래서 7월 12일 모임을 크게 고대했는데, 그 모임은 자신의 연구소에서 자신이 주최하기로 했다. 하이젠베르크는 별 내부에서 일어나는 핵반응에 관한 강연을 준비했고, 그날 저녁의 디저트를 위해 연구소 정원에서 신선한 산딸기를 땄다. 전쟁 동안 이번만큼은 모든 것이 자신이 원한 대로 순조롭게 흘러갔다. 강연은 큰 성공이었고, 강연 후에 원자력이 군사적으로나 정치적으로 미치는 영향을 놓고 흥미진진한 토론이 벌어졌다. 그러고 나서 하이젠베르크는 이 모임의 형제들과 함께 근사한 와인을 마셨고, 모두 노래를 부르고 고함을 지르고 베를린의 쉼판스키들에 대한 불만을 쏟아내며 즐거운 시간을 보냈다.

일주일 뒤인 7월 19일 오후, 하이젠베르크는 여전히 고조된 기분에 취해 있었다. 그 모임의 공식 회의록을 작성해 한 회원과 함께 배포한 뒤, 가족을 만나기 위해 기차역으로 가 남쪽으로 가는 야간열차를 탔다. 그것은 즐거운 여행이었을 것이다. 초목이 무성한 시골 풍경이 눈앞으로 다가왔고, 연구 때문에 쌓였던 스트레스가 점차 뒤로 사라졌다. 목적지에 도착하고 나서도 가족이 있는 산 속의 별장까지는 두 시간을 더 걸어가야 했다. 그래서 가방을 들고 기차역에서 나와 걸음을 재촉했다.

길을 따라 1.6킬로미터쯤 갔을 때, 앞에서 수레를 끌고 가는 젊은 군인을 만났다. 하이젠베르크는 짐을 수레 위에 얹으면서 도와주겠다고 했다. 두 사람은 아마도 의례적인 인사를 몇 마디 나누었을 것이다. 그러고 나서 군인이 놀라운 소식을 전했다. 그날 누가 히틀러 암살을 시도했다는 소식이었다.

나중에 발키리Valkyrie 작전이라 명명된 그 암살 계획은 애석하게도 거의 성공 직전까지 갔다가 실패하고 말았다. 36세의 독일군 대령이 히틀러를 만나러 갈 때 가방 속에 폭탄을 숨기고 가 히틀러 옆에 가방을 놓아두었다. 그런데 다른 장교가 가방이 발에 걸리적거리자 자기도 모르게 그것을 밀어 큰 목제 테이블 밑으로 넣는 바람에 폭발의 충격 대부분을 테이블이 막아주었다. 그래서 히틀러는 폭발로 의식을 잃고 바지가 갈기갈기 찢어졌지만 심각한 부상은 전혀 입지 않았다. 사실, 이 암살 시도로 히틀러는 오히려 기운이 되살아났다. 실제로 그날 늦게 히틀러는 무솔리니를 만나 검게 그을린 회의실 잔해를 의기양양하게 보여주기까지 했다.

이 소식에 하이젠베르크는 큰 충격을 받았다. 즉각 수요일 클럽에서 술에 취해 지껄이던 그 허풍들이 떠올랐다. 그 친구들은 진지하게 그런 말을 했단 말인가? 지금 자신은 위험한 상황에 처한 것은 아닐까? 조심스럽게 그 군인에게 그 소식을 어떻게 생각하느냐고 물어보았다. 그것은 두 사람 모두에게 몹시 불안한 순간이었다. 나치 정권하에서는 정치에 관한 이야기는 물론이고 자신의 속마음을 낯선 사람에게 함부로 내뱉어서는 안 되었다. 잠시 고민하다가 그 군인은 마침내 "뭔가 하긴 해야 할 때이지요"라고 말했다. 감히 입 밖으로 내뱉을 수 있는 말은 이것이 다였지만, 두 사람은 서로를 충분히 이해했다.

그다음 며칠 동안 하이젠베르크는 별장에 머물면서 라디오에서 전하는 뉴스에 귀를 기울였는데, 자신이 염려한 대로 나쁜 소식이 흘러나왔다. 수요일 클럽의 여러 회원(자신과 함께 식사를 하고 술을 진탕 마신 사람들, 일주일 전에 자신이 산딸기를 대접했던 사람들)이 주요 가담자로 거명되었고 모두 처형되었다. 뒤를 이어 대숙청이 진행되었는데, 5000여 명이 체포되어 총살당했다. 그중에는 유명한 양자물리학자 막스 플랑크의 아들도 포함돼 있었다.

그 후 며칠 동안 하이젠베르크의 감정은 걷잡을 수 없이 요동쳤다. 만약 게슈타포가 자신을 완곡하게나마 수요일 클럽과 엮는다면, 자신의 인생은 끝이었다. 게다가 자신은 최근 모임의 회의록을 작성하기까지 했다. 하지만 아직까지는 한밤중에 누가 문을 두드리며 찾아오지는 않았다. 심문을 하기 위해 누가 찾아오지도 않았다. 아마도 암살 계획 가담자들이 자신의 이름을 말하지 않았을지 모른다. 어쩌면 가족의 친구인 힘러가 힘을 썼을지도 모른다. 어쩌면 우라늄 클럽에서 하이젠베르크가 차지하는 위상이 보호막이 되었을지도 모른다(히틀러는 지난해 10월에 전쟁 노력에 기여한 공을 높이 사 하이젠베르크에게 몸소 1급 철십자 훈장을 수여했다). 이유야 무엇이건, 하이젠베르크는 숙청에서 살아남았다. 그리고 연합국 과학자들에게는 실망스럽게도 하이젠베르크는 가족의 별장에서 독일 남서부의 새로운 연구소로 갔다. 하이거로흐 마을의 동굴 속에 위치한 이 연구소에는 가장 강력한 우라늄 기계가 설치될 예정이었다.

45장

탈출과 저항

1944년 봄, 파리의 게슈타포는 또다시 프레데리크 졸리오를 체포했는데, 이번에는 본색을 드러냈다. 통상적인 위협과 폭행 외에 그를 교수직에서 해고했는데, 이것은 불길한 징조였다. 이처럼 해고된 뒤에는 대개 강제 수용소로 끌려가는 것이 관례였기 때문이다. 이렌과 함께 이 상황을 논의한 뒤에 두 사람은 프레데리크가 즉각 몸을 숨기는 것이 좋겠다고 판단했다. 숨지 않으면 언제 강제로 끌려갈지 몰랐다.

우선 자녀부터 안전한 곳으로 피신시켜야 했다. 그래서 이렌이 먼저 그들을 데리고 프랑스를 탈출하기로 했다. 이 당시 이렌은 요양원에서 여러 차례 장기 요양을 한 덕분에 전보다 훨씬 건강하고 튼튼했다(회복하는 동안 이렌은 병 때문에 잃었던 체중을 되찾고 있다는 걸 증명하기 위해 졸리오에게 사진을 보내면서 "난 작은 코끼리가 되어가고 있어"라고 장난기어린 말을 덧붙였다. 졸리오는 불어나는 체중을 환영했다. "살을 조금 더 찌우는 걸 허락할게. 나는 통통한 여자가 좋아"). 새로운 종류의 의약품인 항생제도 빠른 회복에 도움을 주었다.

5월 초에 이렌은 자녀들을 데리고 파리를 탈출해 스위스 국경 근처의 마을로 갔다. 하지만 곧바로 스위스로 넘어가는 대신에 다소 무모한 결정을 내렸다. 열일곱 살인 딸 엘렌은 물리학 과목 바칼로레아 시험을 봐야 했는데, 장래에 과학자로 일하려면 꼭 통과해야 하는 중요한 시험이었다(이틀 동안 치르는 이 어려운 시험은 전쟁 동안에도 프랑스 학생이라면 누구나 보아야 했다). 그래서 이렌은 시험을 치르는 날까지 4주 동안 자유를 찾아 떠나는 여행을 미루었고, 엘렌을 혼자 근처 마을로 보내 시험을 치르게 했다. 이렌은 여성 과학자가 얼마나 쉽게 밀려날 수 있는지(전쟁 중이건 아니건) 잘 알고 있었고, 그런 일이 자기 딸에게 일어나게 하고 싶지 않았다.

당연히 엘렌은 우수한 성적으로 시험을 통과했는데, 문제를 너무 빨리 풀어 남은 시간 동안 푼 문제들을 다시 검토하면서 다른 방법으로 동일한 답을 유도했다. 결국 4주 동안의 지연은 이렌 가족에게 아주 큰 이익이 되었다. 국경을 넘는 날, 안내인은 그들을 소나무가 우거진 외딴 오솔길로 안내했다. 추가 안전 조치로 안내인은 정찰병을 여럿(자신의 아이들) 앞서 보내 독일군 순찰병이 없는지 살피게 했다. 하지만 행운의 사건이 없었더라면, 이들은 붙잡혔을지 모른다. 이렌은 탈출 날짜를 6월 6일 디데이로 잡았는데, 그날 독일군은 탈주자 몇 명을 잡는 것보다 신경 써야 할 훨씬 중요한 일들이 있었다. 만약 하루 일찍 출발했더라면 이렌 가족은 체포되었을 가능성이 높다. 하루 늦게 출발했더라도 마찬가지였는데, 독일군이 국경을 굳게 폐쇄했기 때문이다. 어쨌든 그 덕분에 이렌은 자녀들을 데리고 아주 쉽게 자유를 찾아 탈출했다.

스위스 포랑트뤼에서 그들은 다른 난민과 다름없이 이를 박멸하는 절차를 거친 뒤, 현지 장원에 마련된 수용소로 보내졌다. 언제나처럼 이렌은 주변 환경에 크게 신경 쓰지 않고 자기 방의 밀짚 매트(방에는 가구가 하나도 없었다) 위에 철퍼덕 앉아 로그에 관한 책(국경을 넘을 때 꼭 가져가야 한다고 강하게 주장해 챙겨온)을 읽었다. 포랑트뤼 군수가 이 이상한 사람이 퀴리 가족의 일원임을 알아보는 데에는 그리 오랜 시간이 걸리지 않았고, 이렌 가족에게 프랑스가 해방될 때까지 자기 집에서 머물라고 강하게 권유했다.

한편, 이렌과 결혼한 남자는 가족이 떠나자마자 장-피에르라는 이름의 전기 기사 행세를 하면서 파리에서 지하 활동을 시작했다. 졸리오는 매일 밤 다른 친구 집을 찾아 거처를 바꿔가며 잠을 잤고, 낮에는 낚싯대를 들고 농부처럼 행세하면서 센강을 살금살금 걸어다니면서 다른 레지스탕스 대원을 만났다. 그들은 연합군의 진격과 독일군의 집중 단속에 대한 소문을 교환했고, 임박한 파리 전투에 대비해 직접 만들 수 있는 수류탄과 조야한 대전차 미사일 설계도를 돌렸다.

그렇게 오래 기다리지 않아도 되었다. 8월에 연합군이 파리에 접근해오자, 도시는 에트나 화산처럼 부글부글 끓기 시작했고, 마침내 8월 19일에 폭발했다. 더 이상 숨어 있을 필요가 없어진 졸리오는 화학 물질이 가득 든 가방 두 개를 끌고 현지 경찰청으로 달려갔다. 작업을 도와줄 세 사람을 구한 뒤, 이들은 열기 때문에 셔츠를 벗어 던지고 몰로토프 칵테일(화염병)을 만들기 시작했다. 원래 몰로토프 칵테일은 병에 휘발유를 채우고 불을 붙이는 헝겊을 신관으로 사용하는 아주 조잡한 무기이다. 졸리오는 과학자의 재능을 발휘해 훨씬 정교한 화염병을 만들었다. 위력을 높이기 위해 휘발유에 황산과 염소산칼륨을 섞었다. 또 각각의 화염병을 염소산칼륨에 푹 적신 천으로 둘러쌌다. 운 좋게도 나치 치하의 파리지앵 경찰청장은 식탐이 많은 사람이어서 지하실에 샴페인을 가득 보관해두어 병은 얼마든지 구할 수 있었다. 셔츠를 벗은 남자들은 병에서 샴페인을 따르고 자신들이 조제한 액체를 채운 뒤, 이렇게 만든 폭탄들을 지붕 위로 끌고 올라갔다.

그리고 며칠 뒤, 근처에서 총격전이 시작되자 이 폭탄들을 사용했다. 프랑스 경찰관 수천 명이 경찰청으로 달려와 바리케이드를 쌓고 그 안에 진을 쳤다. 8월 23일에 독일군 전차 세 대가 다가오자, 경찰관들은 졸리오가 만든 화염병을 던지며 공격했다. 졸리오 자신이 그 중심에 서서 화염병을 던졌다고 주장하는 보고도 일부 있다. 졸리오가 자기 연구소에서 더 많은 보급 물자를 가져오기 위해 권총을 손에 들고 거리를 오갔다는 보고도 있다. 졸리오가 "나는 독일군이 순회 카니발의 꼭두각시들처럼 쓰러지는 것을 보았어!"라고 외치는 소리를 들었다는 사람도 있다. 어떤 역할을 했건, 졸리오는 이 게릴라전에서 조국이 자랑스러워할 만한 공헌을 세웠다. 연기가 가라앉자, 프랑스 경찰관들이 화염병에 약간의 화학적 손질을 더한 것에 불과한 무기로 독일군 전차를 격퇴했다는 사실이 분명하게 드러났다.

졸리오의 모험은 아직 다 끝난 것이 아니었다. 전투가 끝난 뒤 황홀감에 휩싸인 채 기진맥진한 몸을 이끌고 연구소로 돌아갔을 때, 기묘한 메시지가 자신을 기다리고 있었기 때문이다. 도대체 보리스 패시는 누구란 말인가? 왜 나를 찾아왔을까?

46장

번개 A

처음 만났을 때, 보리스 패시는 새뮤얼 가우드스밋을 경멸했다. 가우드스밋은 그저 보리스 패시를 무서워하기만 했다.

1943년 9월, 가우드스밋은 미국제 레이더 장비의 결함을 해결하는 일을 하러 영국으로 파견되었다. 이제 막 41세가 된 가우드스밋은 흰 머리가 나는 동시에 배가 불룩 나오기 시작했다. 이전과 마찬가지로 바보 같은 미소를 지었지만, 양자 스핀을 발견한 시절의 호리호리하고 대걸레 머리를 한 스타의 모습은 더 이상 찾아볼 수 없었다. 여전히 해외에서 젊은 군인들과 어울리길 좋아해서, 낮에는 그들의 레이더 장비 수선을 도와주고 밤에는 함께 맥주를 즐겼다.

영국에서 6개월을 지내고 MIT로 돌아와 잠깐 시간을 보낸 뒤, 1944년 4월에 새로운 임무를 위해 워싱턴으로 소환되었는데, 일급 기밀 레이더에 관한 일이 아닐까 추정했다. 육군이 그를 호텔에 머물게 하자 가우드스밋은 감명을 받았는데, 전쟁 동안 워싱턴에는 호텔 객실이 부족해 숙박비가 매우 비쌌기 때문이다. 언제 브리핑을 받나 하고 일주일을 기다려도 아무 소식이 없자, 결국 참지 못하고 브리핑이 지연되는 이유가 무엇이냐고 따졌다. 펜타곤은 그를 무시했다("여기 일이 얼마나 바쁜지 당신은 상상도 못 할 거요"). 그래서 일주일을 더 기다렸지만, 그래도 아무 연락이 없었다. 그러고 나서 또 일주일이 지났다. 전화를 다시 걸었더니, 여전히 무시를 당했다("샘, 우리가 시간 날 때 연락드리겠습니다"). 가우드스밋은 이런 대우가 모욕적으로 느껴졌다. 그들은 자신을 어차피 더 나은 일을 구할 수 없는 사람으로 생각하는 걸까? 실제로 그런 일이 있다면 얼마나 좋을까 하는 생각이 들었다.

물론 그렇게 오래 기다리게 한 것은 우연이 아니었다. 군 정보부는 가우드스밋을 철저하게 감시했는데, 호텔 방의 전화를 도청하는 것은 물론이고, 시내를 돌아다니는 그를 미행하면서 의심스러운 인물을 만나지 않는지 확인했다(모 버그 역시 워싱턴에서 기다리는 동안 비슷한 감시를 당했을 가능성이 있다). 가우드스밋은 이 시험을 통과한 것으로 보이는데, 그로브스 장군의 부관이 마침내 5월에 그를 펜타곤으로 보냈다.

가우드스밋은 레이더에 관한 일이겠거니 하고 생각했지만, 그로브스 장군의 부관이 금방 그 오해를 바로잡아 주었다. 그가 맡을 임무는 훨씬 심각한 것으로, 핵무기 첩보 활동이었다. 가우드스밋은 알소스 임무를 알게 된 것과 동시에 자신이 그 지휘를 맡는다는 사실을 알게 되었다. 그러고 나서 부관은 그에게 미국에 대한 충성 서약을 하게 했다.

훗날 가우드스밋은 왜 자신을 알소스 임무의 과학 책임자로 선택했는지 전혀 모른다고 주장했다. 그의 연구 배경과 유럽을 잘 안다는 사실을 감안하면 이것은 다소 솔직하지 못한 주장이었지만, 그가 이 임무의 첫 번째 후보가 아니었던 것만큼은 거의 확실하다. 문서 처리 과정에서 일어난 혼동 때문에 가우드스밋은 우연히 자신의 신상 기록을 보게 되었는데, 자신의 장점과 단점을 직설적으로 평가한 내용이 적혀 있었다. 장점: 핵물리학을 잘 안다. 단점: "그의 이름은 이 임무의 위상을 높이는 데 아무 도움이 되지 않는다." 장점: 독일 과학자들과의 친분은 정보를 얻어내는 데 도움이 될 수 있다. 단점: 성을 잘 내며 "요령이 없는데", 둘 다 첩보 활동에는 불리한 점이다. 다른 장점들은 모욕에 가까운 것("가우드스밋 박사가 추천을 받은 주 이유는 당장 데려다 쓸 수 있기 때문이다")이거나 아주 놀라운 것("맨해튼 계획에 대해 아는 것이 아무것도 없어 고문을 받더라도 털어놓을 비밀이 없다")이었다. 이런 내용들은 분명히 그의 자신감을 높이지는 않았을 것이다.

보리스 패시와의 만남 역시 그랬다. 패시는 오로지 가우드스밋을 만나기 위해 유럽에서 워싱턴으로 날아왔지만, 학계의 과학자를 자신의 임무에 포함시키는 것에 의구심을 숨기지 않았다. 패시는 과학자들을 '장발족longhair'(세상 물정에 어두운 지식인을 가리키는 단어이기도 함—옮긴이) 또는 급진주의자radical라고 불렀으며, 과연 전선에서 버틸 수 있을지 의심스러워했다. 가우드스밋도 진심으로 여기에 동의했다. 자신도 버텨낼 수 있을 것이라고 생각하지 않았다. 패시의 기억에 따르면, 가우드스밋은 "문명 세계의 안락과 평화로운 실험실의 고요"를 선호하며, "적의 총격에 용감히 맞서거나 낙하산을 타고 적진 후방으로 침투하는 것은 자신이 생각하는 레크리에이션 개념이 아니다"라고 고백했다고 한다. 패시는 그 말에 크게 웃었다. "만약 낙하산을 타고 뛰어내려야 할 일이 있으면, 내가 먼저 내려가서 연착륙을 준비하겠다고 약속했지요."

그럼에도 불구하고, 가우드스밋은 불안감을 억누르고 디데이에 배편으로 런던으로 건너가 그곳의 작은 알소스 임무 지원 사무실에 합류했다. 그곳에서 프랑스와 독일 물리학자들에 관한 문서(사실상 과학적 전과 기록에 해당하는)를 수집하고 최신 첩보 보고서를 습득하면서 몇 달을 보냈다. 또한 곧 전선으로 떠날 날을 대비해 그 불길한 체크리스트(헬멧과 털모자, 방독면, 추가 생명 보험)를 참고하면서 여장을 꾸렸다. 가장 기억에 남은 것은 영국 요원들이 프랑스 북부의 거대한 콘크리트 벙커 사진을 보여주면서 나치가 단순히 재래식 탄두를 발사하기 위해 이런 거대한 공사를 하진 않았을 것이라고 확언한 일이었다. 이것은 뭔가 특별한 용도를 위해, 어쩌면 원자폭탄을 위해 만든 것이 분명했다. 자신이 도착하고 나서 며칠 후 V-1 공격이 시작되자, 가우드스밋은 이 가설을 검증하는 일에 나섰다. 가이거 계수기를 들고 폭탄 구덩이로 기어 들어가는 작업에 아주 많은 시간을 썼는데, 만약 가이거 계수기가 요란하게 삐삐거리기 시작하면 언제든지 재빨리 기어 나올 심산이었다. 전쟁터에 온 것을 환영하오, 장발족 양반.

한편 보리스 패시는 프랑스로 침공할 준비를 하고 있었다. 패튼 장군이 얼마 전에 큰 승리를 거두고 독일군을 후퇴하게 만들면서 프레데리크 졸리오가 숨어 지낸다고 소문난 라르쿠에스트 부근의 프랑스 해안으로 가는 길이 열렸다. 8월 초에 펜타곤은 패시에게 분홍색의 긴급 무선 전보를 보냈다. 신속하게 그곳으로 가 그 과학자를 찾아내라는 명령이 적혀 있었다. 패시는 오마하비치에 상륙했던 당시를 이렇게 회상했다. "워싱턴에서 들었던 단어들이 아직도 귓가에서 울려댔지요. '표적 확보가 조금이라도 지체된다면, 우리는 엄청난 인명 손실을 입을지도 모르고, 심지어 전쟁마저 질지 모르네.'" 패시는 부관과 함께 지프를 급히 수배한 뒤, 저격수의 총탄에 엔진이 손상되는 것을 막기 위해 군용 침낭을 후드 위에 묶고 나서 출발했다. 두 사람은 과수원이나 들판에서 잠깐씩 잠을 자고, 검게 그을린 채 길에 널브러진 전차 잔해들을 요리조리 피해가면서 밤낮을 가리지 않고 달렸다.

라르쿠에스트는 그저 하나의 거리에 불과했는데, 거리 한쪽에는 석조 교회와 공동묘지가, 반대쪽에는 가게들과 포도주 저장실이 늘어서 있었다. 하지만 독일군은 이 지역을 완전히 포기한 것이 아니었다. 졸리오의 별장에서 가까운 숲에서 전투가 계속 벌어지고 있었다. 패시는 그래도 위험을 무릅쓰고 졸리오의 집을 방문하기로 결정했고, 수염을 지저분하게 기른 현지인(우연히도 그는 졸리오의 친척으로 드러났다)을 징발해 길을 안내해달라고 했다. 그 사람은 잡초가 무성하게 자란 마을 끝의 오솔길까지 안내했다. 그리고 "저기요"라고 말하고는 거기서 한 발자국도 더 가지 않으려고 했다. 독일군이 숲에 지뢰를 매설해놓았는데, 이미 그곳에서 레지스탕스 대원 7명이 죽었다고 했다. 그래도 그 사람은 자신이 할 수 있는 일을 하겠다고 말했다. "나는 마을로 돌아가서 당신들의 건강과 안전을 위해 건배를 하겠소." 안녕.

둘만 남겨진 패시와 부관은 지뢰나 부비트랩이 없는지 한 걸음 한 걸음 확인하면서 덤불 사이로 살금살금 나아가기 시작했다. 반쯤 나아갔을 때, 누가 총을 쏘기 시작해(누가 쏘는 것인지는 알 수 없었다) 두 사람은 숨을 곳을 찾아 몸을 던졌고 숨도 크게 쉬지 못했다. 하지만

1분이라도 임무가 지체되어서는 안 된다고 생각한 두 사람은 총격이 완전히 멈추기 전에 다시 움직이기 시작했다.

퀴리 가족의 별장은 2층짜리 석조 가옥으로, 정면은 큰 창문이 대부분을 차지했다. 하지만 그날 패시가 소총을 든 채 메종 퀴리Maison Curie(퀴리의 집) 부근의 빈터에 이르렀을 때, 정문이 약간 열려 있었다. 문을 밀어서 연 뒤, 집 안을 살펴본 그는 가슴이 철렁 내려앉았다. 그곳은 텅 비어 있었다. "그 안에는 가구나 어떤 물건도 남아 있지 않았다." 부관이 방들을 샅샅이 살펴보았지만, 부질없는 짓이었다. 졸리오는 떠나고 없었다.

밖에서 총격이 멈추었으므로, 패시는 그만 떠나자고 손짓을 했다. 그런데 현관으로 나서자마자 총탄 여러 발이 날아와 머리 가까이에 있던 창틀에 박혔다. 두 사람은 땅으로 몸을 던져 포복하기 시작했다. 집과 달리 숲은 전혀 텅 비어 있지 않았고, 기관총과 소총에서 발사된 총탄이 그들의 머리 위로 지나가며 공방을 벌였다. 두 사람은 무사히 마을로 돌아가는 데 성공했지만, 그것은 그다지 위안이 되지 않았다. 알소스 부대가 이탈리아에서 벌인 그 모든 난리에도 불구하고, 소득은 이류 핵과학자 몇 명을 확보하는 데 그쳤다. 그리고 그들로부터 얻어낸 정보도 거의 없었다(반면에 모 버그는 중요한 정보를 일부 얻어냈다). 얼마 전에 워싱턴을 방문했을 때, 패시는 알소스 임무에 반대하는 기류가 강해진 것을 감지했는데, 어떤 사람들은 알소스 임무를 완전히 무시하려고 했다. 아무리 부당하다 하더라도, 졸리오를 붙잡지 못하면 그런 압력이 더 높아지리라는 것을 패시는 알고 있었다.

며칠 뒤, 패시는 파리가 함락되자마자 졸리오 체포 작전을 재개하라는 명령을 받았다. 그 외에는 어떤 격려의 말도 듣지 못했는데, 비록 아무도 입 밖으로 꺼내진 않았지만, 패시는 이것이 알소스 부대의 마지막 기회임을 알아챘다. 동료에게 보낸 편지에서 패시는 "만약 파리에서 또다시 기회를 놓친다면, 나는 총으로 자살하거나 독일군에게 투항할 거야"라고 썼다. 그리고 이렇게 덧붙였다. "아니면, 더 나쁘게는 러시아 쪽으로 넘어갈지도 몰라." 패시가 러시아 혁명 시절 백군 쪽에서 싸운 이력에 큰 자부심을 느낀다는 사실을 감안하면, 이것은 패시로서는 최고의 절망감을 표현한 것이라 할 수 있다.

연합군은 9월 초에 파리를 점령할 것으로 예상했고, 패시도 그에 맞춰 계획을 짰다. 그래서 실제로는 8월 23일에 파리가 무너지기 시작하자, 패시는 부리나케 움직여야 했다. 렌에 주둔한 육군 본부에서 지프 두 대와 동료 세 명을 지원받은 뒤, 지도 하나와 물통 하나만 가지고 출발했다. 네 사람 중 한 명은 알소스 부대 소속도 아니었다. 그는 책상 앞에 앉아 사무만 처리하는 게 지겨워 모험을 찾아나섰다. 패시는 그의 전반적인 스타일이 마음에 들어 충동적으로 팀에 합류시켰다. 그는 얼마 전에 길 잃은 강아지를 입양했는데, 그들은 흰색 몸에 검은색 머리를 가진 이 개를 알소스라고 부르면서 마스코트로 삼아 이번 임무에 함께 데려갔다.

네 사람은 남쪽에서 파리로 진입했다. 은밀하게 행동하려고 노력했지만, 환호하며 기뻐 날뛰는 시민들 때문에 그러기가 불가능했다. 지나가는 농가마다 농부들이 창문으로 몸을 내밀고 빨간색과 흰색과 파란색이 섞인 깃발을 흔들었다. 들르는 마을마다 군중이 아주 가까이 몰려들어 지프가 앞으로 나아가기 힘들 정도였다. 남자들은 그들에게 와인 병을 던졌고, 여자들은 자동차 발판으로 뛰어올라 그들의 뺨에 키스를 퍼부었다. 그래도 위험이 없었던 것은 아니다. 독일군 2000여 명이 파리로 연결되는 도로들에 배치되어 있었고, 수천 명은 시내에서 레지스탕스 대원들과 전투를 벌이고 있었다. 하지만 임무 수행을 가장 크게 위협한 장애물은 프랑스군이었다. 프랑스는 그때까지 이번 전쟁에서 잇달아 굴욕적인 모습(마지노선, 비시 정부, 샹젤리제를 행진한 독일군 등)만 보여주었다. 그래서 명예를 회복하길 간절히 원했고, 연합군 사령관들과의 회의에서 프랑스군 장군들은 해방군으로 파리에 맨 먼저 입성하는 군대는 프랑스군이 되어야 한다고 강력하게 주장했다. 불행하게도 그동안 패배만 거듭한 프랑스군은 독일군과 맞서는 것을 두려워했다. 용감한 시민들은 파리에서 독일군과 치열한 전투를 벌이고 있었지만, 프랑스군은 파리 외곽에서 미적거리며 시간만 낭비하고 있었다.

패시는 미적거리지 않았다. 이번에도 졸리오를 체포하는 데 실패하면 알소스 임무는 끝나고 말 게 뻔했다. 그래서 패시 일행이 파리에서 몇 킬로미터 떨어진 지점에서 바리케이드에 맞닥뜨렸을 때 프랑스군이 통과시켜주지 않자, 패시는 속임수를 썼다. 지휘관이던 코밑수염을 기른 소령 곁으로 다가가, 낮은 목소리로 일부 몰지각한 미군이 전차를 몰고 이미 파리로 진격했다고 말했다. 그러고는 자신은 그들을 파리에 먼저 들어가지 못하도록 제지하라는 명령을 받고 왔다면서 자신이 가면 쉽게 제지할 수 있다고 했다. 하지만 이렇게 계속 길을 가로막는다면, 자신도 어쩔 수 없다고 했다.

“안 돼요! 안 되지요! 어서 가서 그 나쁜 녀석들을 막으세요!” 소령은 이렇게 외치고 바리케이드를 열라고 명령했다. 패시는 작별 인사를 하고 낄낄거리면서 출발했다.

첫 번째 목적지는 교외에 위치한 졸리오와 이렌의 집이었다. 그들이 집에 없는 걸 확인한 패시는 하인에게 졸리오의 연구소에 전화를 걸게 했다. 졸리오가 그곳에도 없자, 패시는 알소스가 찾아갈 것이라는 메시지를 남겼다.

파리가 가까워지자 하늘에 짙은 연기가 치솟으면서 저 멀리 보이는 에펠탑을 빙 두르고 있었다. 도중에 그들이 탄 지프는 여러 차례 총격을 받았지만, 그들은 심각한 공격으로 간주하지 않았다. 총격전 와중에도 프랑스 사람들은 미국인에게 끊임없이 환호를 보냈다. 실제로 파리 시민은 시골 지역의 동포들보다 훨씬 더 큰 환희에 도취돼 있었다. 그들은 "미국인 만세!"라고 외치며 지프를 향해 너무나도 많은 꽃을 던졌다. 패시는 "우리는 패서디나 로즈볼 퍼레이드의 꽃수레가 된 것 같았다"라고 회상했다. 그들이 데려간 강아지도 후드로 뛰어올라 즐거워하며 왈왈 짖어댔다.

8월 25일 오전 8시 55분에 네 사람은 파리로 들어가는 가장 가까운 관문인 포르트 도를레앙에 도착했다. 포르트 도를레앙 옆에는 발코니와 카페가 죽 늘어선 광장이 있었는데, 그들의 지프(파리에 입성한 최초의 연합군)를 보고서 시민들이 내지른 함성이 너무나도 커서 그들은 서로 대화조차 나눌 수 없을 정도였다. 지프 위에 널린 꽃을 기념품으로 가져가려고 사람들이 너도 나도 몰려와 금방 후드 위가 텅 비었다. 함성이 잦아들었을 때, 프랑스 상공에서 격추된 미군 파일럿이 달려와 지프에 탄 미국인을 보고서 활짝 웃었다. 그는 졸리오의 연구소에서 가까운 뤽상부르 공원에 아직도 독일군 전차들이 돌아다니고 있다고 알려주었다. 실제로 멀리서 전차가 포를 발사하는 소리가 들려왔다.

이제 패시는 결정을 내려야 했다. 자신까지 포함해 네 명의 대원이 지프 두 대에 타고 있었는데, 이걸로는 전차에 대적할 수 없었다. 또 만약 자신이 프랑스군보다 먼저 파리에 발을 들여놓는다면, 연합군 사령부가 자신을 '능지처참'하지 않을까 하는 염려도 있었다. 모든 것을 감안하면, 뒤로 물러서야 마땅했다.

반면에 프랑스군은 신경 쓸 필요가 없다는 생각도 들었다. 알소스 부대는 수행해야 할 임무가 있었다. 패시는 출발 명령을 내렸고, 지프들이 출발하자 승리감에 도취된 파리 시민들이 환호를 지르고 소총을 흔들면서 그 뒤를 따랐다. 하지만 그것은 단시간의 모험으로 끝났다. 몇 블록 못 가서 독일군 저격수들이 오합지졸 군대를 향해 총탄 세례를 퍼붓기 시작했다. 패시 일행은 맞서 싸우면서 뚫고 나가려고 했지만, 지프로는 더 이상 나아갈 수 없었다. 그러기가 몹시 싫었지만, 패시는 포르트 도를레앙으로 후퇴해 프랑스군을 기다렸다.

그렇게 오래 기다리지 않아도 되었다. 코밑수염을 기른 소령은 지프의 정체를 이리저리 수소문한 끝에 자신이 속았다는 사실을 깨닫고 상부에 보고했다. 그들은 격노했다. 이 치사한 미국인들! 그들은 진격을 시작하는 수밖에 선택의 여지가 없었다. 비록 우회적으로 작용하긴 했지만, 패시의 속임수는 파리의 해방을 앞당기는 데 기여했다.

포르트 도를레앙으로 물러난 패시의 귀에 이제 프랑스군이 다가오는 소리가 들려왔다. 이번의 환호성은 귀를 먹먹하게 하는 수준을 넘어 거의 강력한 지진에 가까웠다. 1분 뒤, 프랑스군 전차들이 광장으로 들어서기 시작했다. 패시는 세 대가 지나갈 때까지 기다렸다가

지프를 타고 그 뒤를 따랐다.

그의 팀은 몇 시간 동안 전차에 바짝 달라붙어 이동하면서 전차들이 적의 주요 저항 거점을 격퇴하도록 맡겼다. 그러다가 빠져나갈 틈을 발견하자마자 대열에서 이탈하여 졸리오의 연구소를 향해 달리기 시작했다. 도중에 지붕 위에서 저격수들로부터 네 차례나 총격을 받았다. 한번은 지프를 버리고 문간과 나무 뒤에 몸을 숨겨야 했다(강아지는 아마도 납작 엎드려 위기를 피했을 것이다). 일부 용감한 프랑스 시민군이 달려와 지원했고, 패시 일행이 반격을 지휘하면서 한 집 한 집 차례로 나아갔다.

뤽상부르 공원 가까이에서 또 다른 프랑스 레지스탕스 무리가 패시 일행에게 정지 신호를 보내면서 바로 앞의 교차로에 대전차포로 무장한 독일군이 있다고 경고했다. 대전차포라면 물론 지프를 가루로 만들어버리겠지만, 패시는 거기서 돌아가길 거부하고 모험을 해보기로 했다. 아무런 예비 동작도 없이 패시와 또 다른 운전자는 엔진의 회전 속도를 한껏 올린 뒤 지프를 총알같이 몰면서 최대 속도로 교차로를 돌파했다. 반쯤 지났을 때, 폭발 소리가 들렸다. 그들은 독일군의 의표를 찔렀고, 포탄은 그들 뒤에서 폭발했다. 패시는 또 한 번 낄낄거리며 달렸다.

오후 4시 30분에 그들은 졸리오의 연구소 앞마당에 도착했다. 하지만 도착을 축하하기는커녕 그들은 예리한 눈으로 주변을 둘러보았다. 대부분의 첩보 보고서는 졸리오를 부역자로 묘사했다. 지금 연구소 안에 독일군이 숨어 있는 것은 아닐까? 그 많은 총격과 포격을 피해가면서 여기까지 왔는데, 알소스 부대는 결국 이곳에서 최후를 맞이하는 것일까? 아니나다를까, 그들이 지프에서 내리자마자 누가 문을 활짝 열었다. 하지만 총알은 뒤쪽의 교회 종탑에서 날아왔고, 패시 일행이 응사하면서 저격수를 쫓아내자 그 부근은 조용해졌다. 잠시 후, 졸리오의 조수가 계단을 내려와 그들을 환영했다.

아직 자신의 행운을 완전히 믿진 않은 채 패시는 졸리오의 사무실로 들어갔다. 위대한 과학자는 미국인이 그를 만나 기쁜 만큼이나 자신도 미국인을 만나 매우 기쁜 듯이 악수를 했다. 졸리오는 자신이 부역자로 알려진 사실을 아주 잘 알고 있었고, 보복을 당하지 않을까 염려했다. 졸리오는 "나는 목숨의 위협을 느끼고 있소. 나를 보호해준다면 크게 고마울 거요"라고 말했다. 이렇게 아주 간단히 알소스 부대는 세계 최고의 핵물리학자 중 한 명을 확보했다.

패시 일행은 기쁨을 주체할 수 없었다. 한 사람은 "번개 A가 파리를 때렸다!"라고 외쳤는데, 번개 A는 붉은색 번개와 α가 새겨진 알소스 로고를 가리키는 말이었다. 패시는 이 자랑이 아주 마음에 들어 그 후 '번개 A'를 알소스 선발대의 별명으로 사용했다.

승리를 자축하기 위해 번개 A는 그날 밤 축하연을 열었다. 주빈인 졸리오는 너그럽게도 자신의 화학 실험실을 주방으로 바꾸어 꼭두새벽까지 미국인들이 분젠 버너로 음식을 조리하고 비커에 샴페인을 따라 마시도록 허락했다. 이렌이라면 그런 일을 절대로 허용하지 않았을 테지만, 졸리오는 늘 이렌보다 인생을 즐기며 살려는 기질이 더 강했다.

다음 날은 가장 화려한 파리의 오후 중 하나였는데, 왜 사람들이 다른 곳에 살려고 할까 의문이 들 정도로 멋진 하루였다. 패시는 그때를 생각하며 "금빛을 띤 빨간색 나뭇잎, 밤을 구울 때 나는 향긋한 냄새…… 자전거를 타고 샹젤리제를 달리는 아름다운 여자들"을 떠올렸다. 카페들에서는 점령 기간에 금지되었던 미국 댄스 뮤직이 요란하게 울려퍼졌다. 알소스 대원들도 분위기에 휩쓸려 그다음 날 밤에도 파티를 열었다. 훗날 패시는 8월 27일에 파리에 설치된 새 육군 본부에 신고하러 갔을 때, 여전히 "몽롱한" 상태였다고 인정했다.

하지만 육군 본부에서 자신을 기다리던 메시지를 보고 퍼뜩 정신이 들었다. 패시는 그것을 "폭탄 폭발보다 더 큰 충격"이었다고 표현했다. 어떤 명령이었을까? 외국인 과학자를 추적하는 일을 중단하고, 자신의 대원 중 한 명을 찾으라는 것이었다. 놀랍게도 "알소스 부대의 새 표적이 된 사람은 새뮤얼 가우드스밋이었다."

며칠 전에 가우드스밋은 런던에서 프랑스 북부로 날아갔는데, 그곳에서 패시를 만나 함께 파리로 갈 계획이었다. 요령이 없는 그는 여행의 모든 단계가 불만이었다. 그가 탄 비행기는 공항에서 안개 때문에 몇 시간이나 서 있었고, 그는 너무 배가 고픈 나머지 적십자 요원에게 간청해 샌드위치를 얻어먹었다. 비행기의 차가운 금속 좌석은 "유치원 시절의 변기"를 연상시켰다. 첫 번째 도착지인 셰르부르에는 "천막과 막사와 진흙"만 있었다.

셰르부르에서 패시를 만나기로 돼 있었지만, 아무리 찾아도 패시는 그곳에 없었다. 그래서 (많은 간청 끝에) 몇 시간 뒤에 가우드스밋은 몇몇 동료와 함께 무게 30킬로그램의 더플백을 트럭에 던져 싣고 160킬로미터 이상을 이동해 렌 근처의 육군 본부로 가 그곳에서 다시 패시를 찾았다. 어떤 면에서 그것은 즐거운 여행이었다. 날씨는 환상적으로 좋았고, 도중에 만나는 프랑스 사람들은 내내 V 사인과 함께 "미국인 만세!"를 외쳤다. 그와 동시에 트럭은 지뢰와 피격당한 차량을 피해 계속 구불거리며 나아가야 했다. 가우드스밋은 잔해 더미로 변한 집에서 끌어내는 시체를 여럿 보았다. 들것에 실린 한 시체는 숨이 멈출 만큼 아름다워 보였고, 뇌리에서 떠나지 않았다.

예정 시각보다 많이 지체되어 렌에 도착했는데, 그제야 가우드스밋은 자신의 더플백이 사라졌다는 사실을 깨달았다. 아마도 흔들리는 트럭에서 길가로 떨어졌거나 용의주도한 프랑스인 도둑이 집어갔을 것이다. 가우드스밋은 마음이 크게 상했다. 전선에 배치된 첫째 날인데, 모든 것이 엉망이 되고 말았다. 전형적인 장발족인 가우드스밋은 더플백에 관한 보고서를 작성한 뒤 패시를 찾는 작업을 재개했다. 하지만 해가 저물 때까지도 찾지 못했고, 다 허물어져가는 여학교를 찾아가 간이침대에 지친 몸을 눕혔다. 그는 난민들의 신음 소리와 넘치는 변기에서 나는 악취를 무시하려고 애쓰면서 밤을 보냈다.

패시가 자신을 버렸을까 봐 불안해진 가우드스밋은 다음 날 아침에 한 장교와 이야기하여 지프와 운전병을 빌려 지휘 본부들과 주변 도시들을 샅샅이 수색했다. 그러다가 패시가 이미 파리에 들어갔고, 어쩌면 졸리오를 붙잡았을지 모른다는 소문을 들었다. 약간 화가 나긴 했지만, 서둘러 파리로 가는 수밖에 다른 길이 없었다. 하지만 파리로 좀 태워달라고 요청하자, 퉁명스러운 답변이 돌아왔다. 과학자는 파리는 말할 것도 없고 어느 곳으로도 군용 차량을 타고 이동할 자격이 없다고 했다. 자신은 군의 우선순위에서 맨 마지막이라는 사실을 또 한 번 절감했다.

이전에 패시가 그랬던 것처럼 가우드스밋도 결정을 내려야 하는 순간을 맞이했다. 패시는 학계의 과학자가 알소스 임무에 과연 기여할 수 있을까 의심했는데, 과학자는 너무 느리고 겁이 많다고 여겼기 때문이다. 사실, 패시는 얼마 전에 친구에게 보낸 편지에서 "만약 샘이 결단력 있는 행동을 보이지 않는다면, 우리는 파리에서 기회를 날리고 말 걸세"라고 불평했다. 즉, 미적대는 행동은 그만두고 과단성 있는 행동을 보여달라는 것이었다. 물론 가우드스밋은 이 편지에 대해 아무것도 몰랐지만, 대령의 불만을 분명히 알아챘고 그의 판단이 틀렸음을 증명하고 싶었다. 게다가 스스로에게도 뭔가를 증명할 필요가 있었다. 훗날 그는 그날 지프를 타고 돌아다니면서 "내게 부여된 책임을 생각하면서 점점 더 흥분이 고조되었다"라고 회상했다. 그는 전쟁에 기여하길, 그리고 히틀러와 맞서 싸우길 간절히 원했다. 그런데 또다시 길가에 버려진 더플백처럼 버림을 받고 낙오되었다. 반드시 파리로 가야 했다.

아직도 자신의 계획에 확신이 서지 않았지만, 일단 프랑스 도로 지도와 약간의 전투 식량을 챙겼다. 그리고 그날 자신과 함께 돌아다닌 운전병을 찾아갔다. 그 지역을 떠나서는 안 된다는 사실을 알고 있었지만, 가우드스밋에게는 비장의 카드가 몇 가지 있었다(혹은 적어도 탐정 소설에서 그런 것들을 읽은 적이 있었다). 그는 운전병에게 지휘관이 그에게 내린 정확한 명령이 무엇이냐고 물었다.

"당신이 원하는 곳이면 어디든 데려다주라고 했습니다."

바로 가우드스밋이 듣고 싶었던 말이었다. 그는 그 명령의 모호성을 놓치지 않았다. "좋소, 그럼 파리로 갑시다!"

"네, 알겠습니다."

그 장교가 자신의 명령을 분명하게 전달할 만큼 충분히 똑똑하지 않은 것은 가우드스밋의 잘못이 아니었다. 두 사람은 다음 날 새벽에 출발했다.

장발족이 자신의 지프를 훔쳐 달아났다는 사실을 안 장교는 즉시 차량을 탈취당했다고 보고하고, 새뮤얼 가우드스밋이라는 자를 보이는 즉시 체포하라고 전국에 지명 수배를 내렸다. 하지만 가우드스밋은 자신이 훔친 지도로 모든 검문소를 피해 갈 수 있었고, 미리 챙긴 전투 식량 덕분에 식사를 하려고 도중에 어디에 들를 필요도 없었다. 가우드스밋은 훗날 이 무분별한 행동을 "나의 첫 번째 악행"이었다고 말했다.

파리에 들어서는 순간, 가우드스밋은 온몸이 긴장되었다. 사방에서 총소리가 들려왔다. 파리를 마지막으로 본 것은 전쟁이 시작되기 전인 1938년으로, 부모가 사라지기 전이었다. 그는 오랫동안 언제 다시 파리를 볼 수 있을까 생각했는데, 각 지역을 지날 때마다 끓어오르는 감정의 소용돌이에 압도되었다. 한때 양자 스핀 강의를 했던(전도양양한 과학자였던 시절에) 소르본을 다시 본 순간에는 솟구치는 눈물을 참느라 애를 먹었다. 물론 도시 곳곳은 전쟁의 상흔으로 몰골이 흉했다. 하지만 그래도 예전의 마법을 간직하고 있었다—여전히 아름다웠고, 여전히 파리였다. 결국 몇 블록 못 가서 더 이상 참지 못하고 펑펑 눈물을 쏟으며 울었다.

눈물은 졸리오의 연구소 앞에서 돌연 멈췄다. 이곳에 도착하고 나서 가우드스밋은 패시가 차량 탈취에 관한 전말을 모두 알고 있다는 사실을 파악했다. 그 지프는 렌 주둔 육군 본부에서도 위세가 대단한 대령 중 한 명의 차로 드러났다. 그런 거물이 크게 열 받은 것이다. 가우드스밋은 이 사건을 큰일이 아닌 것처럼 축소하려고 애썼다. 그래서 일말의 희망을 걸고 이렇게 말했다. "이제 우리는 당장 우리 일에 착수해야 한다고 생각합니다만." 그러자 패시는 감방 안에서 일을 제대로 할 수 있겠느냐고 대꾸했다.

가우드스밋은 변명을 하느라 갖은 애를 썼는데, 마침내 패시가 씩 웃는 것을 보았다. 사실, 패시 자신도 파리로 들어오기 위해 그에 못지않게 비열한 속임수를 썼고, 알소스 부대의 책임자인 자기만큼 머리가 텅 빈 행정가들을 미워하는 사람은 없었다. 그는 가우드스밋의 등을 찰싹 쳤다. "전쟁에 온 것을 환영하오, 장발족 양반." 그제야 가우드스밋도 안도하면서 기분이 풀어졌고, 특유의 바보 같은 웃음을 지었다. 그리고 자신이 바랐던 대로 이제 본격적으로 일에 착수해야 했다. 그것은 바로 나치의 원자폭탄을 찾는 일이었다.

47장

주트슈트 블랙

로이 포러스트Roy Forrest 중령은 비록 육군 소속이긴 했지만, 조 케네디를 좋아했다. 해군의 모루 작전과 육군의 아프로디테 작전은 기본적으로 동일한 임무였지만, 해군과 육군 간의 경쟁 관계가 둘 사이에 균열을 만들었다. 서로 협력하고 정보를 교환하는 대신에 육군과 해군 파일럿들은 각자 자신의 초라한 공군 기지에서 파벌을 형성하고, 마주칠 때마다 서로를 향해 모욕적인 말을 주고받았다. 해군 초병은 해군 비행기 주변을 기웃거리는 육군을 향해 권총을 뽑아 들기까지 했다. 그리고 조 케네디(부자에다가 독실하고 대사 아버지를 둔)는 특별히 적개심을 불러일으키는 표적이었다.

하지만 포러스트는 케네디가 거슬리지 않았다. 케네디는 유능했고 자신에게 쏟아지는 비방에 우아하게 대응했다. 그래서 선의의 제스처로 포러스트는 가끔 저녁 식사 전에 위스키를 한 모금 하자고 케네디를 초대했다. 그 답례로 케네디는 몇 주 후 포러스트에게 호의를 베풀었다. 어느 날 밤에 포러스트는 전쟁 동안 술값이 너무 심하게 올랐다고(0.75리터짜리 버번위스키 한 병이 20달러였는데, 오늘날의 가치로는 280달러에 해당한다) 불평을 늘어놓았다. 다음 날, 케네디가 그의 사무실 문을 두드리고 들어오더니, 자신이 런던에서 술을 싸게 구할 수 있다면서 버번위스키는 한 병에 1달러 40센트면 살 수 있다고 말했다. 다만, 그것을 실어올 운송 수단이 필요하다고 했다.

포러스트는 눈을 굴렸다. "알겠네, 조. 만약 내가 빨리 행동하면, 런던탑도 덤으로 주겠지? 그렇지?"

하지만 케네디는 농담이 아니라면서 자신은 대사관에 연줄이 있어서 술을 원가에 살 수 있다고 했다. 케네디의 말이 진담임을 알아챈 포러스트는 부관을 불렀다. "비행 대기선으로 가서 짐을 다 내린 비행기를 하나 골라 런던으로 보내게. 새로운 플러그 세트를 실어와야 하네." 그러고 나서 케네디에게 "대위, 나는 방금 런던으로 떠나는 비행편이 있다는 이야기를 들었네. 원한다면 그것을 타고 가도 좋네"라고 말했다. 6시간 뒤, 케네디는 다시 문을 두드리며 들어와 "배달 왔습니다!"라고 속삭였다. 그는 포러스트에게 스카치위스키 한 상자와 진, 크렘 데 멘테(달콤하고 박하 향이 나는 독주—옮긴이), 그리고 팹스트블루리본(라거 맥주의 한 종류) 두 상자를 건네주었다. 총 비용은 스카치위스키가 16달러 80센트, 그리고 나머지 술은 공짜였다. 이러니 로이 포러스트가 케네디가의 이 청년을 좋아하지 않을 수 없었다.

얼마 후, 아프로디테 작전이 중단되고, 케네디는 모루 작전의 첫 번째 파일럿으로 결정되었다. 전문가로서뿐만 아니라 아버지 같은 관심에서 포러스트는 어느 날 오후에 케네디가 탈 비행기인 주트슈트 블랙Zootsuit Black을 살펴보러 갔다. 솔직하게 말해서 외관은 약간 우스

짱스러워 보였다. 기관포를 모두 떼어낸 주트슈트 블랙은 공중에서는 무력한 존재였는데, 그래서 목수가 비행기 아래쪽에 검은색 빗자루를 두 개 달았다. 적기를 만나면 기관총처럼 보이게 하기 위해서였다. 내부는 훨씬 인상적이었다. 공학자 버드 윌리가 급히 만든 첨단 전자 장비를 보자 휘파람이 절로 나왔다. 윌리는 심지어 노즈콘nose cone(비행기나 우주선에서 원뿔 모양으로 생긴 맨 앞부분—옮긴이)에 텔레비전 카메라까지 설치해 주트슈트 블랙이 보는 것을 모선에서도 실시간으로 볼 수 있게 했다. 아주 번지르르한 첨단 장비들이었다.

폭발물을 제어하는 신관 제어 장치는 그다지 마음에 들지 않았다. 사실, 포러스트는 가까이 다가가 그 회로를 자세히 살펴보고는 경악을 금치 못했다. 해군은 폭발물을 전파 신호를 통해 원격 제어하는 능력을 신나게 자랑했지만, 포러스트의 눈에 그 제어 장치는 날림으로 만든 것으로 보였는데, 그도 그럴 것이 불과 2주일 만에 뚝딱 만든 것이어서 용접이 불량한 곳과 접지가 제대로 되지 않은 전선들이 잔뜩 널려 있었다. 그는 그때 이런 생각이 들었다고 한다. "마치 2번 이렉터 세트Erector set(어린이용 조립 완구)와 링컨 로그Lincoln Logs(작은 요새와 건물을 짓는 목제 조립 완구)로 만든 것처럼 보이는군." 그들은 정말로 이것을 신뢰한단 말인가?

그날 밤, 포러스트는 이러한 우려를 상관인 대령에게 전달했다. 두 사람은 기지 안의 바에 앉아 대화를 나눴다. 포러스트가 문제점에 대한 설명을 마치자, 대령은 어깨를 으쓱했다. "그건 어디까지나 해군의 문제일세." 하지만 그 제어 장치가 파일럿을 죽일 수 있다고 포러스트가 강하게 이의를 제기했다. 게다가 우리는 모두 같은 편에서 싸우고 있지 않습니까?

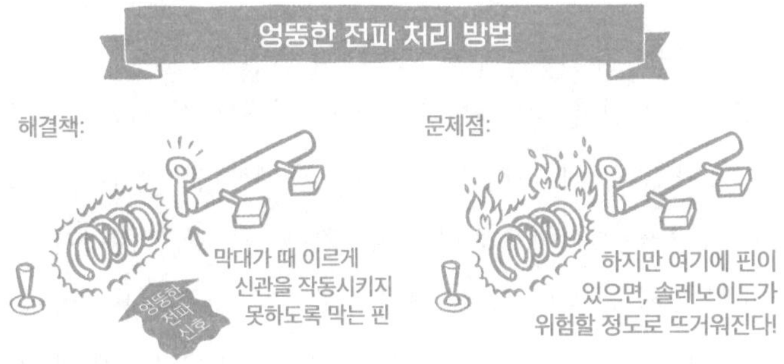

대령은 마르티니 잔을 들어올리면서 포러스트의 '무모한 상상력'에 건배를 했다. 그리고 "해군의 드론이 폭발하면 내게 전화를 주게. 여기서는 해군이 선수를 치길 아무도 원치 않는다네."

해군 소속의 전기 기사 세 사람도 불량 제작된 신관 제어 장치에 두려움을 느끼고 있었다는 사실을 포러스트가 알았더라면 얼마나 좋았을까! 필라델피아 부근에서 실시한 시험 비행 동안 폭발 회로가 제멋대로 폭발하는 일이 반복적으로 일어났는데, 아마도 전파 간섭 때문에 그런 것 같았다. 이에 대응하기 위해 버드 윌리는 안전 대책을 추가했다. 세부 내용은 다소 복잡하지만, 간단하게 말하면 폭발물은 두 가지 독특한 회로를 통해 제어되었다. 첫 번째 회로는 총에서 공이치기를 당기는 것처럼 폭발물을 폭발 준비 상태로 만들었고, 두 번째 회로는 방아쇠를 당겼다. 폭발 준비 과정의 한 하부 단계는 솔레노이드라는 전선 코일을 사용했다. 솔레노이드는 전류가 흐르면 자화되는데, 여기서는 자화된 솔레노이드가 금속 막대를 끌어당긴다. 금속 막대는 가까이에 있는 신관들에 붙어 있는데, 막대가 움직이면 신관이 작동을 시작한다. 기본적으로 막대가 움직이면, 폭발물은 폭발할 조건을 갖추게 된다.

정상적으로 작동할 때에는 모선에서 지시를 내리기 전까지는 그러한 움직임이 일어나지 않는다. 하지만 엉뚱한 전파 신호가 흘러들어왔다고 가정해보자. 그러면 때 이르게 솔레노이드에 전류가 흐르기 시작한다. 그러면 때 이르게 금속 막대가 움직이고, 파일럿이 아직 비행기에 타고 있을 때 방아쇠를 당기게 되는데, 이것은 용납할 수 없는 위험이었다. 그래서 윌리는 때 이른 움직임을 방지하기 위해 금속 핀으로 막대를 물리적으로 막는 방법을 썼다. 파일럿은 점프하기 전에 핀을 제거하기만 하면 되었다. 이로써 문제가 해결되었다.

하지만 과연 그랬을까? 회로 다이어그램을 자세히 들여다본 전기 기사들이 뭔가를 발견했다. 금속 핀을 추가하면 막대의 때 이른 이동을 막을 수 있다는 것은 분명했다. 하지만 그러면 더 큰 문제가 생길 가능성이 있었다. 그것은 금속 막대가 실제로는 두 가지 기능을 하기 때문에 그랬다. 금속 막대의 움직임은 신관을 작동시키는 것 외에 가까이 있는 스위치를 건드려 솔레노이드에 흐르는 전류를 차단하는 기능도 한다. 전류 차단이 필요한 이유는 전류가 흐르는 물체는 무엇이건 시간이 지나면 가열되기 때문이다. 따라서 엉뚱한 전파 신호로 인해 전류가 흐르는데도 금속 핀이 금속 막대의 움직임을 막는다면, 솔레노이드가 뜨거워지기 시작할 것이다. 솔레노이드가 뜨거워질수록 가까이 있는 신관을 우연히 작동시킬 가능성이 높아진다. 이것은 즉각 일어나진 않지만, 시험 결과는 몇 분(약 150초) 뒤에는 솔레노이드가 위험한 온도에 이른다는 것을 보여주었다. 그들은 윌리에게 경고하기로 결정했다.

그것은 좋지 않은 생각으로 드러났다. 윌리는 공학에는 천재였지만, 전투 임무를 수행하는 스트레스가 그를 초조하게 만들었다. 아랫사람들에게 자신이 원하는 것을 장교처럼 차분하고 단호하게 말하는 대신에 훈련 교관처럼 고함을 지르기 시작했고, "이건 명령이야!"라고 소리치면서 지시를 끝맺는 경우도 많았다. 심지어 그의 판단도 갈수록 이상해졌다. 그는 절박한 심정에서 일주일 전에 실시된 훈련 비행을 비난하고 나섰고(아이러니하게도 그 비행기에는 온갖 첨단 전자 장비와는 대조적으로 형편없는 나침반이 실려 있었다), 자신의 실패를 인정하는 대신에 그 비행기에 발포를 한 대공 부대와 비행기 날개를 거의 떨어져나가게 한 수많은 방공 기구를 싸잡아 비난했다. 두 번째 일촉즉발의 사고 뒤에 두 장교가 반기를 들어 비행기를 가져가버렸고, 적어도 한 사람은 다시는 윌리와 함께 비행하지 않겠다고 말했다. 사람들은 그의 정신 건강에 심각한 의문을 제기했다.

아니나다를까, 한 전기 기사가 윌리의 사무실 문을 두드리고 신관 제어 장치에 대한 우려를 설명하자, 윌리는 크게 동요했다. 자신이 그 제어 장치를 설계한 것은 아니었지만, '자기' 비행기의 모든 측면에 대해 방어적 태도를 보였다. 윌리는 잘못된 것은 아무것도 없다고 주장했다. "내가 멍청해서 이 옷을 입은 책임 장교가 된 게 아닐세." 전기 기사가 자신의 주장을 반복하면서 금속 핀이 왜 위험한지 설명하자, 윌리는 갑자기 고함을 질렀다. "헛소리 그만 하게! 이건 명령이야!" 그렇게 해서 금속 핀은 살아남았다.

세 전기 기사는 이제 어떻게 해야 할지 논의했다. 두 사람은 그 문제를 케네디에게 설명하려고 시도했다. 그 비행기를 모는 당사자가 안전하지 않다고 느끼면 임무를 거부할 수 있다. 하지만 사병인 그들은 대사 아들에게 어떤 행동을 하라고 이야기하는 것에 불편함을 느꼈고, 어쨌든 조는 기술적 세부 내용을 제대로 이해하지 못했다. 게다가 케네디는 그 주에 책임진 일(훈련 비행, 브리핑, 항공 기관사 선발)이 아주 많아 한가로이 전자 장비 문제로 불안해할 여력이 없었다. 그는 한 전기 기사에게 이런 경우에 자신의 좌우명은 "입 다물고 명령에 복종하는 것"이라고 말했다.

선택지가 바닥난 세 사람은 전자 장비를 파괴하는 방안을 고려했다. 주트슈트 블랙에 잠입해 특정 전선을 잘라버리면 때 이른 폭발의 위험을 제거할 수 있을 것이라고 계산했다. 하지만 버드 윌리는 만약 무엇 하나라도 손을 대면, 그들을 군사 재판에 회부할 것이라고 위협했는데, 결코 빈말처럼 들리지 않았다. 할 수 없이 전기 기사들은 불안감을 억누르고 아무 행동도 하지 않았다.

뒤에서 이런 드라마가 펼쳐지는 동안 케네디는 계속 훈련 비행을 하는 동시에 폭발물 적재를 포함해 다른 일들도 처리했다. 이 임무에는 네이팜탄 대신에 새로운 종류의 폭발물인 토펙스Torpex를 사용하기로 했는데, TNT에 알루미늄 가루를 섞은 토펙스는 폭발 지속 시간이 더 길고 폭발 위력도 훨씬 강했다. 토펙스는 장밋빛 버터처럼 보이는 덩어리 형태로 생산되었는데, 조는 해군 수십 명이 이 치명적인 콜로이드 폭발물 347상자를 주트슈트 블랙에 싣는 모습을 지켜보았다. 각 상자에는 불의의 폭발 사고를 낳을 수 있는 충격을 줄이기 위해 밀랍 쿠션을 덧댔다. 9590킬로그램의 토펙스를 실은 비행기의 폭발력은 V-1 로켓 12개와 맞먹었다.

케네디에게 중요한 과제 중 하나는 비행 도중에 전자 장비를 조작하는 일을 도와줄 항공 기관사를 선발하는 것이었다. 동료 두 명이 자원했는데, 케네디는 냉정하게 둘 다 배제하고 다름 아닌 버드 윌리를 선택했다. 윌리는 원격 조종 장치와 신관 작동/폭파 회로를 설계하고 시험한 장본이이기 때문에 자신이 그 일에 최고의 적임자라고 주장했다. 공학자의 이상한 행동이 좀 꺼림칙하긴 했지만, 케네디는 그 의견에 동의했다.

케네디와 윌리는 임무가 시작되기 전까지 언제나처럼 날씨가 청명해지길 기다리면서 하루하루를 보냈다. 기다리는 동안 주의를 다른 데로 돌리기 위해 조는 집에 있는 가족에게 편지를 썼는데, "무모한 모험에……[자신의] 멀쩡한 목을 걸지" 않을 것이라고 안심시켰다. 종군 기자로 영국에서 근무하던 가족의 친구 로렐 허스트Lorelle Hearst(출판업자 윌리엄 랜돌프 허스트William Randolph Hearst의 아내)와 전화 통화를 할 때에는 좀더 솔직하게 속내를 털어놓았다. "이제 곧 내게 주어진 임무를 수행하려고 합니다. 만약 내가 돌아오지 않거든, 아버지에게 (우리의 차이에도 불구하고) 내가 매우 사랑한다고 전해주세요." 편지를 쓰는 사이사이에 조는 BBC를 계속 들으면서 패튼 장군에 대해 곰곰이 생각했다.

8월 12일, 마침내 잔뜩 찌푸렸던 날씨가 갰다. 완벽한 CAV U 조건이었다. 햇살이 쨍쨍 내리쬐고 머리 위로 눈부시게 파란 하늘이 펼쳐졌다. 케네디의 친구인 로이 포러스트는 그날 오후에 영국 해협 건너편의 벙커들을 잠깐 살펴보기 위해 자기 비행기를 타고 날아갔다가 미소를 지으며 돌아왔다. 그는 "독일 놈들도 밖으로 나와 테라스에서 햇볕을 쬐고 있습니다"라고 보고했다. 마침내 모든 것이 준비되었다.

아마도 불필요한 것이었겠지만(그때쯤에는 그 임무를 모두가 다 알고 있었으므로), 그래도 그날 오후에 열린 마지막 브리핑을 케네디는 참고 들었다. 브리핑은 탁구대 위에 거대한 미모예크 '핵무기 벙커' 3차원 모형을 올려놓은 방에서 열렸다. 공격 시점은 해질 무렵으로 잡았는데, 날아오는 드론을 독일군 대공 부대가 잘 보지 못하도록 하기 위해서였다. 벙커의 유일한 취약점인 출입구를 조준하기로 했는데, 출입구는 한 변이 약 4.8미터인 정사각형 모양이어서 비행기의 동체 길이나 폭보다 작았다.

케네디가 브리핑을 듣는 동안 공학자 몇 명이 내부의 폭발물 사이를 돌아다니며 주트슈트 블랙을 점검했다. 아무 이상이 없음을 확인한 그들은 조와 윌리에게 탑승 신호를 보냈다. 조는 그들에게 만약 자신이 잘못되면, 자신의 소중한 소유물을 가져도 좋다고 진지하게 말했는데, 그 소유물은 자신의 로커에 보관해둔 신선한 달걀 상자였다. 모두가 크게 웃었다. 그러고 나서 조와 윌리는 앞바퀴 부근에 있는 해치를 통해 비행기로 기어 들어갔다. 그것은 한 시간 뒤에 점프를 할 때 빠져나올 문이기도 했다.

두 모선은 오후 5시 55분과 5시 56분에 이륙했다. 그 뒤를 이어 기상 관측 비행기, 사진사를 대동한 정찰기 두 대, 낙하산으로 탈출한 뒤 파일럿과 항공 기관사가 착륙한 곳을 확인할 비행기, 독일군의 요격에 대비한 전투기 5대가 발진했다. 하늘에서 조와 윌리가 탄 자선을 돕기 위해 모두 합해 10여 대의 호위대가 함께 출발했다. 이 비행기들이 위에서 선회하는 동안 파일럿과 기관사는 다양한 체크리스트를 확인하면서 10여 분을 보냈다. 그러고 나서 그들은 엄지를 치켜세우고 활주로로 천천히 이동했다. 조는 6시 7분에 비트와 순무 밭 옆으로 뻗어 있는 활주로를 질주하다가 이륙했다. 그 비행기에는 목적지까지 가는 연료만 실려 있을 뿐, 돌아올 연료는 없었다. 그 장면을 본 한 전기 기사는 "내가 본 것 중 가장 아름다운 이륙"이라고 말했다.

주트슈트 블랙은 그다음 15분 동안 느릿느릿 좌우로 흔들거리면서 나아갔고, 조와 윌리는 원격 조종 장치가 제대로 작동하는지 점검했다. 그것은 제대로 작동했고, 조는 마침내 "스페이드 플러시"라는 암호를 송신해 모선에 원격 조종을 맡겼다. 아프로디테 작전 비행 때에는 이 단계가 여러 번 실패했지만, 해군의 원격 조종 전환 과정은 더할 나위 없이 부드럽게 일어났다. 모루 작전은 모든 게 순조롭게 흘러갔다.

케네디와 윌리는 이제 자동 조종 장치와 고도계를 보정하는 것을 비롯해 다른 일에 매달렸다. 한편, 저 위의 모선에서 누군가 자선이 경로에서 약간 벗어났다는 사실을 알아챘다. 그래서 조이스틱을 왼쪽으로 옮겨 그 진로를 수정했다. 잠시 후, 아래에서 우르릉거리는 소리가 나는 것 같았다. 혼란을 느낀 그는 주트슈트 블랙의 기수에서 촬영한 모습을 보여주는 텔레비전 모니터를 보았다. 모니터에는 지지직거리는 영상만 보였다.

48장
"아직도 잡는 솜씨가 뛰어나군."

모 버그는 1944년 여름을 아주 열심히 일하며 보냈다. 사진들을 보면, 체중이 선수로 뛰던 시절에 가깝게 줄어 이전 몇 년보다 훨씬 날씬해 보이는데, 이것은 전혀 놀라운 일이 아니었다. 로마에서는 매일 면담할 과학자, 번역할 문서, 작성할 보고서(레이더와 전파, 어뢰와 신관, 고도계와 원격 조종 비행기에 관한)가 새로 생겼다. 각 보고서 초안을 여러 가지 작성한 뒤, 숨쉴 틈도 없이 전신을 통해 워싱턴으로 보냈는데, 행간 여백 없이 타이핑한 그 문서는 무려 17페이지에 이르렀다. OSS는 그 열정을 높이 샀지만, 결국에는 버그에게 보고를 좀 줄이라고 요청했다. 끊임없이 쏟아지는 보고(게다가 모든 보고에는 초긴급 사항이라는 꼬리표가 붙어 있었다) 때문에 그들의 통신 채널이 막힐 지경이었다. 버그는 조언을 무시하고 보고를 계속 쏟아냈다.

그렇지만 그런 버그도 영원한 도시를 즐길 시간은 있었다. OSS는 근사한 검은색 차와 운전기사를 제공했고, 버그는 가장 호화로운 호텔인 엑셀시오르호텔에서 묵었는데, 아침마다 〈스타스 앤 스트라이프스〉(미국의 군사 전문 일간지)와 함께 이탈리아 신문을 여섯 가지나 읽었다. 하루는 교황을 알현했고, 로마를 방문한 장교들에게 안내인이 수행하는 바티칸 미술 컬렉션 여행을 제공했다. 버그는 로마(놀랍게도 점령 동안 거의 아무 손상도 입지 않은)를 "전쟁의 흔적이라고는 전혀 없는 한 줄기 햇살"이라고 묘사했다.

버그는 OSS를 위해 현장 조사도 했다. 현지 낚시터를 여러 군데 찾아다니면서 사람들에게 요즘 물고기가 잘 잡히느냐고 물었다. 그 연못들은 OSS가 우라늄 처리 공정에 쓰이는 것이 아닐까 의심한 수력 발전소 근처에 있었다. 만약 의심이 맞다면, 발전소에서 방류한 물에 물고기들이 죽을 것이다. 그다음에 버그는 피렌체로 가 플루토늄 실험에 전용될 수 있는 장비를 생산하는 광학 기구 생산 공장에 잠입했다. 그 당시 피렌체는 여전히 독일이 점령하고 있었기 때문에, 버그는 신분을 숨기고 여행해야 했다. 유명한 베키오 다리를 건널 때, 멀리서 포탄이 터지는 소리가 들렸다. 하이 티high tea(오후 4~5시경에 먹는 가벼운 저녁 식사. 보통 홍차와 샌드위치가 나온다—옮긴이)가 나오고 현악 4중주단이 로비에서 연주를 하는 호텔을 찾아 들어갔지만, 이번만큼은 이러한 호사에 불편함을 느꼈는데, 도시 전체가 식품과 심지어 물까지 부족해 고통을 겪고 있었기 때문이다.

그해 여름에 버그가 거둔 최고의 성과 중 하나는 세계 최고 수준의 풍동風洞인 갈레리아 울트라소니카galleria ultrasonica를 만든 공기역학 전문가 안토니오 페리Antonio Ferri를 찾은 것이다. 1년 전인 1943년 9월, 독일군은 페리의 연구소를 접수했다. 프레데리크 졸리오와 달리 페리는 어떤 식으로건 나치와 협력하길 거부했는데, 어느 날 그는 거짓말을 하고 연구소로 들어가 자신의 장비를 부수고 소중한 문서를 챙겨 달아났다. 페리는 북쪽의 아펜니노산맥으로 가 그곳에서 형(역사학 교수였던)과 함께 나치의 점령에 저항하는 게릴라 단체 일 스파르타코Il Spartaco를 조직했다. 두 사람은 누더기 옷을 걸친 수백 명의 게릴라를 지휘하면서 다리를 폭파하고, 순찰대를 매복 공격하고, 심지어 장교의 차를 탈취하고, 수감자 여럿을 탈출시켜 동굴에 숨겼다. 이러한 소란이 성가신 데다가 풍동에 관한 문서를 되찾길 간절히 원한 독일군은 페리의 머리에 후한 포상금을 내걸었다. 하지만 포상금을 타간 사람은 없었고, 페리는 몇 개월이 지나도 붙잡히지 않고 잘 빠져나갔다.

하지만 모 버그는 독일이 실패한 이 일에 성공했다. 버그는 먼저 로마에 살던 페리의 장모를 감언이설과 매력으로 구슬리는 작업에 들어갔는데, 결국 장모는 나중에 페리가 로마로 잠입했을 때 버그와 만나도록 주선했다. 처음 만났을 때 페리는 의기소침해 보였는데, 과학을 다 때려치우고 소방대원이 되고 싶다고 했다. 버그는 그를 달래고 위로했으며, 신뢰를 얻기 위해 페리 가족과 함께 많은 시간을 보냈다. 페리의 아이들에게 야구를 가르치기도 했다. 이러한 친절에 마침내 페리도 마음을 열었고, 버그는 그를 구슬려 전문적인 기술 정보를 충분히 많이 얻어내 풍동에 관한 12쪽짜리 보고서를 OSS에 제출했다. 그 직후에 버그는 페리를 설득해 이탈리아가 정치적으로 안정될 때까지 미국에서 일하면서 지낼 수 있는 3개월짜리 계약에 서명하게 했다. 페리가 미국을 방문하려면 루스벨트 대통령의 승인이 필요했다. 루스벨트 대통령은 그 요청을 듣고 나서 싱긋 웃으면서 "버그는 아직도 잡는 솜씨가 뛰어나군"이라고 말했다(루스벨트는 "Berg is still catching pretty well."이라고 말했는데, catch는 원래는 '야구공을 받다 또는 잡다'라는 뜻이지만, 여기서는 '사람을 잡다'라는 뜻으로도 쓰였다—옮긴이).

(물론 페리가 뉴욕에 도착하자, 미국 관계자들은 온갖 핑계를 대면서 그가 미국을 떠나지 못하게 했다. 결국 페리도 자신의 운명을 받아들이고 미국 시민이 되어 미국의 항공 기술 발전에 중요한 기여를 했다. 가장 중요한 기여로는 몇 년 뒤에 척 이거Chuck Yeager가 타고 음속 장벽을 돌파한 비행기의 설계를 도운 일을 꼽을 수 있다.)

최고 과학자들을 붙잡는 성과를 거두었지만, 버그는 버그답게 여전히 직속상관들의 심기를 거슬렀는데, 한번 사라졌다 하면 몇 주일씩 오리무중인 게 주요 이유였다. 가장 심한 바보짓은 8월 하순에 일어났는데, 그때 OSS는 프레데리크 졸리오와 접촉하라고 버그를 파리로 보내기로 결정했다. 상관들은 카사블랑카와 피렌체 사이의 모든 전초 기지에 자신들의 스파이를 본 적이 있느냐고 문의하는 전보를 보냈다. 아무도 본 사람이 없었다.

사실은 버그가 보리스 패시와 다시 충돌하지 않은 것은 최선이었는지도 모른다—까딱 잘못했으면 살인이 일어났을지도 모른다. 게다가 OSS는 이미 스타 포수에게 맡길 또 다른 임무를 준비하고 있었는데, 그것은 훨씬 음흉한 임무였다.

49장

“널 보러 갈게.”

1944년 8월 12일 저녁, 에이다 웨스트게이트Ada Westgate라는 44세 여성이 영국 동부 끝에 위치한 뉴딜라이트우드 부근의 자기 집 밖에서 이웃과 잡담을 나누고 있었다. 그때, 하늘에 비행기가 한 대 나타났다. 이웃들은 아름다운 여름날 저녁을 즐기고 있었는데, 그들도 그 비행기를 분명히 보았을 것이다. 그 비행기는 아주 낮게 날면서 시끄러운 소리를 냈다. 그 당시에는 하늘에 항상 폭격기가 오갔기 때문에, 이 비행기가 특별히 큰 주의를 끌진 않았다. 적어도 폭발하기 전까진 그랬다.

거대한 불빛이 퍼져나가면서 하늘을 뒤덮었고, 잇따라 일어난 폭발의 위력(폭발 소리보다는 물리적 충격 면에서)은 엄청났을 것이다. 갑자기 머릿속이 멍해진 웨스트게이트는 V-1 로켓이 떨어졌나 하고 생각했다. 웨스트게이트는 얼마 전에 V-1 폭발로 집이 파괴되는 바람에 런던에서 이곳으로 온 사촌과 함께 살고 있었다. 영국에서 ‘안전한’ 지역으로 꼽히는 이곳으로 피신 온 사촌이 방금 목숨을 잃었을지도 모른다는 생각에 속이 울렁거렸다. 웨스트게이트는 사촌이 무사한지 확인하려고 현관 쪽으로 비틀거리며 걸어가다가 현관문이 사라졌다는 사실을 깨달았다. 문은 경첩에서 분리돼 멀리 마당으로 날아갔다. 그리고 문 밑에 사촌이 깔려 있었다.

다행히도 사촌은 다치진 않았다. 그래서 사촌의 몸에서 먼지를 털어낸 뒤, 웨스트게이트는 조카딸(역시 자신의 집에서 함께 살던)에게 자신의 코트를 좀 갖다달라고 부탁했는데, 같은 동네에 사는 이웃들의 안부를 확인하러 가기 위해서였다. 텅 빈 현관을 쏜살같이 지나 위층으로 올라간 조카딸이 금방 다시 내려왔다. 사실은 이층도 사라지고 없었다. 조카딸은 "고모, 천장이 폭삭 내려앉았어요!"라고 말했다.

11개월 뒤에 일어난 트리니티 핵무기 실험 전까지 역사상 가장 위력이 컸던 인공 폭발은 바로 주트슈트 블랙이었다. 거대한 초록색과 노란색 불덩어리가 하늘을 가득 메웠고, 잠시 후 파편들이 사방으로 퍼져나갔는데, 그중에는 아직 공중에서 빙빙 도는 프로펠러가 붙은 엔진도 포함돼 있었다. 충격파로 여러 집의 지붕이 날아갔고, 최대 15킬로미터 밖에 있는 집들의 유리창이 깨졌다. 불덩어리가 잦아들자, 마치 「요한 묵시록」에서 나온 듯한 거대한 문어 모양의 연기가 불덩어리를 대신해 하늘을 가득 메웠는데, 이 짙은 검은색 구름에서 돋아나온 촉수들이 파편이 지나간 곳을 따라 사방으로 뻗어나갔다. 그다음 일주일 동안 현지 주민들은 진앙에서 최대 1.6킬로미터 떨어진 곳에서도 비행기 잔해를 발견했다. 사람의 흔적은 전혀 발견하지 못했다. 발견된 것 중 가장 비슷한 것은 나무에 얽힌 낙하산 줄이었다.

조 케네디의 아버지가 지닌 영향력을 고려할 때, 이 재난에 대해 강도 높은 조사가 일어난 것은 당연한데, 한 목격자는 "내가 본 것 중 가장 철두철미한 조사"라고 불렀다. 해군은 별도의 두 가지 보고서를 준비했고, RCA와 CBS에서 전자공학 전문가들을 고용해 또 다른 보고서를 작성했으며, 각각의 보고서에 대해 외부의 자문을 따로 구했다. 폭발의 정확한 원인은 아무도 알아내지 못할 가능성이 컸지만, 보고서들은 파괴 활동, 가솔린 누출, 근처 구름에서 생긴 정전기 스파크, 지상에서 발사되어 하늘을 떠돌던 탄환 같은 일부 가설을 배제했다. 대신에 보고서들은 대부분 신관 제어 장치에 초점을 맞추었다. 영국군은 전파로 독일의 통신을 방해하려고 애쓰고 있었기 때문에, 길 잃은 신호가 그 회로를 작동시켰을 가능성이 있었다. 그리고 전기 기사들이 우려한 대로 금속 핀 가까이에 있던 솔레노이드가 가열되어 기폭 장치를 작동시켰을 가능성도 있었다. 왜 바로 그때(모선이 주트슈트 블랙을 왼쪽으로 살짝 틀게 한 직후) 폭발이 일어났는지는 밝혀지지 않았다. 아마도 우연의 일치였을 것이다.

케네디 가족은 이런 사실을 전혀 몰랐다. 8월 13일에 그들은 조가 동생의 영웅적인 전공에 좌절해 눈물을 터뜨린 장소인 하이애니스포트에 머물고 있었다. 전축에서 빙 크로스비Bing Crosby의 〈널 보러 갈게I'll Be Seeing You〉가 흘러나오고 있을 때, 조의 어머니 로즈는 검은색 세단이 집 앞에 멈춰서는 걸 보았다. 해군 소속의 군목 두 사람이 차에서 내렸다. 로즈는 낮잠을 자고 있던 케네디 시니어를 부르러 위층으로 올라갔다. 아래로 내려온 케네디 시니어는 군목에게서 소식을 듣고는 흐느끼면서 곧장 위층으로 뛰어올라갔다. 나머지 사람들도 모두 울음을 터뜨렸다. 침착함을 잃지 않은 사람은 잭뿐이었다. 열두 살 먹은 동생 테디를 손으로 붙잡고 "조는 우리가 여기 앉아 울고 있길 원치 않을 거야. 형은 우리가 계속 나아가길 원할 거야"라고 말했다. 테디는 잭이 베푼 이 친절을 영원히 기억했다.

마지막 편지에서 약속한 것처럼 조는 이 임무로 해군 십자장을 받았다. 그는 마침내 동생과 어깨를 나란히 할 수 있게 되었다. 하지만 보안상의 이유로, 그리고 아마도 자신들의 실수를 감추기 위해, 해군은 조의 임무에 관한 세부 사항이나 그것이 왜 실패했는지에 대해서는 케네디 가족에게 일절 이야기하지 않았다. 다만 조가 그 임무를 자원했고, 영웅으로 전사했다고만 말했다. 하지만 케네디 시니어가 1939년에 느꼈던 두려움은 선견지명이 있었다. 자신이 결코 원치 않았던 전쟁은 가장 사랑하던 아들을 앗아가고 말았다.

놀랍게도 모루 작전은 조 케네디와 버드 윌리가 사망한 후에도 계속되었다. 하지만 그 뒤를 이은 비행도 번번이 실패했고, 모루 작전의 최종 기록은 아프로디테 작전만큼이나 암담해 보였다. 두 작전에 투입된 비행기 폭탄은 모두 18대였지만 성과는 0이었다. 역사학자들이 지적한 것처럼 두 작전은 프랑스의 콘크리트 벙커보다는 영국 시골에 더 많은 피해를 끼쳤다.

한편, V 무기를 저지하기 위한 전투는 맹렬하게 계속되었다. 독일군은 프랑스 북부의 여러 장소에서 V-1을 발사했는데, 1944년 여름이 끝날 무렵에 연합군은 마침내 그 지역들을 대부분 점령했다. 그러자 영국의 하늘이 조용해졌고, 9월 7일에 처칠의 사위 덩컨 샌디스는 "혹시 있을지도 모르는 마지막 몇 발을 제외하고는" V 로켓의 위협은 끝났다고 자신만만하게 선언했다.

그러나 그것은 섣부른 호언장담이었다. 다음 날 밤에 V-2가 퍼붓기 시작했다. 첫 발은 오후 6시 30분에 웨스트런던에 떨어졌다. 그리고 그 후 몇 개월 동안 수백 개가 더 날아왔고, 영국인은 이 신무기가 얼마나 무서운지 금방 깨달았다. V-2는 더 많은 폭발물을 실어 폭발 위력도 더 컸다. 그리고 아주 놀라운 속도(시속 약 5670킬로미터)로 날았기 때문에, 그것이 날아오는 소리를 아무도 듣지 못했고 요격은 생각도 할 수 없었다. 무엇보다도 V-2는 이동 발사대에서 발사되었기 때문에, 원천적으로 봉쇄하기가 거의 불가능했다. 연합군이 최선의 노력을 기울였지만, 독일군은 전쟁이 거의 끝날 때까지 V-2를 계속 발사했고, 이로 인해 1945년 3월까지 134명이 사망했다. 하나는 폰 토마 장군의 안락한 포로 수용소가 있던 트렌트파크에서 불과 수백 미터 떨어진 곳에 떨어져 폭발했다. 그가 예측했듯이, 영국은 갑자기 '재미있는 일'을 더 겪게 되었다.

한편, 연합군이 핵무기일지 모른다며 두려워한 히틀러의 고압 펌프, '비지 리지', 즉 V-3는 어떻게 되었을까? 샌디스가 호언장담한 것과 거의 같은 시기에 패튼 장군의 군대가 미모예크를 점령했는데, 그곳에서 당혹스러운 사실을 발견했다. 그 장소는 속임수였다. 인상적인 겉모습 뒤에는 제대로 된 로켓이 단 하나도 없었다. 지진 폭탄(높은 고도에서 떨어지면서 엄청난 운동 에너지로 땅속 깊숙이 들어가 지하에서 폭발하는 폭탄)과 그 밖의 폭탄은 연약한 장비들을 박살내고 지하 수갱을 돌무더기로 가득 채우면서 연합군이 생각한 것보다 훨씬 큰 손상을 입힌 것으로 드러났다. 독일군 지휘관들은 이 장소를 포기하기로 결정했지만, 히틀러는 최소한의 인원을 남겨 정찰기를 속이고 연합군의 주의를 그곳으로 돌리게 했다. 히틀러는 그곳에 떨어지는 폭탄만큼 베를린에 떨어지는 폭탄이 줄어들 거라고 계산했다. 요컨대 히틀러는 연합군을 멋지게 속여넘긴 것이다. 비지 리지가 제대로 작동했을 가능성이 아주 낮았다는 사실을 감안하면, 조 케네디가 쓸데없는 임무에 나섰다가 죽음을 맞이했다는 결론을 피하기 어렵다.

적어도 군사적 관점에서는 쓸데없는 작전이었다. 다른 관점에서 보면, 이 임무는 아주 중대한 결과를 낳았다. 전쟁 전에 케네디 가족은 패배주의에 젖은 듯한 분위기를 풍겼다. 조지프 케네디 시니어는 대표적인 유화주의자로, 미국의 네빌 체임벌린이라 불릴 만했다. 잭이 PT-109에 승선해 보여준 영웅적 행동은 그런 견해가 틀렸음을 보여주었고, 조의 죽음은 그 낙인을 완전히 지웠다. 이제 히틀러와 용감하게 맞서 싸우려는 케네디 가문의 높은 기개를 의심하는 사람은 아무도 없었다. 조가 죽고 나서 케네디 시니어는 거의 모든 공직에서 물러났고, 편지를 쓰거나 외출하는 일도 드물었다. 하지만 아들들은 영웅으로 떠올랐고, 케네디가는 미국에서 손꼽는 명문가로 재탄생했다.

50장

부역자 동물원

파리의 상황이 어느 정도 진정되자, 알소스 부대는 개선문 근처의 큰 호텔에 본부를 차렸다. 르루아얄몽소호텔은 최근에 불운한 시기를 보냈지만, 직원들은 미국인을 위해 훌륭한 쇼를 열 준비를 했다. 웨이터들은 턱시도 차림으로 서빙했는데, 가우드스밋의 표현을 빌리면, 육군의 K레이션을 "마치 버섯을 곁들인 필레 미뇽인 것처럼" 접시에 내왔다. 요리사들은 심지어 역겨운 군대 디저트인 막대 모양의 말린 자두를 아주 맛있어 보이는 간식으로 둔갑시키고는 그것을 "윕 어 플러피whip-a-fluffy"라고 불렀다. 하지만 가우드스밋은 웨이터가 대부분 십 대이고, 턱시도가 청소년의 몸에 헐렁하게 걸쳐져 있다는 사실을 알아챘다. 한때 그 턱시도의 주인이었던 사람들, 즉 원래의 웨이터들은 모두 전선에서 사망했다. 그것은 전쟁의 슬픔을 상기시키는, 잊을 수 없는 작은 에피소드였다.

하지만 알소스 부대는 슬퍼하고 있을 시간이 없었다. 할 일이 너무나도 많았다. 가우드스밋 팀은 독일군이 졸리오의 연구소에 남기고 간 산더미 같은 문서를 분석하기 시작했는데, 원자폭탄의 진행 상황에 대한 단서를 찾기 위해서였다. 한편, 보리스 패시는 훨씬 근사한 임무에 착수했는데, 독일의 우라늄을 찾는 일이었다. 독일은 벨기에를 점령하면서 유럽에서 가장 많이 저장돼 있던 우라늄을 손에 넣었다. 그래서 9월 초에 연합군이 벨기에를 해방시키기 시작하자, 패시와 그의 번개 A 팀은 지프(이제 그 번호판에는 알파가 선명하게 새겨져 있었다)에 올라타 출발했다.

안트베르펜까지 가는 이틀 동안의 여행은 별로 특별한 것이 없었지만, 그곳에 도착한 패시는 인생에서 가장 충격적인 장면 중 하나를 보았다. 지난해 안트베르펜의 굶주린 시민들은 시립 동물원에 있던 동물들을 대부분 잡아먹었는데, 이것은 전쟁 동안 흔하게 일어난 일이었다. 그런데 패시는 우리가 텅 비어 있지 않다는 사실에 큰 충격을 받았다. 안트베르펜 시민들은 우리에 독일인을 채워넣었다. 그런데 독일인은 소수였고, 대다수는 벨기에인 부역자들, 히틀러에게 영혼을 팔아넘긴 남녀 벨기에인이었다.

패시는 이렇게 회상했다. "사자 우리 쪽으로 걸어갔는데, 각각의 우리에 6~12명이 갇혀 있었다. …… 어떤 사람들은 괴롭히는 사람들을 반항적으로 쏘아보았지만, 대부분은 궁지에 몰려 두려움에 떠는 동물처럼 보였다. 사람들은 창살로 다가가 그 '동물들'에게 침을 뱉고 욕설을 했다. 어떤 사람들은 지팡이나 막대를 우리 안으로 넣고 갇힌 사람들을 쿡쿡 찌르려고 했다." 패시는 이 일에 개입할까 고민했지만, 기관단총을 든 벨기에군 여러 명이 물러나라고 경고했고, 할 수 없이 패시는 그 '동물들'을 그들의 운명에 맡기고 그곳을 떠났다.

패시는 곧 나치의 우라늄을 추적했는데, 안트베르펜에서 남동쪽으로 45킬로미터쯤 떨어진 도시의 정제 공장에 (대부분 분말 형태의 광물인 우라늄염의 형태로) 보관돼 있다는 사실을 알아냈다. 정제 공장은 삼면이 벽돌 벽으로 둘러싸이고 나머지 한 면에는 운하가 있었다. 운하 건너편 땅은 아직 독일군 수중에 있었기 때문에, 알소스 대원들은 그곳에 접근할 때 기관총 세례를 받았다. 그들은 지프의 속력을 최대로 올리고 지면보다 높은 철도 건널목을 경사로로 이용해 한 독일군 거점 앞을 쏜살같이 지나갔다. 패시는 그들이 "수상 스키어처럼 하늘로 붕 날아올랐다"라고 회상했다. 정제 공장에 들어가는 것은 훨씬 더 위험했다. 미군이 여기저기 살피고 돌아다니는 걸 발견한 독일군은 포탄을 쏘기 시작했고, 번개 A 팀은 숨을 곳을 찾아 몸을 피해야 했다. 그러고 나서 네발로 기어 다니면서 수색을 재개했다.

패시 팀은 결국 우라늄을, 혹은 적어도 그중 일부를 찾아냈다. 기록에 따르면, 이곳에서 약 900톤의 우라늄이 철도를 통해 프랑스로 운반되었지만, 약 61톤은 이 도시 어딘가에 숨겨져 있었다. 패시 팀은 그다음 몇 주 동안 그것을 찾기 위해 애썼고 마침내 버려진 창고에서 발견했다. 우라늄은 드럼통 속에 들어 있었는데, 독일군이 계속 포격을 퍼붓는 가운데 그들은 드럼통을 트럭에 실었다. 9월 하순에 알소스 부대는 61톤 전량을 독일군의 손에 미치지 않는 곳으로 옮겼다.

프랑스로 간 우라늄염을 추적하는 작업도 시작했는데, 철도 차량의 일련번호를 추적함으로써 몇 톤이 툴루즈로 갔다는 사실을 알아냈다(이것은 1940년에 자신의 연구소가 독일군의 수중에 들어갈 때, 졸리오가 북아프리카에 있다고 주장했던 바로 그 우라늄이었다). 그것이 프랑스에 있다는 것은 알소스 부대에게는 좋은 소식이었지만(프랑스는 미국의 동맹이니까), 프랑스군은 독일군만큼이나 패시를 성가시게 했다. 우라늄염 드럼통이 보관된 공장에서 패시는 지프에 설치한 기관총으로 관리자를 위협한 뒤에야 그것을 넘겨받을 수 있었다. 드럼통 81개를 전부 트럭에 싣고 마르세유를 향해 출발했는데, 앞서가던 시내 전차電車가 도통 길을 비켜주려 하지 않았다. 추월하려고 시도하면 전차는 속도를 높이면서 추월을 방해했다(파리 시민과 대조적으로 이곳 사람들은 미군을 싫어했다). 참다못해 패시가 마침내 지프의 속력을 높여 전차 앞으로 간 뒤 갑자기 브레이크를 밟았다. 이 사고로 두 차량 모두 크게 손상되었지만, 호송대는 무사히 지나갈 수 있었다.

패시는 마르세유 항구에서 또 성가신 상황에 맞닥뜨렸다. 드럼통들을 배에 싣기 위해 일부 미군을 차출했는데, 당연히 그들은 자신들이 다루는 일급 기밀 물질이 무엇인지 전혀 설명을 듣지 못했다. 그들은 그 드럼통이 허리가 끊어질 정도로 무겁다는 사실과 작업 과정에서 손에 노란색 금속성 막이 남는다는 사실만 알았다. 그래서 그들은 프랑스의 금을 훔치고 있다고 추론했는데, 프랑스인은 이 소문을 곧이곧대로 믿었다. 이것은 미국의 평판에 좋지 않은 일이었지만, 패시는 진실을 밝혀 보안을 위태롭게 하느니 그렇게 믿도록 내버려두는 편이 낫다고 판단했다.

마르세유의 우라늄염 27톤은 보스턴으로 운송되었다가 결국에는 오크리지로 보내졌다. 그 속에 포함된 우라늄-235는 훗날 히로시마를 파괴할 원자폭탄을 만드는 데 쓰였다. 벨기에에서 회수한 61톤 역시 같은 운명을 맞이했다. 유럽에서 회수한 우라늄염은 모두 합쳐 약 90톤이었다. 이것은 대부분의 상황에서는 아주 환상적으로 많은 양이었을 것이다. 하지만 벨기에의 기록에 따르면, 우라늄은 모두 약

900톤이 있었다. 나머지는 어디로 갔을까? 그것이 남아 있는 한, 연합국 측은 아침에 눈을 떴다가 버섯구름을 목격할지도 모른다는 두려움을 떨칠 수 없었다.

그해 가을에는 유명한 라인강 와인 사건도 있었다. 이 사건은 로버트 오펜하이머의 다소 성급한 생각에서 비롯되었다. 맨해튼 계획의 일환으로 얼마 전에 워싱턴주에 원자로를 건설했는데, 컬럼비아강의 물을 냉각수로 사용했다. 오펜하이머는 독일의 원자로 역시 강물을 냉각수로 사용할 것이라고 생각해 단서를 얻기 위해 라인강을 조사하라고 제안했다. 예를 들어 산업 공장 근처의 강물이 겨울에도 얼지 않는다면, 공장 내부에서 뭔가가 막대한 양의 열을 뿜어내고 있을 가능성이 있다. 여름에도 강물이 방사성 동위 원소로 오염될 가능성이 있으므로, 강물 시료를 채취해 검사해보자고 제안했다.

그 밖에도 책임진 일이 많았던 오펜하이머는 이 아이디어를 금세 잊어버렸을 가능성이 높지만, 그로브스 장군의 측근들은 그러지 않았다. 라인강은 독일을 관통하면서 북쪽으로 흘러 네덜란드로 들어가는데, 연합군이 벨기에를 점령하고 네덜란드로 진입할 때, 알소스 부대는 긴급 분홍색 전보를 받았다. 거기에는 얼른 네덜란드로 가 강물 시료를 채취하라는 지시가 적혀 있었다. 하지만 그때 연합군은 라인강의 한쪽만 점령했고, 반대쪽은 여전히 독일군 수중에 있었으며, 그 사이의 다리는 무인 지대로 간주되었다. 그래서 불쌍한 알소스 대원이 물통과 밧줄을 들고 나타나 미군 지휘관에게 다리 쪽으로 기어가도록 허락해달라고 요청하자, 지휘관은 만약 그곳으로 갈 만큼 멍청하다면 아무도 말리지 않을 것이라고 말했다. 실제로 강 양쪽에서 많은 군인이 모여들어 그 모습을 지켜보았다. 일부 독일군은 심지어 사격 연습을 할 기회로 삼기로 결정하고 무차별 사격을 가하기 시작했다. 하지만 그 알소스 대원은 머리를 숙이고 충분히 멀리까지 기어가 물통에 물을 담았다. 그러고는 물을 그다지 많이 흘리지 않고 다시 안전하게 돌아왔다.

알소스 부대 본부에서 과학자들은 채취한 강물을 병에 넣고 밀봉한 뒤 워싱턴으로 보냈다. 그런데 마지막 순간에 누가 현지에서 생산되는 레드 와인인 루시용을 한 병 집어넣으면서 이것의 '활성'도 검사해보라는 쪽지를 첨부했다. 불행하게도 그로브스 밑에서 일하는 장교들은 유머 감수성이 떨어졌다. 물건을 받은 그들은 충실하게 와인을 시험관에 쏟아붓고 가이거 계수기로 방사능을 측정했다. 그런데 당황스럽게도 거기서 방사성 동위 원소가 발견되었다.

파리의 알소스 부대 본부로 곧 긴급 메시지가 도착했다. "물은 음성, 와인은 양성. 시료를 더 보낼 것." 가우드스밋과 대원들은 그것을 보고 크게 웃었다("이것 보게나, 그들도 유머 감각이 썩 나쁘진 않군"). 가우드스밋은 그 메시지를 구깃구깃 구겨서 버리고 다시 하던 일로 돌아갔다. 하지만 며칠 뒤에 두 번째 전보가 도착했는데, 그 와인이 어디서 생산되는지 알려달라고 했다. 가우드스밋은 당혹스러움을 감추지 못하고 농담을 설명하려고 시도했지만 아무 소용이 없었다. 워싱턴 측은 명령에 토 달지 말고 그대로 이행하라고 했다. "와인을 더 보내게." 가우드스밋은 기가 막혔지만, 독일군 문서를 조사하던 과학자에게 열흘의 시간을 주면서 그 지역 주변에서 와인을 수집해 오라고 보냈다.

사실은 땅에 함유된 천연 방사성 원자가 포도에 흡수된 후 농축되었던 것으로 드러났다(담배 식물에서도 이와 비슷한 일이 일어난다). 설명해봤자 소용없다는 사실을 알고서 알소스 부대는 레드 와인 한 상자를 구해 워싱턴으로 보냈다. 하지만 가우드스밋은 이 기회를 최대한 활용했다. 와인을 수집하러 간 사람에게 모든 빈티지를 두 병씩 구해오라고 시켰다. 하나는 워싱턴으로 보내기 위한 것이었지만, 다른 하나는 알소스 부대를 위한 '복사본'으로 구입했다. 그들도 전통적인 방식으로 와인의 활성을 검사하기로 한 것이다.

연합군이 네덜란드로 진격할 때, 가우드스밋은 유머 감각이 떨어지는 장교들 외에 또 신경 써야 할 일이 있었는데, 바로 부모님의 운명이었다. 전쟁 전에 가우드스밋은 고국을 다시는 밟지 못할까 봐 걱정했는데, 9월 29일에 마침내 네덜란드에 도착해보니 고국은 매우 암울한 상태였다. 일진일퇴를 반복하는 군대들 사이의 전투는 광대한 지역을 황폐하게 만들었고, 수만 명의 사람들이 식량이나 물이 없어 고통받았다. 하지만 한 꼬마가 그에게 옷에 달라고 주황색 리본을 건넸을 때처럼 희망을 느낀 순간도 있었다. 가우드스밋은 아내에게 보낸 편지에서 "그것은 진짜 종군 휘장처럼 자랑스럽게 느껴졌다오"라고 썼다. 그는 그 리본을 핀으로 아내 사진에 붙여놓았다.

가우드스밋은 한때 페네뮌데에 진공관을 공급한 전자 제품 공장의 기록을 조사하기 위해 네덜란드로 갔다. 그는 우라늄 클럽이 이 공장에 부품 생산을 명령하지 않았을까 의심했다. 어린 시절을 보낸 헤이그의 집은 그 공장에서 불과 130킬로미터 떨어진 곳에 있었지만, 독일군이 그 중간의 땅을 점령하고 있어 가우드스밋은 헤이그로 곧장 갈 수 없었다. 그래서 그 지역에 사는 누군가가 자기 가족에 대한 소식을 들었길 기대했다.

가우드스밋은 공장에서 젊은 네덜란드 물리학자를 만났는데, 그는 친구인 디르크 코스터르의 제자였다. 그 물리학자는 가우드스밋의 부모가 정말로 강제 추방되었다고 확인해주었다. 가우드스밋이 받은 마지막 편지에 찍힌 소인은 정확한 것이었다. 그것은 체코슬로바키아의 강제 수용소에서 보낸 것이었다. 그래도 코스터르는 포기하지 않았다. 강제 수용소에서 버티는 데 도움을 주기 위해 생필품 꾸러미를 보내주었다. 게다가 코스터르는 '영향력 있는 독일 동료들'에게 그들을 위해 힘을 좀 써달라고 호소했다.

그 동료 중 한 명이 하이젠베르크였다고 그 물리학자가 언급했는지는 확실치 않지만, 그랬을 가능성이 있다. 만약 그랬다면, 가우드스밋은 양심의 가책을 느꼈을 것이다. 전쟁 초기에 그는 하이젠베르크를 납치하자고 제안했고, 졸리오의 신변을 확보한 지금은 하이젠베르크가 알소스 부대의 최우선 표적이었다. 그렇지만 가우드스밋은 한편으로 이 소식에서 희망을 얻었을 것이다. 자신과 하이젠베르크는 한때 좋은 친구였고, 부모님 집에서 함께 식사를 한 적도 있었다. 아마도 틀림없이 할 수만 있다면 그는 도움을 주었을 것이다.

51장

건강에 좋은 광선, 건강한 치아, 건강 편집증

가우드스밋의 과학 팀은 30여 명의 과학자로 이루어져 있었고, 나이는 대학원생부터 은퇴한 교수에 이르기까지 다양했다. 대부분은 일할 때 군복을 입었지만, 훈련을 받거나 누구에게 경례를 하진 않았다. 당연히 군대 체질에 맞지 않는 부적응자가 많았다. 몇몇은 아내와 떨어져 지내는 시간을 활용해 코밑수염을 기르는 실험을 했다.

그들은 파리 주변의 연구소와 산업 시설에서 탈취해온 문서를 검토하면서 대부분의 시간을 보냈다. 기술 보고서가 가장 소중한 정보였지만, 개인 문서나 사무실 쓰레기도 자세히 살폈는데, 이런 것들은 과학자들의 사회 연결망을 파악하는 데 도움이 되었다. 예컨대 프리츠가 핵분열 연구를 했다는 사실이 알려졌는데, 프리츠가 열차를 타고 디터를 만나러 갔다면, 디터 역시 핵분열 연구를 했을 가능성이 있다고 추론할 수 있다. 어떤 문서도 소홀히 다룰 수 없었다. 그다음 몇 개월 동안 가우드스밋 팀은 탁상용 달력과 약속 수첩, 선하 증권, 시내 전차 표, 사무실 배치도, 서점 영수증 등에서 단서를 수집했다. 가우드스밋은 특히 타자한 문서를 복사하는 용도로 사용한 먹지 다발을 발견하고서 매우 기뻐했다. 탐정 소설에서 읽은 대로 먹지를 햇빛을 향해 들자 원본 메시지를 읽을 수 있었다(그것은 음판처럼 검은 종이 위에 흰 글자가 새겨져 있었다). 과학자들이 일하는 모습을 보리스 패시가 보았더라면 낄낄대며 웃었을 것이다. 카탈로그나 주소록 주위에 모여 마치 '흥미로운 프랑스 소설'을 읽는 듯이 아주 열정적으로 들여다보았기 때문이다. 때로는 일에 너무 몰입한 나머지 먹는 것도 잊는 바람에 근사한 K레이션 식사가 차갑게 식곤 했다.

가끔 크게 웃을 일이 생기기도 했다. 어느 독일 과학자의 아내는 남편에게 보낸 편지에서 파리에서 집으로 올 때 샤넬 넘버 5를 좀 가져오라고 부탁하면서 만약 그렇게 하지 않으면 큰 분노를 맞이할 거라고 했다. 그들은 또 보이지 않는 잉크와 수륙 양용차(폭스바겐 비틀을 모터보트와 합쳐놓은 것처럼 보였다)에 대한 독일인의 연구에 큰 흥미를 느꼈다. 미군 관계자들도 의도치 않게 큰 즐거움을 주었다. 워싱턴의 분석가들은 독일 물리학자들의 심리적 프로필을 끊임없이 보내주었는데, 누가 "맥주 마시기 시합에 참석했는지" 혹은 "오른쪽 고환이 위축되었는지" 등을 강조한 내용도 포함돼 있었다. 마치 이런 특징이 그들을 찾아내는 데 중요한 단서라도 된다는 듯이 말이다. 골상학을 자세하게 묘사한 보고서들도 있었는데, 얼굴의 무사마귀나 혹을 살펴봄으로써 그 사람의 진정한 성격을 알아내는 방법을 가르쳐주었다. 이런 것들이 군사 정보로 간주되고 있었다.

하지만 가우드스밋은 몇 년 동안 무력감에 빠져 있다가 이렇게 과학 탐정 일을 시작하면서 활기를 되찾았고, 1944년 10월 중순에 처음으로 큰 사건을 해결했다. 입수한 문서들로부터 나치가 운영하는 한 회사가 프랑스에서 많은 양의 토륨을 훔쳐 독일 어딘가에 숨겼다는 사실을 알게 되었다. 토륨은 산업적 용도로 가솔린과 세라믹을 만드는 데 쓰이긴 했지만, 극소량만 필요했다. 그런데 훔친 양은 한 회사에 수십 년 동안 필요한 수요를 충족하고도 남았다. 알소스 부대는 그렇다면 그것을 설명할 방법은 오직 한 가지밖에 없다고 생각했다. 이 원소의 주요 동위 원소는 토륨-232이다. 토륨-232는 중성자와 충돌하면 토륨-233이 되는데, 이것은 다시 두 번의 베타 붕괴를 거쳐 우라늄-233으로 변한다. 우라늄-233은 우라늄-235만큼 분열성이 강해 원자폭탄의 재료로 유망해 보였다. 그리고 천연 광석 속에 포함된 우라늄-235(다른 우라늄 동위 원소들과 함께 섞여 있는)와 달리 우라늄-233은 화학적으로 토륨과 분리하기가 쉬웠다. 따라서 토륨을 많이 확보하는 것은 폭탄의 핵심 물질을 빨리 얻을 수 있는 방법이었다.

토륨을 훔친 회사는 파리에 사무실이 있었기 때문에, 가우드스밋 팀은 알소스 부대 전용 차량(패시의 부하 중 한 사람은 불법적으로 민간인 차량을 여러 대 징발해 거기다 가짜 번호판을 붙여 사용했다. 그래서 가우드스밋은 어디에서나 차량을 제공해달라고 간청하지 않아도 되었다)을 타고 재빨리 그곳을 급습했다. 하지만 독일군은 그곳을 떠나기 전에 모든 것을 깨끗이 청소하여 건질 것이 거의 없었다. 이것은 그들이 뭔가 중요한 것을 숨기고 있다는 반증이었다.

가우드스밋은 사안의 중대성 때문에 "토륨 미스터리는 강박 관념이 되었다"라고 말했다. 사무실에 남아 있던 극소수 문서 중에 얀센Jansen이라는 화학자와 그의 비서 일제 헤르만스Ilse Hermanns의 이름이 언급된 문서가 있었다. 통화 기록을 대조 확인했더니 헤르만스가 얀센을 대신해 장거리 전화를 여러 번 한 사실이 드러났다. 전시에 장거리 전화 비용이 꽤 비쌌다는 점을 감안하면, 얀센은 중요한 인물임이 분명했다. 게다가 서신 교환 명단을 검토하다가 가우드스밋은 파리 함락 직전에 얀센이 벨기에 오이펜에 있는 헤르만스에게 등기 우편을 보냈다는 사실을 알아냈다. 아마도 헤르만스는 아직도 거기에 있을 것이다. 그래서 11월 초에 연합군이 오이펜을 수중에 넣자마자 번개 A 대원들은 지프를 타고 출발했다.

등기 우편에 적힌 주소지에 도착한 보리스 패시는 문을 쾅쾅 두드렸다. 놀랍게도 헤르만스가 응답하며 나왔다. 패시는 위협하며 거칠게 안으로 밀고 들어갔다. 헤르만스는 그랜드피아노와 고급 가구가 갖춰진 중상류층 집에서 부모와 함께 살고 있었다. 헤르만스의 아버지는 번개 A 팀의 가택 수색에 반대했지만, 패시를 막기에는 역부족이었다. 패시는 수취인이 얀센으로 지정된 문서가 가득 든 가방을 발견했다. 게다가 이층에서 잠긴 벽장문을 발견했는데, 아버지는 그 문을 열길 거부했다. 대신에 그는 패시를 한쪽으로 끌고 가 남자 대 남자로서 품위를 지켜달라고 호소했다. 벽장 안에는 딸을 특별히 흠모하는 사람이 숨어 있다고 털어놓았다. 즉, 딸의 애인이 숨어 있다고 했다. 두 사람에게 수치심을 안겨주는 대신에 그냥 모른 척하고 넘어가줄 수 없겠느냐고 부탁했다.

패시는 그럴 수 없었다. 패시는 목소리를 높여 문을 열지 않으면, 총을 쏴 자물쇠를 부수겠다고 말했다. 그러자 기대한 대로 벽장 안에 있던 남자가 손잡이를 돌리기 시작했다. 문을 열고 나온 사람은 다름 아닌 얀센이었다. 헤르만스는 그에게 비서 이상의 사람이었던 게 분명했다.

패시는 얀센을 체포해 심문을 위해 파리로 데려갔다. 그것은 가우드스밋에게 중요한 일이었다. 알소스 부대에서 자신이 처음 한 일 중 하나는 몇 주일 전에 프레데리크 졸리오를 심문한 것이었는데, 그 일을 크게 망치고 말았다. 알소스 부대는 졸리오로부터 특히 쿠르트 디프너의 실험이 놀라운 성공을 거두었다는 사실(그들은 그때까지 디프너라는 이름은 들어본 적도 없었다)을 포함해 몇 가지 정보를 얻어냈다. 하지만 졸리오는 무지를 가장해 가우드스밋에게서 몇 가지 중요한 정보를 알아냈다. 결국은 알소스 부대가 졸리오에게서 얻어낸 것보다 졸리오가 알소스 부대로부터 미국의 핵과학에 대해 알아낸 것이 훨씬 많았다. 보리스 패시는 그 결과가 마음에 들지 않았다.

가우드스밋은 얀센을 다루면서 실패를 만회하고 싶었다. 위협 강도를 높이기 위해 가우드스밋과 패시는 주름 하나 없이 빳빳한 군복을 입었고, 패시는 거기다가 휘장과 훈장까지 주렁주렁 달았다. 하지만 얀센은 보통내기가 아니었고, 심문 과정에서 거의 아무것도 털어놓지 않았다. 알아낸 것이라곤 그의 회사가 사라진 토륨 중 일부를 안전한 보관을 위해 벨기에로 보냈고, 전쟁의 혼란 와중에 화물 차량 여러 대 분의 토륨이 사라졌다는 것뿐이었다. 얀센이 벨기에에 간 것은 사라진 토륨을 추적하기 위해서였고, 오이펜이 그 근처에 있다는 사실을 알고는 애인과 잠시 만나기 위해 비서의 집에 들렀다고 했다. 그런데 그 사이에 독일군의 방어선이 무너지는 바람에 안전을 위해 헤르만스의 부모 집에 몸을 숨겼고, 패시가 자신을 그곳에서 발견한 것이라고 했다. 토륨의 용도에 대해서는 아는 것이 전혀 없다고 말했다.

가우드스밋이 볼 때 이 이야기는 아귀가 맞지 않았다. 하지만 핵무기에 관련된 사실을 털어놓으라고 얀센을 압박할 수는 없었는데,

그랬다간 얀센이 독일 측에 미국이 핵무기에 큰 관심을 가졌다는 사실을 알릴 수도 있었기 때문이다. 이제 유일한 희망은 패시가 압수한 문서 가방에 달려 있었다. 그래서 가우드스밋은 얀센을 심문한 뒤, 그날 밤에 책상 앞에 앉아 단서를 찾기 위해 문서를 샅샅이 훑어보기 시작했다.

그 주에 파리에는 일시적 한파가 몰아닥쳐 가우드스밋은 문서 뭉치를 들고 침대로 가 담요 속에 몸을 묻었다. 처음 수십 페이지는 지루하고 임무와 무관한 내용이었다. 그렇게 문서를 읽다가 깜빡 잠이 들려던 순간이었다. 그때 뭔가가 눈에 띄었는데, 그는 그것을 보고 "흥분한 나머지 침대 밖으로 뛰어나올 뻔했다."

그것은 헤힝겐에 있는 호텔 숙박비 영수증이었는데, 헤힝겐은 남부 독일의 검은 숲 지역에 위치한 도시였다. 모 버그와 여러 정보원을 통해 이미 우라늄 클럽 회원들이 그 지역으로 갔다는 사실이 밝혀졌는데, 얀센(토륨을 몰래 빼돌린 회사에서 일하는)도 이곳을 방문했다는 증거가 나온 것이다. 게다가 가방에서 발견된 개인적 편지에서는 헤힝겐을 외부인이 출입할 수 없는 '제한' 지역이라고 언급했다. 도대체 독일은 이곳에 무엇을 숨기고 있을까?

호텔 숙박비 영수증을 들이밀자, 얀센은 근처에 사는 어머니를 보러 갔다고 대답했다. 가우드스밋은 허튼소리라고 생각했다. '제한' 지역에 대해 묻자, 얀센은 그것은 오해라고 주장했다. 그것은 그저 폭격으로 파괴된 북부 지역 도시들에서 온 난민이 그곳에 정착할 수 없다는 뜻이라고 했다. 그럴듯한 이야기였다. 얀센의 철벽같은 방어에 막혀 유용한 정보를 얻어내지 못한 가우드스밋은 문서를 계속 집요하게 파고들다가 마침내 토륨이 어디로 갔는지 알아냈다. 그것은 헤힝겐에서 남쪽으로 불과 3킬로미터 떨어진 중세 시대의 성에 있었다. 게다가 가방에서 발견된 한 문서에 카르멘이라는 여성의 주소가 적혀 있었다. 카르멘에 대해 묻자, 얀센은 처음에는 아무것도 모른다고 잡아뗐다. 그러다가 마침내 실토했는데, 그녀는 자신을 속인 매춘부라고 했다. 가우드스밋은 그 말에 넘어가지 않았다. 카르멘은 '나치의 마타 하리' 같은 비밀 요원임이 틀림없었다.

얀센에 관해 알아낸 사실들이 모두 아름답게 딱 들어맞았다. 방사성이 아주 강한 원소를 프랑스에서 훔쳐 독일 남부의 비밀 장소로 옮겼는데, 마침 그곳은 세계 최고의 핵과학자들이 모여 있는 곳이었다. 이것은 섬뜩하면서도 흥분을 불러일으키는 사실이었다. 가우드스밋은 이 모든 것을 꿰어맞춰 딱 맞아떨어지는 시나리오를 만드느라 많은 시간을 보냈다. 하지만 마지막 순간에 모든 것이 와르르 무너져내렸다.

그가 발견한 일련의 문서들은 토륨이 헤힝겐의 성으로 운반되었음을 확인해주었다. 하지만 일부 선적 서류들을 조사하고 다른 문서들과 대조 확인한 결과, 그 회사가 토륨을 훔친 진짜 이유가 드러났다. 그 목적은 바로 치약을 만들기 위해서였다. 얀센 회사의 경영진은 독일군을 위해 방독면과 서치라이트용 필라멘트를 생산해 많은 돈을 벌었는데, 전쟁이 끝나가자 사업 영역을 다각화해 화장품 분야로 진출하고자 했다. 그들의 포트폴리오에서 한 가지 유망한 제품은 토륨을 함유한 도라마드라는 이름의 치약이었는데, 토륨의 방사능이 치아를 하얗게 빛나게 해줄 것으로 기대했다(그 당시 도라마드를 선전하던 한 광고는 "나의 광선이 당신의 잇몸을 마사지해 줍니다. 건강에 좋은 광선이 건강한 치아를 만듭니다!"라고 주장했다). 토륨 탈취는 그저 전후의 시장을 장악하기 위한 비열한 술책에 지나지 않았다. 호텔 영수증은 얀센이 실제로 어머니 집을 방문할 때 그 호텔을 이용하면서 받은 것으로 드러났다.

어떤 면에서 이것은 아주 좋은 소식이었다. 나치가 원자폭탄을 만드는 지름길을 발견하지 못했다는 반증이었기 때문이다(나중에 토륨은 원자폭탄에 별 도움이 되지 않는 것으로 드러났다. 우라늄-233을 만드는 과정에서 생기는 부산물이 연쇄 반응을 방해하기 때문이다). 하지만 가우드스밋 팀은 치약 때문에 그 법석을 떤 것에 부끄러움을 느꼈다. 게다가 그들은 아직도 독일의 원자폭탄에 관해 유용한 정보를 하나도 알아내지 못했다.

52장

가장 치명적인 남자

많이 논의된 하이젠베르크 납치 계획이 1944년에 갑자기 탄력을 받아 급발진했다. 첩자들이 하이젠베르크의 행방을 추적해 독일의 검은 숲 지역에 있다는 사실을 마침내 알아냈다. 그러자 최고의 과학자 표적이 있는 곳을 안 그로브스 장군과 와일드 빌 도너번은 그를 잡아 올 계획을 세우기 시작했다.

그들이 이 임무의 책임자로 선택한 군인은 칼 아이플러Carl Eifler였는데, 한때 "전체 OSS 요원들 중에서 의심의 여지 없이 가장 강인하고 치명적인 남자"로 불리던 사람이었다. 15세에 육군에 입대한 아이플러는 보리스 패시에 못지않게 호전성이 넘친 반면 양심의 가책 같은 건 전혀 느끼지 않았다. 그는 OSS 요원들에게 이렇게 충고했다. "자신을 범죄자라고 생각하라. 존재하는 법을 모조리 어겨라." 아이플러는 키가 180센티미터를 넘었고 체중은 127킬로그램이나 나갔으며, 덩치와 행동 때문에 회색곰과 자주 비교되었다. 취미 중에는 사람 머리 위에 유리잔을 올려놓고 총으로 쏘아 맞히는 것도 있었는데, 그것도 술에 취한 상태에서 그렇게 했다.

아이플러는 1943년에 버마 정글에서 일본군과 싸울 때 명성을 크게 떨쳤다. 불과 수십 명의 군인(그중에는 영화감독 존 포드도 있었는데, 매복 공격 장면을 여러 차례 생생하게 촬영했다)을 데리고 시작한 아이플러는 곧 분노한 버마 원주민 1만 명의 군대를 지휘했고, 가성비로 따졌을 때 이 전쟁에서 손꼽히는 성공적인 군사 작전을 이끌었다. 버마인 비정규군을 이끌고 치고 빠지기 전술을 구사하면서 2만 6000제곱킬로미터에 이르는 정글을 돌아다니며 공항과 철도역 수십 군데를 파괴했다. 이 전투들에서 일본군 사상자는 1만 5000여 명이나 발생한 반면, 버마인/미국인 사망자는 85명에 불과했다(많이 사용한 한 가지 전술은 길가의 풀숲에 죽창을 꽂아놓고 매복했다가 지나가는 일본군을 공격하는 것이었는데, 일본군은 총격을 피해 풀숲으로 몸을 피하다가 죽창에 찔려 죽었다). 많은 원주민은 일본군 시체에서 잘라낸 귀를 기념품으로 간직했는데, 쪼그라든 갈색 귀를 대나무 통 속에 넣어 그것을 목에 걸고 다녔다. 귀를 수십 개나 수집한 사람도 있었다.

가장 유명한 무용담은 1943년 3월의 어느 날, 아이플러가 몇 사람을 데리고 버마 해안에 위치한 일본군 기지를 습격하러 갔을 때 일어났다. 파도가 몹시 거칠어 그들이 탄 보트는 해변에 상륙하는 데 애를 먹었고, 파도에 떠밀려 바위에 충돌하거나 바다로 멀리 휩쓸려나갈 위험에 처했다. 통제를 상실하기 직전에 아이플러는 견인 밧줄을 거머쥐고 물속으로 뛰어들어 해변을 향해 헤엄치기 시작했다. 파도에 휩쓸려 바위에 머리를 부딪치길 여러 번 반복했고, 수면 밑의 거센 저류는 하마터면 그를 저 아래로 끌고 들어갈 뻔했지만, 몇 분 뒤에 아이플러는 피범벅에 정신이 멍한 상태에서도 비틀거리며 해변에 상륙했다. 그리고 견인 밧줄을 사용해 다섯 척의 보트를 모두 안전하게 해변으로 끌어온 뒤에 정신을 잃었다. 만용이라는 측면에서 보자면, 이것은 JFK의 공훈을 훨씬 뛰어넘는 것이었다.

비록 임무에 나선 대원들을 구하긴 했지만, 정신이 돌아온 아이플러는 귀에서 울리는 소리가 나고 극심한 두통을 겪었다(그는 바위에 충돌하면서 전면적인 뇌 손상까지는 아니더라도 여러 차례 뇌진탕을 입었던 것으로 보인다. 나중에 그는 뇌졸중과 그 밖의 신경학적 문제를 겪었다). 그 후 몇 주 동안 생각이 흐릿해지고 잠자기도 힘들어 매일 밤 정신을 잃으려고 진통제를 잔뜩 삼키고 버번위스키를 벌컥벌컥 마셨다. 그렇지만 정신 상태는 개선되지 않았고, 때로는 아무 이유 없이 울음을 터뜨렸다. 아이플러의 이상한 행동에 관한 소문이 결국 와일드 빌 도너번에게 전해졌고, 도너번은 그의 지휘권을 박탈하는 수밖에 선택의 여지가 없었는데, 아이플러로서는 치욕스러운 일이었다.

도너번도 그 조치에 가슴이 아팠다. 무모한 동료 전사로서 그는 아이플러의 곤경을 동정했다. 게다가 아이플러는 아무 일도 시키지 않고 내버려두기에는 너무나도 소중한 자산이었다. 그래서 몇 개월 뒤에 도너번은 치명적인 남자가 흥미를 가질 만한 작은 모험을 언급했는데, 독일에서 한 과학자를 붙잡아오는 일이었다.

필요한 휴식을 어느 정도 취한 뒤, 1944년 초에 아이플러는 그 임무를 논의하기 위해 OSS 고위 간부들을 만났는데, 그 임무는 너무나도 극비여서 암호명조차 부여되지 않았다. 그 만남에 관한 이야기는 사람에 따라 다르지만, 아이플러는 먼저 그로브스의 한 부관을 만났고, 부관은 하이젠베르크와 원자폭탄에 관해 브리핑을 했다. 아이플러는 '핵분열'이 무엇인지 이해하지 못했고, 하이젠베르크가 어떤 사람인지도 전혀 몰랐지만, 더러운 전술은 잘 이해했다. 그 이야기를 듣던 그는 마침내 이렇게 물었다. "그러니까 제가 그 사람을 제거하길 원하십니까?"

부관은 움찔하면서 당혹스러운 표정을 지었다. "전혀 그렇지 않네." 대신에 아이플러에게 "적이 그의 뇌를 사용하지 못하게" 해야 한다고 말했는데, 이것은 납치를 완곡하게 표현한 말이었다. "이 사람을 납치해 우리에게 데려올 수 있겠나?"

아이플러는 망설임이 없었다. "언제 시작하면 되죠?"

부관은 감탄하며 외쳤다. "오, 이럴 수가! 마침내 할 수 있다는 사람이 나타났군."

며칠 뒤, 아이플러는 도너번과 여러 고위 장교를 만났다. 아이플러는 독일군뿐만 아니라 연합군까지 속이기 위한 위장 전술을 설명했다. 임무는 스위스에서 수행하기로 계획을 세웠다. 아이플러는 그곳에서 미국 세관 직원으로 행세하면서 중립국들이 전시에 국경 통제를 어떻게 하는지 조사하러 왔다고 주장하기로 했다. "그러면 그들의 국경을 관찰할 기회를 얻을 수 있고, 그것을 뚫을 방법을 찾아낼 수 있습니다"라고 설명했다. 실제 납치는 특공대원 10여 명을 동원해 스위스 국경에서 불과 80킬로미터 거리에 있는 하이젠베르크의 새 연구소를 습격할 계획이었다. 그 물리학자를 복종하도록 강요해 스위스로 탈출한 뒤, 비행기를 훔쳐 영국으로 날아온다는 것이었다. 아주 쉽게 끝낼 수 있는 일이라고 했다.

도너번은 즉각 반대했다. 하이젠베르크를 거칠게 다루는 것이나 스위스의 중립을 해치는 행위에 반대한 것이 아니라, 영국에 착륙하는 것에 반대했다. 어떤 일이 있더라도 지겨운 영국인이 개입하는 것은 원치 않았다. 아이플러는 이 제약을 받아들였다. 그러고 나서 자기 생각을 크게 소리 내 말하기 시작했는데, 훨씬 엉뚱한 계획을 내놓았다. 훔친 비행기를 영국으로 몰고 가는 대신에 지중해로 날아가겠다고 했다. 그리고 비행기는 바다에 버리고 낙하산을 타고 얼음장처럼 차가운 물로 뛰어든 뒤, 어둠 속에서 기다리고 있던 잠수함에 승선한다는 계획이었다. 잠수함은 유보트들이 돌아다니는 그곳 해역을 무사히 빠져나와 그들을 안전한 곳으로 데려올 것이다.

영국인의 개입을 차단하는 이 계획은 도너번의 구미에 맞았다. 아이러니하게도 그 계획을 다시 검토하면서 잠재적 문제점을 지적한 사람은 아이플러였다. 만약 잠수함이 제때 도착하지 않는다면? 폭풍이 작전을 방해한다면? 도너번은 빙그레 웃었다. "아이플러, 자네는 과도한 위험 따위는 전혀 생각하지 않는 사람이잖은가?" 그것은 사실이라고 아이플러도 인정했다. 그런데 그에게는 한 가지 질문이 더 있었다. 만약 우리가 잡힌다면?

익숙한 답이 돌아왔다. "독일이 그의 뇌를 사용하지 못하도록 하게." 하지만 이번에는 이 완곡한 표현의 의미가 이전과 달랐다. 이제 하이젠베르크를 독일의 수중에 다시 넘겨주느니 죽여도 된다는 뜻이었다.

아이플러는 고개를 끄덕이며 "그럼 내가 그를 제거하고 살인죄로 체포되겠군요. 그다음에는요?"라고 물었다.

"우린 자네를 부인할걸세." 그를 들어본 적도 없는 사람이라고 딱 잡아떼겠다는 이야기였다.

"알겠습니다."

그것은 이미 예상했던 대답이었고, 거기에 아무런 문제도 느끼지 않았다. 이제 작전에 들어가기만 하면 되었다.

하지만 OSS는 이 무모한 계획을 재고했다. 도너번은 아이플러의 능력을 높이 샀지만, 물불 가리지 않는 성격이 이 임무에 어울리지 않는다고 판단했다. 독일은 어려운 상황에서 닥치는 대로 때려 부수고 죽이면서 나아갈 수 있는 정글이 아니었다. 하이젠베르크를 납치하려면 기지와 정교함이 필요했다. 때려 부수는 것보다는 은밀하게 접근하는 것이 필요했다. 그래서 1944년 여름에 도너번은 또 한 번 최고의 전사에게서 지휘권을 박탈했는데, 아이플러에게 이 두 번째 좌천은 첫 번째보다 훨씬 고통스러운 것이었다. 두 사람은 사람들의 눈을 피해 아이플러가 훈련하고 있던 알제의 OSS 본부 발코니에서 만났다. 도너번은 맨해튼 계획이 "원자를 쪼개는 데" 성공했다는 엉터리 핑계를 대면서 하이젠베르크를 납치할 필요가 없어졌다고 했다. 아직도 관련 물리학을 잘 모르던 아이플러가 이해한 것은 자신의 지휘권이 박탈되었다는 것뿐이었다. 도너번 앞에서는 간신히 침착함을 유지했지만, 며칠 뒤 한 친구와 대화하다가 와르르 무너지고 말았다. 수치심과 스트레스, 버마에서 부상을 입은 뒤 계속된 정신적 고통은 너무나도 견디기 어려웠고, 그는 더 참지 못하고 흐느껴 울기 시작했다.

만약 다른 진실까지 알았더라면, 그 고통은 더욱 컸을 것이다. 도너번의 설명과는 반대로, 하이젠베르크 납치 계획은 취소된 것이 아니었다. 그로브스와 도너번은 실행 책임자로 덜 불안정한 남자를 선택해 그것을 수정했을 뿐이었다.

선택된 사람은 파울 셰러Paul Scherrer였다. 암호명이 플루트Flute인 그는 명성 높은 취리히연방공과대학교에서 물리학자로 일하고 있었는데, 이 대학은 아인슈타인의 모교로도 유명하다. 원자 스파이의 신분을 위장하기에는 아주 이상적인 일자리였다. 스위스는 전쟁 동안 중립을 유지했기 때문에, 연합국과 추축국 시민은 모두 자유롭게 스위스를 드나들 수 있었다. 스위스는 또한 프랑스, 독일, 이탈리아와 국경을 접하고 있어 모종의 활동을 수행할 중심지로서도 편리했다. 그래서 취리히는 첩보 활동의 중심지로 떠올랐고, 첩자와 이중 첩자의 온상이 되었다. 그곳 술집과 카페에서 만난 낯선 사람을 선불리 믿는 사람은 바보뿐이었다.

플루트와 하이젠베르크는 한때 친구 사이였고, 하이젠베르크는 아직도 그를 완전히 신뢰했다. 플루트의 사정은 좀 복잡했다. 전쟁(그리고 특히 독일의 침략을 비난하길 거부하는 하이젠베르크의 태도)이 그들 사이의 간극을 벌려놓았다. 플루트는 친구와 완전히 단절하진 않았지만, 가끔 스위스를 방문하는 일을 포함해 그의 행방에 관한 정보를 연합국 측에 알려야 한다는 의무감을 느꼈다. 사실, 2년 전인 1942년 11월에 플루트는 S 행렬 이론(소립자들이 어떻게 충돌하는지를 기술하는 이론으로, S는 scattering, 즉 '산란'을 가리킨다)에 관한 강연을 해달라고 하이젠베르크를 취리히연방공과대학교로 초청했다. 애초에 가우드스밋의 친구들이 하이젠베르크를 납치하자는 생각을 한 것도 바로 이 강연이 계기가 되었다. 그 계획은 관심을 끌지 못해 폐기되고 말았지만, 운 좋게도 플루트가 1944년 가을에 하이젠베르크를 다시 취리히연방공과대학교로 초청했고, 그로브스와 OSS가 이 기회를 덥석 물었다. 중립국인 스위스에서 하이젠베르크를 납치하는 작전은 아이플러의 아이디어처럼 적의 영토로 쳐들어가는 위험을 감수할 필요가 없었다.

플루트 외에 모 버그와 새뮤얼 가우드스밋도 이 작전에 투입되었는데, 도저히 어울려 보이지 않는 두 사람은 아주 친한 사이가 되었다. 두 사람은 파리에서 처음 만났다. 알소스 대원들과 OSS 요원들은 통상적으로는 일정한 거리를 두었지만(예컨대 버그와 보리스 패시는 견원지간이었다), 버그는 세련되고 여러 언어를 구사하는 물리학자에게 금방 호감을 느꼈고, 가우드스밋도 말쑥한 포수에게 그에 못지않은 호감을 느꼈다. 가우드스밋은 "나는 프로 야구 선수가 완전히 다른 활동 분야[즉, 첩보 활동]에서 활약한다는 사실에 큰 호기심을 느꼈다"라고 회상했다. 버그의 운동 능력은 또 한 번 지적 매력을 발산했다.

새로운 하이젠베르크 체포 작전에서는 버그가 취리히로 잠입해 먼저 그를 만나야 했다. 개인적으로 하이젠베르크를 아는 가우드스밋은 며칠 뒤에 가기로 했다. 이것을 제외한 세부 사항은 대략적인 윤곽만 그려져 있었다. 그들은 하이젠베르크를 붙잡아 심문한 뒤에 그냥 풀어주는 방안도 가끔 검토했다. 그런가 하면 연합국 영토로 끌고 가는 방안도 검토했다. 어느 쪽이든 더 많은 인원이 필요했다. 버그와 가우드스밋은 노련한 현상금 사냥꾼이 아니었다. 그리고 이 작전은 전시의 중립에 관한 기존의 모든 국제법을 위반하는 행위였다. 스위스는 비공식적인 첩보 활동을 용인했지만, 조심스럽게 행동해야 했다. 무턱대고 노벨상 수상자를 노상에서 납치할 수는 없는 일이었다. 사실, 스위스에서 활동하던 한 OSS 고위 간부(앨런 덜레스Allen Dulles)는 이런 이유로 납치 작전에 격렬하게 반대했는데, 그랬다간 스위스가 미국과 외교 관계를 단절함으로써 미국의 전체 대외 첩보 활동을 위험에 빠뜨릴 것이라고 우려했다. 하지만 늘 그랬듯이 핵무기를 손에 쥔 히틀러에 대한 두려움이 나머지 모든 고려 사항을 압도했다.

이 작전을 준비하는 과정에서 버그는 대개 올바르게 처신해 자신의 행방을 늘 OSS에 알렸다. 1944년 9월에 마침내 이탈리아를 떠난 뒤로는 런던과 파리를 왔다 갔다 하며 대부분의 시간을 보냈다. 위험한 임무를 앞두고 있다는 사실을 감안해 OSS가 이 몇 개월 동안 호텔 비용과 식대로 3000달러(오늘날의 가치로는 4만 1000달러) 이상을 선지급하고 봉급도 20퍼센트 인상한 4600달러로 올려준 것이 그의 사기를 높이는 데 도움이 되었을 것이다. OSS 간부들은 포수의 기분을 맞추기 위해 추가로 메이저 리그 순위표에 관한 최신 정보를 전보로 계속 전해주었다.

이 작전은 처음에는 순탄하게 흘러갔다. 하이젠베르크는 플루트의 강연 초대를 수락했고, 강연 날짜도 12월 중순으로 정해졌다. 독일이 핵분열 연구에서 어떤 진전을 이루었는지 단서를 얻기 위해 버그도 그 강연에 참석해 귀를 기울이기로 했다. 강연이 끝난 뒤 플루트는 버그와 하이젠베르크의 만남을 주선하기로 했고, 나중에 가우드스밋도 합류하기로 했다. 물론 플루트는 버그가 미국 첩보원으로 일하면서 하이젠베르크에게서 원자폭탄에 관한 정보를 캐내려 한다는 사실을 알고 있었다. 하지만 그는 그 만남이 단순한 면담이라고 생각했다. 자신이 납치에 공모하고 있다는 사실을 알았더라면 경악을 금치 못했을 것이다. 플루트를 완전히 믿지 못한 OSS는 그 사실을 알려주지 않았다.

한편, 하이젠베르크가 플루트의 초청을 수락한 여러 이유 중에서 물리학과 관련된 이유는 하나도 없었다. 과학계에서 점점 고립감을 느끼던 하이젠베르크는 옛 친구와 다시 연결되길 갈망했다. 12월 중순에 취리히를 방문하면, 아내와 자녀들을 위한 새 겨울옷과 더 나은 크리스마스 선물을 구입할 기회도 얻을 수 있었다. 중립국인 스위스는 수출입에 제약이 없었고, 스위스 제조업체들은 독일 제조업체들과 달리 군수 물자 생산에 회사의 자원과 역량을 투입할 필요가 없어 취리히에서는 장난감과 초콜릿을 비롯해 그 밖의 선물을 손쉽게 구입할 수 있었다. 요컨대 하이젠베르크의 머릿속에는 알사탕과 초콜릿이 춤추고 있었고, 자신이 함정 속으로 걸어 들어간다는 생각은 털끝만큼도 없었다.

하지만 그 함정은 곧 난관에 봉착했다. 플루트는 하이젠베르크 외에 외교관 아들인 카를 폰 바이츠제커도 11월 30일에 취리히에서 강연하도록 초청했다. 바이츠제커는 아버지의 지위 때문에 자신의 방문이 논란이 되리란 사실을 알았고, 그래서 태양계의 진화라는 무해한 주제로 강연함으로써 자신의 방문이 불러올 파장을 완화시키려고 노력했다. 이 계책은 효과가 없었다. 취리히연방공과대학교 학생들이 나치의 아들에 반대하는 시위를 벌였고, 거의 폭동이 일어날 뻔했다. 취리히연방공과대학교 측은 안전을 위해 강당 문을 잠가야 했고, 바이츠제커는 큰 충격을 받은 채 독일로 돌아갔다.

이 소식을 들은 하이젠베르크는 자신의 강연에 엄격한 조건을 내세웠다. 자신이 자유롭게 강연할 수 있도록 청중을 최소한으로 줄이고, 물리학자들만 참석하게 해달라고 요구했다. 이것은 버그에게 큰 어려움을 안겨주었는데, 서로 잘 아는 사람들끼리 모인 자리에서 물리학자도 아닌 데다가 키가 183센티미터에 체중이 90킬로그램 이상

나가는 체격 때문에 주의를 끌 게 분명했기 때문이다. 플루트는 하이젠베르크의 요구를 들어주는 수밖에 도리가 없었다.

그리고 작전 개시 며칠을 앞두고 훨씬 심각한 문제가 또 발생했다. 보안상의 이유로 가우드스밋을 임무에서 배제해야 했다.

53장

나치 대학교

파리의 알소스 대원들은 흥미로운 다이어리와 거래 장부들 사이에서 한 대학의 수강 편람을 발견했다. 멋진 성당과 스트라스부르시를 둘러싼 중세 시대의 튼튼한 성벽이 표지를 장식한 소책자였다. 독일은 1941년에 프랑스에서 파시즘을 전파하기 위한 선전 도구로 삼기 위해 스트라스부르에 대학교를 열었다. 그것은 사실상 나치 대학교였다. 이 대학교는 학생 수가 금방 3500명으로 늘었다.

수강 편람은 진부해 보일 수도 있었지만, 거기에는 나치 대학교에서 강의하는 교수들의 명단이 있었다. 카를 폰 바이츠제커를 포함해 몇몇 이름이 즉각 눈길을 끌었다. 바이츠제커가 우라늄 클럽 회원이라는 사실을 감안하면, 알소스 부대는 1944년 11월 중순에 스트라스부르가 함락되자마자 모든 것을 내팽개치고 그를 체포하는 데 몰두했어야 했다. 하지만 그때 가우드스밋과 패시는 토륨 치약 위협에 정신이 팔려 있었고, 번개 A 팀이 스트라스부르에 들어갔을 때(패튼의 군대가 진입한 지 열흘 뒤인 11월 25일에) 외교관 아들은 이미 달아나고 없었다.

하지만 모두를 놓친 것은 아니었다. 다양한 책략을 사용해 패시는 도시에 남아 있던 핵물리학자 여러 명을 추적해 체포했다(한번은 한 여성이 이웃집에 사는 과학자가 몇 주일 전에 도망갔다고 주장하자, 패시는 그 과학자의 주방에 남아 있는 신선한 달걀과 빵을 지적하면서 그 여성의 말이 거짓말이라고 추궁했다). 패시는 바이츠제커의 아파트와 대학 사무실도 수색했다. 아파트 수색 결과는 실망스러웠다. 그곳은 졸리오의 별장처럼 텅 비어 있었는데, 난로와 재(그가 태운 문서의 잔재) 외에는 사실상 아무것도 없었다. 사무실에 갔더니 문이 잠겨 있었다. 건장한 대원 여러 명이 어깨로 밀쳐보았지만, 문은 꼼짝도 하지 않았다. 그래서 발로 차 보았지만, 그래도 소용이 없자 도끼를 거머쥐었다. 나무를 부숴 구멍을 낸 뒤에야 그들은 그 문이 바깥쪽으로 열게 돼 있고, 잠겨 있지도 않다는 사실을 알았다. 다행히도 바이츠제커는 사무실을 청소할 시간이 없었던지 문서 더미가 그대로 남아 있었다. 패시는 가우드스밋에게 서둘러 스트라스부르로 오라고 연락했다.

가우드스밋은 내키지 않았지만 그렇게 했다. 지붕이 없는 지프를 타고 약 500킬로미터를 달리는 이틀 동안 날씨가 너무나도 추워서 군복 속에 파자마를 껴입었지만 큰 도움이 되지 않았고, 목적지에 도착했을 때에는 기분이 좋지 않았다. 그는 "복무 연령을 넘고 책상과 칠판 앞에서 일하는 데 익숙한 과학자에게……지프는 적절한 여행 수단이 아니다"라고 불평했다. 하지만 솔직히 말하면, 진짜 문제는 추운 날씨가 아니었다. 부모의 실종 때문에 여전히 마음이 심란했다. 향수병도 심해졌다. 파리의 들뜬 축제 분위기 속에서 가족들끼리 카페에서 함께 식사를 하면서 웃고 즐기는데, 자신은 홀로 구석에 앉아 밥을 먹으면서 그 모습을 지켜보자니 무척 고통스러웠다. 집에 보낸 편지에서 아내와 딸에게 편지를 더 자주 보내라고 요구하기 시작했다. 그들에게 "내겐 잠과 음식보다 편지가 더 중요해"라고 말했다(딸은 그 말을 따랐으나 아내는 그러지 않았다). 스트라스부르로 가면서 그는 전쟁 속으로 더 깊숙이 들어간 반면, 가족에게서는 더 멀어졌다. 그래도 가우드스밋은 그 모든 것을 감내하고 나아갔고, 나치 대학교에 도착한 뒤 바이츠제커의 사무실에서 압수한 문서들을 훑어보기 시작했다.

스트라스부르는 전기가 끊어졌기 때문에, 그날 밤 알소스 대원들은 모두 한 방에서 촛불 몇 개 주위에 옹기종기 모였다. 과학자들이 문서를 읽는 동안 군인들은 패시가 '응용수학'이라고 부른 게임(포커)을 끝없이 했다(그들은 인플레이션에 취약한 프랑스 화폐를 걸고 포커를 했는데, 쌓이는 현금 더미가 훨씬 두둑해 보였기 때문이다). 전반적으로 졸음이 쏟아지는 밤이었지만, 포탄이 계속 떨어졌고, 가끔 머리 위에서 공중전도 벌어졌다. 그런데 문서를 절반쯤 읽어 내려가던 가우드스밋과 한 동료가 동시에 큰 소리를 지르면서 벌떡 일어섰다. 그러자 동료들이 이에 놀라 카드를 버리고 총을 들고 주위를 두리번거렸다. 가우드스밋은 약간 멋쩍어하면서 그들에게 진정하라고 말했지만, 자신은 들뜬 마음을 진정하지 못했다. 바이츠제커와 하이젠베르크 사이에 오간 편지 더미를 발견했기 때문인데, 거기에는 핵분열에 관한 내용이 적혀 있었다. 이것은 이 전선에서 최초로 입수한 진정한 단서였다.

한 편지는 보안상의 큰 허점을 드러내 윗부분에 독일 남부로 이주한 하이젠베르크의 새 주소(바이어슈트라세 1번지 405호)뿐만 아니라 그의 전화 교환국까지 적혀 있었다(가우드스밋은 스위스로 잠입해 하이젠베르크에게 전화를 걸자고 반농담조로 제안했다). 더 중요한 것은 원자로에 관한 계산이 몇 쪽 포함돼 있었고, '특수 금속'에 관한 언급이 있었다는 사실인데, 특수 금속은 우라늄을 가리키는 게 분명했다. 또 바이츠제커의 쓰레기통에서 특별히 중요한 편지가 갈기갈기 찢긴 채 발견되었는데, 바이츠제커는 그 편지의 표현이 너무 거칠다고 판단해 발송하는 대신에 쓰레기통에 버린 것으로 보였다. 조각들을 이어 맞추자, 독일의 연구 진행 상황과 우라늄 클럽의 활동을 알려주는 중요한 단서가 나왔다.

가우드스밋은 촛불 옆에서 눈이 쓰라릴 때까지 이 편지들을 꼼꼼히 들여다보았고, 사흘 동안 분석을 계속했다. 분석이 끝났을 때, 그는 놀라운 결론을 얻었다. 그는 독일의 원자폭탄 계획은 가짜라고 선언했다. 독일은 맨해튼 계획보다 몇 년이나 뒤처져 있었다. 가우드스밋은 의기양양하게 자신의 결론을 요약한 메모를 그로브스 장군에게 보내고, 코냑을 마시면서 스스로를 치하했다.

가우드스밋이 이 일로 칭찬을 기대했다면, 레슬리 그로브스라는 사람을 잘 몰랐던 게 분명하다. 사실, 그로브스는 가우드스밋의 보고를 믿지 않았고, 그가 내린 결론을 조목조목 비판했다. 예컨대 갈기갈기 찢어서 쓰레기통에 버린 편지는 의도적으로 조작한 미끼처럼 보였다. 자기 집에서 용의주도하게 모든 문서를 태워버린 사람이 그것이 발견되길 기대한 것이 아니라면, 그 중요한 증거를 그렇게 허술하게 남겨두었을 리가 있을까? 발견된 문서 중 어느 하나라도 진짜라고 어떻게 확신할 수 있는가? 어쩌면 그것들은 그들을 안심시키기 위한 역정보 공작의 일환일지도 몰랐다.

가우드스밋은 이를 반박할 근거가 없었고, 곧 자신의 분석이 엉성하고 성급했다는 사실이 분명해졌는데, 독일의 핵무기 위협을 뒷받침하는 여러 증거를 간과한 것으로 드러났기 때문이다. 한 문서에는 베를린에서 불과 24킬로미터 떨어진 지점에서 실시된 '대규모' 핵분열 실험이 언급돼 있었다. 또 다른 문서에서는 독일의 고위 간부들이 이미 히틀러에게 핵무기에 관해 브리핑을 했다는 사실이 드러났다. 그리고 바로 그 주에 정보부에 입수된 히틀러의 동향 첩보들은 군사 회의에서 히틀러가 다음과 같은 발언을 했다고 보고했다. "지금까지 나는 내가 저지른 모든 행동에 대해 신과 동포 앞에서 책임질 수 있다. 하지만 가까운 장래에 내릴 명령에 대해서는 더 이상 신 앞에서 그것을 정당화할 수 없을 것이다." 여기서 히틀러가 언급한 것이 핵무기가 아니면 무엇이겠는가?

그로브스는 또한 가우드스밋이 알지 못한 사실들도 보고받았는데, 그중 한 보고서를 "지금까지 있었던 것 중 가장 큰 위협"이라고 불렀다. 알소스 부대가 스트라스부르에 도착하고 나서 며칠 뒤, 정찰기들이 검은 숲에서 멀지 않은 계곡에서 불가사의한 건물들을 촬영했다. 그곳은 거대한 굴뚝과 배관망, 철도 지선, 노동자 숙소 등도 함께 있어 산업 시설인 게 분명했다. 하지만 그로브스는 그 건설 속도에 놀랐다. 맨 처음에 정찰기가 발견한 것은 건물 3개뿐이었다. 몇 주 후에는 14개가 30킬로미터에 걸쳐 들어섰다. 혹시 이것은 오크리지 같은 우라늄 농축 시설이 아닐까? 쉽게 동요하지 않는 영국인들도 떨기 시작했다.

이렇게 열흘 동안 워싱턴과 런던이 위기를 느끼며 두려움에 떤 뒤, 진실이 드러났다. 누군가 모든 공장이 지질학적으로 동일한 등고선에 위치한다는 사실을 발견했고, 조사 결과 이 지질층은 대부분 셰일로 이루어져 있다는 사실이 드러났다. 셰일에는 우라늄이 들어 있는 경우가 많지만, 석유도 많이 들어 있다. 연합국은 독일이 석유 부족에 시달린다는 사실을 알고 있었는데, 따라서 이 계곡에 건설되고 있는 것은 새로운 정유 시설일 가능성이 높았다.

하지만 그래도 그로브스는 만전을 기하기 위해 그 장소를 폭격했다. 그리고 그곳을 파괴한 뒤에도 그 망령에서 벗어나지 못했다. 아무리 두들겨맞고 상처를 입어도 독일은 여전히 거대한 산업 계획을 놀라운 속도로 추진할 능력이 있었다. 연합국이 그 건물들을 발견한 것은 아주 운이 좋았다. 독일은 그 무렵에 대부분의 제조 시설을 지하로 옮기고 있었다. 그러니 연합국이 뭔가를 또 놓쳤을지 누가 알겠는가? 오펜하이머는 그로브스에게 오크리지를 포함해 맨해튼 계획의 우라늄 농축 시설은 변칙적인 것이라고 경고한 적이 있었다. 핵과학은 여전히 걸음마 상태에 있었고, 오펜하이머는 어떤 똑똑한 독일인이 "부엌 싱크대에서 [우라늄을 농축하는] 방법을 발견할지도" 모른다고 인정했다. 그럴 경우, 연합국은 너무 늦기 전까지 아무것도 알아채지 못할 것이다.

가우드스밋은 이 문제에서 다소 용감하게 그로브스에게 계속 맞섰는데, 나치는 원자폭탄을 만드는 데 결코 성공하지 못할 것이라고 주장했다. 하지만 장군과 맞선 이 권력 투쟁에서는 가우드스밋이 질 수밖에 없었다. 우라늄 수백 톤의 행방이 여전히 오리무중인 데다가 하이젠베르크와 바이츠제커가 아직 건재한 상황에서 그로브스는 운에 맡기고 다른 선택을 할 수 없었다.

그르보스와의 이 싸움에서 진 것 외에도 가우드스밋은 더 음울한 이유 때문에 스트라스부르가 싫었다. 앞에서 말했듯이, 알소스 부대의 과학자들은 핵물리학 이외의 다른 분야들에서도 정보를 수집하고 있었다. 특히 그들은 나치 의사들이 죄수들을 대상으로 실험을 한다는 소문을 추적하고 있었는데, 스트라스부르에서 발견한 사실은 아주 섬뜩한 방식으로 이 소문을 확인해주었다.

그것은 나치 대학교에서 '위생 연구소'를 운영한 오이겐 폰 하겐 Eugen von Haagen이라는 백신 생물학자에게서 시작되었다. 그 연구소의 일부 시설은 아무 이상이 없는 것처럼 보였다. 혈청을 시험하기 위한 쥐와 생쥐, 염소를 비롯해 다양한 동물을 수용한 구역들로 이루어져 있었다. 하지만 알소스 부대는 도시 외곽의 격리된 성채에서 두 번째 시설을 발견했다. 연구 기록에 따르면, 폰 하겐은 그곳에서 발진열을 비롯해 여러 질병의 병균으로 재소자들을 감염시켰다. 그러고 나서 기관들이 파괴되는 과정을 일정한 간격으로 조사하면서 그들을 희생시켰다. 심지어 교도소 간부들에게 연구 대상으로 약하고 열등한 '재료'(즉, 사람)를 보낸다고 불평하기까지 했다. 이 질병들의 진정한 효과를 알려면, 건강한 남녀를 죽여야 한다고 주장했다. 그렇게 하지 않으면 어떻게 사람들의 목숨을 구할 수 있겠는가라고 말하면서.

스트라스부르는 또한 하인리히 힘러의 개인적 인류학 연구소인 다스 아넨에르베Das Ahnenerbe(선조의 유산)가 있는 곳이기도 했는데, 이 연구소는 아리아인의 인종적 우월성을 증명하는 일에 몰두했다. 이곳에서 진행한 '연구' 중 상당 부분은 해부학에 초점을 맞추었고, 그래서 연구에 쓸 사람 머리뼈를 아주 많이 수집했다. 사실, 힘러가 1941년에 독일의 파멸적인 소련 침공을 지지한 이유 중에는 '유대인 볼셰비키'와 그 밖의 퇴화 인종의 머리뼈를 얻으려는 목적도 있었다. 동부 전선에서 싸운 나머지 모든 독일군은 소련군을 무찌르는 데에만 집중한 반면, 힘러와 그 측근들은 새로운 '표본'을 수집할 장소들에 대한 최우선 순위 명령들과 함께 "특별 제작되고 보존제를 가득 채운 기밀 주석 용기"에 표본을 보존하라는 자세한 지시 사항을 하달했다. 알소스 부대는 그 노력의 기묘한 산물을 스트라스부르에서 발견했는데, 반쯤 절단된 팔다리들이 곳곳에 흩어져 있었고, 알코올로 가득 찬 거대한 수조 속에 사람 시체가 둥둥 떠 있었다. 이 시체들은 아우슈비츠에서 데려온 수감자들로 밝혀졌다. 많은 시체는 구역질날 정도로 매우 야위었고, 팔에는 숫자 ID가 문신으로 새겨져 있었다. 대부분은 가스실에서 사망했고, 충혈된 눈을 크게 뜬 채 스트라스부르에 도착했다.

그다음 몇 달 동안 연합군이 독일 점령 지역의 강제 수용소들을 해방시키면서 그 밖의 가학적 실험에 관한 소식이 속속 전해졌다. 하지만 이 잔학 행위를 잠깐 엿본 것만으로도 가우드스밋은 견디기 힘든 충격을 받았다. 잔인한 우연의 일치로 가우드스밋은 스트라스부르에서 폰 하겐의 화려한 집을 임시 숙소로 썼는데, 이것은 매우 끔찍한 경험이었다. 게다가 그는 폰 하겐의 아들 방에서 잠을 자야 했다. 그는 이렇게 회상했다. "전기 기관차, 영사기, 아버지가 쓰던 오래된 현미경, 달팽이가 들어 있는 수족관, 책, 연장 등 아들이 가지고 놀던 장난감이 모두 여전히 그곳에 남아 있었다. 하지만 히틀러 유겐트(히틀러 청소년단)의 휘장도 많이 있었다. …… 나는 아직도 아들이 자신의 장난감을 그리워하는지 궁금했다."

만약 가우드스밋이 마음을 단단히 먹고 폰 하겐과 그의 범죄만 생각했더라면, 그곳에서 몇 주일을 무사히 보냈을 것이다. 하지만 자신의 딸이 매우 그리웠고, 폰 하겐의 아들에게 약간의 동정심을 느끼자마자 마음이 무너져 흐느끼기 시작했다. 지난 며칠 동안 본 이미지들—시체들이 담긴 수조, 머리뼈가 진열된 선반—이 마음을 스치고 지나가면서, 너덜너덜한 채 남아 간신히 감정을 억제하던 마지막 가닥들을 끊어버렸다. 소심한 이 물리학자는 아이 방에서 뛰쳐나와 집안 곳곳을 돌아다니며 발로 바닥을 쿵쿵 밟고 소리를 고래고래 질렀다. 함께 머물던 군인들은 크게 놀랐다. 한 사람은 "그는 갑자기 미친 듯이 날뛰었다. 그는 독일인에 대해 분노를 표출했고, 울면서 몸부림을 쳤다"라고 회상했다. 그것은 완전한 정신적 붕괴였고, 진정하기까지 30분이 걸렸다.

가우드스밋은 집으로 보낸 편지에서 이 사건을 일절 언급하지 않았다. 하지만 얼마 후 아내에게 보낸 편지에서 "나는 이 [첩보 활동] 게임을 하기에 너무 유약한 사람이 아닌가 하는 염려가 들어"라고 한탄했다. 육군도 이에 동의하는 듯했다. 신경 쇠약 증세가 나타난 뒤, 알소스 부대는 가우드스밋에게 위로 휴가를 주었고, 간부들은 그가 미국으로 돌아가 가족을 만나도록 손을 썼다. 일부 소식에 따르면, 가우드스밋은 그곳에서 정신과 의사를 찾아갔다고 하는데, 그 당시에는 오직 절박한 사람들만이 취하는 극단적인 행동이었다.

가우드스밋이 없는 동안 군 내부에서는 그를 알소스 부대에서 완전히 제외하는 방안을 논의했다. 펜타곤은 결국 그가 군에 남는 것을 허용했지만, 또 다른 임무에 참여하지 못하게 했다. 스트라스부르에서 지내는 동안 가우드스밋은 OSS로부터 하이젠베르크를 납치하기 위해 취리히로 가는 임무에 관한 전보를 받고 그 답변을 보냈다. 하지만 신경 쇠약 증세가 나타난 뒤, 가우드스밋은 그 작전에서 배제되었다. 신경 쇠약이 도질 염려가 있는 사람을 비밀 작전을 위해 외국으로 보낼 수는 없었다.

그 외에도 여행 지연과 그 밖의 문제로 취리히 납치 작전 요원으로 선발되었던 사람들 중 여럿이 탈락했다. 그리고 촉박한 일정 때문에(가우드스밋은 하이젠베르크가 강연하기 불과 2주 전인 12월 초에 배제되었다), 정보부 간부들은 대체 요원을 찾을 시간이 없었다. 모 버그 혼자서 하이젠베르크에게 접근해야 했다.

54장

불확정성 원리

역설적이게도 폭력적인 칼 아이플러 대신에 부드러운 모 버그가 투입되면서 이 임무는 폭력적으로 변할 수밖에 없었다. OSS가 처음에 아이플러를 선택했을 때, 이 계획은 당연히 폭력적 성향을 띠었다. 하지만 아이플러는 일이 틀어질 경우에 하이젠베르크를 죽여도 된다는 승인을 받았을 뿐이었다. 암살이 임무에서 핵심이었던 적은 없었다. 하지만 버그를 혼자 보내게 되자, OSS는 납치 희망을 포기할 수밖에 없었다. 버그 혼자서는 하이젠베르크를 원하는 대로 다룰 수가 없었고, 가우드스밋도 임무에서 배제되어 그곳에서 하이젠베르크를 심문할 수도 없었다. 그 결과로 암살만이 유일한 선택지처럼 보였다. 모 버그는 치명적인 남자가 되어야 했다.

비록 정신 불안정으로 버그와 동행할 수는 없었지만, 가우드스밋은 12월 13일에 파리에서 그로브스로부터 받은 최종 지시 사항을 전달하면서 버그에게 브리핑하는 일을 도왔다. 버그는 권총을 가지고 강연장에 들어가 독일의 원자폭탄 개발이 얼마나 진전되었는지 단서를 얻기 위해 강연을 자세히 듣기로 했다. 물론 하이젠베르크가 노골적으로 연합국을 위협할 가능성은 낮았지만, 여기저기에 단서를 흘릴 가능성이 있었다. 적어도 남자다운 기질이 강한 하이젠베르크는 동료들 앞에서 성과를 뽐낼 가능성이 있었다. 만약 그런다면 버그는 그를 가우드스밋의 표현대로 "오르 드 콩바hors de combat"(전투력 상실) 상태로 만들어야 했다. 이 말은 단순히 여러 언어에 박식한 두 사람이 유창하게 사용한 프랑스어 단어에 불과한 것이 아니었다. 이 말은 문자 그대로 해석하면 '전투에서 제외된' 상태란 뜻으로, 좀더 일반적인 표현으로는 '활동 불능' 상태라고 할 수 있다. 보통은 이 표현은 전투에서 발생한 사상자를 뜻하며, 한 역사학자가 지적한 것처럼 "총을 사용해 적을 전투 불능 상태로 만드는 방법은 그 범위가 매우 좁다." 5년 전에 가우드스밋은 하이젠베르크를 미시간주의 자기 집으로 초대해 환영했다. 하지만 3년 뒤에는 그의 납치를 제안했다. 그리고 지금은 다른 친구에게 그를 쏘아 죽이라고 말하고 있었다. 그것도 자신은 독일이 그럴 수 있으리라고 전혀 믿지 않았지만, 하이젠베르크가 그런 것을 만들려고 한다는 이유로 말이다. 어쩌면 가우드스밋은 자기 말처럼 '유약한' 사람이 아니었을지 모른다.

하이젠베르크는 12월 16일에 열차로 취리히에 도착했다. 카를 폰 바이츠제커도 동행하면서 그의 공식적 경호원 역할을 했다. 그 외에는 하이젠베르크는 어떤 보안 조처도 취하지 않았다. 스위스에서 두려워할 게 뭐가 있겠는가라고 생각했을 것이다.

사실, 전선에서 날아온 소식 때문에 곧 하이젠베르크는 기분이 들떴다. 취리히에 도착한 날, 독일은 벨기에의 울창한 숲에서 오늘날 '벌지 전투'라고 부르는 마지막 대공세를 취했다. 놀랍게도 독일군은 아직도 전력이 충분히 남아 있었고, 여기서 이빨을 강타당한 연합군은 비틀거리며 뒤로 물러서야 했다(나치 대학교에 머물던 알소스 대원들은 본부를 버리고 서쪽으로 50킬로미터나 후퇴해야 했다). 독일 언론은 열광했고, 지나치게 흥분한 일부 기자들은 곧 독일이 핵무기를 사용해 연합군을 유럽 대륙에서 영원히 쫓아낼 것이라고 시사했다.

하이젠베르크는 마침내 크리스마스 일주일 전인 12월 18일에 강연을 했다. 스위스는 소비재 공급은 풍부했지만 전쟁 동안 연료를 배급했고, 취리히연방공과대학교의 1층 강당은 이가 딱딱 맞부딪칠 정도로 추웠다. 바이츠제커가 3주 전에 자신이 강연할 때 근처에서 벌어진 폭동에 가까운 사태를 하이젠베르크에게 분명히 경고했을 테지만, 강연 사실을 홍보하지 말라는 하이젠베르크의 요구 덕분에 강연장에 온 사람은 물리학자 20명뿐이었다.

그리고 스파이 두 명이 더 있었다. 버그는 장전된 베레타 권총(비행기에서 떨어뜨렸던 바로 그 총)을 코트 속에 숨긴 채 강당으로 들어섰다. 버그는 하이젠베르크보다 3개월 먼저 태어났지만, 양자역학을 배우는 스위스 대학원생 행세를 했다. 버그 옆에는 그를 호위하고 임무를 마친 뒤 탈출을 도울 OSS 요원 레오Leo가 동행했다. 레오가 실패할 경우에 대비해 전직 포수는 재킷 호주머니에 치명적인 청산가리 캡슐인 L 알약을 소지하고 있었다. 한 입 깨물기만 하면, 그 자신도 오르드 콩바 상태가 될 것이다.

버그는 두 번째 줄 좌석에 앉아 강연 내용을 적을 준비를 하는 것처럼 공책과 연필을 꺼냈다. 사실은 강당 지도를 꺼내 다른 참석자들을 관찰한 내용을 메모하기 시작했다. 한번은 추워 보이는 앞사람에게 독일어로 자신의 코트를 권하기도 했다. 바이츠제커는 움푹 들어간 눈으로 낯선 남자를 돌아보고는 퉁명스럽게 필요없다고 말했다. 버그는 공책에 '나치'라고 갈겨쓰고는 그를 하이젠베르크의 경호원으로 지목했다.

오후 4시 15분에 버그는 마침내 몇 달 동안 집착해온 남자를 처음 보았다. 하이젠베르크는 어두운 색 양복을 입고 무대에 나타났고, 크랭크를 돌려 칠판 위치를 바로잡으려고 약간 애를 쓴 뒤에 그 위에 방정식을 여러 개 썼다. 그러는 동안 버그는 그의 태도와 외모에 대해 메모했다. 그것은 불필요한 행동이었지만(아이플러라면 절대로 그런 행동을 하지 않았을 것이다), 버그는 자신이 감정적으로 죽일 준비가 되어 있는 그 사람을 평가하고 싶었다. 그는 하이젠베르크를 머리가 지나치게 크고 머리카락은 불그스름하며 정수리에 머리카락이 없는 '아일랜드인'처럼 보인다고 묘사했다. 넷째 손가락에 결혼반지를 끼었고, 짙은 눈썹은 '사악한 눈'을 완전히 가리지 못했다.

방정식이 준비되자 하이젠베르크는 강연을 시작했는데, 앞으로 몇 시간 동안 할 강연 내용에 자신의 목숨이 달려 있다는 사실을 전혀 모른 채 태평하게 말을 이어갔다. 강연 주제는 2년 전에 취리히연방공과대학교에서 개요를 소개한 S 행렬 이론의 발전을 소개하는 것으로 잡았다. 버그는 이 주제가 그다지 마음에 들지 않았을 것이다. 그렇다고 하이젠베르크가 칠판에 폭탄을 그린 뒤에 요란하게 지껄이길 기대하지는 않았지만, 적어도 핵분열과 관련된 이야기—어쩌면 원자로에 관한 강연—를 꺼냈으면 하고 바랐을 것이다. 대신에 하이젠베르크는 순수한 이론을 다루길 원했는데, 특히 S 행렬 이론이 양자역학과 일반 상대성 이론을 조화시킬 수 있다는 희망을 피력하려고 했다.

하이젠베르크는 S 행렬 이론의 역사를 소개하는 것으로 강연을 시작했지만, 한 동료가 중간에 끼어들었다. 그는 우리는 그것을 다 알고 있으니 굳이 이야기하지 않아도 된다고 했다. 하이젠베르크는 여유 만만한 강연자여서 그런 방해에 크게 개의치 않았고, 어깨를 으쓱하고 나서 그 부분을 생략하고 넘어갔다. 버그는 하이젠베르크가 강연을 하면서 왼손을 재킷 호주머니에 찔러 넣은 채 걸어다닌다는 사실에 주목했다. 난해한 주제인데도 불구하고, 버그는 하이젠베르크가 자신도 모르게 내뱉을지 모를 단서를 놓치지 않으려고 애썼다. 이 방정식들은 핵분열과 무슨 관계가 없을까? 산란은 연쇄 반응에 중요하지 않을까? 연설 도중에 하이젠베르크의 시선이 일자 눈썹을 한 낯선 사람의 얼굴에 몇 초 동안 머물렀다. 두 사람은 시선을 교환했을 것이다. 버그는 "H.는 자신의 강연에 내가 보이는 관심을 좋아한다"라고 적었다.

하지만 아무리 열심히 노력해도 버그는 방정식들을 해독할 수 없었다. 그것은 무해한 물리학처럼 보였지만, 어떻게 확신할 수 있겠는가? 뭔가 자신이 놓친 것이 없을까? 의심이 자신을 괴롭히기 시작했고, 그의 마음은 무대 위를 걸어다니는 사람이 이룬 가장 유명한 발견으로 되돌아갔다. 버그는 공책에 이렇게 갈겨썼다. "강연을 들으면서 나는 어떻게 해야 할지 불확정 상태에 빠졌다—참고: 하이젠베르크의 불확정성 원리."

한편 강당에 모인 물리학자들은 버그의 고뇌를 전혀 모른 채 방정식에만 집중했다. 버그는 "로마가 불타는 동안 수학을 논의하고 있다니. 만약 그들이 내가 무슨 생각을 하고 있는지 안다면!"이라고 썼다('로마가 불타는 동안'은 네로의 고사에서 유래한 표현으로, 위급한 일을 제쳐놓고 딴 짓을 할 때 쓰는 표현이다—옮긴이). 사실은 버그 자신도 무엇을 생각해야 할지 몰랐다. 만약 행동에 실패하면, 히틀러가 폭탄을 손에 넣고, 결국 유럽이 그 대가를 치를 것이다(그렇다면 나는 그를 쏘아 죽이고 세계를 구해야 할까?). 하지만 자신이 정말로 확실한 증거도 없이 사람을 죽일 수 있을까? 더구나 그 과정에서 자신의 목숨까지 희생해야 한다면? 호주머니에 든 권총이 무거워지는 걸 느꼈지만, 하이젠베르크가 강연을 계속하는 동안 또 다른 OSS 장비인 L 알약이 그의 마음을 점점 더 무겁게 짓눌렀을 것이다.

이 개인적 고문은 두 시간 반 동안 계속되었다. 그리고 결국 불확정성이 그의 마음을 지배했다. 강연이 끝났을 때, 그는 여전히 방아쇠를 당길 수 없었다.

그 후 물리학자들은 몇 개의 소집단으로 쪼개져 담소를 나누었고, 몇 사람은 무대로 나가 하이젠베르크와 이야기를 나누었다. 버그는 이 기회를 틈타 플루트에게 자신을 소개하면서 사전에 약속된 암호를 읊었다. "스키낵터디에서 수츠 박사님이 안부를 전해달랍니다." 버그는 또한 연합국 정보부가 보낸 선물도 전달했는데, 중수가 든 작은 유리병이었다. 두 스파이는 그날 밤 플루트의 사무실에서 만나기로 약속을 잡았다.

그러고 나서 버그는 하이젠베르크 주변에 모인 사람들에게 다가가 칠판에 적힌 방정식을 보는 척하면서 대화를 엿들으려고 시도했다. 이제 하이젠베르크가 경계심을 내려놓고 뭔가를 자랑하지 않을까? 아니었다. 약간의 잡담 뒤에 몇 사람이 유명한 크로넨할레 카페에서 저녁 식사를 하기 위해 하이젠베르크를 끌고 갔다. 추운 강당에 홀로 남은 버그는 달리 할 일이 없어 플루트를 만나러 가기 위해 슬그머니 자리를 떴다—감정적으로 몹시 피곤한 상태로, 그리고 아직도 자신이 올바른 판단을 한 것인지 확신이 서지 않은 채.

한편 하이젠베르크는 저녁 식사 자리에서 매우 기분이 좋았다. 강연은 잘 끝났고, 이제 친구들에 둘러싸여 즐거운 식사를 하고 있었고, 독일의 대공세를 다룬 신문 기사들이 너무나도 기분 좋아 식탁에서 그것을 크게 소리 내어 읽었다. 그는 "이제 그들이 진격하고 있어!"라고 외치면서 경탄했다. 늘 그랬듯이 그는 자신을 초청한 사람들이 당혹해한다는 사실을 알아채지 못했다.

그 주에 버그는 두 번째 기회를 잡았다. 플루트는 하이젠베르크를 위해 소규모 파티를 마련했고, 버그는 세미나실에서 멀리 떨어지고 술과 음식을 즐기는 편한 분위기에서 독일의 원자폭탄 계획 진행 상황을 알려주는 말이 무심코 튀어나오지 않을까 내심 기대했다.

하이젠베르크는 강연과 마찬가지로 파티에도 제약 조건을 내걸었는데, 플루트에게 정치와 전쟁 이야기는 꺼내지 말아야 한다고 당부했다. 하이젠베르크에게는 그럴 만한 이유가 있었다. 신문 기사에 환호한 지 며칠 만에 벌지 전투 전황은 독일에게 불리하게 돌아갔다. 독일군이 무너지지 않은 것은 분명했지만, 전투는 눈 더미와 얼음장 같이 차가운 개울 사이에서 한 치의 땅을 놓고 공방을 벌이는 이전투구 양상으로 변해갔다. 자원이 고갈된 독일로서는 절대로 이길 수 없는 지루한 교착 상태였다. 하이젠베르크의 거의 불가능한 원대한 꿈—나치가 승리하지도 않으면서 연합군이 조국의 땅을 침범하지 못하는 교착 상태—은 갈수록 실현 가능성이 낮아졌다. 게다가 스파이와 정보원이 득시글대는 취리히에서 낯선 사람들과 정치 이야기를 하고 싶지 않았다. 전쟁의 이 막바지 단계에서조차 독일에서는 '패배주의적 발언'을 했다간 총살당할 수 있었다.

플루트는 하이젠베르크의 요구를 받아들였지만, 파티가 시작되자마자 하이젠베르크는 그 약속이 소용없는 것임을 깨달았다. 비록 플루토는 입을 다문다 하더라도, 손님들조차 입을 다물게 할 수는 없었는데, 여러 사람은 질문 공세로 하이젠베르크를 궁지로 몰아넣었다. 버그도 곁으로 다가가 귀를 기울였는데, 대화는 처음부터 분위기가 좋지 않았다. 조국의 입장을 합리화하려는 하이젠베르크의 주장에 귀를 기울이려는 사람은 아무도 없었고, 그가 전 세계 사람들이 선량한 독일 국민을 악마로 간주한다고 하소연하자, 다른 손님들은 누가 전쟁을 시작했는지 지적하면서 맹렬히 공격했다. 하이젠베르크가 독일에서 사라져간 수많은 유대인과 그 밖의 바람직하지 못한 사람들에 대해 자신은 아무것도 모른다고 말하자, 그들은 코웃음을 쳤다(실제로 하이젠베르크는 자신의 소중한 우라늄이 여성 노예들이 일하는 가공 처리 공장에서 나온다는 사실을 분명히 알고 있었을 것이다). 다른 손님들은 하이젠베르크가 소련에 대한 두려움을 부추길 때에만 뒤로 물러섰다. 그는 독일이 문명화된 유럽과 그곳을 침략하려는 공산주의자 야만인 사이를 막고 있는 방어벽이라고 주장했는데, 사실 소련의 침공은 독일의 침공보다 일반 스위스 시민을 더 두려움에 떨게 하는 시나리오였다. 하지만 하이젠베르크는 그답게 마지막 단계에서 실언을 했다. 누군가 "당신은 전쟁에 졌다는 사실을 인정해야 하오"라고 말하자, 그는 한숨을 쉬면서 "하지만 우리가 이겼더라면 아주 좋았을 거요"라고 말했다.

하이젠베르크는 피로와 고독감을 느끼면서 만찬장을 떠났을 것이다. 며칠 전의 강연에서 느꼈던 즐거움은 모두 사라지고 없었다. 숙소로 가려고 코트를 입고 밖으로 나설 때 누가 함께 따라나섰는데, 강연장에서 본 눈썹이 짙은 스위스인 물리학도였다. 마침 두 사람은 가는 방향이 같아 하이젠베르크는 모 버그(호주머니 속에 권총과 L 알약을 지닌 채)와 함께 그곳을 떠났다.

걸어가는 동안 버그는 여러 가지 질문을 던지며 하이젠베르크를 귀찮게 했다. 변호사가 되기 위해 겪었던 훈련 과정을 바탕으로 유도질문도 여러 개 던지면서 하이젠베르크에게서 솔직한 답변을 얻어내려고 시도했다. 버그는 취리히가 몹시 따분하다고 불평하면서 지금 당장 적과 싸울 수 있는 독일에 갈 수만 있다면 어떤 대가라도 치르겠다고 말했다. 하이젠베르크는 자신은 동의하지 않는다고 중얼거렸지만, 더 자세히 이야기하진 않았다.

취리히의 어두운 거리를 걷는 동안 버그는 계속 하이젠베르크를 압박했고, 하이젠베르크는 난처한 질문을 잘 받아넘겼다. 그는 히틀러 치하에서 오랫동안 살아온 경험을 통해 자신의 본심을 잘 드러내지 않도록 단련되었고, 그 '학생'의 질문들에 무례를 범하지 않으면서 최대한 모호한 답변으로 응수했다. 그는 이 학생이 언제라도 자신을 죽일 준비가 되어 있는 암살자라는 사실은 낌새도 채지 못했다. 농담이나 아이러니한 발언을 상대방이 엉뚱하게 받아들이기라도 하면, 치명적인 결과를 맞이할 수도 있었다. 한편, 버그는 암살을 실행하기에 완벽한 기회를 잡았다. 어두운 밤중에 그들 둘만이 있었다. 일이 끝난 뒤에는 총을 배수로에 버리고 쉽게 도망갈 수 있었다. 그런데 왜 하이젠베르크를 죽이지 않았을까? 그저 신중을 기하기 위해서?

결국에는 불확정성이 또다시 이겼다. 버그는 그냥 그 일을 할 수가 없었다. 두 사람은 하이젠베르크의 호텔 앞에서 헤어졌고, 하이젠베르크가 마지막으로 등을 돌렸을 때, 버그는 다른 곳으로 발걸음을 옮겼다. 하이젠베르크는 로비로 들어서면서 그 만남을 마음속에서 지워버렸지만, 버그는 결코 그럴 수가 없었다.

하이젠베르크는 독일에서 가족과 함께 크리스마스를 보내기 위해 다음 날 취리히를 떠났다. 아이들을 위한 장난감과 아내를 위한 피부크림과 스웨터도 샀다. 독일은 밀수를 줄이기 위해 스위스로부터 특정 상품의 반입을 금지했기 때문에, 하이젠베르크는 아내의 스웨터를 셔츠 위에 겹쳐 입고 국경을 통과했다.

버그는 그다음 일주일을 취리히 여기저기를 돌아다니며 보냈고, 플루트에게서 고급 정보를 일부 얻었다. 그중에는 이전의 어떤 방법보다도 훨씬 빠르게 핵분열성 동위 원소를 분리할 수 있는 '슈퍼사이클로트론'—오펜하이머가 경고했던 '부엌 싱크대' 장비에 해당하는—을 독일이 개발했다는 주장도 있었다. 버그는 또한 하이젠베르크의 새 연구소와 뮌헨 남쪽에 있는 가족 별장의 위치에 관한 앞서의 보고들도 확인했다.

이런 보고들로 받은 칭찬에도 불구하고, 1944년 연말이 다가올 때까지도 버그는 여전히 의심을 떨치지 못하고 괴로워했다. 운명은 그에게 독일의 최고 핵과학자를 제거할 기회를 두 번이나 주었는데, 그는 그 두 번의 기회가 눈앞으로 지나가는 걸 그냥 지켜보기만 했다. 이 신중한 태도를 후회하게 되지 않을까? 그와 함께 온 세계도 그것을 유감스럽게 여기지 않을까?

버그는 그 순간에 과감한 행동을 하지 못한 반면, 한때 그의 숙적이었던 보리스 패시였더라면 하이젠베르크를 오르 드 콩바 상태로 만들어야 할 필요성에 대해 아무런 양심의 가책(불확정성)도 느끼지 않았을 것이다.

6부

1945년

55장

빅 작전

1945년 봄에 유럽에서는 제2차 세계 대전이 끝났다. 하지만 알소스 부대처럼 여러 곳을 배회하는 부대에게는 큰 혼란과 함께 전쟁이 끝난 이 시점이 많은 점에서 가장 위험한 시기였다.

독일군이 벌지 전투에서 패퇴하자 연합군은 독일로 진격했고, 알소스 부대도 마침내 3월에 독일로 들어갔다. 기쁨에 넘쳐 그들을 반겼던 파리 시민과 달리 독일 시민은 차가운 시선으로 그들을 맞이했고 진격을 방해하려고 시도했다. 때로 이것은 그저 성가신 정도에 불과했다. 보리스 패시가 독일인 주민 두 명에게 하이델베르크로 가는 길을 물은 적이 있었다. 그런데 서로 다른 방향을 가리켰다. 그러자 패시는 둘 다 체포했다가 두 길을 차례로 가본 뒤에 거짓말을 한 사람을 교수형에 처하겠다고 으름장을 놓았다. 두 사람은 얼굴이 하얘지더니 질문을 잘못 이해했다고 중얼거리면서 세 번째 길을 가리켰다. 독일군의 공격을 받아 하마터면 알소스 대원이 목숨을 잃을 뻔한 적도 있었다. 저격수가 쏜 총탄에 한 차량의 앞 유리창에 구멍이 뚫렸고, 몇 주일 뒤에는 길을 가로질러 팽팽하게 쳐놓은 철사에 가우드스밋(시속 80킬로미터로 달리는 지프에 서 있던)의 머리 가죽이 벗겨질 뻔한 일도 있었다. 철모 덕분에 간신히 목숨을 건졌다.

이런 위험에도 불구하고, 패시는 가차 없이 휘하 병력을 진격시켰다. 알소스 대원들이 양치질을 하거나 양말을 갈아 신을 사이도 없이 지프에 뛰어올라 얼마 전에 해방된 연구소로 쏜살같이 달려간 이야기는 차고 넘친다.

한 대원은 입을 속바지가 없자, 기지로 돌아가느라 시간을 낭비하는 대신에 근처 민가에서 기다란 핑크색 여성용 속바지를 훔쳐와 자기 몸에 맞게 가위로 재단해 입었다(이 때문에 동료들에게 큰 웃음을 주긴 했지만, 여성용 속바지는 군에서 지급하는 긴 속바지보다 더 편안했던 것으로 보인다. 어떤 사람은 군용 속바지는 "너무나도 뻣뻣해 걸어놓을 필요가 없었다. 간이침대 옆의 바닥에 그냥 세워놓으면 되었다"라고 말했다).

가차 없는 연합군의 폭격 때문에 많은 독일 지역은 폐허가 되었다. 일부 연구소에서 알소스 대원들은 고고학자처럼 잔해 더미에서 문서와 장비를 발굴하는 작업을 했다. 스마이스Smyth라는 물리학자는 폭탄 구덩이가 사방에 널린 도시에서 차를 타고 무너진 건물들을 지나다가 "폭발의 충격으로 매듭처럼 꼬여 있는" 수도관을 본 것을 기억했다. 또 다른 도시에서 그는 그해 봄에 풀로 덮인 중앙 분리대에 장미꽃들이 활짝 핀 것을 보았는데, 그렇게 일찍 장미꽃이 핀 것은 설명할 수 없을 정도로 이례적인 일이었다. 파괴의 아수라장 속에서 생명의 부활을 보여준 그 상황은 시적인 순간처럼 보였는데, 그러다가 근처에서 불타오른 건물들의 열기 때문에 식물이 여름이 온 것으로 착각했을 뿐이라는 사실을 깨달았다. 차가운 현실은 시적인 은유와 전혀 어울리지 않았다.

4월 11일에 번개 A 팀은 독일 중부에 위치한 슈타트틸름에 도착했는데, 이곳에서 패시는 안트베르펜 동물원 이래 가장 소란스러운 군중을 맞닥뜨렸다. 이 도시는 사실상 전기가 전혀 공급되지 않았고, 난민과 탈출한 재소자들이 미친 듯이 소동을 피우고 있었다. 한 무리는 한 화물 차량에 공업용 알코올이 가득 실린 것을 알고는 그것을 마셨다. 패시가 시장을 설득해 알코올을 흘려보내게 하기 전까지 두 사람이 죽고 한 사람은 눈이 멀었다. 혼란이 가라앉자, 패시는 우라늄 클럽을 세운 쿠르트 디프너가 이 도시에 머물다가 불과 몇 시간 전에 도망갔다는 사실을 알았다.

결국 알소스 부대는 하이델베르크에서 그림 같은 사유지를 몰수해 그곳에 새 본부를 차렸다. 알소스 부대는 이탈리아에서 오합지졸 같은 집단으로 시작해 이제는 100명이 넘는 부대로 성장했다. 그래서 이제 패시 감독은 9 대 9로 겨루는 야구 경기를 조직할 수 있었고, 자신이 직접 몇 이닝을 투구하기도 했다. 하지만 경기 사이사이에 알소스 부대는 중대한 결정을 내려야 했다. 1945년 2월에 미국과 영국, 소련, 프랑스는 전후 독일을 네 구역으로 쪼개 각자 한 곳씩 점령하기로 결정했다. 불행하게도 알소스 부대의 주요 표적 중 하나가 소련의 점령 지역에 있었는데, 베를린에서 남서쪽으로 145킬로그램 지점에 위치한 슈타스푸르트에 막대한 양의 우라늄이 숨겨져 있었다. 패시는 우라늄을 약탈해 러시아인을 한 방 먹이길 원했지만, 최근에 워싱턴에서 받는 압력이 만만치 않았는데, 자유분방한 활동 방식 때문에 군사 재판에 회부하겠다는 위협을 세 번이나 받았다. 그래서 독단적으로 러시아인을 화나게 하는 행동을 벌여 외교적 문제를 일으키기 전에 패시는 오마 브래들리Omar Bradley 장군에게 의견을 구하는 메시지를 보냈다. 브래들리는 뭐라고 말했을까? “러시아인 따위를 신경 쓸 필요가 뭐가 있나!” 그것은 승인을 의미했고, 번개 A 팀은 4월 중순에 출발했다.

몇 달 전에 벨기에와 툴루즈에서 패시는 우라늄 수십 톤을 빼앗았다. 슈타스푸르트에서는 900톤 이상을 발견해 모두 합쳐 약 1000톤의 우라늄을 손에 넣었다. 문제는 우라늄이 대부분 금이 가고 갈라진 작은 통에 들어 있어 방사성 광석을 사방에 흩뿌린다는 점이었다. 게다가 소련군이 이미 진격을 시작해 그 지역을 향해 다가오고 있었다.

지고 싶은 생각이 전혀 없었던 패시는 트럭 수송 부대 둘을 징발했다. 그리고 통과 튼튼한 과일 포장용 자루를 만드는 근처 공장으로 달려가 노동자들을 설득해 설비를 가동시켰다. 그들은 며칠 동안 용기를 수천 개나 만들어냈고, 거기에 우라늄을 담는 작업을 도왔다. 가끔 포탄이 날아오고 총격전이 발생했지만, 그들은 일주일 안에 트럭 260대에 우라늄을 남김없이 실었다. 훗날 그로브스 장군은 이 탈취 작전을 전쟁 동안 자신이 느낀 가장 큰 위안 중 하나였다고 말했다. 이렇게 해서 사라졌던 독일의 우라늄 중 대부분을 손에 넣었다.

트럭 수송 부대원들은 물론 자신들이 운반하는 물건이 무엇인지 몰랐고, 그저 통들이 설명할 수 없게 아주 무겁다는 사실만 알았다. 알소스 대원 중에 캘버트Calvert라는 이름의 장교가 있었기 때문에, 어떤 사람들은 운반하는 물건이 위스키라고 추측했다. 어떤 사람들은 자신들이 나치의 금을 훔쳤다고 장담했다. 하지만 소련군은 그런 착각에 빠지지 않았다. 몇 주일 뒤에 슈타스푸르트에 도착한 소련 기술자 팀은 우라늄 탈취 사실을 알고서 격노했다. 사실, 보리스 패시의 작은 위법 행위는 냉전의 시작을 알리는 한 사건이었다.

우라늄 광석을 확보한 알소스 부대는 우라늄 클럽 회원들의 체포로 관심을 돌렸는데, 소련 역시 독일 과학자들을 체포하는 데 열을 올리고 있었기 때문에 이것은 아주 긴급한 과제였다. 알소스 부대의 한 팀은 이미 하이델베르크에서 발터 보테를 붙잡았고, 가우드스밋(얼마 전에 위로 휴가에서 돌아온)이 보테의 연구소에서 그를 심문했다. 독일인 포로 중에서 가우드스밋이 개인적으로 아는 사람을 만난 것은 보테가 처음이었다. 미 육군 규정은 적과 친해지는 것을 금지하고 있었지만, 두 사람은 서로 인사를 하고 악수를 나누었다. 보테는 소년 같은 자부심을 비치며 자신의 사이클로트론을 보여주었는데, 그것은 오랜 시간 이리저리 손댄 뒤에야 마침내 살아났다. 가우드스밋은 미소를 지으려고 노력했지만, 그 상황에 민망함을 느꼈다. 그 무렵에 미국에는 가동 중인 사이클로트론이 20여 대나 있었고, 모두 보테의 장난감에 비해 훨씬 성능이 뛰어났다.

우라늄 클럽 회원들은 대부분 찾아내기가 훨씬 어려웠다. 한 가지 문제는 그들이 도망간 검은 숲 지역이 프랑스군 점령 지역이어서 정치적 고려가 중요한 변수가 된다는 점이었다. 처음에 패시는 낙하산으로 그 지역에 침투하여 프랑스군보다 빨리 모든 과학자를 체포하는 방안을 제안했다. 이 계획은 실천에 옮겨지지 않았지만, 독일의 저항이 무너지고 프랑스군이 진격해오자 알소스 부대는 서둘러야만 했다.

잠깐 동안 미군 간부들은 프랑스군의 진격을 지연시키기 위해 그 지역을 융단 폭격하는 방안을 진지하게 검토했지만, 아이젠하워의 참모장은 마침내 그 방안을 폐기했다. 그는 한숨을 내쉬면서 이렇게 말했다. "나도 그러고 싶지만, 우리가 프랑스군을 폭격할 수는 없네." 이제 남은 방법은 한 가지뿐이었다. 번개 A 팀이 남쪽으로 쏜살같이 달려가 프랑스군보다 먼저 과학자들을 체포하는 것이었다. 그들은 이 계획을 빅 작전Operation Big이라고 불렀다.

패시에게는 다행스럽게도 진격해오는 프랑스군 중 다수는 독일군을 물리치는 것보다 다른 일들에 더 정신을 팔았다. 예를 들면, 전리품으로 호주머니를 채우거나 비시 정부의 반역자들을 찾아내는 일에 몰두했다. 하지만 일부 선발대는 빠르게 검은 숲 지역으로 접근하고 있었기 때문에, 패시는 그들을 따돌리기 위해 자신의 꾀주머니를 사용해야 했다. 한번은 번개 A 팀이 남쪽으로 가던 도중에 강력한 독일군 바리케이드를 만났는데, 거대한 통나무 30여 개가 길을 가로막고 있었고, 여러 개는 창처럼 땅에 박혀 있었다. 멈춰서 그것을 치우고 가는 수밖에 다른 방법이 없었다. 한편, 같은 장애물을 만난 프랑스 부대는 길에서 벗어나 근처의 강바닥으로 내려가 우회하는 경로를 택했다. 알소스 부대는 출발에서 유리한 고지에 선 프랑스 부대를 따라잡기 힘들 것처럼 보였다.

하지만 프랑스군에게는 불행하게도 따뜻한 봄 날씨 때문에 강바닥을 덮고 있던 얼음이 녹기 시작했다. 패시는 아칸소주 늪지 밖에서 자신이 본 것 중 가장 질퍽질퍽한 땅이었다고 말했다. 프랑스군 차량들은 속도를 늦추지만 않는다면, 여전히 계속 앞으로 나아갈 수 있었다. 그래서 패시는 그 차량들이 가장 질척질척한 지점에 이를 때까지 기다렸다가 그 부대 지휘관인 소령에게 차에서 내려 차렷 자세를 취하라고 소리를 질렀다. 소령이 자신을 무시하자, 패시는 길옆의 비탈을 따라 뛰어내려가면서 프랑스어로 "대령이 말하면, 차렷 자세를 취해야지!"라고 소리쳤다. 결국 군인의 본능이 상식적 판단을 압도하여 소령은 차를 멈추고 패시의 명령에 복종했다. 철벅거리며 다가간 패시는 자신을 소개한 뒤, 친절하게 구는 척하며 지금까지 그 부대가 여기까지 어떻게 왔는지 온갖 종류의 질문을 던졌다. 소령은 패시의 질문에 대답하면서(달리 도리가 없었다) 길 위쪽을 연신 바라보았는데, 그곳에서는 알소스 대원들이 바리케이드를 재빨리 치우고 있었다. 그 동안에 소령이 탄 차는 차축까지 진흙탕 속에 잠겼고, 뒤따르던 차량들도 모두 같은 운명을 맞이했다. 패시는 알소스 대원들이 장애물을 다 치울 때까지 계속 지껄였다. 그러고 나서 그는 소령에게 작별 인사를 한 뒤 키득거리면서 그곳을 떠났다.

이렇게 해서 알소스 부대는 새로운 전위대 위치에 서게 되었는데, 그것은 남들의 부러움을 사긴 했지만 위험한 위치였다. 그 지역의 대다수 마을에서 주민들은 이미 저항을 포기하고 항복의 표시로 창밖에 베갯잇이나 시트를 내걸었다. 하지만 이 흰 천들 사이에 가끔 독일군이 숨어 있는 경우도 있었는데, 이들은 아무런 양심의 가책도 느끼지 않고 항복을 가장한 채 총격을 가해왔다. 게다가 베르볼펜Werwolfen(나치 '늑대 인간') 무리가 총통을 위해 저항을 계속했다. 전쟁에서 졌다 하더라도, 이들은 매복 기습을 통해 적을 최대한 많이 죽이려고 했다.

이 지역에서 번개 A 팀의 최우선 과제는 하이젠베르크가 최종적인 우라늄 기계를 건설하던 동굴이 있는 장소인 하이거로흐 마을로 가는 것이었다. 한 역사학자는 12세기에 만든 돌길과 집들이 있는 이 마을을 "아주 화려한 바그너나 베버의 오페라 무대"에 비교했다. 이 마을은 높이 24미터의 석회암 절벽 앞에 자리잡았고, 절벽 위에는 돌로 지은 성과 바로크 양식의 하얀 성당이 있었다. 농경지와 들판이 완만한 경사를 이루며 펼쳐진 마을 주변의 풍경은 마법과도 같았다. 봄에는 활짝 피는 라일락꽃으로 유명했다.

그러나 1945년 봄에는 라일락꽃을 보기가 힘들었다. 하이거로흐 주변의 여러 마을은 돌더미로 변했고, 그 사이에서 솟아오른 먼지가 바람에 실려 거리를 지나가면서 개척 시대의 황량한 서부 유령 도시 같은 분위기를 연출했다. 사실, 저항이 전혀 없이 너무나도 조용한 풍경에 번개 A 팀은 당혹감을 느끼면서 잔뜩 경계심을 품고 하이거로흐로 다가갔다.

그들은 하얀 벽에 목제 셔터가 있는 바이에른 양식의 가옥들이 늘어선 거리 건너편에서 하이젠베르크의 동굴을 발견했다. 그것은 높이 약 2.4미터의 삐죽삐죽한 입구가 있는 천연 동굴이었다. 절벽 위의 성당은 한때 성찬용 포도주를 이곳에 저장했는데, 하이젠베르크와 그 조수들은 이곳을 접수하면서 동굴 연구소라는 암호명으로 불렀다. 패시의 대원들은 이 동굴을 '원자 저장고'라고 불렀다. 입구를 가린 거대한 금속 문에는 자물쇠가 잠겨 있었다. 그래서 패시는 열쇠를 가진 주민을 찾아내 자물쇠를 열라고 명령했다. 그 사람이 항의하자, 패시는 부관을 돌아보면서 "총으로 자물쇠를 부숴버리게. 만약 저 사람이 방해한다면, 저 사람도 쏴버리게"라고 말했다. 그러자 그 사람은 즉각 협조적으로 돌아섰다.

동굴은 석회암 속으로 23미터나 뻗어 있었고, 벽은 차갑고 축축했다. 패시와 부하들이 높이 치켜든 촛불은 어둠을 얼마 뚫고 나가지 못했고, 그들은 부비트랩을 경계하면서 조심조심 발걸음을 떼었다. 몇 미터 나아가자 바닥에 지름 약 3미터의 큰 구덩이가 나타났다. 구덩이에는 두꺼운 금속 뚜껑이 있고, 안쪽 벽은 알루미늄 원통으로 이루어져 있었다. 구덩이 위의 낮은 천장에는 거리 건너편의 술집에 있는 디젤 발전기로부터 전력을 끌어오는 천장 크레인이 설치돼 있었다. 그 부근에는 우라늄 육면체를 매다는 선들과 관들, 그리고 전력 케이블이 마구 널려 있었다. 이것이 바로 나치의 지성소인 원자로였다. 한쪽 구석의 칠판에 누군가 독일어로 수수께끼 같은 글을 남겼는데, "인류에게 성스러운 안식이 있길. 오직 미친 사람들만이 서두르나니"라고 적혀 있었다.

실망스럽게도 알소스 부대는 동굴에서 우라늄이나 중수를 전혀 발견하지 못했다. 독일인이 모든 것을 없앤 것 같았다. 하지만 패시는 독일의 원자폭탄 계획에 치명타를 날려야 한다는 의지가 결연했다. 그는 마을 전체를 봉쇄하고 모든 주민을 집 안에 머물게 했다. 그러고 나서 뭔가 소중해 보이는 장비를 끌어온 뒤, 부하들에게 동굴을 다이너마이트로 가득 채우라고 명령했다. 그는 절벽 전체와 성당을 포함해 그 위에 있는 모든 것을 파괴하고 원자 저장고를 수천 톤의 돌더미 속에 묻으려고 했다.

하지만 마을의 전설에 따르면, 마지막 순간에 신부가 계단을 급히 내려와 패시에게 제발 성당만큼은 살려달라고 애원했다. 패시는 그 반대 명령을 받았지만, 주교의 아들인 그는 성직자의 당부를 뿌리칠 수 없었다. 그래서 알소스 부대는 훨씬 적은 양의 폭발물을 터뜨려 동굴 천장만 무너지게 했다. 그래도 마지막으로 남아 있던 독일 원자폭탄 계획의 잔재를 파괴하는 데에는 충분했다.

원자 저장고를 돌더미 속에 묻은 알소스 부대는 이제 우라늄 클럽 회원들을 체포하는 임무에 본격적으로 돌입했다. 하이젠베르크는 이미 그 지역을 떠났는데, 소문에 따르면 슈바벤알프스의 가족 별장으로 갔다고 했다. 하지만 다른 주요 표적들이 남아 있었다. 알소스 부대는 근처 마을에서 이미 서류 가방을 다 싸놓은 채 조용히 연구하고 있던 오토 한을 찾아냈다. 한은 전쟁을 싫어했는데(그의 아들이자 리제 마이트너의 대자代子인 한노는 동부 전선에서 소련군과 싸우다가 팔을 잃었다), 알소스 대원이 그의 사무실에 들어서자 고개를 들어 쳐다보면서 영어로 "기다리고 있었소"라고 말했다. 그는 조용히 따라나섰다. 바이츠제커는 약간 반항적인 태도를 보였다. 자신을 잡으러 온 사람들이 러시아인이 아니라 미국인이라는 사실에 안도하긴 했지만, 그들을 야만적인 유인원처럼 경멸하는 시선으로 바라보았다(공정하게 말하면, 그를 구금할 때 알소스 대원들이 그의 와인 저장실도 약탈한 것 때문에 더욱 기분이 상했을 것이다).

패시와 가우드스밋은 심문 과정에서 바이츠제커와 한에게 세 가지를 물었다. 원자 저장고에 있던 우라늄은 어디로 갔는가? 중수는 어디에 있는가? 그리고 그것에 관련된 기술 보고서는 어디에 있는가? 바이츠제커는 스트라스부르에서와 마찬가지로 문서를 모두 태웠다고 대답했다. 실망스럽긴 했지만 놀랍지 않은 답변이었다. 중수 1350킬로그램은 드럼통에 담아 5킬로미터쯤 떨어진 방앗간에 숨겼다고 했다. 우라늄 2톤도 이와 비슷하게 근처 언덕 위의 들판에 묻었다고 했다. 이것들을 회수하는 데에는 약간의 노력이 필요했다. 부비트랩을 염려한 패시는 독일군 포로들에게 그것을 파내는 작업을 시켰다. 그리고 우라늄은 한 변이 5센티미터인 정육면체 조각 수백 개로 잘라 보관했기 때문에, 알소스 부대원들은 불을 끄기 위해 양동이를 전달하는 소방대원들처럼 그것을 일일이 손으로 다음 사람에게 전달하면서 언덕 아래에 대기하고 있던 트럭으로 운반해야 했다. 가우드스밋을 포함한 일부 과학자는 정육면체를 기념품으로 하나씩 챙겼다.

우라늄과 중수를 확보한 패시는 프랑스군이 이 약탈 행위를 알아채기 전에 서둘러 떠나는 것이 현명하다고 판단했다. 그들의 지프가 마을을 벗어나려고 할 때, 바이츠제커가 뭔가를 털어놓았다. 그는 지난 며칠 동안 자신에게 던져진 질문들을 듣고 알소스 부대는 자신이 두려워한 그런 군대—노획물 약탈에 혈안이 된 점령군—가 아니라고 판단했다(비록 자신의 와인을 약탈하긴 했지만). 이들은 '지적인 사람'이고 '이성적인 대화'가 가능하다고 판단했다. 그래서 사실은 기술 보고서를 태우지 않고 어딘가에 숨겨두었다고 실토했다.

지프들이 급정거했다. 어디에? 그런데 그 장소가 문제였다. 안전을 위해 바이츠제커는 문서를 드럼통 속에 넣고 밀봉한 뒤, 어느 누구도 들여다보지 않을 곳에 묻었는데, 그곳은 바로 몇 년 동안 배설물이 쌓인 변소 바닥이었다.

아마도 바이츠제커는 설마 그곳에서 드럼통을 회수하려고 나설까 하고 생각했을 것이다. 하지만 그렇게 생각했다면 알소스 부대를 잘못 본 것이었다. 가우드스밋은 군인 두 명(각자 갈고리가 달린 긴 막대를 든)을 보내 그것을 건져올리게 했다. 가우드스밋은 장난으로 그들 앞에 어떤 일이 기다리고 있는지 자세히 말해주지 않았다. 다만 "아주 중요한 일급 기밀 임무"라고만 말했다. 두 사람은 그렇게 명예로운 임무에 선발된 것에 고마움을 표시했다. 그곳이 분뇨 구덩이라는 사실을 안 그들은 몹시 화가 났지만, 곧 가우드스밋에게 그 고통을 되갚아 주었다. 기지로 돌아온 그들은 오물로 뒤덮인 드럼통을 가우드스밋의 방 창문 아래에 갖다두었다. 그들은 무사히 표적을 찾아서 가져왔다고 알릴 필요도 없었다. 가우드스밋도 냄새로 그것을 충분히 알 수 있었다. 호스로 물을 뿌려 드럼통을 씻어낸 뒤 뚜껑을 연 가우드스밋은 거기서 독일의 원자폭탄 계획에 관한 전체 문서를 발견했다. 패시는 워싱턴에 보낸 전보에서 "알소스가 잭팟을 터뜨렸습니다"라고 알렸다.

빅 작전에서 유일한 실패는 하이젠베르크를 체포하지 못한 것이었다. 그래도 알소스 부대는 그 지역에서 철수하기 전에 그의 사무실을 찾아냈다. 그 사무실은 몇 킬로미터 밖의 모직 공장에 있었다. 패시가 들어갔을 때, 그곳에 남아 있는 문서는 거의 없었고 그나마 가치 있는 것은 전무했다. 하지만 남아 있던 한 가지 물건이 그의 기억에 지워지지 않게 깊이 남았다. 책상 한가운데에 놓인 액자 속에는 바로 하이젠베르크와 가우드스밋이 함께 찍은 사진이 있었다. 1939년에 미시간주에서 찍은 사진이었는데, 무슨 이유에서인지 하이젠베르크는 연구소를 남쪽으로 옮길 때 그 사진을 함께 가지고 갔다. 아마도 그 사진은 그의 인생에서 마지막으로 평화로웠던 시절을 떠오르게 했을 것이다. 전쟁 이전, 원자폭탄 이전, 그리고 모든 고난이 시작되기 이전 시절을.

하지만 애석하게도 고난은 멈추지 않고 하이젠베르크를 계속 따라다녔다.

56장

외로운 오르간 연주자

스위스에서 강연을 마치고 돌아온 지 몇 주일 뒤인 1945년 1월, 하이젠베르크는 또다시 게슈타포의 조사를 받았다. 한 정보원이 취리히의 만찬 파티에 잠입해 자신의 '패배주의적' 발언을 엿들은 것으로 드러났다. 하이젠베르크는 즉시 호텔까지 자신을 따라온 짙은 눈썹의 '스위스인 물리학도'를 떠올렸다. 아마도 그가 나치의 비밀 정보원이었을 것이다. 진짜 정보원이 누구였는지는 아무도 모르지만, 하이젠베르크의 상사들은 그를 구하기 위해 많은 노력을 기울여야 했다.

거기서부터 모든 것은 내리막길로 치달았다. 벌지 전투에서 패배한 후, 독일은 많은 과학자에게 부여했던 병역 의무 면제를 취소했고, 이에 따라 하이젠베르크는 국민돌격대(군 복무를 한 적이 없는 16~60세 남성으로 편성된 민병대—옮긴이)에 징집되었다. 이제 하이젠베르크는 매주 일요일마다 연구 대신에 군사 훈련을 받아야 했다. 그렇다고 해서 과학 연구가 잘되고 있었던 것도 아니다. 얼마 전에 연구소를 하이거로호의 원자 저장고로 옮겨 지금까지 만든 것 중 가장 큰 우라늄 기계를 만들려고 계획했고, 그것으로 임계 상태에 도달할 수 있을 것이라고 기대했다. 이제 베를린에 보관된 중수 수백 갤런을 하이거로흐로 운반하기만 하면 되었다.

그런데 2월 1일에 중수 호송을 담당한 원자폭탄 계획의 행정 책임자가 하이젠베르크에게 전화를 걸어 즉흥적인 결정을 통보했다. 실로 황당하기 짝이 없는 결정이었는데, 중수 전량을 다른 도시의 학교 건물 지하실에서 연구하고 있던 쿠르트 디프너에게 보내기로 했다는 것이다. 공정한 시각에서 보자면, 그 결정은 일리가 있었다. 비록 애처로워 보이긴 했어도, 디프너는 자신이 역동적인 핵과학자임을 입증했고, 누군가 이 단계에서 제대로 작동하는 원자로를 만든다면, 그 사람은 바로 디프너일 가능성이 높았다. 하지만 하이젠베르크는 이 결정을 참을 수 없었다. 그것은 자신의 중수였고, 이것은 과학적 명예가 달린 문제였다. 그래서 2월 5일에 하이젠베르크와 바이츠제커는 중수를 되찾기 위해 북쪽으로 달려갔는데, 보리스 패시조차 하얗게 질리게 만들 만한 행동이었다.

두 사람은 먼동이 트기 전에 자전거로 출발해 기차를 탔다. 달리던 기차 앞에 놓인 선로가 공습으로 끊기자, 두 사람은 남은 거리를 가기 위해 자동차를 구했다. 하지만 기다리는 동안 또 다른 공습이 시작되어, 두 사람은 몇 시간 동안 지하실로 대피해 라디오로 첼로 소나타를 들었다. 머리 위에서 터지는 폭탄이 음악에 반갑지 않은 소음을 더했다. 그러고 나서 정말로 상황이 심각해졌다. 마침내 도로로 다시 나섰을 때, 자동차는 비행기 포수에게 매우 유혹적인 표적이라는 사실을 알게 되었다(독일의 방공 체계가 무력화되어 연합군은 마음대로 공격할 수 있었다). 머리 위로 비행기가 나타날 때마다 두 사람과 운전기사는 폭사를 피하기 위해 차를 급정거한 뒤 길옆의 풀숲으로 피신해야 했다. 밤늦게야 하이젠베르크는 상사가 있는 곳에 도착했다. 중수는 여전히 디프너에게 가야 마땅했지만, 상사는 그 모든 역경을 뚫고 달려온 스타 과학자의 요청을 거부하기 힘들었다. 하이젠베르크는 중수 통들을 가지고 의기양양하게 돌아갔고, 그의 과학적 명예는 회복되었다.

하이젠베르크는 그다음 두 달을 원자 저장고에서 최종적인 우라늄 기계를 만들면서 보냈다. 그것은 생산적인 시간이었지만 고독한 시간이었다. 실험 사이에 남는 시간을 보내기 위해 절벽 위의 성당으로 올라가 오르간으로 바흐의 푸가를 연주했다. 3월 하순에 마침내 기계가 준비되었다. 주요 부분은 알렉산더 콜더Alexander Calder의 모빌 작품처럼 보였는데, 스탠드 하나당 8~9개씩 배치된 우라늄 정육면체 664개가 줄에 매달려 있었다. 이것을 아래로 내려 중수가 담긴 바닥의 알루미늄 통으로 집어넣었다. 연쇄 반응을 시작하게 하려면, 누가 중성자 방출원을 알루미늄 통 중심으로 연결된 수직 통로로 집어넣어야 했다. 이 장치는 위험했지만(화약 공장 굴뚝으로 수류탄을 집어넣는 것과 비슷하게), 그들은 안전 차폐벽을 설치할 시간이 없었다. 만약 일이 잘못되면, 카드뮴 덩어리를 굴뚝에 집어넣는 것밖에 다른 방법이 없었다.

결국 이 실험은 큰 성공을 거뒀지만, 그와 동시에 막다른 길에 이르렀다. 하이젠베르크 팀은 중성자 증배율을 670퍼센트로 높이는 데 성공했다. 이것은 자기 지속적 연쇄 반응을 향한 큰 걸음이었고, 디프너조차 이루지 못한 업적이었다(하이젠베르크가 알기로는 이 세상에서 어느 누구도 이루지 못한 성과였다). 하지만 중수와 우라늄이 없어 이 장치로 중성자를 더 이상 만들어낼 수 없었고, 임계 상태에 이를 수 없었다. 그의 팀은 장치를 붙잡고 이리저리 궁리해보았다(달리 어쩔 도리도 없었다). 하지만 사실상 이것은 독일의 맨해튼 계획이 마지막으로 내뱉은 숨이 되고 말았다.

4월 중순에 하이거로흐 주민들은 멀리서 들려오는 적 전차의 포성에 가슴이 덜컥 내려앉았다. 동화 속 마을 같은 이곳조차도 현대전의 참화를 모면할 수 없을 것처럼 보였다. 하이젠베르크는 곧 대피 계획을 발표하고 우라늄 기계를 해체하기 시작했다. 그리고 바이츠제커와 함께 우라늄은 들판에, 중수는 공장에, 문서는 변소에 숨겼다.

하이젠베르크는 4월 20일 저녁에 마침내 그곳을 떠날 준비가 되었지만, 막 문 밖으로 나서려는 순간 누가 문을 두드렸다. 그 사람은 바이츠제커의 아내였는데, 매우 심란해 보였다. 남편이 몇 시간 전에 연구소에서 일부 장비를 가져오기 위해 자전거를 타고 집을 나섰는데 아직도 돌아오지 않았다고 했다. 그리고 하이젠베르크에게 혹시 그를 보지 못했느냐고 물었다.

하이젠베르크는 보지 못했다고 대답했다. 그가 다른 곳에 있는 게 아니냐고 묻자, 그녀는 아니라고 대답했다. 그래서 하이젠베르크는 안으로 들어와 기다리라고 했다. 두 사람은 와인을 마시면서 바이츠제커는 무사할 것이라고 건성으로 서로를 위로하면서 한 시간을 보냈다. 하지만 군인들과 나치 늑대 인간들이 거리를 돌아다니고 있었기 때문에(한 역사학자는 제3제국의 마지막 몇 주일을 "군과 민간의 질서가 완전히 무너진 상황"이었다고 묘사했다), 두 사람은 마침내 자신들이 한 말을 믿지 않기로 했다. 일분일초가 지날 때마다 외교관 아들에게 뭔가 불길한 일이 닥쳤을 가능성이 점점 커졌다.

바이츠제커는 자정 직후에 돌아왔다. 그는 멀쩡했고, 자신이 아내와 친구에게 그토록 큰 불안을 안겨주었으리라고는 전혀 생각하지 않았다. 하이젠베르크는 안도하면서도 서둘러 바이츠제커 부부에게 작별 인사를 하고 오전 3시에 그 마을을 떠났다.

다른 교통수단이 없었으므로 가족의 별장이 있는 곳까지 동쪽으로 자전거를 타고 240킬로미터를 달려가야 했다. 그 무렵에는 연합군 비행기들이 자전거를 탄 사람들까지도 공격했기 때문에, 밤에만 자전거로 달렸다. 일몰과 일출 사이에 약 80킬로미터를 달렸고, 낮에는 생울타리에 몸을 숨겼는데, 잠을 잘 때에도 누가 훔쳐갈까 봐 자전거를 양손으로 꼭 붙들고 잤다. 아무하고도 대화를 나누려 하지 않았고, 도망 다니는 범죄자처럼 농가와 과수원에서 음식을 훔쳐 먹었으며, 그 지역을 배회하는 외국 군대에 가까이 다가가지 않았다. 도중에 15세 전후의 소년들로 이루어진 독일군 소대도 만났는데, 이들은 갈 곳을 잃고 굶주린 채 울면서 배회하고 있었다.

조심한다고 했는데도 불구하고, 도주하던 마지막 날 밤에 한 SS 보초가 하이젠베르크를 붙잡았다. 그는 건장한 신체를 가진 사람이 왜 소속된 국민돌격대에서 조국을 지키지 않느냐고 물었다. 그러고 나서 신분을 증명하는 서류를 요구했다. 하이젠베르크는 낙담하여 호주머니를 뒤져 서류를 꺼냈다. 그것은 병역을 면제한다는 서류였지만, 초등학생이 만든 '의사 진단서'만큼 조잡한 위조 서류였고, 보초도 그 사실을 알아챘다.

이것으로 하이젠베르크의 운명은 끝난 것처럼 보였다. 탈영병으로 간주되어 총살될 수도 있었다. 하지만 보초가 자신을 붙잡기 전에 하이젠베르크는 도박을 해보기로 했다. 보초에게 뇌물을 써보기로 했는데, 이 미친 전쟁에서 누구라도 아무 질문 없이 받을 통화인 미국 담배를 뇌물로 사용했다. "아마도 한동안 좋은 담배를 피워보지 못했겠지요?"라고 말하면서 호주머니에서 구겨진 폴몰을 한 갑 꺼냈다. 그리고 어둠 속에서 떨리는 손을 내밀었다.

SS 보초는 주어진 임무를 수행해야 했다. 하이젠베르크는 제3제국을 배신했고, 뇌물 공여는 범죄였다. 하지만 부드러운 미국 담배는 막강한 힘이 있었다. 보초는 하이젠베르크를 경멸하면서, 그리고 자신을 더 경멸하면서, 담배를 거머쥐고는 하이젠베르크를 보내주었다.

하이젠베르크는 지저분한 행색에 기진맥진한 상태로 별장에 도착했다. 아내는 그를 다시 만나 기뻤지만, 남편에게 동정심은 별로 느끼지 않았다. 하이젠베르크가 지난 몇 달 동안 취리히에서 근사한 만찬을 즐기고 우라늄 기계를 만드는 일을 하면서 유럽 전역을 돌아다니는 동안 엘리자베트는 여섯 자녀와 함께 다 허물어져가는 작은 오두막집에서 지내야 했다. 지난 겨울에는 눈이 많이 내리는 바람에 지붕이 무너졌고, 그것을 보수하기 위해 라이프치히의 집에서 타일을 가져와야 했다. 게다가 산에서 땔감을 구해야 했고, 토양이 척박해 땅에서 얻을 수 있는 작물도 거의 없었으며, 인색한 현지 농부들에게서 식량을 살 수도 없었다. 그 결과로 엘리자베트와 아이들은 병치레가 잦았는데, 단순한 감기뿐만 아니라 성홍열 같은 심각한 병도 앓았다.

한바탕 잔소리를 듣고 나서 하이젠베르크는 이제 가족을 지키기 위해 최선을 다했다. 아내와 함께 강풍을 막기 위해 지하실 창문 앞에 모래주머니를 쌓았고, 형편이 닿는 대로 식품을 최대한 구입하러 나섰다. 하이젠베르크는 또한 노모를 그 지역의 한 오두막집으로 옮기고, 근황을 살피기 위해 여러 차례 그곳을 방문했다. 그리고 쭈그리고 앉아 전쟁의 막바지 단계를 기다렸다. 가끔 유탄이 집을 스쳐 지나가면서 나무에 박히기도 했고, 현지의 SS 부대는 탈영병 16명을 교수형에 처했다. 그래도 수백 명의 군인은 숲으로 도주를 시도했고, 엘리자베트는 아이들이 버려진 총을 가지고 노는 것을 두 번 이상 보았다.

그 주에 유일하게 즐거워할 만한 순간은 5월 1일에 찾아왔는데, 아돌프 히틀러가 자살했다는 소식이 전해졌다. 지난여름에 하이젠베르크는 별장에서 라디오를 듣다가 자신이 수요일 클럽의 음모에 가담한 혐의로 체포당할까 봐 절망했다. 하지만 이제 마침내 안심할 수 있게 되어 하이젠베르크는 엘리자베트와 함께 아이들의 세례를 위해 아껴두었던 와인을 가져와 마시며 축하했다. 그러고 나서 앞으로 다가올 운명을 기다렸다. 그리고 독일군이나 소련군보다 미군이 먼저 오길 간절히 기도했다.

57장

승리와 패배

늑대 인간. 그랬다, 그것은 늑대 인간들이었다. 번개 A 팀은 지난 며칠 동안 독일 남부 전역에서 하이젠베르크의 행방을 추적했다. 그들이 탄 지프와 장갑차는 독일군의 저항 거점을 피해 언덕과 계곡을 건너면서 전화에 피폐해진 땅을 수백 킬로미터나 달렸다. 슈바벤알프스의 언덕에 변덕스럽게 내리는 봄철의 눈보라도 그들의 진격을 늦추지 못했다. 그런데 목적지를 불과 몇 킬로미터 남겨두고 발이 묶이고 말았다. 십대 청소년 늑대 인간 무리가 협곡을 가로지르는 다리를 폭파하는 바람에 앞으로 나아갈 수 있는 유일한 길이 끊기고 말았다.

패시는 공병대 팀을 데려와 다리를 다시 놓으라고 산 밑으로 명령을 보냈다. 하지만 다리를 보수하는 데에는 적어도 하루가 걸릴 예정이었는데, 하루 종일 기다리는 것은 패시의 스타일이 아니었다. 그래서 용맹한 전사 몇 사람을 뽑아 중수 파괴 작전에 나섰던 노르웨이 특공대를 모방해 앞에 있는 협곡을 기어오르기 시작했다. 그런 다음, 건너편 산을 내려가 하이젠베르크를 잡으러 갔다.

패시에 따르면, 자신의 팀은 전통적인 고산 등반대원보다는 "탄약을 호주머니에 넣고 탄띠를 어깨에 두른 판초 비야Pancho Villa 산적 일당"에 더 가까워 보였다. 5월인데도 눈이 무릎까지 쌓였고, 가끔 적군이 모여 있는 장소를 마주치면 그들을 제압해야 했다. 패시는 포로를 다룰 시간이나 인력이 없었기 때문에, 그저 그들의 바지 허리띠를 자름으로써 달리거나 싸우지 못하게 했고, 산 아래로 내려가 항복하라고 명령했다. 한 사람은 아주 심한 굴욕을 당했다. 히틀러가 자살했다는 보고에도 불구하고, 총통이 자살을 가장해 산 속으로 도망쳤다는 소문이 떠돌고 있었다. 그런데 번개 A 팀이 잡은 한 독일인은 히틀러를 아주 쏙 빼닮은 모습이었다. 하지만 그들은 그를 속옷까지 벗게 한 뒤에야 풀어주었다. 히틀러라면 그렇게 지저분한 속옷을 입고 있을 리가 없다고 모두가 동의했기 때문이다.

8킬로미터를 걸어간 끝에 번개 A 팀은 차갑고 맑은 호수를 굽어다보는 목가적인 산중 마을 우르펠트에 도착했다. 흰색 식탁보를 흔들던 여관 주인이 도로 위편에 위치한 하이젠베르크의 별장을 손으로 가리켜 알려주었다. 패시는 부하 여러 명에게 마을을 경비하게 하고, 자신은 나머지 대원을 데리고 하이젠베르크를 잡으러 갔다. 그러다가 믿을 만한 정보 탓에 다소 성급하게 거기서 병력을 다시 쪼갰다. 콜린 로스Colin Ross라는 나치 선전원(로스는 미국을 광범위하게 여행한 적이 있는데, 괴벨스는 지배자 민족을 받아들이라고 미국인을 설득하기 위해 그를 고용했다) 역시 가족과 함께 그 지역으로 도망갔다는 정보였는데, 패시는 그를 체포하면 알소스 부대의 모자를 장식하는 깃털이 될 것이라고 판단했다. 패시는 로스를 체포하러 세 명을 보냈고, 하이젠베르크 집에는 단 한 명의 대원만 데리고 갔다.

비록 졸리오-퀴리의 별장에 갈 때보다는 덜 초조했지만, 그곳까지 가는 여정은 훨씬 험난했는데, 눈 더미를 헤치며 산길을 한참 올라가야 했다. 하지만 5월 2일 오후 4시 30분에 패시는 마침내 목적지에 도착했다. 여섯 아이가 미국인을 멍한 눈으로 바라보았고, 엘리자베트는 어리벙벙한 표정으로 남편은 어머니를 만나러 갔다고 말했다. 엘리자베트는 남편에게 전화를 걸어 서둘러 돌아오라고 했다.

몇 분 뒤, 패시는 자신이 몇 달 동안 추적했던 인물을 마침내 만났다. 하이젠베르크는 세상에서 가장 위험한 과학자라는 인상을 전혀 풍기지 않았고, 이미 모든 것을 단념했는지 초췌해 보였다. 패시는 공손한 태도를 취했지만 단호하게 그를 체포했다. 패시는 그때를 회상하며 "그 순간, 나는 숨을 깊이 들이쉬었다. 알소스 부대는 이 전쟁에서 가장 성공적인 임무 중 하나를 끝내려는 순간이었다. 적어도 나는 그렇게 생각했다"라고 말했다. 마지막 문장을 추가한 이유는 하이젠베르크와 자리에 앉아 앞으로의 일을 논의하려고 할 때, 멀리서 총소리가 났기 때문이다.

하이젠베르크의 목숨을 위험에 빠뜨리고 싶지 않았던 패시는 그를 남겨두고 우르펠트로 서둘러 돌아갔다. 마을 광장에 피투성이가 된 시체가 여럿 누워 있었다. 일단의 독일군이 그곳에 있던 알소스 대원들을 공격했지만 오히려 반격을 당해 큰 손실을 입었는데, 두 명이 죽고 세 명이 다치고 15명은 포로로 잡혔다. 잔당은 전열을 재정비하기 위해 숲으로 돌아갔는데, 아마도 더 많은 병력을 끌어모을 것이다.

패시가 콜린 로스를 체포하러 보낸 세 명도 마침 그때 우르펠트로 돌아왔다. 그들은 큰 충격을 받았는지 얼굴이 잿빛으로 변해 있었다.

로스는 마지막 순간까지 총통에 대한 충성심을 잃지 않았다고 했다. 히틀러가 죽었다는 소식을 들은 뒤, 그는 아내와 어린 아들을 독살하고 자신은 머리에 총을 쏴 자살했다.

우르펠트라는 작은 무대는 더 극적인 드라마를 원했던지 그때 한 독일군 장군이 마을로 들어와 패시에게 유창한 영어로 근처에 700여 명의 독일군과 함께 있는데 항복을 원한다고 말했다. 휘하 병력이 극소수라는 사실을 드러내길 원치 않았던 패시는 항복을 받아들이면서 지금은 다른 임무들 때문에 독일군을 체포하는 절차는 다음 날로 미루자고 말했다. 그리고 허세를 부리기 위해 부관을 돌아보며 감시 병력을 두 배로 늘리라고 지시했다. 그런데 눈치 없는 부관은 "하지만 대령님, 우리는 병력이 7명뿐인데요"라고 말했다. 패시는 신음 소리를 내뱉었다. 독일군 장군이 여전히 바로 그 자리에 있었다. 하지만 그가 이 실수를 알아챘는지는 확실치 않았으므로, 패시는 침착한 척했다. 그는 부관의 팔을 붙잡고 상처가 날 정도로 세게 누르면서 앞서의 명령을 반복한 뒤 물러가라고 했다.

독일군 장군을 돌려보낸 뒤, 패시는 현지 호텔로 달려가 전화를 들고서 미군이 주둔하고 있는 근처 도시로 연결해달라고 부탁했다. 그는 급히 증원군이 필요했다. 하지만 기다리는 동안 전화에 혼선이 일어났고, 저편에서 독일어 악센트가 섞인 친숙한 목소리가 들려왔다. "우린 너희 병력이 얼마 안 된다는 걸 알고 있어……. 우리는 총통을 위해 목숨을 바칠 거야. 하일 히틀러!" 그걸로 모든 것이 분명해졌다. 그 장군은 실수를 알아챘던 것이다. 패시는 당장 마을에서 빠져나가야 했다. 그리고 자신의 목숨마저 보장할 수 없는 마당에 하이젠베르크를 함께 데리고 가는 위험을 무릅쓸 수는 없었다.

패시는 화가 나 씩씩거리면서 폭파된 다리로 돌아왔다. 장갑차 몇 대만 다리를 건널 수 있다면, 당장 달려가 하이젠베르크를 데려올 수 있을 것 같았다. 그때 공병대가 도착했고, 패시는 그들을 혹독하게 다그치면서 무엇이라도 좋으니 계곡을 건널 수 있는 구조물을 놓아달라고 간청했다. 단 몇 시간만 버텨도 좋다고 했다.

공병대가 작업을 하는 동안 정찰병이 불길한 소식을 갖고 돌아왔다. 몇 시간 전에 100여 명의 독일군이 미군을 잡기 위해 우르펠트 광장으로 쳐들어왔는데, 미군이 하나도 없자 그 대신에 그날 알소스 부대에 협력한 마을 주민 몇 명을 찾아내 적과 내통했다고 비난하면서 죽였다고 했다. 그러고 나서 그들은 시체를 호수에 버리고 사라졌다.

정찰병은 독일군이 지금 어디 있는지 모른다고 했다. 아마도 매복 공격을 위해 숲속에 숨어 있을 것이다. 패시는 주저하지 않았다. 공병대는 오전 4시 무렵에 임시 가교 설치를 마쳤고, 마지막 판자를 놓기도 전에 번개 A 팀은 호송대와 함께 덜거덕거리며 다리를 건넜다.

어둠 속에서 몇 킬로미터를 나아갔는데, 가끔 부비트랩을 확인하기 위해 멈춰섰다. 하지만 우르펠트에 도착하자마자 공세로 전환하여 기관총을 탑재한 장갑차 여러 대를 진입시키면서 무력시위를 벌였다. 이 허세는 효과가 있었고, 동이 트자마자 숲속에 숨어 있던 독일군이 하나둘 투항하러 마을로 내려오기 시작했다.

그런데 그중에는 성질 고약한 노새를 끌고 온 산악 부대도 있었다. 아무도 그 노새를 진정시킬 수 없었고, 마을 광장의 혼란이 시시각각 더 심해지자 마침내 노새는 성질이 폭발했다. 뒷발로 서서 발을 차면서 부근에서 가장 손쉬운 표적을 향해 돌진했는데, 하필이면 그 표적이 바로 그때 가까이에 서 있던 보리스 패시였다. 패시는 "두 발굽이 나를 향해 피스톤처럼 날아왔다"라고 회상했다. 그 발굽은 그의 등을 정통으로 가격했고, "나는 내 힘으로 뛸 수 있는 것보다 3미터나 더 멀리 날아갔다." 이 가격으로 갈비뼈 3개가 부러졌고, 헐떡거리는 패시는 치료를 위해 근처의 여관으로 실려갔다. 이렇게 해서 마지막 순간에 실망스럽게도 패시는 하이젠베르크를 체포하는 마지막 여정에 나설 수 없었다.

하지만 그런 고통도 패시가 느낀 승리감을 약화시키지는 못했다. 그날뿐만 아니라 하는 일 없이 이탈리아에서 몇 달을 보내면서 금방이라도 알소스 부대가 해체될 것처럼 보이던 시절까지 거슬러 올라가는 긴 시간 동안 겪은 온갖 우여곡절 끝에 얻은 값진 승리여서 더욱 그랬다. 패시는 쿠르트 디프너가 하루 전에 뮌헨 근처에서 체포되었다는 사실을 알았고, 한 시간 뒤에 대원들이 하이젠베르크를 끌고 오자 큰 만족감을 느꼈다. 이제 우라늄 클럽의 모든 회원을 미국이 수중에 넣었다. 번개 A가 독일을 제대로 때린 것이다.

이 한 사람을 잡기 위해 미국인이 동원한 군대와 차량의 수를 보고서 그 마을 주민들은 경이롭다는 반응을 보였다. 한 주민은 "스탈린도 이보다 더 훌륭한 호위를 받지는 못했을 거요"라고 말했다. 깊은 인상을 받은 사람은 그뿐만이 아니었다. 호송대가 우르펠트를 떠날 때, 하이젠베르크는 한 미군에게 이 장소를 어떻게 생각하느냐고 물었다. 그 병사는 등을 돌려 경치—숲과 산, 계곡에 자리잡은 차고 맑은 호수—를 바라보았다. 그리고 자신은 전 세계를 돌아다녔지만, 이곳은 자기가 본 곳 중 가장 아름다운 장소라고 말했다.

5일 뒤에 독일이 항복하면서 유럽에서의 전쟁이 끝났다. 알소스 부대는 바이츠제커의 지하실에서 약탈한 와인(모두 훌륭한 빈티지인)을 코가 비뚤어지도록 마시면서 승리를 축하했다. 우라늄 클럽 회원들을 체포하는 데 대성공을 거둔 알소스 부대는 소련군에게도 관대함을 보일 여유가 있어 근처에 있던 소련군 소대를 파티에 초대했다. 술에 잔뜩 취한 패시(갈비뼈는 잘 아물고 있는 것처럼 보였다)는 쪼그려 앉아 팔짝팔짝 뛰는 '러시아식' 전통 춤을 추었다.

하지만 모두가 유쾌했던 것은 아니다. 가우드스밋은 아주 좋은 시기에도 불평을 할 수 있는 사람이었는데, 그 주에는 특히 힘든 일이 많았다. 이틀 전에는 한때 자신의 우상이었던 하이젠베르크를 심문해야 했는데, 내키지 않았지만 피할 수 없는 임무였다. 독일의 패배에도 불구하고, 하이젠베르크는 여전히 오만했고 돌아가는 상황에 둔감했다. 가우드스밋이 질문을 시작하자, 하이젠베르크는 우라늄 기계로 이룬 성과를 열정적으로 설명하기 시작했는데, 특히 중성자 방출을 670퍼센트나 증가시켰다는 사실을 강조했다. 그러고 나서 가우드스밋에게 미국인은 그렇게 정교한 연구를 감히 시도해보기는 했느냐고 물었다. 보안상의 이유로 가우드스밋은 맨해튼 계획이 우라늄 클럽보다 훨씬 앞서나갔으며, 로스앨러모스의 과학자들은 670이라는 초라한 수치를 비웃을 것이라는 진실을 말할 수 없었다. 그래도 옛 친구에게 거짓말을 하기가 망설여졌다. 결국 자신도 "독일의 실험 중 어떤 부분은 알지 못한 새로운" 것이라고 중얼거리면서 하이젠베르크가 제멋대로 편리한 결론을 내리도록 내버려두었다. 실제로 하이젠베르크는 그렇게 했는데, 그것도 가장 자신의 마음에 드는 결론을 내렸다. 그는 가우드스밋에게 염려하지 말라고 했다. 자신은 곧 세상에 이 원자로 연구에 관한 사실을 알리겠다고 했다. 관대함의 화신인 하이젠베르크는 심지어 미국인에게 자신의 원자 저장고(패시가 다이너마이트로 파괴한)를 구경시켜주겠다고 제안했다.

"슬프면서 아이러니한" 이 만남에서 가우드스밋은 메스꺼움을 느꼈다. 하지만 아마도 이전의 우정을 회복하려는 시도에서 가우드스밋은 6년 전에 미시간주에서 그랬던 것처럼 하이젠베르크에게 미국에서 일할 자리를 주선하겠다고 제안했다. "미국으로 가서 우리와 함께 일하지 않겠습니까?"

하이젠베르크는 거절했다. 그는 "독일에는 내가 필요합니다"라고 말했다. 가우드스밋은 그저 한숨만 내쉬었다. 그것은 하이젠베르크가 앤아버에서 했던 답변과 토씨 하나 틀리지 않고 똑같았다. 6년 동안의 전쟁을 겪고 나서도 하이젠베르크는 조금도 변하지 않았다.

그 주에 가우드스밋에게는 나쁜 일이 하나 더 있었다. 하이젠베르크를 면담하기 며칠 전에 하이거로흐에 있을 때, 그곳에서 체포된 핵물리학자인 막스 폰 라우에Max von Laue와 가슴 아픈 대화를 나누었다. 폰 라우에는 가우드스밋의 부모를 구하려고 애쓴 네덜란드 물리학자 디르크 코스터르와 오랫동안 친구로 지냈다. 사실, 코스터르는 하이젠베르크뿐만 아니라 폰 라우에에게도 편지를 보내 독일 당국에 그들의 선처를 호소해달라고 부탁했다. 가우드스밋은 이 사실을 알고 있었고, 적과 친밀해지지 말라는 규칙을 한 번 더 어겼다. 어느 날, 폰 라우에를 한쪽으로 데려가 낮은 목소리로 자기 부모에 관해 확실한 소식을 들은 것이 있느냐고 물었다.

폰 라우에는 그런 소식을 들었으며 유감이라고 말했다.

나중에 가우드스밋은 두 사람이 아버지의 일흔 번째 생일인 1943년 2월 11일에 아우슈비츠에서 죽었다는 사실을 알게 되었다. 이미 오래전부터 그랬을 거라고 추측했지만, 폰 라우에로부터 그것을 확인해주는 말을 듣자 또다시 심장이 찢어지는 것 같았다. 며칠이 지나도 고통은 사그라들지 않았고, 전승 기념일의 축하 파티에 마음껏 기뻐하며 동참할 수 없었다.

몇 달 뒤, 가우드스밋은 그 주를 더 고통스럽게 만든 소식을 들었다—그때를 되돌아보면 상처에 소금을 뿌리는 소식이었다. 왜냐하면 마침내 코스터르가 가우드스밋의 부모를 신경 써달라며 하이젠베르크에게 보낸 편지의 뒷이야기를 완전히 알게 되었기 때문이다. 정확한 날짜는 알려지지 않았지만, 하이젠베르크는 그 편지를 1942년 말이나 1943년 초에 받았고, 사안의 긴급성에도 불구하고 아무 행동도 하지 않았다. 망설이고 미적대면서 몇 주일을 보낸 뒤에야 짧고 미지근한 편지로 코스터르에게 답장을 보냈다. 먼저 가우드스밋의 과학 연구를 칭찬하는 것으로 서두를 꺼낸 뒤, 가우드스밋이 미국에서 늘 독일 과학자들을 옹호했다고 계산된 거짓말을 했다. 그러고 나서 마침내 문제의 핵심에 이르렀는데, "[가우드스밋의] 부모가 내가 알지 못하는 이유로 네덜란드에서 어려움을 겪었다면 매우 유감스럽다"라고 썼다. 그 편지를 보낸 날짜는 부모가 죽은 지 닷새 뒤인 2월 16일이었다.

마침내 그 편지를 알게 된 가우드스밋은 황당해서 말도 나오지 않았다. 어려움이라고? 자신이 알지 못하는 이유라고? 하이젠베르크는 홀로코스트를 그런 것으로 생각했단 말인가? 부모님의 죽음이 관료 절차상의 실수에 불과하다는 말인가? 그것은 번지르르하고 비겁한 개소리였다. 게다가 자신의 옛 친구는 심지어 독일 당국과 접촉조차 하지 않았다. 그저 코스터르에게 개인적 편지를 보내는 것으로 그 문제에서 손을 뗐다.

하이젠베르크의 이 행동은 '유대인 물리학' 논쟁 때 자신을 강하게 변호한 행동과 비교하지 않을 수 없다. 그때 하이젠베르크는 힘러에게 직접 호소했고, 자신의 명예를 지키기 위해 가족의 자유와 평판을 위험에 처하게 하면서까지 SS의 전면적인 조사를 견뎌냈다. 반면에 친구 부모의 목숨이 달린 사안에서는 종이에 글을 쓰는 노력조차 하려 하지 않았다. 가우드스밋은 무슨 수를 썼더라도 하이젠베르크가 부모를 구하기는 어려웠을 거라는 사실을 잘 알았다. 하지만 시도조차 하지 않은 친구를 결코 용서할 수 없었다. 훗날 가우드스밋이 말한 것처럼, 하이젠베르크는 "유대인의 목숨을 구하려고 노력한 것보다 '유대인 물리학'을 구하려고 더 열정적으로 그리고 성공적으로" 노력했다.

58장

고이머니

모 버그는 암살 시도에 실패한 뒤 스위스에 머물렀는데, 비밀 요원 플루트와 금방 단짝이 되었다. 두 사람은 함께 수영을 하고 자전거를 탔으며, 취리히의 카페에서 신문을 읽으며 온 종일을 보내기도 했다. 플루트의 아내와 아이들은 덩치 큰 호인을 "부시Bushie"라는 별명으로 부르면서 좋아했고, 휴일에 스키 여행을 떠날 때면 함께 가자고 초대했다. 그 답례로 버그는 플루트 가족에 관한 노래를 작곡해 음치인데도 아랑곳하지 않고 큰 소리로 불렀다. 테드 윌리엄스는 레스삭스 팀의 이 동료에 대해 "나는 그가 웃는 모습을 본 기억이 없다"라고 말했지만, 플루트의 한 자녀는 다른 모습의 버그를 기억했는데, "우리는 슬픈 표정의 그를 본 적이 없다"라고 말했다.

하지만 겉으로는 흥청망청 즐기며 노는 모습을 보이면서도 그 이면에서 버그는 여전히 스파이로 활동했다. 사실, 버그는 독일로 잠입할 준비를 하고 있었고, 그동안에 도시 주변에서 일부 친나치 물리학자들을 추적하기 시작했다. 한번은 머리를 하얗게 염색하고 한 과학자를 따라 도서관으로 들어가 그가 어떤 책을 읽는지 염탐했다. 그 과학자가 사이클로트론 설계도를 스케치하고 있다는 사실이 명백해졌을 때, 그의 설계도 복사본을 훔쳐 워싱턴으로 보냈다.

하지만 결국은 오랜 방랑벽이 도졌다. 그리고 그로브스 장군이 돌연히 자신의 독일 임무를 취소하자, 전직 포수는 취리히의 근무지를 떠나 유럽 전역을 돌아다니기 시작했다. 그가 들른 일부 장소는 정보 수집 장소로서 잠재적 가치가 있었다. 예컨대 그는 우연히 부헨발트 강제 수용소가 해방되던 날에 그곳을 방문했다. 하지만 다른 장소들은 그렇지 않았다. 한번은 한 언어학자를 만나러 갔는데, 켈트와 고대 로마의 지명에 관한 그의 연구에 큰 흥미를 느꼈기 때문이다. 이런 여행은 대부분 근무지를 무단이탈하는 방식으로 일어났다. 밤에 친구를 만나러 다양한 도시를 방문했다가 새벽이 되면 사라지곤 했다.

이 몇 개월 동안 버그는 작은 속임수를 즐겨 사용했는데, 이를 이용해 여행의 질을 높일 수 있었다. 새로운 도시에 들를 때마다 현지의 OSS 지부를 찾아가 특수 활동비 관리과에 선불을 요구했는데, 워싱턴의 자기 계좌에서 정산하면 된다고 설명했다. 그는 대개 100달러나 200달러를 받아 나왔고, 때로는 2000달러(오늘날의 가치로는 3만 달러)를 받기도 했다. 그는 또 호텔 숙박비를 자기 대신 워싱턴에 청구하도록 하기도 했는데 관리가 매우 허술한 OSS는 그 속임수를 절대로 알아채지 못할 것이라고 믿었다.

이 몇 개월 동안 버그는 4월에 정보 수집 문서 다발을 미국으로 운반한 것을 포함해 실질적인 첩보 활동 일도 약간 했다. 하지만 5월에 유럽으로 돌아간 뒤에는 또다시 런던, 파리, 취리히, 마르세유, 로마, 피렌체, 잘츠부르크, 뮌헨, 프랑크푸르트 등지로 유럽 대륙을 돌아다니는 행태를 반복했다(맨 뒤의 몇몇 장소에 대해 그는 "독일은 패배하여 고통을 받고 있고, 나는 그것을 보는 게 너무나도 좋다"라고 흡족해했다). 그는 꼭 해야 할 일이 없었는데, OSS나 그로브스가 자신이 할 일을 생각할 것이라는 어렴풋한 기대만 갖고 있었다. 자신은 버림받은 자식이 된 듯한 느낌이 들었다.

하지만 그 당시 모든 도시에 미군이 득시글거린 상황을 고려할 때, 유럽에서 유명한 전직 야구 선수가 눈길을 끌지 않고 돌아다니기는 어려웠다. 거리를 걷다 보면 누군가 달려와 "당신, 모 버그 맞죠?"라고 시끄럽게 외쳤다. 버그는 대개 무시하거나 놀란 듯한 표정을 지으며 현지 프랑스어나 이탈리아어 방언으로 뭐라고 중얼거리고는 종종걸음으로 달아났다. 하지만 가끔 짓궂은 장난을 치고 싶은 유혹을 느꼈다. 한번은 야구 경기를 하려는 군인들을 만났다. 마침 그들은 포수가 필요했는데, 근처를 지나가던 키 큰 외국인에게 혹시 포수를 맡아줄 수 있느냐고 물었다. 버그는 최선을 다해보겠다고 말했다. 얼마 후, 잘난 체하는 1루 주자가 나이 든 포수의 어깨를 시험해보려고 도루를 시도했다. 그는 다음번 투구 때 2루를 향해 출발했다. 버그는 재빨리 공을 낚아채 내야를 가로질러 쏜살같이 송구했다. 주자는 3미터나 남겨두고 아웃되었다. 그러자 브루클린에서 온 젊은이가 이 수수께끼의 남자가 누군지 알아채고는 "오, 맙소사, 모 버그잖아!"라고 외쳤다. "당신이 지금 고이머니Goimany에 있다니!"(Goimany는 Germany, 곧 독일을 가리키는 사투리임—옮긴이)

1945년 6월, 그로브스는 마침내 버그를 위한 일을 하나 만들었다. 그것은 미국의 새로운 적으로 부상한 소련의 동향을 염탐하는 것이었다. 그로브스는 독일 과학자들이 소련으로 달아나 미국에 대항하는 일을 할까 봐 염려했다. 그래서 버그는 에도아르도 아말디와 잔-카를로 비크가 소련의 제안을 받아들이려 한다는 소문을 조사하기 위해 로마로 잠입했다. 또 1938년에 베를린을 탈출해 나중에 오토 한에게 핵분열의 실상을 알려준 물리학자 리제 마이트너의 동향을 파악하기 위해 스웨덴에도 갔다. 마이트너는 스톡홀름에서 힘들게 7년을 견디며 보냈는데, 종전 소식도 그녀에게 평화를 가져다주지 못했다. 부헨발트와 베르겐벨젠 강제 수용소의 참상에 관한 소식을 라디오에서 듣고서 터져나오는 울음을 참지 못했고 잠도 잘 수 없었다. 비교적 많은 나이(66세)에도 불구하고 여전히 마이트너는 유럽에서 손꼽는 과학자 중 한 명이었고, 그로브스는 소련이 마이트너를 데려갈까 봐 불안했다. 그래서 버그를 보내 마이트너의 의중을 떠보게 했다.

버그는 플루트가 써준 소개 편지를 갖고 마이트너를 찾아갔고, 신뢰를 얻기 위해 몇 시간 동안 차를 마시며 잡담을 나누었다. 그리고 그다음 날 다시 돌아와 그제야 몇 가지 질문을 던졌다. 아마도 마이트너는 그때까지 나무 그루터기를 붙잡고 말을 했을 텐데(그만큼 매우 고독했다), 버그의 마법은 마이트너를 여학생처럼 신나서 깡충깡충 뛰게 했다. 마이트너는 버그를 위해 자신의 한 논문에 친필 사인("많은 고마움과 존경을 담아, L. M., 스톡홀름에서")을 해주었고, 나중에 플루트에게 보낸 편지에서 "버그 박사[sic]는 매우 다정했어요. 수년간 고립된 채 지낸 내게 그 만남은 가뭄 끝의 단비 같았어요"라고 열정적으로 이야기했다. 마이트너는 또한 그 당시 구금돼 있던 오토 한에게 쓴 편지도 좀 전해달라며 버그에게 맡겼다. 버그는 편지를 전해주겠다고 약속했다.

하지만 버그는 약속을 지키지 않았다. 대신에 모퉁이를 돌자마자 봉투를 찢어 편지를 꺼내 보았다. 그것은 감정적이고 매우 개인적인 편지로, 몇 년 동안의 원망이 쌓인 결과물이었다. 무엇보다도 마이트너는 한이 더 강하게 맞서지 못하고 사실상 나치와 협력한 일을 비난했다("너의 평화주의 때문에 너는 액세서리로 전락했어"). 그 편지는 외설스러운 내용을 읽는 재미는 주었지만, 정보 가치는 전혀 없었다. 그래도 버그는 그것을 연합군 간부들에게 전달했고, 그 편지는 결국 그로브스 장군의 책상으로 갔다.

여름이 가을로 바뀔 무렵, 버그는 자신이 선택한 것은 아니지만 직업을 바꾸었다. 1945년 9월, 해리 트루먼Harry Truman 대통령은 OSS를 폐지했다. 이 기관은 국내에서 게슈타포 같은 조직이 부상하는 것을 두려워한 미국 국민이나, 무엇에도 얽매이지 않고 고삐 풀린 망아지처럼 설치는 그 활동 방식을 싫어한 정보 분석가들 사이에서 인기를 끈 적이 없었다(워싱턴은 결국 더 전문적인 비밀 정보기관인 CIA를 만들었는데, CIA는 버그 같은 괴짜 조직원을 포용할 수 없었다). 버그는 국무부로 옮겨갔지만, 계속 레슬리 그로브스의 지휘를 받았다.

그로브스 장군은 곧 버그를 소련이 점령한 동유럽으로 파견할 기술 전문가 팀에 배속시켰다. 그들은 소련이 동유럽 과학자들을 강제로 끌고 간다는 소문을 조사할 계획이었다. 소문에 따르면, 소련군은 총구로 과학자들을 위협해 소련의 붉은 별이 새겨진 트럭과 기차에 가득 실어 모스크바로 데려간다고 했다. 특히 핵과학자들이 소련의 수중에 들어가는 것은 매우 우려스러운 일이었다.

검문소를 통과할 때에는 버그 팀은 가짜 통행증을 내밀거나 굶주린 소련 경비병에게 스팸이나 허시 초콜릿을 뇌물로 썼다. 만약 뇌물이 통하지 않으면, 패시의 방식을 사용했다. 프라하 근처에서 성난 소련군 병사들이 버그의 지프를 추격해 포위했다. 버그는 침착하게 호주머니에서 편지를 꺼내 펼쳐보이면서 맨 위에서 밝게 빛나는 붉은 별을 가리켰다. 그러자 병사들은 소련 권력의 상징에 경례하면서 미국인들을 그냥 보내주었는데, 텍사코 석유 회사의 로고를 몰라서 그랬을 것이다. 그다음 몇 주일 동안 버그는 소련이 냉전에 대비해 실제로 수십 명의 과학자를 납치하고 있다는 사실을 확인했다.

그해 겨울에 그로브스는 버그를 코펜하겐으로 보내 닐스 보어를 면담하게 했다. 버그는 스톡홀름의 리제 마이트너도 방문했는데, 두 번째 방문은 첫 번째보다 훨씬 덜 유쾌했다. 몇 달 전에 오토 한이 자신의 편지에 답장을 보내지 않는 데 발끈한 마이트너는 왜 그러느냐고 다시 편지를 보냈다. 한은 어리둥절하여 자신은 그런 편지를 받은 적이 없다고 대답했다. 마이트너는 '매우 다정했던' 버그 박사가 자신을 배신했다는 사실을 곧 알아챘다. 그래서 버그가 미소를 머금고 다시 찾아왔을 때, 마이트너는 호된 질책을 쏟아냈는데, 로마에서 보리스 패시에게 당한 이래 가장 심한 질책이었다.

버그는 자신이 아는 가장 빠른 방법으로 마이트너를 진정시켰는데, 그 방법은 추가로 거짓말을 하는 것이었다. 우선 편지는 아무도 읽지 않았다고 말했다. 그리고 한은 구금 상태에 있어 편지를 제대로 전달할 수 없었다고 변명했다. 그러고 나서 버그는 뻔뻔하게도 집 안으로 거리낌없이 들어갔고, 거기서 몇 시간 동안 시시콜콜한 잡담을 나누었다. 잡담이 끝날 무렵에 마이트너는 또 다른 편지를 버그에게 맡겼는데(이 남자에게는 신통한 재주가 있었다), 이번에는 막스 플랑크에게 보내는 편지였다. 버그는 이 편지 역시 즉각 열어 보았다.

그 후 버그와 마이트너는 다시는 만나지 않았다. 하지만 놀랍게도 마이트너의 분노를 받아내면서 버그의 가슴속에서는 마이트너에게 묘한 감정이 피어났는데, 버그에게는 아주 드문 일이었다. 사실, 마이트너는 몇 년 동안 그의 마음속에 계속 떠올랐고, 버그는 마이트너 이야기를 자주 했다. 친구들은 버그가 약간 사랑에 빠졌고, 어쩌면 마이트너를 유혹하려고 시도한 것이 아닐까 하고 생각했다. 요컨대, 뉴어크 출신의 우람한 빅리그 포수는 자신의 배짱 두둑한 기질을 싫어한 새침데기 오스트리아 물리학자에게 매력을 느낀 것으로 보이는데, 그러면서도 자신에게 보여준 그녀의 믿음과 신뢰를 반복적으로 배신했다. 큐피드가 성질이 삐딱한 악동이라는 증거를 원한다면, 바로 여기서 찾을 수 있다.

결국 그로브스도 버그에게 줄 임무가 동났고, 그를 해고할 수밖에 없었다. 더 굴욕적인 일이 남아 있었는데, 버그는 OSS 자체는 완전히 해체되지 않았다는 사실을 알게 되었다. OSS는 더 이상 해외 임무는 수행하지 않았지만, 워싱턴에서 회계 직원들이 마무리 작업을 처리하고 있었다. 그들은 OSS가 지난 몇 년 동안 그에게 선불로 지급한 돈에 대해 버그에게 물어볼 것이 있었다. 그 금액은 모두 합쳐 2만 1439달러 14센트(오늘날의 가치로 약 30만 달러)였다. 그렇다고 해서 누가 버그를 절도나 횡령 혐의로 기소하지는 않았다(적어도 공식적으로는). 다만 회계 직원들은 장부상의 손실을 설명할 필요가 있었을 뿐이다. 하지만 버그는 여기에 모종의 음모가 있다는 느낌을 받았다. 혹은 엄포를 놓아 자신의 죄를 덮으려고 했는지도 모른다. 어느 쪽이건 간에 버그는 단 한 푼도 책임지려 하지 않았고, 이 때문에 몇 년 동안 분쟁이 계속되었다.

설령 OSS의 회계 직원들이 버그를 망나니로 생각했다 하더라도, 정부의 다른 부서들에는 여전히 그를 옹호하는 사람들이 있었고, 1946년 12월에 백악관은 그에게 그 당시로서는 전시의 공적에 대해 민간인에게 수여하는 최고 훈장인 공로 훈장을 수여했다. 추천 사유로는 중수 공장을 조사하기 위해 노르웨이에 낙하산을 타고 침투한 공적과 이탈리아에서 벌인 정보 수집 활동, 취리히에서 하이젠베르크를 추적한 일 등을 꼽았다.

버그는 이 훈장을 거부했다. 이유를 묻자, 특유의 성격대로 설명하길 거부했다. "그것을 받기가 부끄럽습니다"라고 말한 게 다였다. 그 무렵에 그는 이미 국무부를 떠난 뒤였는데, 훈장을 거부한 뒤에 앞으로 할 일에 대한 질문에도 일체 답하지 않았다. 장비를 반납할 때, 원자 스파이로 활동하던 시절의 기념품으로 단 두 가지만 간직했다. 하이젠베르크의 강연 때 가져간 후 그 뒤로 한 번도 발사하지 않은 권총과 청산가리가 든 L 알약이었다.

59장

원자폭탄 투하

알소스 부대는 1945년 봄에 독일 핵물리학자 수십 명을 체포했지만, 결국에는 하이젠베르크와 한, 바이츠제커, 디프너를 포함해 단 10명만 구금했다. 물론 이들은 모두 미국인이 자신들의 놀라운 우라늄 기계를 근거로 원자폭탄에 관한 비밀을 캐내길 원한다고 생각했다. 하지만 사실은 미국 과학자들은 독일 과학자들로부터 거의 아무것도 알아내지 않았다. 알소스 부대는 그저 이들이 소련의 손에 들어가지 않도록 하기 위해 구금한 것뿐이었다.

알소스 부대는 이 새로운 우라늄 클럽을 억류할 장소를 놓고 논의하다가 하이델베르크에 주둔한 미군의 보호에 맡기기로 결정했는데, 하필이면 그 부대는 흑인 부대여서 독일 과학자들은 이를 모욕적이라고 항의했다(제3제국의 태도가 알게 모르게 일반 시민에게도 큰 영향을 미친 것으로 보였다). 그들을 몬태나주 시골 지역으로 보내 격리하는 방안도 제안되었는데, 한 미군 장군은 연료를 아끼기 위해 차라리 총살해버리자고 제안했다. 그러자 영국 측이 이에 소스라치게 놀라 그들을 관리하겠다고 나섰다. 그들은 과학자들을 일단 베르사유로 옮겼다가 그다음에는 벨기에로 옮긴 뒤, 7월 3일에 영국으로 데려갔다. 그것은 통상적인 비행이었지만, 독일 과학자들은 즉각 의심이 들었다. 만약 연합국이 독일의 핵물리학 계획 전체를 말살하길 원한다면, 이것은 절호의 기회였다. 단 한 번의 비행기 추락 사고로 깨끗하게 목적을 달성할 수 있었다. 이들은 착륙할 때까지 비행 내내 두려움에 떨었고, 난기류에 휩쓸릴 때마다 움찔했다.

영국은 그들을 런던 북쪽의 사유지인 팜홀로 옮겼는데, 팜홀은 어느 모로 보나 독일군 장군들이 머물렀던 장소만큼 편안한 곳이었다. 이곳에서 과학자들은 풍요로운 음식을 대접받았고, 신문과 라디오를 마음껏 이용할 수 있었다. 하이젠베르크는 피아노로 베토벤의 소나타를 쳤고, 한은 장미 정원에서 잡초를 뽑았다. 한 영국군 병사는 그들의 영어 실력 향상을 위해 디킨스 작품에서 뽑은 구절을 읽어주었다. 그들은 배구 경기도 했다. 유일한 불만은 가족과의 연락 단절과 지루함이었다. 한 물리학자는 루이스 캐럴Lewis Carroll의 '앨리스' 시리즈를 여러 번 읽었지만, 이상한 나라로 떠난 자신의 여행만큼은 잘 소화하지 못했다.

대부분은 포로의 연대감을 유지하면서 잘 지냈지만, 하이젠베르크와 그의 파벌은 계속 디프너를 배척했는데, 여러 활동에서 그를 냉대하거나 되도록 말을 섞으려 하지 않았다. 한번은 디프너가 하이젠베르크에게 속을 터놓았을 때, 하이젠베르크는 조롱하듯이 대놓고 웃었다. 디프너는 영국인이 아마도 곳곳에 숨겨놓은 마이크로폰으로 자신들의 대화를 엿듣고 있을지 모른다는 두려움을 털어놓았다. 하이젠베르크는 눈을 굴리면서 "그들은 그만큼 영리하지 않아요. 게슈타포가 쓰는 진짜 수법을 알 리가 없어요. 그들은 약간 구식이거든요"라고 말했다. 디프너는 이전과 다름없이 애처롭기 그지없었다.

하지만 디프너의 추측이 옳았다. 영국은 제네바 협약을 정면으로 어기면서 집 전체에 도청 장비를 설치하고 모든 대화를 도청했다.

정치적 고려 때문에 알소스 대원은 소련군이 진주한 지 석 달이 지난 1945년 7월 하순까지 베를린에 들어가지 못했다. 가우드스밋이 전쟁 이전부터 기억하고 있던 깨끗하고 효율적인 독일 수도의 모습은 찾아볼 수 없었다. 저저분한 소련군 병사들이 떼를 지어 돌아다니면서 장티푸스와 이를 퍼뜨렸다. 식품과 의복이 부족했고, 무자비한 암시장이 곳곳에 나타났다. 미군 병사들이 가는 곳마다 사람들이 지프 주위에 몰려들어 초콜릿을 50마르크(오늘날의 가치로는 70달러)에 사거나 담배를 100마르크에 사겠다고 제안했다. 폭탄에 맞은 차들이 여기저기 널려 도로를 막았고, 알소스 대원들은 과학 연구소나 협회를 찾아갔다가 그 주소 명패가 돌무더기 위에 놓여 있는 것을 가끔 발견하기도 했다(그 후 몇 년 동안 많은 대학생들은 입학 조건으로 돌무더기를 치우거나 건설 작업을 도와야 했다).

그런 돌무더기들 중 하나를 치우다가 가우드스밋은 재 속에 파묻힌 아이 머리뼈를 발견했다. 한때 아주 좋아했던 베를린의 이집트 박물관을 찾아갔는데, 비록 온전하진 않았지만 그 건물은 아직 그 자리에 있었다. 슬프게도 늙은 박물관 경비원은 달리 무슨 일을 해야 할지 몰라 여전히 매일 출근하여 그곳에 홀로 서 있었다. 가우드스밋은 그곳에서 소장품을 구경했던 옛날의 기억을 들려주었고, 경비원은 크게 감동하여 미라 하나를 집으로 가져가라고 제안했다. 유혹을 느끼긴 했지만(가우드스밋은 방사능을 검사할 필요가 있다고 주장함으로써 원하는 것은 무엇이든 미국으로 보낼 수 있었다), 그 기념품은 지프에 싣기에 너무 거추장스러웠다. 그래서 대신에 색칠이 된 미라의 천 조각을 일부 가져갔다.

8월 첫째 주 어느 날, 가우드스밋이 힘러의 '인종 연구소' 잔해를 발굴하고 있을 때, 지프가 달려와 끼이익 하고 옆에 서더니 거기서 장교가 내렸다. 그는 "당신은 15분 안에 비행기를 타야 합니다"라고 말했다. 도대체 무슨 일이냐고 묻자, 장교는 자신은 그를 찾아 베를린 전역을 돌아다녔는데, 마침내 가우드스밋의 지프에서 알소스 부대의 번개 로고를 발견했다고 말했다. 그리고 지금 당장 공항으로 가 긴급 항공편으로 보리스 패시가 기다리는 프랑크푸르트로 가야 한다고 했다. 장교는 자세한 이유를 말할 수 없었다.

온종일 잔해를 파느라 가우드스밋은 몹시 지치고 더러웠기 때문에 우선 칫솔과 파자마를 챙겨야겠다고 말했다. 장교는 그럴 시간이 없다며 그를 차에 태우고 출발했다. 공항에 도착했더니 이미 비행기의 프로펠러가 돌고 있었다. "마치 영화처럼" 문을 닫자마자 비행기가 활주로를 질주하기 시작했다. 프랑크푸르트에 도착했더니, 깨끗하게 세탁한 2주일 치의 침구류가 준비돼 있었다. 당장 다른 곳으로 가진 않는 것이 분명했다. 하지만 왜 자신을 불러왔느냐고 묻자, 아무도 대답하려 하지 않았다. 패시조차도 변명으로 일관하며 우물거렸다. 화가 난 가우드스밋은 근처에 주둔하던 알소스 부대 동료들과 식사를 하기 위해 나가버렸다.

그날 저녁에야 모든 것이 분명해졌다. 저녁 식사 후에 가우드스밋은 알소스 부대에서 비서로 일하는 여자를 호텔까지 바래다주었다. 로비에서는 꾸벅꾸벅 조는 듯한 병장이 라디오에서 흘러나오는 빅 밴드 음악을 듣고 있었다. 그때 갑자기 음악이 멈추더니 긴급 속보가 흘러나왔다. 미국이 일본 히로시마에 새로운 종류의 파괴적인 폭탄을 투하했다는 뉴스였다. 그 뉴스를 듣자마자 가우드스밋은 그 자리에서 얼어붙었다. 몇 년 동안 극도의 비밀에 부쳐왔지만, 이제 일반 대중도 자기만큼 핵무기에 대해 많은 것을 알게 되었다.

긴급 속보가 끝나갈 때, 가우드스밋에게 불길한 예감이 밀려왔다. 몇 달 전에 독일의 원자폭탄 계획이 한참 뒤처져 있다는 사실을 안 뒤, 가우드스밋은 그로브스의 한 부관에게 "독일이 원자폭탄을 만들 능력이 없다는 사실이 아주 환상적이지 않습니까? 이제 우리의 원자폭탄도 쓸 필요가 없으니까요"라고 말했다. 부관은 그를 물끄러미 바라보며 이렇게 말했다. "샘, 우리에게 그런 무기가 있다면, 우린 그걸 사용할 거요." 그 예언이 이제 현실이 되었다. 원자폭탄은 두려움에서 시작되었다. 즉, 핵무기를 보유한 독일의 위협에 대응하기 위한 방어 무기로 개발되었다. 하지만 독일의 위협이 사라지자, 단순히 방어 무기로 사용한다는 개념도 사라졌다. 알아채지 못하는 사이에, 하지만 불가피하게 원자폭탄은 다른 성격의 무기—역사상 가장 공격적인 무기—로 변했다. 그리고 이제 세상은 이전과는 완전히 다른 세상이 되리란 것을 가우드스밋은 직감했다.

가우드스밋과 달리 오토 한은 히로시마에 대한 경고를 예우 차원에서 미리 들었다. 8월 6일, 팜홀에서 저녁 식사 전에 한 영국인 장교가 그를 한쪽 구석으로 데려가 그 소식을 전했다. 한은 절망했다. 핵분열의 공동 발견자로서 그는 그 끔찍한 파괴에 도덕적 책임을 느꼈고, 극도의 공포 때문에 심장이 조여왔다. 장교가 진정을 위해 진을 권하자, 한은 여러 잔을 삼켰다.

한은 오후 7시 45분 무렵에 식사 자리에서 나머지 독일 과학자들에게 그 소식을 전했다. 즉각 큰 소동이 일어났다. 어느 누구도 한의 말을 믿으려 하지 않았다. 독일이 성공하지 못한 것을 다른 나라가 성공했을 리가 없다고 믿었다. 하이젠베르크는 특히 단호한 입장을 견지했다. 이것은 속임수이고 선전이라고 주장했다. 연합국은 대형 재래식 폭탄에 '원자폭탄'이라는 이름만 붙였을 뿐이라고 말했다. 게다가 그는 친구인 가우드스밋에게 미국의 원자폭탄에 대해 이미 물어보았는데, 만약 미국이 그런 폭탄을 개발했다면 자신에게 알려주었을 것이라고 했다.

이들의 소란은 오후 9시에 BBC 뉴스가 나올 때까지 계속되었다. 그 뉴스에 방 안의 모든 사람이 입을 다물었다. 아나운서는 기술적 세부 내용을 설득력 있게 충분히 설명했고, 심지어 우라늄 핵분열까지 언급했다. 그러자 모든 물리학자는 한만큼 깊은 절망감에 빠졌다. 훗날 가우드스밋은 "그것은 그들이 이제 독일이 전쟁에 완전히 졌다는 사실을 처음으로 절실히 느낀 순간이었다. 그때까지만 해도 그들은 독일이 적어도 실험실에서의 전쟁만큼은 이겼다고 믿었다"라고 말했다. 하지만 이제는 그런 믿음마저 무너지고 말았다.

우울한 소식에 대처하는 방식은 과학자마다 제각각 달랐다. 디프너는 말없이 앉아 있었다. 어떻게 미국인이 자신들보다 앞설 수 있느냐고 계속 반문했다. 한은 아마도 술에 약간 취해 짓궂은 혀를 놀리면서 사람들을 조롱하기 시작했다. "만약 미국이 우라늄 폭탄을 만들었다면, 당신들은 모두 이류야. 불쌍한 하이젠베르크." 바이츠제커는 당연히 정치적 계산을 하기 시작했다. 그는 "만약 미국과 영국이 좋은 제국주의자라면 당장 내일 그것으로 스탈린을 공격하겠지만, 그렇게 하진 않을 거요"라고 장담했다.

바이츠제커는 또한 자신의 동료들을 끌어모아 독일 핵과학자들의 체면을 살릴 수 있는 방법을 궁리했는데, 이것은 오늘날까지도 비난의 대상이 되었다. 그는 두 가지 책략을 강조했다. 첫째, 자신들의 실패를 자원 부족과 독일의 궁핍한 전시 경제 탓으로 돌려야 한다고 했다. 분명히 그들은 충분한 인력과 자원만 있었더라면 성공할 수도 있었을 것이다. 그와 동시에 그들은 원자폭탄을 만들길 원하지 않았다는 점을 강조했다. 즉, 도덕적 이유에서 히틀러가 원자폭탄을 갖는 결과를 원치 않았다는 것이다. 그날 저녁에 이런 입장을 시험해보려는 듯이 바이츠제커는 이렇게 말했다. "독일 물리학자들은 원칙적으로 그 일을 하길 원치 않았습니다. 만약 우리 모두가 독일이 전쟁에 이기길 원했더라면, 우리는 성공했을 겁니다." 한은 즉각 이에 반대했고("나는 그 말을 믿지 않소"), 또 다른 과학자 역시 반대했다. 하지만 바이츠제커의 의견을 따라야 한다는 주장이 제기되었다. 그 책략은 아주 그럴듯했다. 원자폭탄을 만들길 원치 않았으니 자신들이 히틀러에 반대했다고 연합국 측을 설득하는 데 도움이 될 것 같았다. 독일 동포들에게는 폭탄을 만드는 것은 경제적으로 불가능했기 때문에 자신들이 반역적 생각에서 전쟁 지원 노력을 방해한 것은 아니라고 설득할 수 있었다. 그리고 아마도 가장 중요하게는, 미국처럼 부유하고 충분한 지원을 받았더라면, 자신들이 원자폭탄을 만들 수 있었을 것이라고 과학계를 설득할 수 있었다.

그날 밤 새벽 1시가 넘어 토론이 끝났을 때, 팜홀에 숨겨진 마이크로폰에 가슴 아픈 상황이 일부 포착되었다. 독일 원자폭탄 계획의 행정적 관리 책임을 맡았던 사람이 자기 방에 혼자 틀어박혀 울었다. 한이 자리를 떠난 뒤, 두 과학자가 복도에서 만나 속삭였다. 그날 밤에 혹시 한이 자살을 하지 않을까? 그들은 그 상황이 우려되어 그의 침실 문을 열고 방 안을 훔쳐보았다. 그리고 한참 기다리다가 마침내 한이 잠들자 크게 안도하며 그곳을 떠났다.

그날 밤에 하이젠베르크도 쉽사리 잠을 이루지 못했을 것이다. 만감이 교차한 그는 다음 날 아침에 완전한 폭탄 설계 이론을 만들기 시작했다. 책이나 전문 자료의 도움 없이 오롯이 혼자 힘으로 그 일을 해냈다—그리고 일주일도 채 안 돼 그는 미국 원자폭탄의 일급 기밀 사항에 속하는 측면들을 거의 다 재현했다. 왜 하이젠베르크가 이 계산들을 예컨대 1939년에 하지 않았는지는 여전히 알려지지 않았다. 하지만 신기에 가까운 이 재능은 왜 연합국이 그를 세상에서 가장 위험한 과학자로 간주했는지 확실히 보여주었다.

한편, 바이츠제커는 독일 과학자들의 정치적 입장을 그럴듯하게 포장하려고 계속 애썼고, 동료 포로들에게 압력을 가해 전 세계 사람들에게 자신들의 무죄를 주장하는 성명을 발표하게 했다. 하이젠베르크는 그 말에 따라 성명을 작성했고, 팜홀에 머물던 과학자 10명 전원이 거기에 서명했는데, 다만 몇몇 사람은 주저하면서 서명했다.

한도 주저한 사람 중 한 명이었는데, 그 후 몇 달 동안 계속 괴로워했다. 어떻게 자신의 단순한 화학 실험(순수한 과학적 모험)이 그토록 괴물 같은 무기로 변했단 말인가? 자신이 핵분열을 발견한 공로로 1945년 노벨 화학상 수상자로 선정되었다는 신문 기사를 읽은 뒤에는 일이 더욱 복잡해졌다. 감금 중에 노벨상 수상 소식을 들은 과학자는 그가 유일했다. 훗날 핵분열 연구 업적으로 그를 1941년에 맨 먼저 추천한 과학자 중 한 명이 가우드스밋이었다는 사실이 드러났다.

미군 당국은 베를린에서 소련 비밀 요원들이 가우드스밋을 납치해 모스크바로 데려갈까 봐 우려하여 8월 내내 그를 프랑크푸르트에 붙잡아두려고 했다. 가우드스밋은 이를 거부하고, 갈 수 있게 되자마자 곧장 베를린으로 되돌아갔다(그는 군 당국이 자신을 속이고 부당하게 대하는 것에 넌더리가 났다). 베를린에 있을 때 소련 비밀 요원이 실제로 그에게 접근하긴 했지만, 단지 그의 시계를 사려는 이유에서였다. 암시장이 성행했기 때문에 가우드스밋은 시계로 한몫을 챙기려고 250달러(오늘날의 가치로는 3500달러)를 불렀다. 하지만 시계가 그날 아침에 멈춰서는 바람에 가우드스밋은 한 푼도 벌지 못했다.

8월 후반에 가우드스밋은 마침내 알소스 임무를 부여받았다. 러시아인은 가우드스밋과는 달리 페네뮌데의 로켓에서부터 검은 숲의 우라늄 기계에 이르기까지 모든 것의 최신 내부 정보를 알고 있는 편집자 스파이 파울 로스바우트(그리핀)를 납치하려고 했다. 그래서 어느 날, 소련 측이 유명한 소련 물리학자를 만나는 자리를 마련해 그리핀을 호텔로 유인했을 때, 로스바우트와 가우드스밋은 함정임을 감지했다. 아니나다를까, 소련군 병사들이 그를 붙잡아 끌고 가려고 했다. 거리에서 미군이 소련군과 몸싸움을 벌여 그를 빼내 왔고, 가우드스밋은 로스바우트를 베를린에서 탈출시키는 일을 도왔다. 로스바우트에게 군복을 입히고 아우토반을 달려 미국 점령 지역으로 무사히 빠져나왔다.

로스바우트를 구출한 뒤, 알소스 부대에서 가우드스밋의 일은 사실상 끝났다. 이제 미국으로 돌아가 이전의 삶으로 되돌아갈 수도 있었다. 하지만 유럽을 떠나기 전에 반드시 처리해야 할 마지막 임무가 남아 있었다.

그의 고향인 헤이그는 1945년 5월에 해방되었고, 마침내 바람이 많이 부는 9월의 어느 날 가우드스밋은 고향을 찾았다. 예전에 살던 곳의 거리들이 매우 비좁게 느껴져 크게 놀랐고, 어머니의 모자 가게가 파괴된 것을 보고 몹시 슬펐다. 그것 말고는 나머지는 상당히 정상적으로 보였다. 익숙한 바다 냄새가 코로 스며들어왔고, 어린 시절의 집으로 다가가면서 "연로한 부모님이…… 내가 마지막으로 본 모습 그대로 그곳에서 나를 기다리고 있을 것이라고 꿈꾸었다." 잠깐 동안 실제로 그런 일이 벌어질 것이라고 믿기까지 했다. 높은 현관이 딸린 집은 예전 모습 그대로 남아 있었다. 하지만 지프를 주차하면서 보니 창문이 모두 깨져 있었고, 3층에서는 커튼이 창밖으로 드러난 채 산들바람에 나부끼고 있었다. 깨진 창문을 통해 집 안으로 들어갔더니 실내는 텅 비어 있었다. 아니, 텅 빈 것보다 더 황량한 모습이었다. 네덜란드의 지난 겨울은 아주 혹독했고, 문, 천장 패널, 계단, 아버지가 손수 만든 가구를 포함해 탈 수 있는 물질은 모두 땔감으로 약탈되었다.

"내 생애 중 아주 많은 시간을 보낸 작은 방으로 올라갔더니, 종이 몇 장이 흩어져 있었는데, 그중에는 부모님이 간직한 내 고등학교 시절의 성적표도 있었다." 다시 아래층으로 내려와 밖을 내다보았다. "집 뒤쪽의 작은 정원은 슬프게도 전혀 돌보지 않고 방치된 것처럼 보였다. 오직 라일락나무만 그대로 서 있었다." 어머니가 아침을 준비하던 장소는 텅 비어 있었고, 피아노가 놓여 있던 구석 역시 텅 비어 있었다. 책장에는 책이 한 권도 없었다.

그때까지 가우드스밋은 부모님을 죽인 나치에게만 분노를 느꼈다. 하지만 그날 텅 빈 집을 돌아다니는 동안 죄책감이 솟구쳐올랐다. 왜 자신은 부모님의 안전을 위해 좀더 빨리 손을 쓰지 않았던가? "만약 조금만 서둘렀더라면, 필요한 편지를 조금만 더 일찍 보냈더라면, 분명히 그들을 구할 수 있었을 텐데"라는 생각이 떠올랐다. 그것은 나치의 마지막 잔학 행위였는데, 피해자들이 스스로에게 죄책감을 느끼고 자책하게 만들었다. 텅 빈 집 안에 홀로 남은 가우드스밋은 울기 시작했다.

가우드스밋은 "그때 내가 느낀 것은 가장 가깝고 사랑스러운 사람을 나치의 손에 잃은 사람들이 공유한 감정이라는 사실을 나중에 알았다"라고 덧붙였다. 그는 현대사에서 가장 사악한 정권이 처음에 과학적 재능과 산업 능력 면에서 크게 앞서 있었음에도 불구하고, 인류가 일찍이 경험한 적 없는 가장 무서운 무기를 만드는 경쟁에서 결국 지고 만 것에 그저 신에게 감사드리고 싶었다.

에필로그

1946년과 그 이후

히로시마 소식을 처음 들었을 때, 이렌과 프레데리크 졸리오-퀴리는 라르쿠에스트의 작은 가족 별장에서 전쟁의 끝을 기다리고 있었다. 훗날 이렌은 어머니가 살아서 자신이 사랑한 방사성 원소가 끔찍한 무기로 변한 것을 보지 않아 정말 다행이라고 신에게 감사드린다고 반복해서 말했다.

전쟁 동안 그들의 영웅적 행동에도 불구하고, 이렌과 졸리오는 전쟁 후에 점점 소외되는 것을 느꼈는데, 변함없이 공산주의를 지지한 게 주된 이유였다. 이렌은 1948년 3월에 미국 입국을 거부당했고, 엘리스섬 수용소에서 낡은 양말을 꿰매면서 긴 밤을 보냈다. 졸리오는 1950년에 스톡홀름의 한 호텔에서 쫓겨났는데, 호텔 주인이 공산주의자를 경멸했기 때문이다. 심지어 그 호텔은 15년 전에 자신이 노벨상을 받으러 왔을 때 묵었던 곳이었다. 가끔은 프랑스조차 이들을 냉대했는데, 특히 이렌에게 그랬다. 뛰어난 업적에도 불구하고, 완고한 프랑스 과학 아카데미는 어머니 마리에게 그랬던 것처럼 이렌(그리고 다른 여성도)을 회원으로 받아들이길 거부했다. 이렌은 "적어도 그들은 일관성은 있다"라고 무덤덤하게 반응했다.

한편, 이렌의 건강은 계속 나빠졌다. 이렌은 친구에게 "숨을 쉬고 음식을 먹는 가장 기본적인 기능조차 내게는 고통스럽다"라고 말했다. 1955년에 이르러 체중이 급격히 빠진 것은 놀라운 일이 아니었다. 이렌의 기운을 북돋기 위해 그해 여름에 가족은 라르쿠에스트로 장기 휴가를 떠났다. 이 여행은 잠시 이렌의 기분을 좋게 했지만, 이렌은 "너무 피곤해"라는 불길한 말을 계속 내뱉었다. 그리고 마지막 몇 개월 동안 같은 말을 자주 반복했다.

이렌이 쉬는 동안 졸리오는 대개 혼자서(이곳에서 그는 여전히 아웃사이더라는 느낌을 받았다) 낚시를 하거나 요트를 탔다. 그리고 비록 이렌의 증세가 훨씬 심했지만, 졸리오 역시 생명력이 약해져가는 것을 느꼈다. 1955년의 어느 여름날, 졸리오는 가족 별장 주변의 숲으로 사냥을 갔는데, 10년 전에 보리스 패시가 자신의 유령을 뒤쫓았던 바로 그 숲이었다. 졸리오는 늘 열렬한 야외 스포츠 애호가였는데, 새 한 마리가 갑자기 앞에 완벽한 사냥감으로 나타나자 얼른 총을 집어들었다. 하지만 그 새가 둥지에서 새끼 여러 마리를 돌보는 것을 보고서는 차마 방아쇠를 당길 수 없었다. 전쟁 중에 졸리오는 필요할 때에는 물불 가리지 않는 용맹한 사나이였다. 하지만 그 용맹성이 사라져가고 있었다. 졸리오의 전기 작가는 "그의 안에 있던 늙은 사냥꾼은 사라지고 없었다"라고 말했다.

이렌은 결국 1956년 3월에 백혈병으로 세상을 떠났다. 30년 동안 함께 살면서 그녀를 사랑했던 졸리오는 이렌의 죽음에 크게 상심했고 2년 뒤에 간 손상으로 세상을 떠났다. 두 사람 다 병의 원인은 수십 년 동안 노출된 방사능이었다. 죽음의 원인에서조차 졸리오-퀴리 부부는 일치했다.

1946년 1월에 팜홀에서 풀려난 뒤, 하이젠베르크와 바이츠제커는 전쟁 동안의 행동—특히 제3제국을 위해 수행했던 핵분열 연구—으로 신랄한 비판을 받았다. 하지만 기묘하게도 하이젠베르크의 마음을 가장 상하게 한 것은 나치 정권과 협력했다는 비난이 아니었다. 그것은 독일인이 실패한 이유 중 하나는 핵무기의 물리학을 제대로 이해하지 못했기 때문이라는 가우드스밋의 비판이었다. 이 모욕만큼은 참을 수 없었고, 하이젠베르크는 자신의 과학적 명예를 격렬하게 변호했다. 훗날 가우드스밋은 자신이 우라늄 기계의 과학적 단점을 과장했다고 인정했지만, "그들은 나치에 동조한 행동보다 어리석음에 대한 비난을 훨씬 아프게 생각한다"라고 표현하면서 그런 태도를 이해할 수 없다는 반응을 보였다. 그 후 역사학자들은 독일의 원자폭탄 계획이 실패한 원인을 놓고 지겹도록 토론을 벌였는데, 하이젠베르크와 바이츠제커의 주장을 받아들인 사람도 일부 있었지만, 다른 사람들은 그것을 자기변명에 불과하고 여론을 호도하는 것이라고 생각했다.

어쨌든 전쟁은 하이젠베르크를 크게 변화시켰다. 남자다운 기상이 넘치던 이전의 모습이 사라져버린, 중년 남자가 그 자리를 대신했다. 사람들은 『도리언 그레이의 초상』 마지막 장면을 속삭였다. 그는 다른 나라의 동료들과 함께 상황을 수습하려고 시도했지만, 그와 친구들 사이에 존재했던 이전의 따뜻한 관계는 찾아볼 수 없었다. 1960년대에는 하이젠베르크가 CERN의 입자 가속기를 방문할 때마다 매일 카페테리아에서 혼자 식사했다는 이야기가 퍼졌다. 노년의 그에게 몇

안 되는 위안 중 하나는 바이츠제커의 여동생 아델하이트가 그를 퇴짜 놓은 지 수십 년 뒤에, 자기 아들이 아델하이트의 딸과 결혼해 마침내 두 집안이 합쳐진 것이었다.

하이젠베르크는 전후에 미국을 여러 차례 방문했고, 심지어 가우드스밋의 집도 한두 차례 방문했다. 하지만 항상 호텔에서 지냈고, 가우드스밋의 집에서 묵지는 않았다. 가우드스밋은 한때 자신의 우상이었던 그에게 자기 부모를 위해 썼던 성의 없는 편지에 대해 물어볼 용기를 차마 내지 못했다. 1976년에 하이젠베르크가 죽었을 때, 가우드스밋은 너그러운 추도사를 썼는데, "내 생각에는 그는 어떤 면에서 나치 정권의 희생자로…… 간주해야 한다고 본다"라고 결론지었다.

알소스 부대의 임무가 종료되자, 보리스 패시는 일본이 민주주의로 이행하는 과정을 돕기 위해 도쿄로 갔다. 하지만 그곳에 있는 동안 옛날에 백군으로 싸웠던 이력 때문에 공산주의자를 골탕 먹이고 싶은 충동을 참지 못했다. 도쿄에 도착하고 나서 얼마 안 돼 소련이 공산주의자 요원을 주교로 가장해 파견함으로써 일본의 러시아 정교회에 침투하려는 계획을 세웠다는 정보를 입수했다. 러시아 정교회 성직자의 아들인 패시는 이 술수에 화가 치밀었고, 대신에 미국인 주교를 보내도록 손을 써 모스크바의 허를 찔렀다. 모스크바 측은 분노했고, 미국인 주교가 도착해 첫 번째 미사를 하려고 할 때, 러시아 측 선동가들이 교회에서 소란을 피울 것이며 심지어 폭동을 일으킬지도 모른다는 소문이 널리 퍼졌다. 패시는 이에 대응해 무력시위를 하기로 했다. 그는 아버지에게 보낸 편지에서 이렇게 썼다. "나는 마음속에는 기도를 품고 호주머니 속에는 검은 곤봉을 품고…… 하느님의 집으로 들어갔습니다." 말썽을 피우려는 사람들은 물러섰고, 주교는 평화롭게 자신의 임기를 시작했다.

1946년, 패시 감독은 로스앤젤레스의 한 고등학교에서 학생들을 가르치는 자리를 수락했다. 하지만 전쟁의 스릴을 경험한 뒤에 학생들을 가르치는 일은 별로 신이 나지 않았고, 결국 그 일을 그만두고 신설 조직인 CIA에 들어갔다(모 버그와 달리 패시는 그들이 원하던 유형의 전문 스파이였다). 그곳에서 패시가 무슨 일을 했는지는 아무도 모르지만, 워터게이트 사건의 주범인 하워드 헌트E. Howard Hunt는 훗날 패시가 공산주의 유럽에서 제거와 암살 공작을 전문으로 하는 "지저분한 공작" 팀을 운영했다고 비난했다(패시는 이를 강력하게 부인했다). 문서들은 패시가 알바니아 정부를 전복하려는 공작에도 관여했다고 시사하며, 피델 카스트로를 암살하기 위해 독이 든 시가를 개발하려고 시도했다는 소문도 있다. 하지만 어떤 혐의도 입증되지 않았고, 패시는 은퇴한 뒤 1995년 5월에 94세의 나이로 캘리포니아주의 자기 집에서 눈을 감았다. 패시가 알소스 부대의 임무를 수행한 시기와 그 이후에 줄곧 음지에서 암약했다는 사실을 감안할 때, 후대의 음모론자들이 일루미나티의 부상에서부터 존 F. 케네디의 암살에 이르기까지 모든 사건에 그가 연관되었다고 주장하는 것은 놀라운 일이 아니다.

조지프 케네디 시니어는 같은 이름을 가진 아들이 죽고 나서 자신의 정치적 야망을 둘째 아들에게 쏟아부었고, JFK는 1960년에 대통령이 되었다. 하지만 조 주니어의 정신은 항상 백악관에 깃들어 있었다. 쿠바 미사일 위기 때 케네디 대통령은 형의 이름을 딴 구축함을 파견해 쿠바 봉쇄를 단행했다. 그리고 JFK가 달에 사람을 보내겠다고 약속했을 때, NASA에서 이 계획을 책임진 공학자는 다름 아닌 베르너 폰 브라운이었다. 조를 사망에 이르게 한 임무는 바로 폰 브라운이 개발한 치명적인 V 무기를 파괴하기 위한 것이었다.

그동안 케네디가 사람들은 잘못된 신관 제어 장치를 설계하여 주트슈트 블랙의 참사를 초래했을 가능성이 높은 공학자 버드 윌리의 가족과 연락을 계속 유지했다. 윌리의 죽음으로 그 가족은 몹시 궁핍했으므로, 케네디 시니어는 대학 기금을 설립해 세 자녀를 공부시키는 데 필요한 장학금을 제공했다. JFK는 대통령이 된 뒤 1963년에 텍사스주를 방문한 어느 아침에 버드 윌리의 아내와 딸과 함께 식사를 했다. 그곳은 텍사스주 댈러스였고, 그 식사는 JFK에게 마지막 아침 식사가 되었다.

어릴 때 JFK가 좋아한 야구 선수였던 모 버그는 메이저 리그 감독으로 와달라는 제안을 여러 군데서 받았다. 그는 모든 제안을 거절했다. 대신에 CIA와 NATO를 위해 프리랜서로 일시적인 일(예를 들어 유럽에서 미사일 방어에 관해 과학자들을 면담하는 것과 같은)을 다양하게 하면서 첩보 게임으로 돌아가려고 시도했다. 하지만 버그는 자신의 본색을 버리지 못하고 이런 여행을 통해 호텔과 레스토랑에서 거액의 비용을 쓰는가 하면, 예컨대 취리히에서 플루트와 함께 퐁뒤를 먹기 위해 약속을 어기기 일쑤였다. 당연히 그를 고용한 사람들은 그의 부주의한 태도가 마음에 들지 않았고(CIA는 "이번 작전은 변기 속으로 들어가버렸다"라고 불평했다), 1950년대가 되자 프리랜스 일도 고갈되기 시작했다. 그 무렵에 버그는 뉴어크에서 형 샘과 함께 살았는데, 우편집배원이 올 때마다 "워싱턴에서 온 것 있나요?"라고 물었다. 갈수록 아니라는 대답이 늘어났다.

버그는 프리랜서로 하는 일시적인 일 외에는 거의 다른 일을 하지 않았고, 대신에 다른 사람들에게 빌붙어 살았다. 형의 집을 책과 '살아 있는' 신문 보관 장소처럼 사용했고, 식탁과 의자와 침대 위에 책과 신문을 잔뜩 쌓아놓았다. 형이 마침내 그를 쫓아내자, 버그는 몇 블록 떨어진 곳에 살던 여동생 에셀Ethel의 집으로 옮겨갔는데, 에셀은 경계성 조현병 환자였다. 버그는 또한 여행도 끊임없이 했는데, 아부로 열차 승무원의 환심을 사 공짜로 열차를 탔고, 면도기와 칫솔만 지닌 채 옛 친구들의 집을 예고도 없이 찾아갔다. 많은 스포츠 기자는 여행 중에 자신의 호텔 방에 투숙했을 때 이미 그곳에서 목욕을 하고 있는 버그를 발견하곤 했는데, 안내 데스크 직원을 잘 구슬려 들어온 것이었다. 심지어 신혼여행에 나선 친구와 동행하기도 했다.

1960년대에 버그의 인생이 확 풀릴 뻔한 일도 일어났다. 한 출판사가 원자 스파이로 보낸 그의 생애를 책으로 쓰면 3만 5000달러를 주겠다고 제의했다. 그런데 첫 만남 도중에 무식한 풋내기 편집자가 모 버그를 3인조 코미디 그룹인 바보 삼총사The Three Stooges의 모 하워드Moe Howard로 착각했고, 버그는 발끈하여 단 한 자도 쓰지 않겠다며 문을 박차고 나가버렸다. 사실은 버그는 이 계약에서 빠져나갈 핑계를 찾고 있었는지도 모른다. 그는 이미 봉투나 냅킨, 공공 도서관 메모지, 열차 시간표, 일력 등에 이런저런 토막글들을 적으면서 회고록을 엮어보려고 여러 번 시도했다(한 항목에서는 아인슈타인의 유명한 방정식을 $m=Ec^2$으로 언급했다). 하지만 토막글들을 합쳐서 일관성 있는 글로 완성하진 못했고 결국 포기하고 말았다. 이야기꾼으로서는 뛰어난 재능이 있었지만, 고독하게 글을 쓰는 단조로운 일은 그의 취향에 맞지 않았고, 그래서 또 한 번 시도했다가 실패하는 것보다는 풋내기 편집자를 탓하고 포기하는 편이 훨씬 편했을 것이다.

버그는 계속 친구들에게 빌붙어 살면서 여행을 자주 했고, 저녁 식사 대신에 노래를 불러주고, 일주일 동안 머물 장소를 제공받는 대가로 도쿄나 베이브 루스에 관한 이야기를 들려주었다. 그의 이야기는 대부분 가볍게 즐길 수 있는 것이었지만, 친한 친구들에게는 가끔 어두운 이야기를 들려주었다. 그는 특히 하이젠베르크를 암살하기 직전까지 갔던 사건을 늘 잊지 못했던 것 같은데, 얼어붙을 듯이 추웠던 강당에서 보낸 세 시간을 나머지 생애 동안 계속 반추했다. 1966년에 쓴 회고록 초고에서는 "내가 그들을 없애야 했을까?"라고 끼적거렸다. 아마도 그는 자신을 피도 눈물도 없는 치명적인 남자 킬러로 생각하고 싶지 않았을 것이다. 혹은 그 반대 평가—즉, 그는 본질적으로 겁쟁이여서 절대로 하이젠베르크를 죽일 수 없었을 것이라는—를 두려워했을지 모른다. 어쨌든 그 스트레스는 버그를 계속 괴롭혔고, 그는 결코 취리히 트라우마를 극복하지 못했다. 심지어 청산가리가 든 L 캡슐을 형에게 보여준 적도 있는데, 그는 그 캡슐을 평생 동안 간직했다.

버그는 항상 편집증적 기질이 있었는데, 나이가 들수록 더 심해졌다. 아무 이유 없이 친구와 절연하기 시작했는데, 그들에게 편지를 쓰지 않거나 보낸 사람 주소가 없는 수수께끼의 엽서를 보냈다(아바나에서 보낸 한 엽서에는 "모가 불타는 동안 카스트로는 연주를 한다Castro fiddles while Moe burns"라고 적혀 있었다). 버그는 또 한때 흠잡을 데 없던 외모를 방치했다. 버그를 자기 집에 재워준 여러 사람은 그가 화장실 세면대에서 갈수록 점점 더러워지는 자신의 양복을 빠는 모습을 보았다. 말년에 버그를 확실하게 찾을 수 있었던 유일한 장소는 월드 시리즈가 열리는 구장이었다. 메이저 리그 베이스볼에서 받은 은 도금 카드 덕분에 평생 동안 무료로 어떤 구장이라도 입장할 수 있었는데, 버그는 그 혜택을 최대한 누렸다. 하지만 옛 친구가 스탠드에서 자신을 발견하고 손을 흔들면, 버그는 입에 손가락을 갖다대며 쉿 하고 속삭이고는 사라졌다.

1972년 5월, 70세가 된 버그는 바이러스 질환에 감염되어 기력이 약해지고 어지럼증을 느꼈다. 며칠 뒤, 여동생 집에서 넘어지면서 낮은 식탁에 부딪쳤다. 내출혈이 일어나기 시작했고(그의 상반신은 하나의 거대한 멍처럼 보였다), 병원에 입원하자마자 심장 박동이 꺼져가기 시작했다. 그리고 얼마 후 그는 눈을 감았다. 간호사에게 남긴 마지막 말은 "오늘 메츠 팀 경기는 어땠소?"였다.

유럽에서 전쟁이 끝난 후, 가우드스밋은 미시간주로 돌아가는 것이 생각만 해도 끔찍했다. 그곳 생활은 너무 따분하고 촌스러웠다. 결국 그는 뉴욕주의 브룩헤이븐입자가속기연구소의 일자리를 받아들였는데, 그곳에서 연구를 계속하면서 〈피지컬 리뷰 레터스*Physical Review Letters*〉의 편집자가 되었다. 과학 외에도 유럽에서 알소스 부대와 비슷한 임무를 수행하는 이야기를 다룬 업턴 싱클레어Upton Sinclair의 소설 『오, 목자여, 말하라!*O Shepherd, Speak!*』를 위해 자문 역할도 했다. 고대 이집트에 대한 사랑도 되살려 이집트 상형 문자에 관한 입문서 격인 글(「람세스의 첫 번째 독자*Ramses's First Reader*」)도 썼고, 우주선宇宙線을 이용해 기자의 피라미드 내부에 숨겨진 방을 찾는 방법도 개발했다(아무것도 발견되진 않았지만).

1973년에 딸에게 보낸 편지에서는 이렇게 썼다. "나는 가끔 과거를 돌아보는 나쁜 습관이 있는데…… 어린 시절에 꾸었던 꿈 중 많은 것이 실현되었다는 사실에 깜짝 놀라지만, 더 중요하고 성숙한 소망들은 실현되지 않았다." 그가 언급한 어린 시절의 꿈 중에는 이집트학을 공부하고, "비밀 첩보 작전에 몰두하는 것"이 포함돼 있었다. 하지만 유럽에서 명망 높은 물리학 교수 자리를 얻는 데에는 실패했다. 그리고 동료 물리학자들이 그를 노벨상 후보로 48번이나 추천했지만, 최종 수상자로 선정되는 데에는 번번이 실패했다. 가장 실망스러운 일은 평소에 우려한 대로 너무 오래 살아 일부 집단에서 자신이 잊히는 현실에 맞닥뜨린 것이었다. 1977년, 미국물리학회의 한 산하 단체가 가우드스밋의 위대한 업적인 양자 스핀 발견 50주년을 기념하는 특별한 자리를 마련했다. 하지만 가우드스밋은 물론이고 함께 연구했던 조지 울렌벡조차 초대받지 못했다. 두 사람은 행사 도중에 이름조차 언급되지 않았다. 가우드스밋이 딸에게 쓴 편지에서 "나는 은퇴하고 나서 몹시 우울하단다"라고 말한 것은 전혀 놀랍지 않다. 하지만 가우드스밋의 편지들을 읽다 보면, 이러한 우울한 감정과 냉소주의가 연극, 즉 속임수가 아니었을까 하는 생각이 든다. 그 당시는 결코 그런 시기가 아니었다.

나이가 더 들면서 가우드스밋은 점점 더 오랜 우정에 기대게 되었다. 기회만 된다면, 워싱턴에서 몇 년마다 가을에 열린 알소스 부대 전우 모임에 참석했다. 역전의 용사들은 금요일 밤에 술에 흥청망청 취하는 파티를 열었고, 그 분위기를 토요일 오전의 골프 시합까지 이어갔다. 승자에게는 모두가 탐내는 패시컵을 수여했다. 가우드스밋은 모 버그와도 아주 가까워졌는데, 그를 몇 안 되는 '진짜 친구' 중 한 명으로 여겼다. 진짜 친구는 '아무리 개인적인 것이라도 모두 이야기할 수 있는' 사람을 뜻했다. 그들이 이야기한 한 가지 개인적 문제는 가우드스밋의 아내였다. 몇 년 동안 느낀 환멸(전쟁 동안 가우드스밋의 간청에도 불구하고 편지를 쓰길 거부한 아내의 태도가 그 발단이 되었다) 끝에 가우드스밋은 이혼을 결심했다. 이미 두 사람은 따로 살고 있었고, 가우드스밋은 신속한 일처리를 위해 임시로 네바다주에 거주했다. 하지만 아내는 이혼에 동의하지 않았고, 이혼 서류를 송달할 때가 되자 주소를 밝히길 거부했다. 가우드스밋이 아는 것이라곤 아내가 케이프코드에 살고 있고, 자신이 보스턴의 한 은행으로 매달 수표를 보냈다는 사실뿐이었다. 그래서 가우드스밋은 옛날 스파이 시절에 쓰던 수법을 다시 사용해 아내가 사는 곳을 추적해달라고 버그에게 100달러를 지불했다. 버그는 케이프코드의 보안관과 여자 우체국장과 친해져 곧 아내의 주소지를 알아냈다.

하지만 버그는 나머지 모든 사람들에게 그런 것처럼 결국은 가우드스밋마저 자신의 인생에서 쳐냈고, 더 이상 그의 편지에 응답하지 않았다. 그 이유는 아무도 몰랐고, 가우드스밋은 더더욱 몰랐다. 그는 버그의 형과 다른 지인에게 그의 소식을 묻는 절박한 메시지를 보내기 시작했다. 버그가 신문 퍼즐을 좋아했다는 사실에 착안해 암호 퍼즐을 만들어 〈뉴욕 헤럴드〉에 팔기도 했다. 그 암호를 풀면, "모 버그, 당신은 어디에 있는가?"라는 문장이 되었다. 버그는 결코 응답하지 않았고, 이 관계 단절로 가우드스밋은 크게 낙담했다. 이미 전쟁 때문에 하이젠베르크와의 우정을 잃었는데, 이제는 모 버그마저 사라지고 말았다.

전쟁이 앗아간 것은 우정만이 아니었다. 가우드스밋은 물리학 자체가 변했다고 생각했는데, 그것도 좋은 쪽으로 변한 것이 아니었다. 전쟁 전에 물리학자들은 존재감이 전혀 없는 사람들이었다. 더 큰 세계의 일에는 아무 관심 없이 온순하게 연구실에서 빈둥거리며 살아갔고, 세상 사람들도 그들에게 별로 신경을 쓰지 않았다. 하지만 전쟁 후에는 (크게는 원자폭탄 때문에) 물리학은 너무나도 중요한 분야가 되어 물리학자에게만 맡겨둘 수 없는 영역이 되었다. 장군과 정치인이 물리학에 관여하기 시작했고, 연간 예산은 수백만 달러로 크게 늘어났다. 가우드스밋의 표현을 빌리면, 값싸고 부실한 재료로 실험을 하던 "실과 봉랍" 시절, 그리고 두 엉뚱한 대학원생이 양자 스핀과 같은 기본적인 발견을 우연히 하던 시절은 먼 과거의 일이 되고 말았다.

가우드스밋의 한 동료는 "샘은 전쟁 전에 재미있고 편안하게 하던 일로 결코 다시 돌아가지 못했다"라고 말했는데, 졸리오-퀴리 부부, 베르너 하이젠베르크, 모 버그, 케네디가 사람들을 비롯해 원자 첩보전에 휘말린 사람들은 거의 다 그랬다. 핵분열은 20세기 물리학의 획기적인 발견 중 하나였지만, 그것은 단지 중요한 과학 현상일 뿐만 아니라 중요한 사회 현상으로 떠올랐다. 미치광이의 수중에 들어가는 걸 막으려는 절박한 노력에서 연합국 과학자들은 새로운 종류의 광기를 뿜어냈다. 히로시마와 나가사키는 말할 것도 없고, 중수 공장 습격, 지질 조사를 위한 특공대, 암살과 방사능 치약에 이르기까지 그 광기가 온갖 것으로 뻗어나갔다. 모든 단계에서 관련 당사자들은 자신이 옳은 일을 한다고 믿었다. 하지만 원자를 쪼갬으로써 그들은 세상을 분열시켰다.

여러분이 이 책에서 흥미진진한 등장인물들의 이야기를 재미있게 읽었길 바란다. 이 인물들에 대해 더 많은 것을 알고 싶다면(혹은 그저 흥미진진한 일화를 더 읽고 싶다면), 내 웹사이트의 samkean.com/books/the-bastard-brigade/extras/notes/에서 추가 정보를 읽어보라. samkean.com/books/the-bastard-brigade/extras/photos/에서 보너스 사진들도 볼 수 있다.

원한다면, samkean.com/contact에 들러 글을 남겨도 좋다. 나는 독자의 의견을 듣길 좋아한다.

감사의 말

이 책은 내게 하나의 전환점이 되었는데, 지금까지 쓴 어떤 작품보다 문서 기록과 역사 문헌 조사를 더 많이 해야 했다. 그것은 선뜻 뛰어들기가 무서운 세계였고, 여러 사람의 도움이 없었더라면 절대로 해내지 못했을 것이다.

애매한 주제에 관한 나의 서툰 질문과 모호한 문의를 잘 참아준 미국 전역의 문서 보관 담당자와 도서관 사서에게 감사드린다. 아주 훌륭한 결단력으로 큰 도움을 준 이들은 내가 기대할 수 있는 최선의 조력자들이었다. 특히 미국물리학회, 프린스턴 대학교 도서관, 후버연구소, 의회도서관, 존 F. 케네디 대통령 도서관 직원들에게 고마움을 전한다.

언제나처럼 친구들과 가족에게 말로 표현할 수 없는 신세를 졌다. 어머니 진Jean과 아버지 진Gene은 항상 내가 작가로 살아가는 삶을 지원했고 늘 좋은 컨디션을 유지하도록 신경 썼다. 남동생 벤Ben은 내게 좋은 친구가 되었는데, 나는 벤이 니콜Nicole과 함께 새 집에서 잘 살아가길 바란다. 여동생 베카Becca는 오랜 세월 동안 내게 즐거움과 사랑의 원천이었다. 나는 곧 켄스코너에 함께 가길 기대한다. 언젠가 내 책들이 조카 페니Penny와 해리Harry에게 그들이 내게 준 것만큼 큰 기뻠을 주길 기대한다. 워싱턴주와 사우스다코타주 그리고 세계 각지에 사는 내 친구들(그중에는 알고 지낸 지 수십 년이 된 친구도 있다)에게는 내가 지난 40년 동안의 삶을 훌륭하게 살아오는 데 큰 도움을 주어 고맙다고 말하고 싶다. 앞으로의 40년도 그만큼 잘 살아가도록 계속 도움을 주길 기대한다.

이 책은 릭 브로드헤드Rick Broadhead와 함께 추진한 다섯 번째 책인데, 릭은 변함없이 현명하고 꼼꼼한 에이전트의 역할을 다했다. 처음으로 함께 작업한 편집자 필 마리노Phil Marino는 능숙한 솜씨로 내 원고를 잘 인도해주었는데, 앞으로도 많은 책을 함께 하길 기대한다. 케빈 캐넌Kevin Cannon은 촉박한 시간에도 불구하고 내 글에 활력을 불어넣는 일러스트레이션을 제공했다. 애나 구들렛Anna Goodlett, 크리스 제롬Chris Jerome, 마이클 눈Michael Noon을 포함해 리틀브라운 출판사 안팎에서 이 책과 다른 책들에서 나와 함께 일한 모든 사람에게 감사의 마음을 전한다.

한 페이지의 글로 나의 고마움을 다 표시하기에는 턱없이 부족하다는 걸 안다. 혹시 명단에서 누락된 사람이 있더라도, 나는 그 고마움을 잊지 않을 것이다.

주연급 등장인물

모 버그 메이저 리그 야구 포수 출신의 원자 스파이. 버그는 프린스턴 대학교를 다녔고, 10여 개 언어를 말할 줄 알았다(일부 사람들의 주장에 따르면). 수수께끼의 인물인 버그는 한때 역대 프로 야구 선수 중에서 최고의 괴짜라는 평을 받았는데, 이 말을 들으면 그가 어떤 사람인지 대충 감이 잡힐 것이다.

새뮤얼 가우드스밋 냉소적인 유머 감각을 지닌 네덜란드 출신의 미국 물리학자. 경력 초기에 큰 업적을 세운 뒤, 나머지 생애는 한때 과학자였던 사람인 것처럼 살았다. 가우드스밋은 독일의 원자폭탄 개발 계획을 추적하려 노력하는 한편, 유럽에서 강제 수용소로 끌려간 부모를 찾기 위해서도 노력했다. 많은 측면에서 가우드스밋은 이 책에서 감정을 자극하는 인물 중 중심 위치를 차지한다.

베르너 하이젠베르크 역사상 손꼽히는 총명한 물리학자이자 전 세계 사람들을 불안하게 만든 물리학자 중 한 명. 독일의 원자폭탄 계획을 돕기 위해 '우라늄 기계'를 만들어 가우드스밋을 포함해 많은 친구를 분노케 했다. 그래서 알소스 임무의 가장 중요한 표적이 되었다.

프레데리크 졸리오-퀴리 노벨상을 수상한 물리학자이자 이렌 졸리오-퀴리의 남편. 핵물리학의 개척자이지만, 1930년대에 실수로 중요한 발견을 여러 차례 놓쳤다. 전쟁 동안에는 파리에서 레지스탕스로 지하 활동을 했다.

이렌 졸리오-퀴리 노벨상을 수상한 물리학자이자 프레데리크 졸리오-퀴리의 아내. 전설적인 물리학자 마리 퀴리의 딸이기도 하다. 용감하게 노골적으로 나치를 비판했지만, 건강이 나빠 적극적으로 레지스탕스 활동을 하진 못했다. 때로는 더 매력적이고 외향적인 남편에 가려 빛을 보지 못했지만, 과학자로서는 남편에 비해 전혀 손색이 없었다.

조 케네디 주니어 나중에 대통령이 된 존 F. 케네디의 형으로, 해군에서 파일럿으로 복무했다. 조는 전쟁 동안 동생을 앞서려고 애썼고, 그 때문에 터무니없이 위험한 임무에 여러 번 자원하고 나섰다. 그중에는 프랑스 북쪽 해안에 위치한 벙커를 파괴하는 임무도 있었는데, 연합국 측은 그 벙커가 핵 미사일 발사용으로 지어졌다고 의심했다.

보리스 패시 대령 에너지가 넘치면서 다소 무모한 기질이 있었던 군인으로, 독일의 원자폭탄 계획을 주도한 사람들을 체포하기 위한 알소스 부대를 이끌었다. 러시아 출신으로, 러시아 혁명 시절에 공산주의자와 맞선 백군 편에서 싸웠다.

조연급 등장인물

에도아르도 아말디 엔리코 페르미 밑에서 조수로 일하면서 로마의 연구소 복도를 열심히 달린 물리학자. 이탈리아에서 알소스 부대의 주요 표적이었다.

닐스 보어 전설적인 물리학자로, 전쟁 동안 나치 정권을 용감하게 비판했다. 핵분열에 관한 연구를 놓고 하이젠베르크와 크게 다투었다.

발터 보테 사랑에 빠져 흑연 실험을 망친 독일 물리학자. 이 실험 실패로 우라늄 클럽은 중수를 사용하기로 결정했다. 나중에 파리에서 졸리오의 사이클로트론 연구소에서 일했다.

디르크 코스터르 리제 마이트너를 베를린에서 탈출하도록 도운 네덜란드 물리학자. 나중에 가우드스밋이 강제 수용소로 끌려간 부모를 찾는 데 도움을 주었다.

쿠르트 디프너 독일 군부 소속의 물리학자. 우라늄 클럽의 물리학자들 대다수는 그를 애처롭게 열심히 노력하는 패배자로 간주했다. 그럼에도 불구하고, 디프너는 역동적인 핵물리학자임을 보여주었다.

윌리엄 '와일드 빌' 도너번 CIA의 전신인 전략사무국(OSS) 책임자. 조직에 활력을 불어넣는 동시에 무능하기도 했다. OSS에서 모 버그를 지휘했다.

엔리코 페르미 위대한 이론물리학자이자 실험물리학자. 이탈리아에서 태어나 1938년에 미국으로 이주했고, 시카고에서 세계 최초로 자기 지속적 연쇄 반응을 일으키는 데 성공했다.

레슬리 그로브스 장군 엄포를 놓고 약자를 괴롭히길 좋아하면서도 놀라운 효율성을 보여준 맨해튼 계획의 총 책임자. 독일의 핵과학자들을 염탐하고 필요하면 죽일 목적으로 알소스 부대를 창설했다.

오토 한 리제 마이트너와 함께 연구한 독일 화학자. 두 사람의 핵분열 연구는 이 새로운 힘의 위험성을 전 세계에 알렸다. 핵분열의 군사적 의미에 대한 고민 때문에 자살을 고려하기까지 했지만, 결국에는 우라늄 클럽에서 일했다.

리제 마이트너 오토 한의 혼란스러운 화학 실험 결과를 해석해 핵분열이 일어났음을 발견한 오스트리아 물리학자. 베를린에서 쫓겨난 뒤 전쟁 동안 스톡홀름으로 망명해 지냈고, 자신의 연구 업적을 끝까지 제대로 인정받지 못했다.

로버트 오펜하이머 로스앨러모스에서 맨해튼 계획을 이끈 쾌활한 물리학자. 공산주의에 동조한 이력 때문에 보리스 패시와 충돌했다.

파울 로스바우트 오토 한의 핵분열 연구 논문을 서둘러 출판한 과학 편집자. 나치를 매우 싫어한 그는 베를린에서 그리핀이라는 암호명으로 연합국을 위해 스파이 활동을 했다.

베르너 폰 브라운 페네뮌데에서 치명적인 V 로켓을 설계한 전설적인 독일 공학자. 훗날 아폴로 계획을 이끄는 주역이 되었다.

카를 프리드리히 폰 바이츠제커 독일의 원자폭탄 계획에 참여해 일한 귀족 출신의 독일 물리학자이자 하이젠베르크의 가까운 친구. 독일의 거물 외교관 아들이었다.

참고 문헌

나는 이 책을 쓰면서 수천 가지 책과 기사, 1차 자료를 참고했는데, 그 수가 너무 많아 일일이 열거할 수 없다. 그래서 그중에서 가장 중요한 자료들만 아래에 포함시켰고, 그다음에 특별히 큰 도움을 준 자료를 제공한 기록 보관소와 도서관을 열거했다.

책

Age of Radiance: The Epic Rise and Dramatic Fall of the Atomic Era, by Craig Nelson, Scribner, 2015

Alsos, by Samuel Goudsmit, Tomash, 1947 (1983)

The Alsos Mission, by Boris Pash, Charter, 1969 (1980)

American Prometheus: The Triumph and Tragedy of J. Robert Oppenheimer, by Kai Bird and Martin J. Sherwin, Knopf, 2005

Aphrodite: Desperate Mission, by Jack Olsen, Putnam, 1970

Before the Fallout: From Marie Curie to Hiroshima, by Diana Preston, Walker Books, 2005

Beyond Uncertainty: Heisenberg, Quantum Physics, and The Bomb, by David C. Cassidy, Bellevue Literary Press, 2009

Blood and Water: Sabotaging Hitler's Bomb, by Dan Kurzman, Henry Holt & Company, 1997

Brighter Than a Thousand Suns: A Personal History of the Atomic Scientists, by Robert Jungk, Mariner, 1970

Brotherhood of the Bomb: The Tangled Lives and Loyalties of Robert Oppenheimer,

Ernest Lawrence, and Edward Teller, by Gregg Herken, Holt, 2007

The Catcher Was a Spy: The Mysterious Life of Moe Berg, by Nicholas Dawidoff, Vintage, 1995

The Civilian Bomb-Disposing Earl: Jack Howard and Bomb Disposal in WW2, by Kerin Freeman, Pen and Sword, 2015

Dark Sun: The Making of the Hydrogen Bomb, by Richard Rhodes, Simon & Schuster, 1996

The Deadliest Colonel, by Thomas N. Moon, Vantage Press, 1975

Devotion to Their Science: Pioneer Women of Radioactivity, by Marelene F. Rayner-Canham and Geoffrey W. Rayner-Canham, Chemical Heritage Foundation, 1997

Donovan: America's Master Spy, by Richard Dunlop, Skyhorse Publishing, 2014

First War of Physics: The Secret History of the Atom Bomb, 1939–1949, by Jim Baggott, Pegasus Books, 2011

The Fitzgeralds and the Kennedys: An American Saga, by Doris Kearns Goodwin, St. Martin's Press, 1991

Frederic Joliot-Curie: A Biography, by Maurice Goldsmith, Lawrence & Wishart, 1977

Frederic Joliot-Curie: The Man and His Theories, by Pierre Biquard and Geoffrey Strachan, Fawcett Premier, 1966

German National Socialism and the Quest for Nuclear Power, by Mark Walker, Cambridge University Press, 1993

The Giant-Killers: The Story of the Danish Resistance Movement, 1940–1945, by John Oram Thomas, Taplinger Publishing Company, 1976

Grand Obsession: Madame Curie and Her World, by Rosalynd Pflaum, Doubleday, 1989

The Griffin: The Greatest Untold Espionage Story of World War II, by Arnold Kramish, Houghton Mifflin, 1986

Heavy Water and the Wartime Race for Nuclear Energy, by Per Dahl, Institute of Physics Publishing, 1999

The Heavy-Water Raid, by Jens-Anton Poulsson, Orion Forlag AS, 2009

Heisenberg and the Nazi Atomic Bomb Project, 1939–1945, by Paul Lawrence

Rose, University of California Press, 2002

Heisenberg's War: The Secret History of the German Bomb, by Thomas Powers, Knopf, 1993

Hitler's Uranium Club: The Secret Recordings at Farm Hall, by Jeremy Bernstein, Copernicus, 2000

Hollywood High, by John Blumenthal, Ballantine Books, 1988

Lise Meitner: A Life in Physics, by Ruth Lewin Sime, University of California Press, 1997

Lost Destiny: Joe Kennedy Jr. and the Doomed WWII Mission to Save London, by Alan Axelrod, St. Martin's Press, 2015

The Lost Prince: Young Joe, The Forgotten Kennedy: The Story of the Oldest Brother, by Hank Searls, World Publishing Company, 1969

The Making of the Atomic Bomb, by Richard Rhodes, Simon & Schuster, 1987

Manhattan: The Army and the Atomic Bomb, by Vincent C. Jones, U.S. Army Center of Military History, 1985

The Mare's Nest: The War Against Hitler's Secret Vengeance Weapons, by David Irving, Panther Press, 1985

Marie Curie: A Life, by Francoise Giroud, Holmes & Meier, 1986

Marie Curie and Her Daughters: The Private Lives of Science's First Family, by Shelley Emling, St. Martin's Griffin, 2013

Moe Berg: Athlete, Scholar, Spy, by Louis Kaufman, Barbara Fitzgerald, and Tom Sewell, Little, Brown, 1974

Most Secret War, by R. V. Jones, Penguin, 2009

Now It Can Be Told: The Story of the Manhattan Project, by Leslie Groves, Da Capo Press, 1983

Of Spies and Stratagems, by Stanley P. Lovell, Prentice-Hall, 1963

Operation Big: The Race to Stop Hitler's ABomb, by Colin Brown, Amberley Publishing, 2016

Operation Freshman: The Rjukan Heavy Water Raid, by Richard Wiggan, HarperCollins, 1986

The Oppenheimer Case: Security on Trial, by Philip M. Stern, HarperCollins, 1969

OSS Training in the National Parks and Service Abroad During World War II, by John Whiteclay Chambers II, U.S. National Park Service, 2008

Physics and Beyond: Encounters and Conversations, by Werner Heisenberg, Harper & Row, 1972

Physics and National Socialism: An Anthology of Primary Sources, by Klaus Hentschel, ed., Birkhauser, 1996

The Quest for Absolute Security: The Failed Relations Among U.S. Intelligence Agencies, by Athan Theoharis, Ivan R. Dee, 2007

Red Spies in America: Stolen Secrets and the Dawn of the Cold War, by Katherine A. S. Sibley, University Press of Kansas, 2004

Robert Oppenheimer: A Life Inside the Center, by Ray Monk, Random House, 2012

The Secret History of the Atomic Bomb, by Anthony Cave Brown, Dial Books, 1977

She Lived For Science, by Robin McKown, Julian Messner, 1962

Spying on the Bomb: American Nuclear Intelligence from Nazi Germany to Iran and North Korea, by Jeffrey T. Richelson, W. W. Norton, 2006

Tapping Hitler's Generals: Transcripts of Secret Conversations 1942–1945, by Sonke Neitzel, Frontline Books, 2007

The Virus House: Germany's Atomic Research and Allied Countermeasures, by David Irving, Kimber, 1967

Wild Bill Donovan: The Spymaster Who Created the OSS and Modern American Espionage, by Douglas Waller, Free Press, 2012

The Winter Fortress: The Epic Mission to Sabotage Hitler's Atomic Bomb, by Neal Bascomb, Mariner Books, 2017

기록 보관소와 도서관

American Institute of Physics, Samuel Goudsmit Collection, College Park, Maryland

American Jewish Historical Society, New York, New York

California Institute of Technology Archives, Pasadena, California

Columbia University, Moe Berg Papers, New York, New York

Danish National Archives, Copenhagen, Denmark
Hoover Institute, Boris Pash Papers, Palo Alto, California
Iowa State University Archives, Ames, Iowa
John F. Kennedy Presidential Library, Boston, Massachusetts
Library of Congress, Washington, D.C.
Los Angeles Public Library Archives, Los Angeles, California
Massachusetts Institute of Technology Archives, Cambridge, Massachusetts
Military Personnel Records, National Archives and Records Administration, St. Louis, Missouri
National Archives and Records Administration, Silver Spring, Maryland
New York Public Library, New York, New York
Oregon State University Archives, Corvallis, Oregon
Princeton University, Moe Berg Papers, Princeton, New Jersey
Richard M. Nixon Presidential Library, Yorba Linda, California
Rockefeller Institute Archives, Sleepy Hollow, New York
Science History Institute (formerly the Chemical Heritage Foundation), Philadelphia, Pennsylvania
Stanford University Archives, Palo Alto, California
University of California at San Diego Archives, San Diego, California
University of Chicago Archives, Chicago, Illinois
University of Michigan, Bentley Historical Library Archives, Ann Arbor, Michigan
Massachusetts Institute of Technology Archives, Cambridge, Massachusetts
Military Personnel Records, National Archives and Records Administration, St. Louis, Missouri
National Archives and Records Administration, Silver Spring, Maryland
New York Public Library, New York, New York
Oregon State University Archives, Corvallis, Oregon
Princeton University, Moe Berg Papers, Princeton, New Jersey
Richard M. Nixon Presidential Library, Yorba Linda, California
Rockefeller Institute Archives, Sleepy Hollow, New York
Science History Institute (formerly the Chemical Heritage Foundation), Philadelphia, Pennsylvania

Stanford University Archives, Palo Alto, California
University of California at San Diego Archives, San Diego, California
University of Chicago Archives, Chicago, Illinois
University of Michigan, Bentley Historical Library Archives, Ann Arbor, Michigan

찾아보기

ㅈ

ㅊ

ㅋ

A~Z

옮긴이 이충호
서울대학교 사범대학 화학과를 졸업했다. 지금은 교양 과학도서의 번역가로 활동하고 있다. 『신은 왜 우리 곁을 떠나지 않는가』로 제20회 한국과학기술도서(대한출판문화협회) 번역상을 수상했다. 옮긴 책으로는 『사라진 스푼』『바이올리니스트의 엄지』『뇌과학자들』『카이사르의 마지막 숨』『잠의 사생활』『그러므로 나는 의심한다』『경영의 모험』『동물의 생각에 관한 생각』『진화심리학』『원소의 이름』『돈의 물리학』『변화는 어떻게 일어나는가』 등이 있다.

원자 스파이

1판 1쇄 2023년 7월 19일
1판 2쇄 2023년 8월 30일

지은이 샘 킨
옮긴이 이충호
펴낸이 김정순
편집 장준오 허영수 이보영
디자인 이강효
마케팅 이보민 양혜림 정지수

펴낸곳 (주)북하우스 퍼블리셔스
출판등록 1997년 9월 23일 제406-2003-055호
주소 04043 서울시 마포구 양화로 12길 16-9(서교동 북앤빌딩)
전자우편 henamu@hotmail.com
홈페이지 www.bookhouse.co.kr
전화번호 02-3144-3123
팩스 02-3144-3121

ISBN 979-11-6405-214-1 03400

* 해나무는 (주)북하우스퍼블리셔스의 과학 브랜드입니다.